普通高等教育“十一五”规划教材
PUTONG GAODENG JIAOYU SHIYIWU GUIHUA JIAOCAI

DIANLI XITONG WUHUI
YU FUBING JUEYUAN

电力系统污秽与覆冰绝缘

编　著　蒋兴良　舒立春　孙才新
主　审　李盛涛　刘学忠

中国电力出版社
http://jc.cepp.com.cn

内 容 提 要

本书为普通高等教育“十一五”规划教材。

全书共分为11章，主要介绍了绝缘子及其作用，绝缘子积污、覆冰的规律及其表征方法和影响因素，污秽等级划分，污秽与覆冰绝缘子的试验方法、闪络特性和放电机理，绝缘子积聚污秽和覆冰后的电气强度及其影响因素，高海拔地区污秽和覆冰绝缘子的放电规律和闪络特性，防止绝缘子发生污闪、冰闪的原理、方法和措施，高海拔、污秽、覆冰地区绝缘子爬电比距和串长的选择原则、方法等内容。

本书主要根据重庆大学高电压与绝缘技术系十多年的研究工作，广泛吸取了国内外关于污秽绝缘的研究成果，并将绝缘子覆冰作为一种特殊污秽形式进行系统论述，力求内容详细，数据全面，方法和措施切实可行。

本书可作为高等院校电气工程及其自动化专业选修课的教材和参考书，也可作为电力系统科研、设计及运行部门从事防污闪、防冰闪工作的研究和工程技术人员的参考和培训用书。

图书在版编目（CIP）数据

电力系统污秽与覆冰绝缘/蒋兴良，舒立春，孙才新编著．—北京：中国电力出版社，2009

普通高等教育“十一五”规划教材

ISBN 978-7-5083-9216-5

Ⅰ.电… Ⅱ.①蒋…②舒…③孙… Ⅲ.①电力系统—污秽闪络—高等学校—教材 ②电力系统—高压绝缘—高等学校—教材

Ⅳ.TM852

中国版本图书馆CIP数据核字（2009）第128875号

中国电力出版社出版、发行

（北京三里河路6号 100044 http://jc.cepp.com.cn）

北京市同江印刷厂印刷

各地新华书店经售

*

2009年9月第一版 2009年9月北京第一次印刷

787毫米×1092毫米 16开本 19.25印张 468千字

定价 **31.00** 元

前　言

为贯彻落实教育部《关于进一步加强高等学校本科教学工作的若干意见》和《教育部关于以就业为导向深化高等职业教育改革的若干意见》的精神，加强教材建设，确保教材质量，中国电力教育协会组织制订了普通高等教育"十一五"教材规划。该规划强调适应不同层次、不同类型院校，满足学科发展和人才培养的需求，坚持专业基础课教材与教学急需的专业教材并重、新编与修订相结合。本书为新编教材。

在我国工农业快速发展的同时，大气污染日趋严重。降尘量增加，酸性湿沉降频发，运行中的绝缘子表面污秽集聚随之加剧。在恶劣气象条件（覆冰积雪、雾、露、毛毛雨及酸性湿沉降等）下，绝缘子的电气强度将明显下降，常因染污绝缘子串的闪络而导致大面积、长时间的停电事故，输电线路污闪跳闸率居高不下，尤其是超高压线路污闪跳闸率更高，已经远远超过了重要输电线路可接受的污闪跳闸率和事故率，严重威胁电力系统的安全稳定运行。

据统计在污闪、冰闪、雨闪、雷击、操作冲击闪络中，对电力系统外绝缘危害最大的是污闪和雷击闪络，占事故总次数的50%，污闪事故占40%，其他事故占10%。雷击闪络跳闸成功率为90%以上，污闪跳闸重合成功率仅10%。雷击闪络虽占外绝缘事故的第一位，但污闪和冰闪的损失却是雷击闪络的近10倍。早在1902年，英国沿海的高压输电线路在潮湿的早晨曾发生过闪络，而1907年，意大利沿海附近的一条25kV交流输电线路也发生了污闪事故，到20世纪50年代，世界各国的污闪事故已非常严重，如：1951～1955年，英国的132kV线路污闪事故率为0.6次/（100 km·a）；1961年，日本发生污闪事故162次；1969年，斯堪的纳维亚的50～400kV线路共计发生污闪事故400多次，丹麦的60～150kV线路污闪事故的跳闸率为1～4.3次/（100 km·a）；1960～1970年，美国和加拿大的工业和沿海污秽地区，12～500kV电网也相继发生了大量污闪事故。在我国东部沿海工业较发达地区，1950年代也开始出现了污闪事故，1960年代，污闪事故逐步向全国各电网发展，不仅在工业城市和沿海地区频繁发生污闪，在农村和内陆地区，污闪事故也时有出现。污闪范围日广，频度日高，损失越来越大，严重制约了经济发展和人民生活水平提高。

鉴于污闪的严重危害，国内外学者进行了广泛的研究。自1990年代以来，我国电网的防污闪工作取得了很大进展，制订了一系列防污闪技术措施和管理规定，全面开展了电网污区分布图的绘制工作，各电网不同程度增加了输变电设备特别是送电线路的爬距，然而污闪事故仍时有发生。

覆冰闪络是影响输电线路外绝缘设计和安全运行的另一重要因素之一，国内外学者对绝缘子的冰闪特性和机理已进行了大量研究。但由于冰闪机理的复杂性和各地气象、地理、污秽的多样性，冰闪事故依然频繁，对绝缘子的冰闪研究仍需深入进行。

本书是在我们的尊敬的导师、已故顾乐观教授编著的《电力系统污秽绝缘》的基础上，根据重庆大学高电压与绝缘技术系近十多年来在污秽、覆冰方面的研究成果，并总结国内外近年来在污秽绝缘方面的研究成果，撰写而成。

重庆大学高电压与绝缘技术系从事电力系统污秽和覆冰绝缘已有25年的历史。早在20年以前，已故的顾乐观教授就研制出半导体釉防污闪方法。自1985年以来，在孙才新院士的带领下，我们长期从事绝缘子覆冰及其闪络特性研究，承担和完成了国家自然科学基金重点项目1项、面上项目18项，承担和参与的与此有关的国家“七·五”～“十一·五”科技攻关课题20余项。在电力系统污秽、覆冰绝缘和防闪络措施方面培养12位博士、50位硕士，160余位本科毕业生，获得2项国家科技进步奖和10余项省部级科技进步奖。

本书由孙才新院士整体策划。本书的撰写是集体的力量完成的，共分11章。第1章绝缘子及其分类由胡琴讲师撰写；第2章污秽沉积与绝缘子污秽特征量由胡建林博士撰写；第3章污秽绝缘子表面放电机理、第9章高海拔地区污秽和覆冰绝缘子电气强度由张志劲副教授撰写；第4章绝缘子污秽试验由舒立春教授撰写；第5章污秽绝缘子电气强度、第6章绝缘子覆冰及其影响因素、第7章覆冰绝缘子试验方法、第8章覆冰绝缘子放电过程和闪络特性、第10章防污闪冰闪方法和技术措施由蒋兴良教授撰写；第11章复杂环境地区外绝缘选择原则与方法由孙才新院士撰写。本书由西安交通大学李盛涛教授、刘学忠副教授担任主审，提出了许多宝贵的意见。

本书的撰写总结了重庆大学高电压与绝缘技术系张志劲、苑吉河等12位博士研究生，余德芬、张永记、陈爱军、冉启鹏等50余位硕士研究生的论文研究成果，在此对他们的艰苦工作表示衷心感谢。

本书的现场污秽试验是在青藏铁路沿线海拔2800～5050m的严酷的自然环境下完成的，在此对冒着生命危险参与现场试验的所有师生表示感谢。

本书的现场覆冰试验是在贵州省六盘水市2800m的马落青观冰站、湖南省怀化市雪峰山海拔1400m的“重庆大学输配电装备及系统安全与新技术国家重点实验室一雪峰山坪山塘自然覆冰试验站”等6个自然环境条件下完成的。在此，对放弃了很多个春节的休息时间，坚守自然覆冰站，与高海拔严寒抗争、为取得宝贵的试验数据进行现场试验的所有师生表示感谢。

本书成果的研究依托于国家自然科学基金委员会《西部能源开发与利用重大研究计划》重点项目“西北高海拔地区超特高压输电外绝缘基础理论研究”（90210026）的支持，以及国家重点基础研究发展计划（973计划）一《防御输变电装备故障导致电网停电事故的基础研究》项目之课题2一“输电线路绝缘冰闪机理与预测模型及防治方法”（2009CB724502）和课题3一“输电线路绝缘污闪机理与预测模型及防治方法”（2009CB 724503）的支持。

作者

二〇〇九年七月

常用符号说明

符号	表示意义
U_f	采用各种试验方法得到的任一污秽或覆冰绝缘子（串）的闪络电压，kV
U_{50}	采用恒压升降法或其他试验方法获得的绝缘子（串）闪络概率为50%的闪络电压，即50%闪络电压，kV
U_{av}	采用平均闪络电压法或其他试验方法得到的绝缘子（串）的多次闪络电压的算数平均值，即平均闪络电压，kV
U_{fm}	采用U形曲线法或其他试验方法得到的绝缘子（串）的多次闪络电压的最低值，即最低闪络电压，kV
U_W 或 U_{wm}	采用最大耐受法或其他试验方法得到的污秽或覆冰绝缘子（串）的耐受电压（U_W）或最大耐受电压（U_{mw}），kV
SDD 或 *S*	人工污秽试验中绝缘子染污的盐密值，mg/cm^2
NSDD 或 *G*	人工污秽试验中绝缘子染污的灰密或自然污秽绝缘子的等值灰密，mg/cm^2
ESDD *N*	自然污秽绝缘子的等值盐密，mg/cm^2
T/B	人工污秽的试验中单片绝缘子的上表面与下表面染污盐密或自然积污绝缘子上、下表面的等值盐密之比，表示绝缘子上、下表面污秽分布的不均匀特性
h	绝缘子（串）的电弧距离或干弧距离，cm或mm
L	绝缘子（串）的泄漏距离或爬电距离，cm或mm
D	绝缘子盘径或伞裙直径，cm或mm
H	海拔高度，km或m；或试品结构高度，m；或实验室的高度，m
P	与海拔高度H（km）对应的气压，kPa
P_0	标准参考大气条件下的气压，即海平面的气压，取101.3kPa
W	绝缘子串的覆冰量，kg/串
w	串中平均每片绝缘子的覆冰量，g/片
n	当采用幂函数描述气压对绝缘子（串）闪络电压的影响时，n表示气压对其闪络电压影响的特征指数
m	当采用指数函数或幂函数描述冰闪电压与覆冰量的关系时，m表示覆冰量对其冰闪电压影响的特征指数
r_{20}	换算至20℃时的覆冰水电导率，$\mu S/cm$
a	污秽的盐密对绝缘子（串）闪络电压影响的特征指数
b	污秽的灰密对绝缘子（串）闪络电压影响的特征指数
I	泄漏电流、电弧电流，A
E_h	绝缘子串的电弧距离闪络梯度，kV/m或kV/cm
E_L	绝缘子串的爬电距离闪络梯度，kV/m或kV/cm
R^2	试验结果与拟合曲线相关系数的平方

目　录

前言
常用符号说明
第1章　绝缘子及其分类 ······ 1
1.1　概述 ······ 1
1.2　绝缘子的种类和作用 ······ 4
1.3　绝缘子几何参数 ······ 9
1.4　绝缘子发展趋势 ······ 11
1.5　与污秽绝缘有关的基本术语 ······ 12
1.6　绝缘子型号特征与标示 ······ 14
第2章　污秽沉积与绝缘子污秽特征量 ······ 17
2.1　大气环境污染 ······ 17
2.2　污秽积聚及其影响因素 ······ 17
2.3　表征污秽绝缘子运行状态的特征量 ······ 21
2.4　输变电设备外绝缘污秽等级划分 ······ 30
第3章　污秽绝缘子表面放电机理 ······ 44
3.1　污秽绝缘子沿面放电的发展过程 ······ 44
3.2　局部电弧发展成为完全闪络的条件 ······ 48
3.3　交流污闪条件分析 ······ 52
3.4　交流电压下污闪的电场模型 ······ 54
3.5　污秽放电的其他模型 ······ 55
第4章　绝缘子污秽试验 ······ 59
4.1　引言 ······ 59
4.2　人工污秽试验 ······ 59
4.3　试验电源对试验结果的影响 ······ 66
4.4　自然污秽试验 ······ 68
4.5　对人工污秽试验的评价 ······ 69
第5章　污秽绝缘子电气强度 ······ 70
5.1　绝缘子污闪电压的一般关系 ······ 70
5.2　悬式绝缘子交流污闪特性及其影响因素 ······ 74
5.3　悬式绝缘子直流污闪电气特性及其影响因素 ······ 96
5.4　电站电器污秽绝缘子电气特性 ······ 114
5.5　污秽绝缘子的操作冲击特性 ······ 116
5.6　污秽绝缘子的雷电冲击电气特性 ······ 121

5.7 酸雨(雾)地区绝缘子的放电特性 …… 124
第6章 绝缘子覆冰及其影响因素 …… 131
6.1 概述 …… 131
6.2 覆冰的分类和物理性质 …… 131
6.3 影响覆冰的因素 …… 137
第7章 覆冰绝缘子试验方法 …… 147
7.1 覆冰绝缘子特征参数与人工覆冰方法 …… 147
7.2 覆冰绝缘子电气特性试验方法 …… 150
7.3 绝缘子覆冰过程中污秽模拟方法 …… 155
第8章 覆冰绝缘子放电过程和闪络特性 …… 160
8.1 覆冰绝缘子放电过程 …… 160
8.2 覆冰绝缘子放电模型 …… 162
8.3 悬式绝缘子交流覆冰闪络特性 …… 166
8.4 悬式绝缘子覆冰直流闪络特性 …… 179
第9章 高海拔地区污秽和覆冰绝缘子电气强度 …… 195
9.1 概述 …… 195
9.2 高海拔低气压下绝缘子污闪机理及模型 …… 199
9.3 高海拔低气压下污秽绝缘子的放电特性 …… 211
9.4 “高海拔+覆冰+污秽”绝缘子闪络特性 …… 228
第10章 防污闪冰闪方法和技术措施 …… 235
10.1 防污闪基本措施 …… 235
10.2 复合绝缘子及其在防污闪中的应用 …… 242
10.3 防止绝缘子冰闪方法和技术措施 …… 251
第11章 复杂环境地区外绝缘选择原则与方法 …… 256
11.1 概述 …… 256
11.2 高海拔污秽地区绝缘子串长选择方法 …… 257
附录 …… 263
附录Ⅰ 试验结果数据表 …… 263
附录Ⅱ 高海拔现场绝缘子污闪试验结果 …… 270
附录Ⅲ 本书涉及的部分绝缘子及技术参数 …… 279
附录Ⅳ 气压影响特征指数 n 参考值 …… 285
参考文献 …… 292

第1章 绝缘子及其分类

1.1 概 述

绝缘子是电力系统使用量最大的器件。在构成电力系统的不可或缺的各类输变电设备和器件中，绝缘子虽结构简单，成本相对比较低，但其重要性不亚于其他任何设备和器件。输电线路的绝缘子串是并联运行的，任何一串绝缘子出现问题都会造成输电线路故障，甚至较长时间的停电，对电力系统的安全运行、工农业生产以及人们的日常生活造成很大危害。国内外绝缘子的技术发展很快，其中最主要的原因是污闪事故造成的影响给予的推动。

绝缘子是架空线路的重要组成部分。传输电能的导线处于高电位，杆塔处于低电位，绝缘子的作用一方面是使导线和杆塔在电气上绝缘，另一方面是使杆塔和导线在机械上连接。绝缘子要承受导线自重和导线的风载、覆冰等各种机械力的作用。这些作用力通过绝缘子传递给杆塔，杆塔还要承受绝缘子的自身重量。

绝缘子同时起电气绝缘和机械支撑的作用，因此绝缘子同时要满足电气和机械性能两个方面的基本要求。悬式绝缘子串联使用，可用于不同电压等级。一般地区若采用普通悬式绝缘子，各电压等级输电线路采用的基本片数见表1-1。

表1-1 不同电压等级输电线路绝缘子的基本片数

线路电压等级（kV）	普通悬式绝缘子片数（片）	线路电压等级（kV）	普通悬式绝缘子片数（片）
35	3	220	13～14
110	7～9	500	28～32
154	9～10	1000	55～58
±500	34～37	±800	65～70

变电站的电气设备，如变压器、断路器、电压互感器（TV）、电流互感器（TA）、避雷器、隔离开关等设备都有瓷套、棒形支柱等部件，这些部件也起着电气绝缘和机械支持的作用，大型瓷套还起着电容器的作用，内部装着电器组件和绝缘油，这些瓷套和棒形支柱也统称为绝缘子。

在电气性能方面，绝缘子除了长期承受工作电压的作用外，还要承受暂态的操作过电压和雷电过电压的作用，要求绝缘子应能承受这些电压的作用，不发生绝缘击穿和沿面闪络，更不能造成损坏。

在机械性能方面，要求绝缘子在长期的机械荷载作用下稳定可靠地工作，同时要求对飓风和地震也要有较好的承受能力。

对绝缘子除电气和机械性能方面的要求外，还要求绝缘子有较好的耐候性能和抗老化性能，要求绝缘子能抵御雨雪冰霜、风吹日晒、酷暑严寒等各种恶劣气象环境。在各种恶劣气象环境下都能稳定可靠地工作，并且要求有几十年的寿命。

由于输电线路与变电站的电气外绝缘要求在大气过电压、内部过电压和长期运行工作电压下均能可靠运行，而输电线路和变电站的电气外绝缘长期暴露在空气中，因此，将有固体的、液体的和气体的污秽微粒沉积在外绝缘表面。在雾、露、毛毛雨、融冰（雪）等恶劣气象条件的作用，绝缘子的电气强度将大大降低，从而使输电线路和变电站的绝缘子不仅可能在过电压下作用下发生闪络，更为严重的是，在长期运行电压作用下也可能发生闪络，造成电网局部或大面积停电故，严重影响人们的生活和工农业生产。

我国区域性电网已形成了或将要形成以500～1000kV（或330～750kV）、±500kV（及±800kV）电压等级为主网架的联合电网，大型火电厂及水电厂通过超高压和特高压交、直流输电线路连接到主网架上，主网架的联络线将电能输送到负荷中心的降压站，再分配到各个用户。这是电网现代化发展的格局。这种格局使局部范围的故障，如个别发电厂、变电站或输电线路发生的事故，通过联网将事故损失降到最低限度。但电网也有其薄弱环节，一旦发生电网瓦解事故，负荷中心将失去电源，损失极其巨大。

随着电力科学技术的发展，因局部故障造成电网瓦解的可能性已微乎其微，但当出现大批输电线路纷纷跳闸，发电厂、变电站不断失电时，就不可避免地要酿成电网瓦解的严重后果，绝缘子大面积污秽和覆冰闪络就是造成这种灾难性事故的主要原因之一。

输电线路和变电站的户外电气设备（特别是运行在工业地区、沿海和盐碱地区）外绝缘经常遭受工业污秽或自然界盐碱、灰尘、鸟粪等污染的影响。在干燥条件下，这些污秽尘埃的电阻很大，对绝缘子的可靠运行一般没有危险；但当空气湿度较高，例如在雾、露、毛毛雨、融冰（雪）等不利气象条件下，输电线路和变电站设备的绝缘子表面的污秽尘埃将被湿润，在运行电压作用下其表面电导和泄漏电流将大大增加，从而导致污秽绝缘子表面电气性能降低甚至发生全面闪络。

污闪事故给我国电力系统造成了严重损失，我国东部沿海工业较发达地区，1950年代就出现了污闪事故，1960年代污闪事故逐步向全国各电网发展，并且不仅发生在工业城市和沿海地区，而且也发生在农村和内陆，范围日广，频度日高，损失也越来越大。如：1969～1983年，全国电网污闪跳闸2900次，年均146次；1986～1989年，全国电网污闪跳闸1600次，年均400次；1990年1月至2月，全国电网污闪跳闸1000次，1986～1989年4月中，因污闪事故造成的年经济损失达3亿元。近年来，全国不时发生大面积污闪事故，如1996年、1998年、2000年等，因此，污秽是电力系统的主要灾害之一（见表1-2）。

表1-2　1966～2006年我国污闪事故不完全统计情况

时间	涉及区域	污闪概况
1969～1983	全国	全国输电线路、变电站、发电厂发生污秽闪络事故约2900次
1986～1989	全国	全国输电线路、变电站、发电厂发生污秽闪络事故约1600次
1990.1～2	京津唐、冀南、山西、华中的河南和东北辽西电网	218条线路污闪跳闸1000余次；先后有25座110～220kV变电站停电
1991.3	青海海东	8条110kV线路、2条35kV线路、15座变电站、发电厂发生污闪停电
1991.12	浙东及上海地区	2条500kV线路、4条220kV线路、1座220kV变电站发生污闪停电

续表

时间	涉及区域	污闪概况
1992.2	广州，珠江三角洲	8条220kV线路污闪
1992.12	四川成都青白江地区	7条220kV线路、10条110kV线路和47座变电站发生污闪停电
1992.12	江苏徐州地区	6条220kV线路污闪
1993.2	晋东南地区	220kV漳平线等发生污闪跳闸
1993.3	乌鲁木齐	发生大面积污闪停电，系统损失负荷41.6%
1994.11	山西中部地区	6条110～500kV线路污闪
1995	全国	110kV及以上电压等级线路污闪事故9次，跳闸85次；变电站污闪事故13次，跳闸22次
1996.2	福建莆田至石狮	13条110kV和220kV线路及1座220kV变电站污闪
1996.12	山东北部、天津南部	3条500kV线路、10条220kV线路、550kV和220kV变电站各1座发生污闪停电
1997.2	新疆乌鲁木齐	10条110～220kV线路、3座变电站发生污闪停电；奎屯和石河子两市一度停电
1997.2	陕西咸阳至西安	2条330kV线路、2条220kV线路、18条110kV线路发生污闪停电；2座330kV变电站和1座电厂停电；西安渭南部分和商洛停电
1998年冬	山东	11条110～500kV线路和2座220kV变电站污闪
1999.3	京津唐	2条500kV线路、2条220kV线路、6条110kV线路发生污闪停电
2000.12	陕西渭南	2条330kV线路、多条220kV线路及秦岭电厂发生污闪停电
2001.2	辽中电网、河北南部电网、京津唐电网、河南北部电网	污闪涉及35～500kV线路200余条，变电站140余座
2002.1	湖南常德地区	3条500kV线路污闪
2003.11	浙江电网	秦王、瓶乔500kV线路污闪
2004.2	华东电网	上海、浙江和江苏的6回500kV线路发生多次污闪
2004.12	南方电网	天一广500kV线路污闪
2005.1	广东电网	广东15条500kV线路、7条220kV线路发生共计85次污闪事故
2006.1～2	华北地区	朔黄铁路电气化段接触网帮式绝缘子发生大面积污闪事故

污闪是电力系统安全运行的主要威胁，造成绝缘子损坏，设备损坏现象十分严重。

在设备发生污闪事故时，重合闸成功率很低，往往造成大面积停电；污闪中所伴随的强有力的电弧还常导致电气设备的损坏，使停电时间延长；这种大面积、长时间的停电给工农业生产和人民生活带来的危害是相当严重的。随着超、特高压交、直流输电的发展，污秽条件下的电气绝缘问题显得更加突出。因此，电力系统的安全运行与污秽闪络密切相关，防止绝缘子发生污闪是提高电力系统安全运行的最为重要的手段和措施。

电网为什么会发生大面积污闪事故？主要有三个方面的原因。

(1) 输电线路和变电站外绝缘爬电比距低于所在地区的实际污秽等级的要求值，或者是随着工业发展、环境恶化，使原有设计满足不了污秽绝缘的要求。

(2) 一些地区的电网设备维护管理薄弱，运行过程中清扫质量不高或者不能适时清扫，造成电气设备外绝缘实际抗污闪能力降低。

(3) 近年来，一些地区环境污染严重，在秋季、冬季久旱不雨时，积污量大，到冬末或春初，出现持久大雾或溶雪甚至酸雨相兼的不利天气，引发了大面积污闪。

污秽闪络是影响电力系统安全运行的严重危害。在一般情况下，绝缘子是可以正常运行的，但在污秽条件下，绝缘子的电气特性发生了显著变化。因此，污秽闪络给电力系统的安全运行带来了难以克服的困难和问题。为了避免和减少污秽闪络事故给电力系统带来的危害，必须研究和了解绝缘子在污秽条件的特性，不同绝缘子型式和绝缘子材料的积污特性的差异。

防止绝缘子发生污秽闪络事故，是电力系统输变电运行部门的主要工作。掌握和了解绝缘子及其污闪特性的规律，其目的是更好的采取技术措施，防止或减少污闪事故的发生，推进电网的建设和发展。

1.2 绝缘子的种类和作用

绝缘子种类按照不同要求有多种分类。

一、按照用途分类

(1) 线路绝缘子：应用于架空线路，如悬挂导线的悬式绝缘子，线路始端、末端、转弯或其他部位需要承受张力的耐张绝缘子等。

(2) 支柱绝缘子：应用于电站，支持母线或隔离开关等的绝缘子。

(3) 套管：使电器设备内部的带电端子和外部系统相连或者使室内带电端子和室外系统相连的绝缘部件。

(4) 套管类电站绝缘子：应用于电流、电压互感器、避雷器等设备的容器及绝缘护套。

(5) 电缆端头：应用于连接电缆和架空线路。

二、按照材料分类

(1) 瓷绝缘子。瓷绝缘子历史悠久，1906 年美国发明的盘形悬式瓷绝缘子是最早应用于输电线路上的绝缘子之一，已有一百多年的历史。盘形悬式瓷绝缘子的发明推动了高压输电的发展。瓷绝缘子具有良好的绝缘性能、抗气候变化的性能、耐热性和组装灵活等优点，被广泛用于各种电压等级的线路。

盘形悬式瓷绝缘子属于可击穿型，它是采用水泥将物理、化学性能各异的瓷件与金属件胶装而构成的，在长期经受电场、机械负荷和大自然的阳光、风、雨、雪、雾等的作用下，会逐步劣化，对电网的安全运行带来威胁。特别是含有劣化绝缘子的绝缘子串发生闪络（由于雷击或污闪等原因）时，可能会使劣化的绝缘子头部瞬间发热爆炸，造成导线落地事故。

(2) 玻璃绝缘子。玻璃绝缘子在电网中的应用已有70余年历史。钢化玻璃绝缘子具有较好的机电性能，其抗拉强度、耐电击穿性能、耐振动疲劳、耐电弧烧伤和耐冷热冲击性能等均优于瓷绝缘子。与瓷绝缘子不同，玻璃绝缘子具有零值自爆的绝缘自我淘汰能力，因此，运行中玻璃绝缘子丧失绝缘性能后很容易被发现，无需对其进行绝缘测试。

玻璃绝缘子的自爆率通常在前3年较高，这与瓷绝缘子相反。数十年的运行经验和试验结果证明，钢化玻璃绝缘子具有长期稳定的机电性能和较长的使用寿命。防污型玻璃绝缘子为取得较大的爬电距离，只有在伞裙下表面增加数个深棱来实现（由于工艺的原因，不易像瓷绝缘子通过双伞或三伞增加爬距，但目前国内外已经研制出双伞和三伞型玻璃绝缘子）。当用于粉尘污染较严重的地区时，因这种钟罩深棱的伞型自洁能力差、清扫不便，下表面结垢严重，造成耐污闪能力大大降低。

(3) 复合绝缘子。国外自1970年代，我国自1980年代开始将复合绝缘子应用于电力系统，它具有质量小、强度高、耐污性能好、维护工作量小等诸多优点。硅橡胶复合绝缘子表面具有憎水性，且附着在伞裙表面的污秽层也具有憎水性（即硅橡胶的憎水性迁移特性），因此大大提高了复合绝缘子的抗污闪能力。从我国的使用情况来看，历次的大面积污闪事故中，复合绝缘子都表现出优异的抗污闪能力，在外绝缘水平偏低和污染较重的情况下，复合绝缘子是个较好的选择对象。

(4) 半导体釉绝缘子。半导体釉绝缘子是普通瓷绝缘子表面涂覆一层半导体釉构成的绝缘子，主要用于污秽地区。半导体釉是在1940年代在欧洲发展起来的，其电阻率界于绝缘体和导体之间。普通釉的电阻率一般在10^{12} Ω·cm左右，而半导体釉一般为10^{6}～10^{9}Ω·cm，比普通釉低几个数量级。从其他性能及外观来看，除色泽有差别外半导体釉与普通釉无多大差异。

半导体釉是在普通釉基础上添加一定重量的导电性金属氧化物或化合物而制得，其基本结构是在釉玻璃基质中均匀分布着具有导电性的结晶网络或固溶体微粒。从其发展历史来看，迄今已经历了氧化铁型、氧化钛型、氧化铁——钛型、锑锡型以及碳化硅、二硅化钼等如此多种多样的演变过程。在工程中应用的具有代表性的半导体釉主要有三种。

1）氧化铁型。这是最早最普通的一种半导体釉，适用于局部涂于绝缘子电场集中的部位以防止电晕。其配方成分主要是在基釉中添加铁酸钡或氧化铁，此外，还可添加少量TiO_2、Cr_2O_3、CoO、NiO、V_2O_5、BeO、MnO_2等金属氧化物。这种釉的电阻具有较大的负温度系数，热稳定性差，容易受电解腐蚀而老化，不能用于制作全涂耐污绝缘子。

2）氧化钛型。这是1950年代发展起来的一种以添加氧化钛为主的半导体釉。在基釉中除添加TiO_2外，还可添加少量的WO_3、Cr_2O_3、$MoSi_2$等。该釉的电阻的负温度系数比氧化铁型釉约小二分之一，其耐电腐蚀性较好。然而，因其制造工艺复杂，在运行中易受电弧腐蚀，导致其低价钛局部再氧化，从而丧失导电性。一般只能用作底釉，在运行中应用较为困难。

3）锑锡型。这是1960年代发展起来的一种新型半导体釉，是先将氧化锡与氧化锑釉预先经高温合成为蓝色固溶体，再添加于基釉中而制成的。

总的来看，瓷和玻璃绝缘子是由无机材料通过离子键结合构成的，其主要优点是化学稳定性好，运行寿命长；其缺点是易受潮湿润、笨重、易碎。复合绝缘子属于有机材料，通过共价键结合，其优点是重量轻、不易破碎、安装运输方便；而其缺点则是易老化，运行寿命有待检验。

三、按具体结构分类

按照具体结构，绝缘子可分为线路悬式（盘形、棒形）、针式、横担绝缘子等，电站支柱绝缘子，瓷套和套管等，如图 1-1 所示。

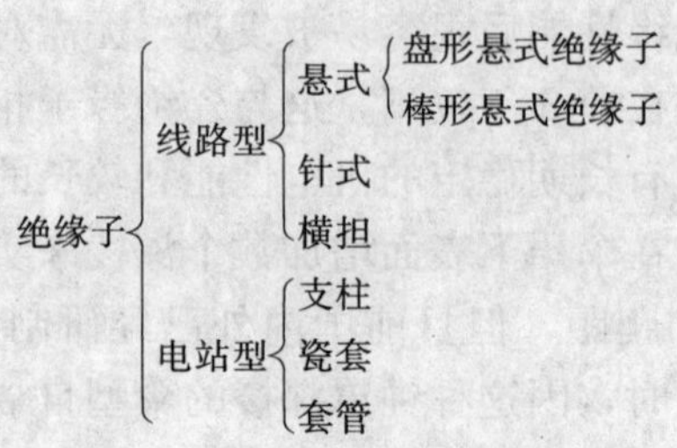

图 1-1 绝缘子按结构分类

(1) 盘形悬式绝缘子。盘形悬式绝缘子由铁帽（可锻铸铁）、钢脚（低碳钢）和瓷件（或钢化玻璃）组成。金具和绝缘件之间用水泥胶合。盘形绝缘子可方便地组成串，即钢脚的球头插入铁帽的球窝中，成为球绞软连接，使绝缘子串只承受拉力，不承受弯矩和扭矩。

盘形悬式绝缘子的特点是结构简单，结构形状有多种选择，可满足不同地区使用的要求。连接成串后可在任意电压等级上使用。盘形悬式绝缘子是高压输电线路使用最广泛的一种绝缘子。电压等级越高，对绝缘子的抗拉强度要求也越高。盘形绝缘子型号不含电压等级。如 XP-70 型盘形悬式瓷绝缘子，仅标示其机电破坏负荷为 70kN。如图 1-2 所示为常用的盘形悬式绝缘子。

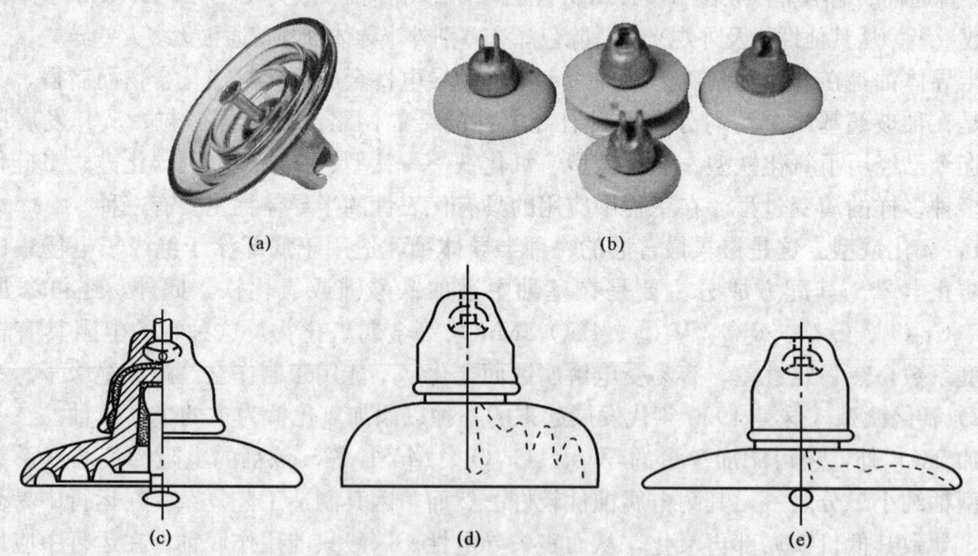

图 1-2 盘形悬式绝缘子

(a) 玻璃绝缘子照片；(b) 瓷绝缘子照片；(c) 普通型；(d) 钟罩型；(e) 空气动力型

(2) 棒形悬式绝缘子。棒形绝缘子的优点是结构简单，绝缘部件属于不可击穿型，不必检测零值。棒形悬式绝缘子的绝缘部件有电瓷和复合材料两类。

1）瓷棒形绝缘子。瓷棒形绝缘子的绝缘体由高强度氧化铝瓷等制作，其瓷材料承受拉力，如图1-3（a）所示。由于瓷材料本身耐压不耐拉，很难制造出具有很大机械破坏负荷的产品，应用面受到限制。瓷棒形绝缘子主要在欧洲生产和应用，由于其不必检测零值，且绝缘部件属于不可击穿型，近年我国也开始生产和应用。一般情况下，长棒型瓷绝缘子串110kV为1节，220kV为2节，500kV为3～4节，每节都带有均压环和招弧角。

2）复合棒形绝缘子。图1-3（b）所示的复合棒形悬式绝缘子具有质量轻、机械强度高、制造工业简单、耗能小、耐污闪能力强等优点。在我国应用广泛，我国目前已经挂网400万支以上，但存在老化、脆断等问题。应用复合棒形绝缘子主要目的是防止污闪。

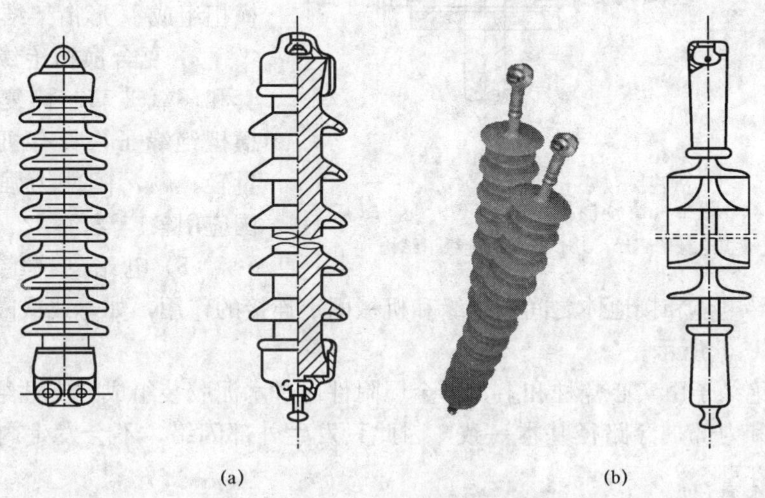

图1-3 棒形悬式绝缘子
(a) 瓷棒形悬式绝缘子；(b) 复合棒形悬式绝缘子

(3) 针式绝缘子。如图1-4所示为针式绝缘子，其顶部有一线槽，导线可固定在槽内。针式绝缘子主要应用于6～10kV的配电线路。在国外的20～35kV系统中也有使用，其缺点是老化率高，尺寸较大，目前逐渐被悬式绝缘子替代。

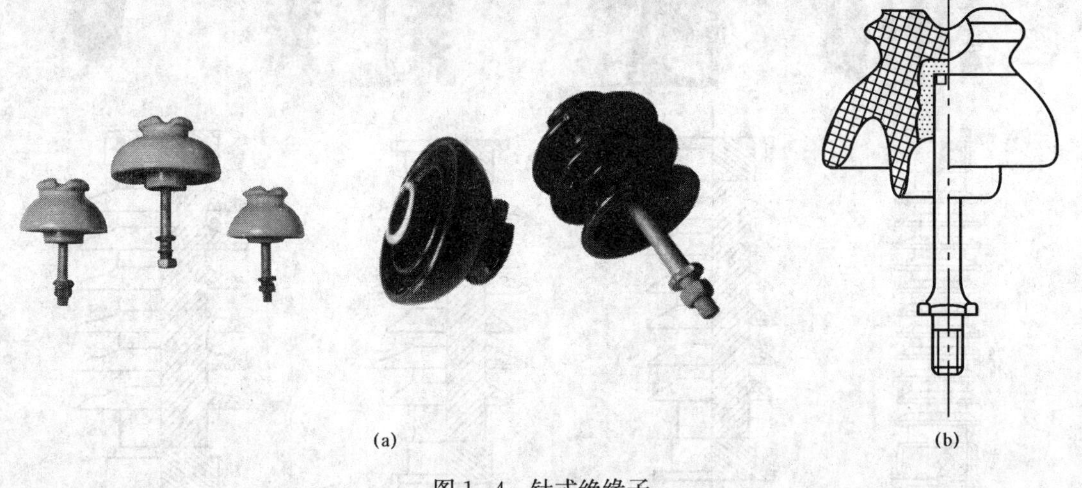

图1-4 针式绝缘子
(a) 针式绝缘子照片；(b) 针式绝缘子结构

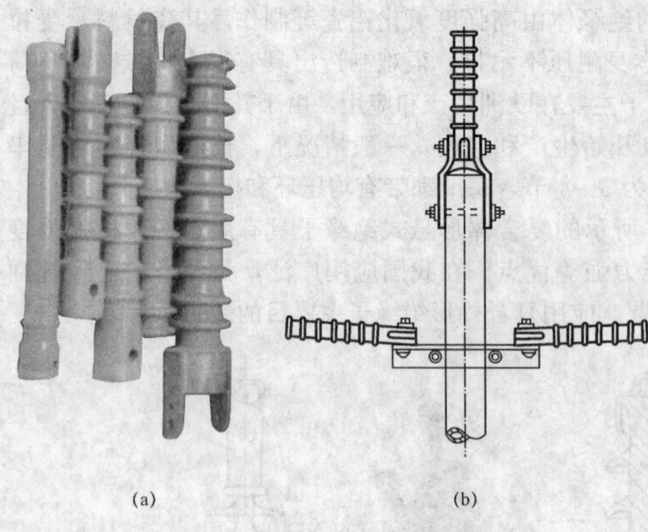

(a) (b)

图 1-5 瓷横担绝缘子

(a) 瓷横担绝缘子照片；(b) 瓷横担绝缘子结构

(4) 横担绝缘子。

1) 瓷横担绝缘子。图 1-5 为棒形瓷横担绝缘子，安装在电杆上支撑导线，既作为导线对地绝缘，又起横担的作用。电压等级较高时，对横担的机械强度要求也较高，横担绝缘子要承受弯矩的作用，单臂式不能满足要求时，可以采用两组横担组成 V 形衔架结构。

2) 复合横担绝缘子。硅橡胶护套和环氧玻璃芯棒复合材料制造的横担绝缘子，具有机械强度高、质量轻、耐污闪能力强等优点，在美国应用较广泛。

(5) 电站支柱绝缘子。电站支柱绝缘子承担导电体和接地体之间的绝缘和机械固定连接的作用，如母线或隔离开关的支柱绝缘子，如图 1-6 所示。

电站支柱绝缘子由实心瓷柱和上、下金属附件通过水泥胶装组成。支柱绝缘子沿外部空气的闪络距离和内部贯穿路径基本一致，因此只发生外部闪络，不会发生内部瓷介质的击穿，是不可击穿型。

在电压等级较高时，采用多节串联。支柱绝缘子承受弯矩和扭矩，为提高机械强度，采用几组并联的方式。近年来，我国研制了瓷柱为芯棒、以硅橡胶为护套的复合电站支柱绝缘子。以瓷件承受机械力，圆柱形瓷件比带伞裙的瓷件易烧制，机械强度更高，硅橡胶的耐污闪能力强，具有瓷绝缘子和复合绝缘子的优点，具有较好的发展前景。

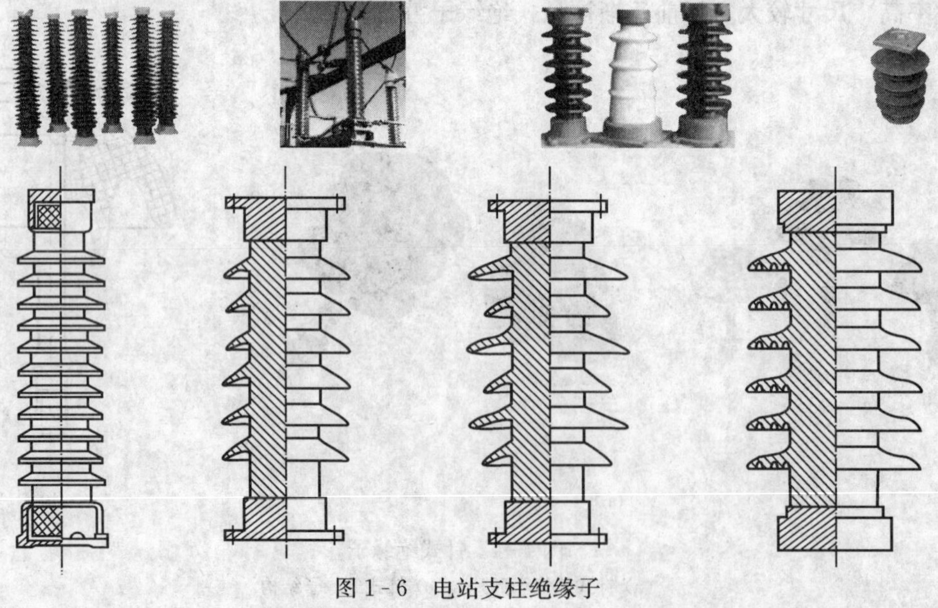

图 1-6 电站支柱绝缘子

(6) 瓷套。瓷套作用是作为电器内绝缘的容器，如电流互感器的瓷套、断路器的瓷套，如图 1-7 所示。

瓷套的要求和支柱绝缘子一致，均对伞裙结构有较高的要求，要求有较高的耐污闪和雨闪能力。

瓷套外径一般较粗，外径增加，其耐污闪和雨闪能力下降，因此，瓷套外绝缘的电气强度有更高的要求。特别是电流互感器的瓷套，结构形状是上细下粗，伞裙间更容易被雨水和冰凌桥接，耐雨闪和冰闪能力较低，在运行中问题较为突出。

图 1-7 套管绝缘子

(7) 套管。套管的作用是将载流导线引入变压器或断路器等电气设备的金属箱内或母线穿过墙壁时的引线绝缘。

套管是一种典型的具有强垂直介质表面分量的绝缘结构，表面电压分布极不均匀，在中间法兰边缘处电场十分集中，很容易从此开始电晕和滑闪放电。

套管的绝缘材料一般是电瓷，近年来开发了复合材料套管。由于硅橡胶有很好的耐污能力，复合套管的使用量增加很快，发展势头很好。

1.3 绝缘子几何参数

(1) 爬电距离或泄漏距离。绝缘子爬电距离是指正常承受运行电压的二电极（即钢脚和钢帽之间）间沿绝缘件外表面轮廓的最短距离，如图 1-8 中二点间虚线所示的距离。绝缘子爬电距离一般以公称值表示。绝缘件表面如涂覆半导电釉，也包括在爬电距离之内。多元件串接或叠接的绝缘子，其爬电距离为各元件爬电距离之和。棒形绝缘子属整体结构，爬电距离是指绝缘子上端部金具与下端部金具球头之间沿各个伞裙表面轮廓与芯棒表面形成的距离总和。

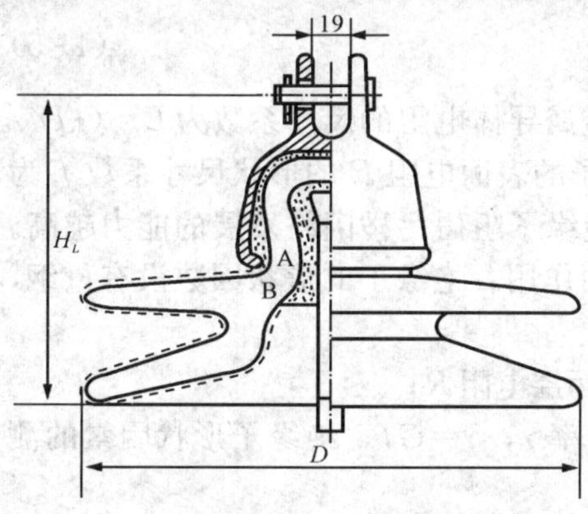

图 1-8 绝缘子爬电距离的意义

爬电距离是绝缘子的重要特性之一。运行经验表明，在一定的合理的伞裙布置条件下，绝缘子的污秽闪络电压随其爬电距离的增加而提高。因此污秽绝缘特性的测量和计算以及污秽地区外绝缘的选择都要涉及绝缘子爬电距离的测量或计算方法。

对于复合绝缘子，尽管高温硫化硅橡胶外套材料具有比陶瓷材料绝缘子优越的表面憎水性性能，但这种材料会老化，其憎水性性能可能会消失，因而各国普遍推荐复合绝缘子也应采用适用于瓷和玻璃绝缘子的爬电距离的要求，否则可能会因为使用缩短了爬电距离的绝缘子而引起泄漏电流和干带电弧增加，从而缩短了绝缘子的寿命。

(2) 爬电比距。爬电比距是指绝缘子（串）的爬电距离与设备最高电压或试验电压均方

根的$\sqrt{3}$倍或电网额定线电压的比值，即

$$\lambda = L/u_n \tag{1-1}$$

式中：λ 为爬电比距，cm/kV 或 mm/kV；L 为绝缘子（串）的总爬电距离，cm 或 mm；u_n 为电网额定线电压，kV。

爬电比距是电力设备外绝缘设计中的重要技术指标。爬电比距值的选取是由绝缘子所在地区的污秽等级所决定的。在一定的污秽环境条件下，要满足相应的爬电比距值。

（3）绝缘子表面积。绝缘子的表面积是指其绝缘部件外露部分的总面积，即爬电距离绕绝缘子纵轴旋转一周所形成的面积，如图 1-8 所示。绝缘子表面积是测量污秽度时计算等值附盐密度所需要的一个定量参数，单位为 cm^2。绝缘子表面形状是不规则的，无法用简单的数学表达式来表示其表面形状，因此采用如下方法进行测量和计算：

1）将绝缘子沿其爬电距离径向分成许多小等份，即 Δl_1、Δl_2，…，Δl_n；

2）测量微段 Δl_i（i=1，2，3，…，n）对应的平均直径 D_i；

3）绝缘子表面积 A 为

$$A = \Delta A_1 + \Delta A_2 + \cdots + \Delta A_n = \sum_{i=1}^{n} \pi D_i \Delta l_i \quad (i=1, 2, 3, \cdots, n) \tag{1-2}$$

（4）形状因数。绝缘子的形状因数是指其外绝缘表面沿爬电距离所取的微段 dL 与该处圆周长 πD 之比沿爬电距离全长的积分值，即

$$f = \int_0^{L_P} \frac{\mathrm{d}L}{\pi D} \tag{1-3}$$

式中：f 为绝缘子的形状因数；dL 外绝缘表面爬电距离微段；πD 为微段 dL 处的外绝缘表面圆周长，是 dL 的函数，cm；L_P 为绝缘子爬电距离，cm。

众所周知，直径为 D 的均匀圆形截面的金属导体的电阻 R 与其长度 L 成正比，与其截面积 S（$\pi D^2/4$）成反比，即

$$R \propto \frac{L}{\pi D^2} \tag{1-4}$$

类似地，对于表面附着均匀湿润污秽导电层的高压绝缘子，其表面污层电阻的微小部分 ΔL 也是与泄漏距离的微段 dL 成正比，与污层圆环微小部分的周长 πD（L）成反比，即

$$\mathrm{d}R \propto \frac{\Delta L}{\pi D} \tag{1-5}$$

因此，类似于一根均匀直径 D、长为 L 的圆柱形金属导体电阻的尺寸系数为 $L/(\pi D^2/4)$ 一样，表面附着有均匀湿润污秽导电层的高压绝缘子的表面电阻 R 的形状尺寸系数 f 为式（1-3）所示的积分值。此形状系数越大，表明此绝缘子阻碍污秽闪络发展的能力越高。因此，形状系数在污秽地区绝缘子的选型中具有重要的作用。绝缘子的形状因数没有量纲，由其外形尺寸决定。绝缘子的形状因数具有如下特征：

1）绝缘子表面污层电阻率 ρ 乘以形状因数 f 则为污层电阻 R；

2）绝缘子表面电导 G 乘以形状因数则为表面电导率 γ，$\gamma = Gf$，绝缘子形状因素的测量及计算与表面积的测量及计算相似，即

$$f = \frac{\Delta l_1}{\pi D_1} + \frac{\Delta l_2}{\pi D_2} + \cdots + \frac{\Delta l_n}{\pi D_n} = \sum_{i=1}^{n} \frac{\Delta l_i}{\pi D_i} \tag{1-6}$$

（5）绝缘子伞径、高度。绝缘子的盘径是绝缘子伞裙圆盘的直径，如图 1-8 中的 D；绝缘子的高度是指绝缘子安装的结构高度，包括绝缘件的高度和金具的高度，如图 1-8 中的 H。

1.4 绝缘子发展趋势

1.4.1 国外绝缘子发展状况

(1) 技术水平。瓷绝缘子行业的技术发展已比较成熟，与其他新兴行业相比，发展速度相对来说比较缓慢。目前国外瓷绝缘子行业总的发展趋势是进一步完善制造技术，提高瓷材料强度利用率，产品向高电压等级、高强度等级方向发展，如日本NGK已研制出840kN的瓷悬式绝缘子。国外在运行的线路瓷绝缘子最高电压等级为1200kV。玻璃绝缘子因其便于大批量生产和强度高而受到广泛重视并大量使用。有机复合绝缘材料具有瓷材料无法替代的性能，其产品体积小、质量轻、制造工艺简单、具有憎水性和耐污性等特点，许多国外大公司都在开发研究，如日本的NGK公司、法国的SEDIVER公司等以制造瓷或玻璃绝缘子为主的公司，也都在进行提高复合绝缘子性能的研究。

(2) 工艺水平。日本NGK公司的瓷绝缘子制造水平一直处于世界领先地位，主要表现在生产稳定、分散性低、强度等级高、瓷材料强度利用率高、外观质量好等方面。国际上，主要生产玻璃绝缘子的厂家有法国的SEDIVER公司和意大利的迪艾夫公司，年产量都在1000万片以上，制造工艺和技术成熟稳定。复合绝缘子目前正处于发展期，线路型复合绝缘子多采用高温硫化硅橡胶。主要生产厂商有美国的可靠公司、德国的HONSTOR公司等。

(3) 生产能力、规模。总的来看，目前世界上线路绝缘子的生产能力大于市场需求。瓷绝缘子生产量最大的有日本NGK公司、欧洲电瓷公司等。近年来印度电瓷工业异军突起，以其批量大、价格低、质量可靠而大量进入我国市场。

1.4.2 国内绝缘子发展现状

截止2008年，我国共有线路型绝缘子生产企业约200多家，其中，具有一定生产规模的企业有40多家，主要有南京电气（集团）有限责任公司、西安西电高压电瓷有限责任公司、大连电瓷有限公司、苏州电瓷有限公司等。西安电瓷研究所是线路绝缘子的技术归口单位。目前，我国直接安装在暴露环境中作为电力系统绝缘的大多数仍是瓷绝缘子和玻璃绝缘子。运行经验表明，瓷绝缘子和玻璃绝缘子的优点是具有很好的稳定性、很高的机械强度和低廉的原材料成本。缺点是易破碎、体积大、质量笨重、在污秽条件下易闪络及生产和交货时间长。有机复合绝缘子的优点是质量轻、防污秽性能优良、生产和交货时间短及对外力破坏的抵抗力强，同时它还有优越的抵抗机械冲击负荷的能力，可缩短输电线路的重建工期，并可降低工程造价。缺点是会受气候降解、原材料费用高、寿命期望值很难评定、长期可靠性还不太清楚和绝缘子故障检测较困难。

1.4.3 绝缘子市场需求趋势

改革开放以来，随着我国国民经济的蓬勃发展，电力工业也有了长足的发展。发电设备总装机容量由1979年的6302万kW提高到了2005年的50841万kW，发电量由1979年的2820亿kWh提高到了2005年的24747亿kWh。但目前我国发电设备的装机容量和全国发电量仍然满足不了社会用电日益增长的需要。“十六大”确立了全面建设小康社会，国内生产总值到2020年比2000年翻两番的目标，综合国力和国际竞争力将明显增强，基本实现工业化，建成完善的社会主义市场经济体制和更具活力、更加开放的经济体系。为满足国民经济发展的需要，发电设备的装机容量将以4%～5%的速度逐年增长，2008年总装机容量已达8亿kW，发电量3.5万亿kWh。线路绝缘子是输变电设备的重要组成部分，发电设备和输变电线路的迅猛发展极大地促进了线路绝缘子的发展。按照统计数据，每新增1万kW装机容量需要高压电瓷70～90 t左右，其中架空线路用绝缘子占70%，2005～2010年每年架空线路用绝缘子需要11.76～15.02万t，兼顾考虑西部大开发、西电东送、铁路电气化以及维修用的需求，“十一五”期间年均需架空线路用绝缘子约14～18万t。从产品结构方面看，在未来一段时间内，瓷绝缘子、钢化玻璃绝缘子和复合绝缘子的需求量分别占40%、25%和35%，即“十一五”期间，瓷绝缘子的年需求量约为5.6～7.2万t。

1.4.4 绝缘子技术发展趋势

有机复合绝缘子是快速发展的新材料绝缘子，它体积小、质量轻、无需检零值，而且由于硅橡胶材料的憎水性可大大提高复合绝缘子的污秽耐受电压。目前，各类芯棒的制造水平也大大提高，而且质量稳定，产能相当大，完全可以满足有机复合绝缘子制造行业的需求。以压接式结构为主的产品，经过这几年工艺的不断改进已经成为一种先进工艺的代表而得到普遍推广应用。由我国自行生产的750kV、210～300kN，1000kV、530kN复合绝缘子已通过国家鉴定，已投入使用。可以说，该电压等级复合绝缘子的制造水平已达到国际先进水平。

瓷绝缘子具有良好的化学稳定性和热稳定性，几乎不老化变质，并具有良好的电气和机械性能。已有大盘径、300～530kN大吨位、普通型及钟罩型伞等新品种出现。但总体来说，这些年瓷绝缘子生产企业的数量基本上没有增加，而是在激烈的市场竞争中通过整合和重组等方式而减少。

玻璃绝缘子的突出优点是“零值自爆”，因此它在易受大面积严重污染的电网中具有不错的应用前景。由于生产玻璃绝缘子所需的生产设备复杂、投资大、技术高，因此，生产玻璃绝缘子的企业数量不多。国内目前有自贡SEDIVER公司、南京电气（集团）有限责任公司、天津DIELVE公司3家企业可生产300～530kN玻璃绝缘子。

直流绝缘子是绝缘子中的一个新品种。无论是国内还是在国外，在直流输电线路上都已应用过有机复合绝缘子、瓷绝缘子和玻璃绝缘子，数量虽不大，却积累了一定的运行经验。国内主要是依靠几个大制造厂和研究所开展这方面的研发工作，由他们提供一定数量的产品投入运行。今后，随着我国已规划的十几条直流输电工程的陆续开工建设，对直流绝缘子将会有很大的需求。

长棒形瓷绝缘子是线路绝缘子中的另一个新的品种。这种绝缘子主要应用在以德国为主的欧洲地区，主要是因为它继承了悬式瓷绝缘子的优点，具有质量较轻（介于盘形悬式瓷绝缘子和有机复合绝缘子之间）、抗老化性能好、耐污秽性能较高、自洁性能强（伞形为开放的空气动力型，无须清扫）、使用维护简单方便、不可击穿、电气性能好且稳定、抗破坏强度高和运行维护费用低等优点。

1.5 与污秽绝缘有关的基本术语

(1) 绝缘子。一般由固体绝缘材料制成，安装在不同电位的带电体之间或带电体与接地体之间，同时起电气绝缘和机械支撑作用。不同型式绝缘子的结构、外形虽有较大差异，但都是由绝缘本体和连接金具两大主要部分组成的。

(2) 外绝缘。指空气间隙绝缘和暴露在大气中的绝缘子表面的绝缘。外绝缘的耐受电压值与大气条件密切相关。气隙击穿和沿面闪络是外绝缘丧失绝缘性能的表现形式，一般来说，击穿或闪络发生后，空气绝缘性能可自动恢复，属于自恢复性绝缘。

(3) 内绝缘。指不与大气直接接触的绝缘，其耐受强度与大气条件无关。内绝缘可由固体、液体、气体或多种介质的组合而成，内绝缘一旦击穿往往不能自动恢复，属于非自恢复绝缘。

(4) 自恢复绝缘。自恢复绝缘的绝缘性能破坏后可以自行恢复，一般是指空气间隙和与空气接触的外绝缘。自恢复绝缘的绝缘强度统计特性相对比较容易获得。

(5) 非自恢复绝缘。非自恢复绝缘放电后其绝缘性能不能自行恢复，通常是由固体介质、液体介质构成的设备内绝缘。由于影响因素较多，非自恢复绝缘的绝缘强度统计特性相对不容易获得。

(6) 击穿。绝缘物质在电场的作用下发生剧烈放电或导电的现象叫击穿。固体介质内部发生的破坏性放电，通常会造成介质绝缘性能的永久性损伤。开放型气体介质的击穿一般很快就会恢复，如图1-9所示为雷电击穿空气间隙的情况。

图1-9 雷电击穿现象

(7) 闪络。不同电位的二电极在高电压作用下，气体或液体介质沿绝缘表面（沿着固体介质和大气交界面）发生的破坏性放电现象，在闪络通道上可发生足够强的电离以产生电弧。其放电时的电压称为闪络电压。发生闪络后，电极间的电压迅速下降到零或接近于零。闪络通道中的火花或电弧使绝缘表面局部过热造成炭化，损坏表面绝缘。简单来说，沿绝缘体表面的放电叫闪络。而沿绝缘体内部的放电则称为是击穿。

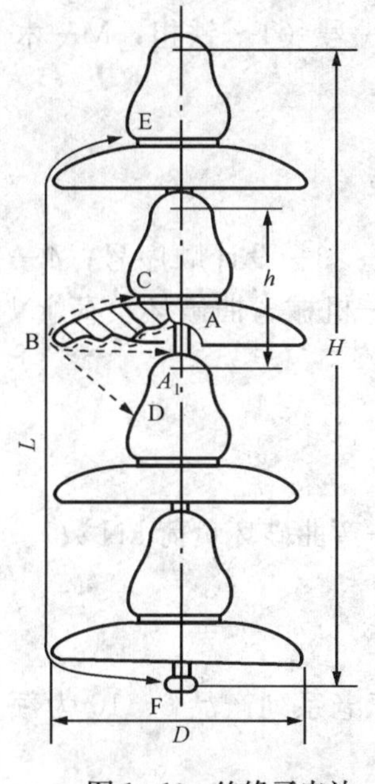

图1-10 绝缘子串放电路径

(8) 基本雷电冲击绝缘水平。在特定条件下，对自恢复绝缘施加标准雷电冲击波，所得到的90%耐受概率的雷电冲击电压幅值。雷电冲击耐受试验用的标准波为1.2/50μs。

(9) 基本操作冲击绝缘水平。在特定条件下，对自恢复绝缘施加标准操作冲击波，所得到的90%耐受概率的操作冲击电压幅值。操作冲击耐受试验用的标准波为25/2500μs。超高压电气设备必须用操作冲击波进行试验，确定操作冲击绝缘水平。

(10) 干弧距离或电弧距离。正常施加有运行电压的两电极间沿绝缘子外部空气的最短距离。当绝缘子是由若干元件串接组成时，电弧距离指上述两电极间最短距离或是各元件二端金属附件间沿元件外部空气的最短距离之和，二者中较短者，即在二个端部电极之间通过中间介质的最短放电距离，或者是最短的通过若干电极的放电距离产，如图1-10中的路径“E—B—L—F”。

(11) 连接长度。导体和支撑结构之间的直线距离，包括绝缘距离和连接金具的长度，如图1-10中的H。

(12) 泄漏距离。见 1.3 节爬电距离。

(13) 被保护泄漏距离。不直接承受阳光、风、雨等自然因素作用的绝缘表面的泄漏距离。对于悬式瓷和玻璃绝缘子来说，被保护泄漏距离是指绝缘子下表面沿棱槽的泄漏距离。

1.6 绝缘子型号特征与标示

悬式绝缘子不给出额定电压值，只给出机电破坏负荷值（110kV 线路一般使用 70kN 级绝缘子，而 500kV 线路一般使用 160kN 或 210kN 级绝缘子）。

棒形绝缘子的长度决定了适用的电压等级。棒形绝缘子型号标注要同时给出额定电压等级和对机械性能的要求。对机械性能的要求多数以弯矩形式，有时以扭矩形式。

绝缘子的机电破坏负荷定义：在试品两端的金属附件之间施加与试品工频交流湿耐受电压相等的电压，同时在试品的轴线方向施加拉伸负荷，该拉伸负荷缓慢增加，直至破坏。有时绝缘子在拉伸负荷作用下虽有机械支持，但当头部瓷件开裂时，会丧失电气绝缘能力。无论是绝缘子丧失电气绝缘能力，还是发生机械破坏，都称绝缘子破坏。在上述试验条件下，绝缘子破坏所需要的机械负荷称为机电破坏负荷。

悬式瓷和玻璃绝缘子要标示材质和机电破坏负荷，由几部分组成；棒形绝缘子不仅要标示材质和机电破坏负荷，还要标示电压等级，标示也由几部分组成。标示方法如下。

一、针式、横担、柱式和蝶式绝缘子

(1) 高压线路针式绝缘子型号标示由 6 部分组成，即

1	2	3	4	5	6

其中：1—产品型式；2—结构特征（普通型不表示）；3—设计顺序号；4—额定电压，kV；5—连接方式［L—瓷件与钢脚采用螺纹连接（安装连接螺纹直径为 M20 者不标示），B—瓷件头部上半导体釉，MC—加长的木担直脚］；6—安装连接代号（T—铁担，M—木担，W—弯脚）。

(2) 高压线路瓷横担绝缘子型号标示由 6 部分组成，即

1	2	3	4	5	6

其中：1—产品型式（S—胶装式，SC—全瓷式）；2—结构特征；3—设计顺序号；4—额定电压 kV 数，老系列产品为 50%全波冲击闪络电压 kV 数；5—机械弯曲破坏负荷 kN 数，老系列产品不表示；6—安装连接形式（Z—直立安装）。

(3) 高压线路柱式绝缘子型号标示由 4 部分组成，即

1	2	3	4

其中：1—产品型式；2—设计顺序号；3—额定电压 kV 数；4—弯曲破坏负荷 kN 数。

(4) 高压线路蝶式绝缘子型号标示由 3 部分组成，即

1	2	3

其中：1—产品型式；2—设计顺序号；3—形状尺寸序号，对于老系列产品 6、10 为额定电压 kV 数。

二、高压线路盘形悬式绝缘子

(1) 高压线路盘形悬式瓷绝缘子型号标示由 5 部分组成，即

X P 3 4 5

其中：X—产品形式；P—结构特征（包括外绝缘结构）；3—设计顺序号；4—机电破坏负荷kN数（但老系列产品在数值30以下者为吨力）；5—安装连接形式（C—槽形，球形不表示）。

（2）高压线路耐污盘形悬式瓷绝缘子型号标示由5部分组成，即

1 2 3 4 5

其中：1—产品形式；2—结构特征（包括外绝缘结构）；3—设计顺序号；4—机电破坏负荷kN数；5—安装连接形式（C—槽形，球形不表示）。

（3）高压线路盘形悬式玻璃绝缘子型号标示由6部分组成，即

L X P 4 5 6

其中：L—主绝缘结构材料特征；X—产品形式；P—结构特征；4—设计顺序号；5—机电破坏负荷kN数；6—安装连接形式（C—槽形，球形不表示）。

（4）高压线路耐污盘形悬式玻璃绝缘子型号标示由6部分组成，即

L X HP 4 5 6

其中：L—主绝缘结构材料特征；X—产品形式；HP—结构特征；4—设计顺序号；5—机电破坏负荷kN数；6—安装连接形式（球形不表示）。

（5）高压架空线路绝缘地线用盘形悬式绝缘子型号标示由6部分组成，即

X P 3 4 5 6

其中：X—产品形式；P—结构特征；3—设计顺序号；4—机电破坏负荷kN数；5—安装连接形式（C—槽形）；6—电极形式（C—耐张式，悬垂式不表示）。

（6）直流高压线路用盘形悬式绝缘子型号标示由6部分组成，即

L XZ 3 4 5 6

其中：L—主绝缘结构材料特征（L—玻璃，瓷不表示）；XZ—产品形式；3—结构特征，W—耐污型；4—设计顺序号；5—机电破坏负荷kN数；6—安装连接形式（球形连接不表示）。

（7）架空电力线路用拉紧绝缘子型号标示由3部分组成，即

1 2 3

其中：1—产品形式；2—设计顺序号；3—机电破坏负荷kN数。

产品代号序数中的前两位数字为产品类种代号（15—拉紧绝缘子）；第三、四数字为产品形式代号（10—蛋形；20—四角形；30—八角形）；第五、六位数字为产品的顺序号，从01开始按照自然数的顺序排列。

三、高压支柱绝缘子

（1）户内支柱绝缘子型号标示由5部分组成，即

1 2 3 4 5

其中：1—产品形式（Z—户内外胶装支柱瓷绝缘子，ZN—户内内胶装支柱瓷绝缘子，ZL—户内联合胶装支柱瓷绝缘子）；2—机械强度等级（仅对外胶装）；3—设计顺序号；4—

额定电压 kV 数/弯曲破坏负荷 kN 数（对外胶装型仅额定电压 kV 数）；5—安装连接形式(N—单螺孔，对外胶装型 Y、T、F、N—分别表示圆形底座、椭圆形底座、方形底座和棱形底座)。

(2) 户外针式支柱绝缘子型号标示由 3 部分组成，即

1 2 3

其中：1—产品型号；2—弯曲破坏负荷等级（A，B，D—分别代表 3、75、5.20kN)；3—额定电压 kV 数。

(3) 户外棒形支柱绝缘子型号标示由 5 部分组成，即

1 2 3 4 5

其中：1—产品形式（ZS—实心棒形，ZSX—悬挂式)；2—设计顺序号；3—额定电压 kV 数；4—弯曲破坏负荷 kN 数；5—安装连接形式代号（L 表示上下附件均为螺孔安装)。

(4) 户外棒形支柱绝缘子元件型号标示由 4 部分组成，即

1 2 3 4

其中：1—产品型式（ZS—实心棒形，ZC—操作支柱)；2—设计顺序号；3—元件高度 mm 数；4—弯曲破坏负荷 kN 数（操作支柱为扭转破坏负荷)。

结构型式 220kV 及以上棒形支柱绝缘子是由几个支柱绝缘子元件作叠装构成的绝缘子柱，其组合用元件数量按其额定电压而定，一般来说，220kV 级由 2 个元件组成；330kV 级由 3 个元件或 2 个元件组成；500kV 级由 3 个元件或 4 个元件组成；500kV 级三角架式由三柱 12 个元件或 9 个元件组成。

常用绝缘子型号标识见表 1-3。

表 1-3 绝缘子标识

绝缘子材质	型号标示
瓷绝缘子	XP-70、160；XWP-160、210；XP3-160、210、180、300；XZP-300、210、160、400；XZWP-210、300、400；XWP4-300、160、120、400
玻璃绝缘子	LXP-70、120、180、160、300、400；LXWP-210、300、160、300、400；LXZP-210、160、300、300、400
复合绝缘子	FXBW-10/70、35/100、35/70、110/70、110/100、220/120、220/160、220/180、330/160、330/180、330/210、500/160、500/180、500/210、500/300、1000/210、1000/300、1000/400、1000/530

第2章　污秽沉积与绝缘子污秽特征量

2.1　大气环境污染

随着我国经济的迅速发展，大气环境不断恶化、降水酸化日趋严重，使电力系统运行条件日益严峻。大气环境的污染主要来自于废气的排放，主要有：① 贫困污染，包括低效燃烧，森林破坏等造成的空气污染；② 现代化污染，即工厂、汽车大量使用矿物燃料排放的 SO_2、NO_x、铅、臭氧的污染和对地区酸化的影响；③ 温室气体的排放，尤其是 CO_2 排放引起的全球气候变暖。表2-1为1995～2006年我国主要工业废气排放量统计情况。

表2-1　1995～2006年我国主要工业废气排放量（数据来源—全国环境统计公报）

年度	SO_2 排放总量（万t）	工业烟尘排放总量（万t）	工业粉尘排放量（万t）	年度	SO_2 排放总量（万t）	工业烟尘排放总量（万t）	工业粉尘排放量（万t）
2006	2588.8	1088.8	808.4	2000	1995.1	1165.4	1092.0
2005	2549.3	1182.5	911.2	1999	1857.5	1159.0	1175.3
2004	2254.9	1095.0	904.8	1998	1593	1175.0	1322.0
2003	2158.7	1048.7	1021.0	1997	1852	1565.0	1505.0
2002	1926.6	1012.7	941.0	1996	1397	758.0	562.0
2001	1947.8	1059.1	990.6	1995	1405	838.0	639.0

由表2-1可以看出：自1995至2006年，SO_2 排放总量上升了84.2%，工业烟尘排放总量上升了29.9%，工业粉尘排放总量上升了26.5%。这使得电力系统的运行环境日益严峻，运行中的绝缘子表面污染随之加剧。

2.2　污秽积聚及其影响因素

工业、农业、交通运输及自然生态环境等在空气中产生大量的气相、液相和固体污秽物质。不同地区空气的污染有着不同的特点。绝缘子表面的污秽沉积与污染性质、气象气候条件、地形、地貌以及绝缘子本身的造型结构等多种因素有关。

2.2.1　污源性质和距污源的距离

绝缘子表面的积污过程取决于污面的因素，即：① 使尘埃微粒至绝缘子表面的力，如风力、重力和电场力，其中风力最重要；②污秽微粒与绝缘子表面的粘附力以及微粒之间的粘聚力。一般情况下，污秽微粒与（瓷、玻璃、复合）绝缘子表面的粘附力小于微粒之间的粘聚力。因此，洁净绝缘子表面开始时污秽积聚较慢，后来逐渐加快。影响污秽沉积量最重要的因素是绝缘子安装地点距污源的距离，如图2-1和图2-2所示。

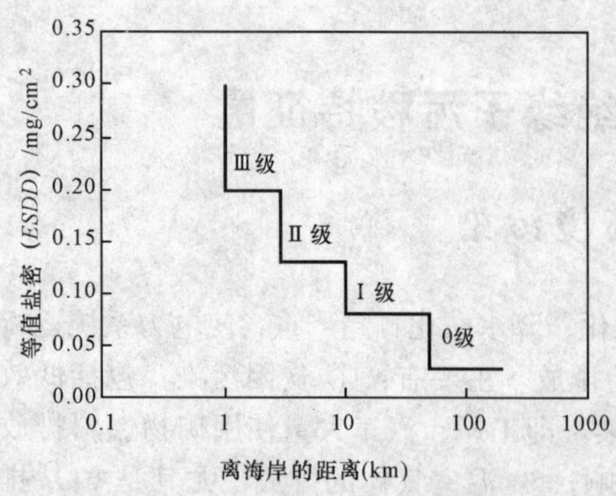

图 2-1 一般盐污条件下 XP-70 型盘形悬式绝缘子等值附盐密度与距海岸距离的关系

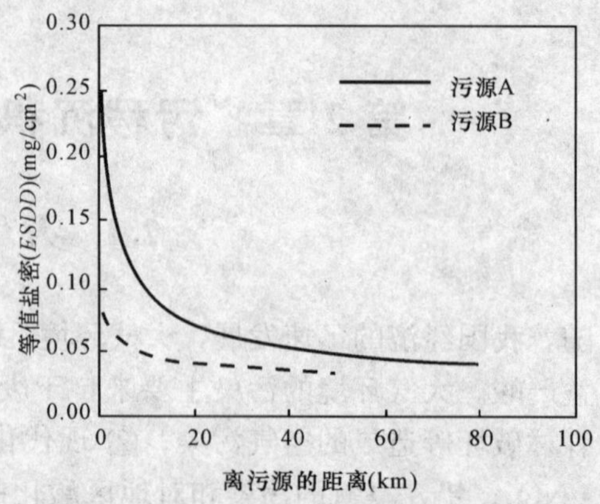

图 2-2 在工业污秽区不同地点测得的 XP-70 型盘形悬式绝缘子等值附盐密度与距污源距离的关系

2.2.2 空气的污染

大气主要是由多种气体混合组成。如果大气中不含水气、液体和固体杂质，则空气是干净的，对绝缘子外绝缘特性没有影响，这种情况下的混合气体称为干洁空气。但一般来说，大气中除了干洁空气以外，还包含着悬浮着的固体杂质和液体微粒，这就是污染的空气。所谓空气污染是指分散在空气中的有害气体和颗粒物质累积到超过空气自净化过程所能降低的程度，在一定的持续时间内有害于生物和非生物的现象。

全世界每年向大气排放的污秽物总计达 6 亿多吨，其中粉尘约占 16%，SO_2 占 24%，一氧化碳占 30%，其他占 30%。我国城市能量消费水平为 6.4 亿 t 标准煤，仅次于美国、俄罗斯而居世界第三位，而农村烧去的柴薪、农作物的茎叶、牛粪等折合标准煤达 3.1 亿 t，居世界之首。因此，相对而言，我国目前的大气污染仍十分严重，每年工业生产排放废气为 6 亿 m^3/日，降尘量约为 100 万 t/年，SO_2 排出量约为 1500 万 t/年。

空气中的污秽物不仅包括工农业生产排放的污染物质，还有海水汽溅扬入大气后而被蒸发的盐粒，被风吹起的土壤微粒等。污秽物的分布随时间、地区和天气条件而变化。对于空气中的污染物，城市多于农村，冬季和春季多于夏季。这些污秽物的沉积，对高压、超高压和特高压输电线路的外绝缘造成严重危害。

2.2.3 水分的凝结

在讨论污闪机理时将看到，只有在极不利的气象条件下，污秽才会对绝缘子的电气强度造成危害。大气从海洋、湖泊、河流以及潮湿土壤的蒸发中所获得的水分因自身的分子扩散和气流的传递而散布于大气之中。在一定条件下，水汽发生凝结而产生雾、露、霜、毛毛雨、雪、冰等是对污秽绝缘子极为不利的气象条件。

2.2.4 沉积在绝缘子上的污秽类型

按照污源特征可将绝缘子的污秽分为工业型污秽和自然型污秽两大类。

一、工业型污秽

工业型污秽是在工业生产过程中排出的烟尘废物从而在绝缘子上产生的污染物质，大多数则是由工厂烟囱排出的气相、液相和固相污物，工业性大气污染物的种类很多，根据其存在的状态可以分为气溶胶状态污染物和气体状态污染物两大类。

气溶胶是指沉降速度可以忽略的固体粒子、液体粒子或固体和液体粒子在气体介质中的悬浮体，包括粉尘、烟、飞灰、烟黑等固体微粒和其他液体微粒。在工程中，往往将上述固体污尘微粒统称为粉尘或烟尘。

气体状态污物极多，对于电力系统的外绝缘来说，主要是以 SO_2 为主的含硫化合物、以 NO 和 NO_2 为主的含氮化合物、碳的氧化物、碳氢化合物和卤素化合物五种，见表 2-2。若大气污染物是从污源直接排出的原始物质，则称为一次污染物。若是由一次污染物与大气中原有成分或几种一次污染物之间经过一系列化学或光化学反应而生成的新污染物则称为二次污染物，如硫酸烟雾和光化学烟雾等。

表 2-2　　气体状态大气污染物种类

污染物	一次污染物	二次污染物
含硫化合物	SO_2、H_2S	SO_3、H_2SO_4、MSO_4（M 代表金属粒子，下同）
碳的化合物	CO、CO_2	/
含氮化合物	NO、NH_3	NO_2、HNO_3、MNO_3
碳氢化合物	C_mH_n	醛、酮、过氧乙酰基硝酸脂
卤素化合物	HF、HCl	/

工业型污秽具体包括化工厂、冶炼厂及火电厂的排烟，水泥厂、煤矿和煤场的粉尘，循环水、冷水塔和喷水池的水雾等。工业型污秽按照产生源的类型又可分为化工污秽、水泥污秽、冶金污秽、煤烟污秽等。

（1）化工污秽。由开采化工原料和制造化工（原料）产品的工矿企业在生产过程中或由烟囱排出的废气、脏物以及化工原料粉尘沉积在绝缘子表面上而形成的。化工污秽的主要成分是各种酸、碱、盐类。不管其成分如何复杂，各种化工污秽中都含有能导电的电解质。由于电解质在潮湿污层中溶解后使绝缘子污秽层的导电能力急剧增大，因而容易引起闪络事故。

化工污秽物中还包括 SO_2 和 NO_x 等气体，在某种条件下会形成硫酸和硝酸等二次污染物，在降雨时形成酸雨，这对绝缘子运行危害也很大。例如，兰州市某化工地区空气中的氯气含量曾达到 7.93mg/m^3（实测值），绝缘子表面的平均等值盐密达 0.306mg/cm^2，最大盐密实测值达到 1.45mg/cm^2。处在该地区的 110kV 线路采用 13 片盘形悬式防污绝缘子（XWP-70）使爬电比距达到 4.7 cm/kV 后，仍有污闪事故发生。

（2）水泥污秽。水泥是重要的建筑材料，全国各地的楼房建设、公路、铁路、桥梁等的建设使用大量的水泥。水泥的主要成分是硅酸钙（$3CaO \cdot SiO_2 \cdot 2CaO \cdot SiO_2$）和铝酸钙（$3CaO \cdot Al_2O_3$）、铝铁酸钙（$4CaO \cdot Al_2O_3 \cdot Fe_2O_3$），即水泥中含有的主要成分为 CaO、$SiO_2$、$Al_2O_3$ 和 Fe_2O_3 等。水泥生产过程是以处理粉状物料为主的工艺流程，如破碎、粉磨、运输和包装等，因此产生大量粉尘。水泥虽是一种较难溶解的弱电解质，但易于吸潮，形成硬垢结壳，不易清扫，运行维护较困难。在生产、运输和建筑工地上扬起的水泥粉尘降落在运行中的绝缘子表面上，因雨水冲洗效果小，清扫又十分困难，附着于绝缘子表面的沉积量将与日俱增，每年总量可达 40mg/ cm^2，往往是上表面少，下表面多。水泥污秽如果兼有其他强电解质污秽时，由于水泥粉尘的保水作用，使强电解质充分溶解，导电率大大增加，绝缘子的污闪电压大为降低，因此水泥污秽造成的危害极大。

(3) 冶金污秽。冶金类污秽的种类繁多，主要是炼钢厂、炼铝厂及其他有色金属冶炼厂在生产过程中排出的污秽物，包括 SO_2 等有害气体及各种金属粉尘。钢铁厂的金属粉尘与气相污物 SO_2 起化学反应可生成 $Fe_2(SO_4)_3$，与冷水塔或喷水池产生的水雾混合后，污物中的亚硫酸根和金属氧化物大量增加，进一步加剧了绝缘子的污染程度。炼铝厂附近空气中含有大量的铝矾土、二氧化硅、氟化物和含碳物质等强电解质，危害性很大。冶金型污秽一般都属于强电解质，对电力系统的外绝缘有严重威胁。

(4) 煤烟污秽。煤碳直接燃烧是造成大气污染的主要原因之一。煤和煤气是人类生活和生产中使用最广泛的燃料，其燃烧生成的大气污染物除了烟黑和飞灰外，还有 CO_2、CO、NO_x、SO_2 等多种气体污物。烟黑是煤受热分解而成的微小炭粒未完全燃烧而成的。飞灰则是由灰粒和部分未燃尽的焦炭细粒组成，含有各种金属氧化物。煤烟污秽属于强电解质，危害极大，煤烟污秽是火电厂地区外绝缘污闪的重要污源。火电厂是用煤大户，是构成煤烟污秽的一个重要来源。有冷却塔时，火电厂造成的污秽更为严重。一方面是冷却塔排出的热空气遇到冷空气容易凝结成水滴飘落到周围地区，另外电厂循环水经加酸处理后含有大量的酸根离子和金属离子，使水滴的电导率增加，所以冷却塔的水雾对污染有直接影响。

(5) 交通运输污秽。交通运输污源又称为流动污源，是影响范围较大的一种污秽。我国各种机动车辆逐年增多，老、旧车辆和机动船的耗油量高、排污量大。农村和城市建设过程中的道路状况不良也加剧了污秽的严重程度。火车、汽车等车流量大的地区往往是大气污染最严重的地区。

二、自然污秽

自然污秽是在自然条件下所产生的污秽，包括尘土污秽、盐碱污秽和海水盐雾污秽等类型。鸟粪污秽则是一种特殊形式的自然污秽。除此之外，绝缘子覆冰积雪也是一种特殊形式的自然污秽。

(1) 尘土污秽。尘土污秽是指从地面扬起的尘土以及农作物施加的化肥和农药等。在尘土污秽地区，绝缘子的污染程度主要取决于土壤的性质，特别是土壤的含盐量、可溶性与生成电解质的能力，风对土壤的侵蚀以及尘土在绝缘子表面上的粘附能力等。

(2) 盐碱污秽。盐碱地区的扬尘微粒及盐碱水面蒸发后在空气中留下的盐碱微粒属于盐碱污秽。盐碱污秽含有较多的可溶性导电成分，并容易吸潮。绝缘子的污染程度取决于土壤的含盐量以及风力作用下土壤表面微粒的扬起能力。

在盐碱地区，不仅尘埃中含有大量能溶于水而生成电解质的微粒，而且大多数盐碱地区也存在含有可溶矿物质的水域。根据土壤盐渍化的程度可分为四类：弱、中、强、很强含盐土壤，其可溶于水的盐的计算含量分别为 $<0.5\%$、$0.5\%\sim1.5\%$、$1.5\%\sim3.0\%$、$>3.0\%$。

土壤中易溶于水而生成离子的盐分量，以及在风力作用下能从土壤表面扬起的微粒，风自盐湖水库表面吹起含导电物质的水珠蒸发后在空气中留下的可游离物质等，最易造成绝缘子严重污染。因此，属于盐碱地区的沙漠和半沙漠地带是属于重污秽区。

盐碱地区绝缘子污秽的特点：因风雨的净化作用，上表面的积污要比下表面小好几倍，而下表面有棱的绝缘子污染特别严重。

（3）海盐或海水污秽。海水污秽主要发生在海洋沿岸，在紧靠海边几百米以内的绝缘子常常被海水飞沫直接湿润。但顺着流入海洋的江河也可以扩展到离海岸较远的地区。由于海浪冲击海岸和风力的作用，海边空气中含有大量的海水微粒。海风的风速能达到 5～6m/s 以上，最大高度可达到 1000～1500 m，深入陆地的距离一般为 20～50 km。海水或海盐污秽与海边的地形、海水含盐量、风向及风力等多种因素有关。

引起海水含盐量变化有三个主要因素，即蒸发过程、大气降水、冰川的形成以及融化。海水含盐量一般为海水的 3.5%，即 1.0kg 海水平均含 35g 盐，海水的密度通常为 $1.03\times10^3 kg/m^3$，死海的密度最高，为 $1.10\times10^3 kg/m^3$ 以上。

海盐污秽或海水污秽的过程有下面几种典型情况：

1）海水的小水滴被风吹到陆地的干燥空气中，水分蒸发而形成小颗粒的盐分沉积在绝缘子表面上；

2）在紧靠海边的几百米以内的绝缘子常被海水飞沫直接湿润；

3）在不利的气象条件下，海水水滴或盐粒可以构成雾的凝聚核心而形成海雾或盐雾，使绝缘子表面受到湿润。

（4）鸟粪污秽。鸟粪污秽是指鸟类粪便直接飞洒在绝缘子表面造成的一种特殊污秽形式。在广阔的田野、森林、草原和盐碱地区，不仅绝缘子上堆积的干鸟粪因受潮而使绝缘性能下降，而且几率最大的闪络原因是鸟停留在杆塔的末相上排粪，粪流污染绝缘子导致沿粪流放电。

鸟粪是粪与尿的混合体。鸟类独特的排泄系统最终会把机体消化蛋白质剩下的含氮废物转变成尿酸。这样可以节省大量的水分。于是我们看到鸟粪上白色的部分，其实就是鸟高度浓缩的尿液。尿酸的 pH 值为 3.89，虽然酸性较弱，但足以对金属结构产生腐蚀。鸟粪中含有不少铵盐，这些铵盐在潮湿的情况下会与金属产生电化学反应，从而破坏金属的强度并导致绝缘子发生污秽闪络。

在夏季和秋季的清晨或夜间，鸟粪污秽对 220kV 及以下电压等级的线路是最危险的。

（5）覆冰积雪。绝缘子覆冰积雪是一种特殊形式的污秽，这里所指的覆冰积雪污秽是指绝缘子覆冰积雪后，冰层和积雪层中所含有的可溶于水的导电物质。空气中存在各种形式的污秽微粒，覆冰和积雪过程中，这些导电或不导电的污秽微粒成为冰粒或雪粒的冻结核。积覆在绝缘子表面，当冰层或积雪层融化时，明显提高绝缘子的表面电导，导致绝缘子在运行电压下发生闪络事故，这种闪络事故称为冰闪，也是一种特殊形式的污闪。因此绝缘子覆冰积雪也是一种特殊形式的污秽。

覆冰积雪这种特殊形式的污秽，其表征方式与传统污秽有一定的差异。主要采用绝缘子覆冰重量和覆冰水电导率等参数来表征，在覆冰特征参量中将另行讨论。

2.3　表征污秽绝缘子运行状态的特征量

合理选择表征污秽绝缘子运行状态的特征量，或污秽参数，就可以通过对各类污秽的测量来确定绝缘子的污秽程度，定量地划分污秽水平，为设计及运行维护提供可靠依据。到目前为止，国内外没有找到一个统一的能够确切地表征污秽绝缘子运行状态的特征量。目前常用的污秽特征参数有以下几种。

2.3.1 等值附盐密度（ESDD）

等值附盐密度（Equivalent Salt Deposit Density）是绝缘子在自然环境下积污（包括自然污秽和工业污秽）程度表示方法之一，是指绝缘子表面每平方厘米的面积上附着的污秽物中导电物质的含量所相当的 NaCl 的量（mg/cm^2），简称等值盐密，可简写为 ESDD。等值盐密表征污层中可溶性物质导电率的大小，直观地反映了绝缘子的污秽程度，测量简单，对测量的技术要求不高，在我国有较长的应用历史和较广泛的应用基础，有较丰富的以等值盐密指导防污闪工作的经验，是我国目前在防污闪工作中用以表征污秽度最为重要的基本参数。

污秽闪络过程可分为积污、污秽湿润、干带形成并产生局部电弧和局部电弧发展成完全闪络四个阶段。等值盐密只反映绝缘子污闪过程中的第一个阶段，即积污阶段，不表征污秽的受潮、干带形成、局部电弧产生和发展等过程。因此，等值盐密与污闪电压之间没有直接关系，仅与绝缘子的污秽量、成分和性质有关，所以称为污秽的静态参数。

测量等值盐密的仪器和工具有：电导率仪、量筒（500～1000ml）、烧杯、镊子、纱布、毛刷（毛长 15～35mm）、脱脂棉、温度计等。常用的电导率仪有 DDS-11A 型、DDB-6200 型、BSD－A 型和 SC82 型等。等值盐密的具体测量方法如图 2-3 所示。

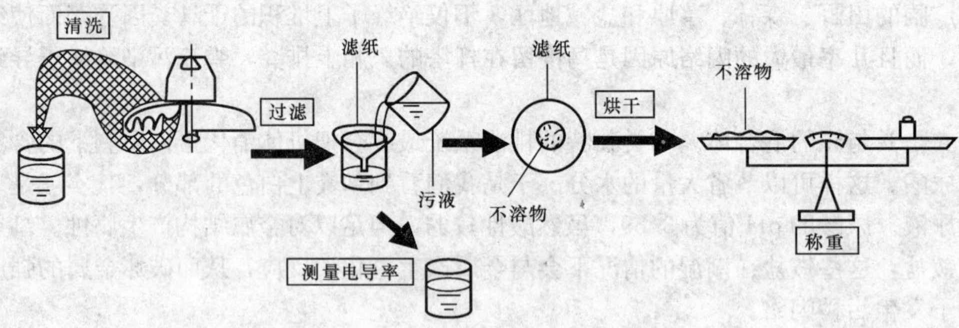

图 2-3 盐密与灰密的测量流程图

盐密的测量和计算过程如下：

（1）以一定量的蒸馏水❶将绝缘子表面绝缘部件上的污秽物全部清洗下来❷；

（2）将水分成 2～3 份，用浸湿的脱脂棉或刷子将上、下表面的污秽物质洗下（同一表面洗刷 2～3 次），将洗下的污液全部收集于干净的容器（烧杯）内（清洗前、后水量不应有明显变化），将含有污秽物的布、脱脂棉或刷子放入烧杯中，使污秽物充分溶解；

（3）将污液充分搅拌，待污物充分溶解后，用电导率仪测量污液在该温度下的电导率 γ_t，并且测定污液的温度。由电导率仪测定的污液电导率应按下式换算到 20℃时的值，即

$$\gamma_{20}=k_t \cdot \gamma_t \tag{2-1}$$

式中：γ_{20} 为 20℃时污液电导率，$\mu S/cm$；γ_t 为 t℃时污液电导率，$\mu S/cm$；k_t 为污液的温度

❶ 其电导率小于 $10\mu S/cm$，清洗绝缘子的用水量一般为每 $1500cm^2$ 表面积用水 300ml，具体用水量依据绝缘子表面积按正比例换算，但不得少于 100ml。

❷ 清洗范围为除铁帽、钢脚及胶装水泥面以外的全部绝缘部件表面，测量用的烧杯、量筒、毛刷等工具必须清洁，工作人员的手也应该洗净，以免影响测量的准确性；洗刷时，布、脱脂棉和刷子等应浸入烧杯内的蒸馏水中，并测量蒸馏水的电导率和温度。

换算系数，见表 2-3。

表 2-3　　电导率温度换算系数（GB/T 16434—1996）

t（℃）	1	2	3	4	5	6	7	8	9	10
k_t	1.6511	1.6046	1.5596	1.5158	1.4734	1.4323	1.3926	1.3544	1.3174	1.2817
t（℃）	11	12	13	14	15	16	17	18	19	20
k_t	1.2487	1.2167	1.18596	1.1561	1.1274	1.0997	1.0732	1.0477	1.0233	1.0000
t（℃）	21	22	23	24	25	26	27	28	29	30
k_t	0.9776	0.9559	0.9350	0.9149	0.8954	0.8768	0.8588	0.8416	0.8252	0.8095

将表 2-3 的数据进行数据拟合，可得 k_t 与温度的关系表示为

$$k_t = p_1 \times p_2^t + p_3 \tag{2-2}$$

式中，$p_1=1.28704$；$p_2=0.96128$；$p_3=0.41571$。式（2-2）计算结果与表 2-3 的相对误差的绝对值小于 0.11%。

将通过温度换算后的电导率由“含盐量—电导率”关系查出相应的等值含盐量 N_s，再按下式计算出绝缘子表面单位面积的含盐量，即

$$S=\frac{N_s Q_w}{A_s} \tag{2-3}$$

式中：S 为绝缘件表面单位面积含盐量，即等值盐密（$ESDD$），mg/cm²；Q_w 为清洗污秽用的蒸馏水量，mL；A_s 为绝缘子绝缘部件总面积，cm²；N_s 为 100mL 溶液中含盐的毫克数，mg/100mL，由表 2-4 查出。

表 2-4　　污秽绝缘子清洗液电导率与含盐量的关系（GB/T 16434－1996）

NaCl 含量 N_s（mg/100ml）	γ_{20}（μS/cm）	NaCl 含量 N_s（mg/100ml）	γ_{20}（μS/cm）
500	8327	8	151
350	6000	6	114
250	4340	5	96
200	3439	4	77
224000	2026000	150	2601
16000	167300	100	1754
11200	130100	90	1584
8000	100800	80	1413
5600	75630	70	1241
4000	55940	60	1068
2800	40970	50	895

续表

NaCl 含量 N_s（mg/100ml）	γ_{20}（μS/cm）	NaCl 含量 N_s（mg/100ml）	γ_{20}（μS/cm）
2000	29860	40	721
1400	21690	30	545
1000	15910	20	368
700	11520	10	188

在清洗和测试过程中，应注意如下事项，即：

（1）清洗污物的蒸馏水的电导率不应超过 10μS/cm；

（2）对于一片普通型绝缘子（即表面积≤1500cm^2）试品用水量一般为 300mL。当被测绝缘子表面积与普通绝缘子不同时，可根据面积大小按比例适当增加用水量，在现场测量中，为便于比较和测量准确，清洗绝缘子的用水量为

$$Q_x = 300\frac{A_x}{A_0} \tag{2-4}$$

式中：Q_x 为所测试品用水量，mL；A_x 为所测试品绝缘件表面积，m^2；A_0 为普通标准悬式绝缘子（XP-70）瓷件表面积，cm^2。

在工程应用中，一般根据 GB/T 16434—1996 的建议，用水量一般可按表 2-5 进行。

表 2-5　　绝缘子表面积与盐密测量用水量的关系

面积 A_x（cm^2）	≤1500	1500<A_x≤2000	2000<A_x≤2500	2500<A_x≤3000
用水量 Q_x（ml）	300	400	500	600

（3）运行绝缘子盐密测量的取样。对于现场运行的绝缘子，对其进行盐密测量时，一般取普通悬式绝缘子串上、中、下三片的平均值，也可以取整串测量的平均值作为测量结果。

在测量其他型式绝缘子表面的盐密时，要考虑与普通型的差别。根据某些地区的经验，对于双伞型防污绝缘子，其测量值取在相同污秽环境条件下为普通型绝缘子平均值的 50%。

对于 500kV 及以上的绝缘子串的取样，也按照取上、中、下三片的平均值的规定。如果条件许可，也可以取上二、中二、下二共六片绝缘子的平均值的作法，测量时注意比较测量结果，以积累经验。

用 ESDD 表征污秽程度具有简单直观、能较好地表明绝缘子表面污染程度的特点，测量时不需要高压电源；但不能反映绝缘子的运行状态，是静态下测得的，没有包含运行状态的湿润受潮和电压作用。

当用 ESDD 作为污秽参数时，人工污秽绝缘子与自然污秽绝缘子中的污闪电压是不等价的，其中存在许多差异。因此，在进行人工污秽试验时，一般称为试验盐密或简称为盐密，用 SDD 表示，也可用 S 表示。

2.3.2　表面污层电导率（SPLC）

表面污层电导率 SPLC 是 Surface Pollution Layer Conductivity 的缩写。表面污层电导率是污秽绝缘子表面的电导（μS），污层电导率越高，其表面污染程度越严重。污层电导率反映了绝缘子的积污和受潮二个因素联合作用的结果。对于强电解质和弱电解质污秽，污层

电导率均可以较为客观地反映绝缘子的污染程度，排除了等值盐密因污秽种类不同带来的误差，并可以对复合绝缘子和涂憎水性涂料的绝缘子进行测量。但这种方法所用的试验和测量设备相对来说比较复杂，现场控制饱和湿润困难，目前多用于试验室测试。

在实际应用中，一般采用积分电导率较为方便。积分电导率是把绝缘子整个表面的污层看成具有电阻率 ρ 或电导率 G 的导电膜。积分电导率的优点是直接与污闪电压有关系。测电导率时的湿污层不仅包括积污还包括湿润，较接近于实际情况。但是测量用的仪器设备和操作技术均要求较高。在现场进行湿润也有困难，测量结果受形状影响较大，稍有不慎，常得出不合理的结果，因此我国工程应用中还没有正式采用这种方法。

表面污层电导率参数是在污秽绝缘子受潮和施加比运行电压低的电压下测得的，其特征是与污秽和电压直接联系起来，但电压低，并不能完全真实反映绝缘子的运行状况，因此称为表征污秽绝缘子运行状态的半动态参数。

SPLC 测量的基本方法如下。

(1) 在绝缘子的钢脚和钢帽之间施加工频交流电压 U，测量其泄漏电流 I，可得流过污秽绝缘子的工频电流对作用电压的比率，即绝缘子的整体表面电导，$G=I/U$。

(2) 将污层电导率 G 乘以绝缘子的形状因数 f，即得表面污层电导率，即

$$\gamma=fG=f\times\frac{I}{U} \tag{2-5}$$

式中：I 为污层饱和受潮时的最大泄漏电流有效值，mA；U 为施加的电压有效值，kV。

如果试品由 n 个元件串接而成，则总的形状系数 $F_n=nF$，则试品绝缘子串的表面污层电导率为

$$\gamma_n=f_n\ (I/U)\ =nf\ (I/U) \tag{2-6}$$

各种绝缘子的形状因数是不相同的，对于普通悬式绝缘子（XP-70），其 f 为 0.82，一般棒形支柱绝缘子的 f 约为 1.6～1.9。由式（2-5）计算的污层电导率应换算为标准参考温度 20℃时的值，即

$$\gamma_{20}=\frac{1.6\gamma_t}{1+0.03t} \tag{2-7}$$

式中：t 为绝缘子表面的温度或测量时的环境温度，℃；γ_t 为对应温度 t 时的电导率。

测定时应注意的问题有如下几方面。

1) 将污秽绝缘子置于人工雾室中使其污层湿润，反复测量污秽绝缘子的泄漏电流，直至电导达到最大值。

2) 交流电压的有效值应足够高，加压的值为 2.0kV/m（泄漏距离）有效值或 30kV/m（绝缘子串长），但最大不应超过试品预期污闪电压的 80%。

3) 加压限制在 2～5 个周波以内，第一个周波的电流应略去，以避免泄漏电流烘干污层，在绝缘子表面引起干区，从而抑制泄漏电流。

以上污层电导率测量方法一般来说仅适用于试验室的测量，对于现场测量，按照以上方法存在一些问题和困难。因此，对于现场测量可以采用以下两种正在研究和继续探索的方法。

(1) 局部电导率仪法。采用局部污层电导率法测量污秽绝缘子的污层电导率时可以排除污层间断以及污层受潮不均匀等因素的影响，局部污层电导率 σ 代表了试品的真实污秽程

度，与绝缘子的污闪电压有直接联系，是一种很有应用前景的表征绝缘子污秽程度的方法。

清华大学提出的局部污层电导率测量的方法由测量电路和探头两部分组成。测量探头由两片相同的金属电极组成，电极之间间隔 2mm，由硅橡胶绝缘，电极长 10mm。探头头部设置一小的凹槽，测量时用蒸馏水注满凹槽，电极端部与待测表面接触，凹槽内的蒸馏水逐步湿润接触表面的局部污秽，在湿润过程中待测表面的局部电导逐渐增大并最后趋于稳定，稳定值则为该测量局部的污层电导率。

为克服等值盐密法和表面污层电导率法的不足并吸取它们的优点，先在绝缘子表面上测得许多小单位面积上的电导和电导率，再按并联或串联求得整个表面上的平均电导率，用平均电导率替代盐密和表面污层电导率。局部表面电导率和污秽闪络电压具有较好的相关性，可表征污秽分布，连续测定积污规律，并可根据局部表面电导率推算出绝缘子的闪络电压。该方法操作比较简单，可实现连续监测绝缘子积污过程；但现场测试时测量电路易受现场信号的干扰，测量精度易受影响。

(2) 喷雾湿润法。将试品绝缘子经一隔离绝缘子垂直悬挂在支持结构上，绝缘子钢脚连接于变压器或电压互感器高压侧，绝缘子钢帽经电流测量装置后接地。试品用蒸馏水通过手持式喷雾器来湿润，湿润时避免污层流失。

施加电压可以通过电压互感器用示波器测量，也允许在低压侧测量，由变压器的变比计算施加电压。高压侧电压应在空载情况下预先调整，通过突然合闸的方法给试品施加电压。

污层电导率的测量方法与前面的表面污层电导率方法一致。一个试品的饱和污层电导率是连续几次测量值中的最大值。

2.3.3　泄漏电流（I_c）

一般来说，泄漏电流（Leakage Current）是在高电压的作用下流过电气绝缘体的电流。在高电压试验中测量泄漏电流的方法通常是在做直流耐压试验的同时，利用在被试品回路串联的直流微安表测量泄漏电流。

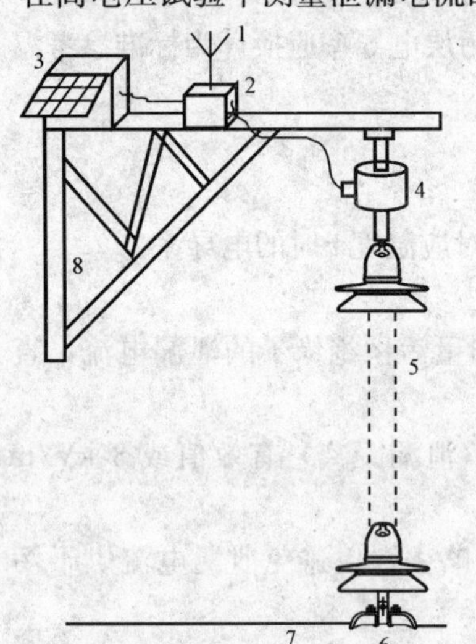

图 2-4　运行绝缘子泄漏电流测试方法

1—信号发送天线；2—信号采集器；3—太阳能电池；4—电流传感器；5—绝缘子串；6—线夹；7—导线；8—杆塔横担

这里所指的污秽绝缘子的泄漏电流则是指在运行电压作用下污秽受潮时测得的流过绝缘子表面污层的电流。显然，它是电压、湿润气候条件、污秽三个主要因素的综合反映和最终结果，称为反映绝缘子污秽闪络特性的动态参数。

通过人工污秽试验发现，污秽绝缘子在闪络前半个周波的泄漏电流最大，通常称为最大泄漏电流 I_{max}，或临界闪络电流 I_{CR}；相应的闪络前半周波的实际瞬时电压称为临界闪络电压 U_{CR}。

最大泄漏电流和临界闪络电压是污秽绝缘子闪络前的特征量，绝缘子是否会发生污闪，临闪前的特征量十分重要。对于实际运行绝缘子，监测临闪前的特征量可有效分析绝缘子的污闪过程。因此，通过现场的在线监测技术反映运行中污秽绝缘子的泄漏电流是分析和防止污闪的重要技术手段。图 2-4 是运行绝缘子泄漏电流的监测方法和原理，图 2-5 是运行绝缘子泄漏电流的典型波形。

在实际运行线路上监测泄漏电流，一般采用监测泄漏电流脉冲次数和最大泄漏电流的方法。

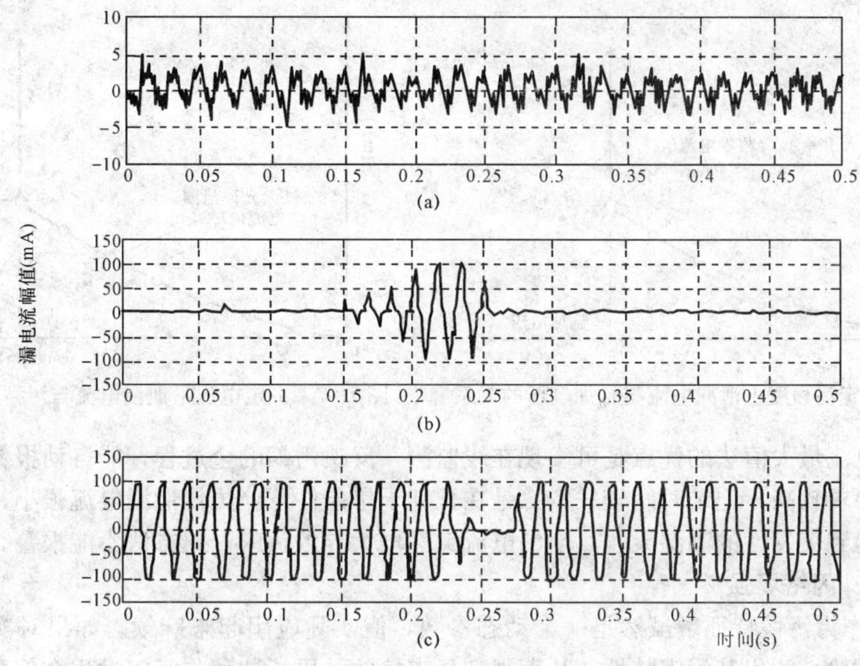

图 2-5　运行绝缘子典型泄漏电流波形

(a) 未发生污闪；(b) 临闪前；(c) 发生污闪

(1) 脉冲计数。所谓脉冲计数，就是给定时间内，记录承受工作电压下的污秽绝缘子的超过一定幅值的泄漏电流脉冲数。在运行电压下逢潮湿天气，染污绝缘子上会出现局部电弧和较大的泄漏电流脉冲。显然绝缘子表面污秽越严重，出现泄漏电流脉冲的频度越高，幅值也越大。记录某处在一定周期内超过某一幅值的泄漏电流脉冲数，可以综合反映污秽闪络过程中的积污、潮湿、干带产生和局部电弧发生发展的几个阶段。泄漏电流的脉冲通常产生于交流污闪最后阶段之前，随着绝缘子局部电弧的发展，临近闪络的逼近，脉冲的频率和幅值都要增加。因此，泄漏电流脉冲计数可用于测量污秽绝缘子临近闪络时的运行状态，监测脉冲计数可预报闪络的危险。

这种方法可以实现在线监测，反映污闪的全过程，但不能为污秽绝缘子的运行状态提供一个确切的判据。只能通过比较现场记录的脉冲数和表征类似绝缘子特征的累计脉冲数，依据运行经验来检测绝缘子的运行状态。脉冲计数只能在相对意义上表明污秽的轻重，它与污闪电压之间没有直接的定量关系，也不可能提供有意义的绝对值。

(2) 最大泄漏电流。染污绝缘子上出现局部电弧后，电弧燃烧是断续的，泄漏电流忽大忽小。研究表明，临闪前的临界电流 I_{CR} 是闪络前半周或一周的电流，无法用于报警。因此设定远小于 I_{CR} 的电流 I_h 来给出报警信号。

流过绝缘子的泄漏电流脉冲的最大幅值，表示接近闪络的程度。在实际应用中，最高泄漏电流是指在给定时间内，在工作电压长期作用下试品或实际绝缘子上所记录到的许多大小不同的泄漏电流中的最高峰值泄漏电流，以 I_{max} 表示。

在人工污秽试验室内，可以测得在一定污秽程度下，施加电压与泄漏电流关系（如图

2-6所示)，以及在一定电压下，污秽程度与泄漏电流的关系（如图 2-7 所示)。由图 2-6 和图 2-7 可以确定最大允许电流 I_h 和出现 I_h 时距离闪络有多少裕度 U_{CR}/U_h。

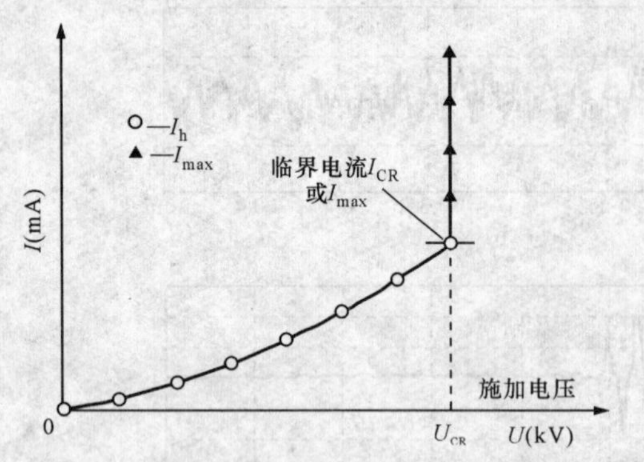

图2-6　一定污秽度下泄漏电流与施加电压的关系

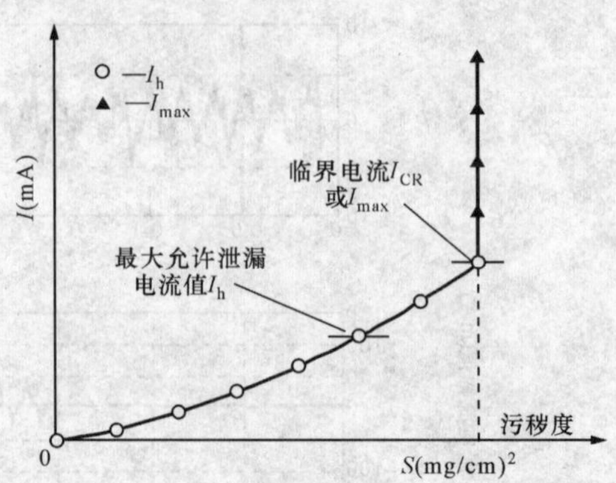

图 2-7　一定电压下泄漏电流与污秽度的关系

泄漏电流最大值法的优点是可实现在线监测，反映污闪的全过程，能自动报警。缺点一是对仪器要求较高，记录时间较长；二是在长期干旱条件下，虽然泄漏电流很小，但积污不断加剧，遇到突发性的潮湿天气，泄漏电流突然增大导致污闪，此方法不能报警。

2.3.4　闪络场强

用 I_n 作为污秽特征量虽然是一个动态参数，但实际应用起来麻烦。如果对实际运行绝缘子进行试验，测出其污闪特性，从而得到最直接的结果。这种与污闪过程全部联系起来的特征就是污秽绝缘子的闪络场强。绝缘子的闪络场强就是将闪络电压除以整个绝缘子串的长度。为了把直接参数与绝缘子造型结合起来，常用闪络梯度作为特征量，即单位泄漏距离的污闪电压。以闪络场强作为特征量是最合理的，但要测量这个量所用的设备造价高，所以一般不采用。

绝缘子的污闪电压梯度，是污闪电压除以绝缘子的串长。此法可以直接以绝缘子的最短耐受串长，或最大污闪电压梯度来表征当地的污秽度，其结果能在真实情况下测定绝缘子串的耐污性能和它们之间的优劣顺序，直接用于污秽绝缘的选择。但该法费钱费时，要得出一个结论可能需要数年时间，并且由于自然污秽的积污水平达到临界状态与引起污闪的气象条件的产生不一定同时存在，往往是污秽已经达到临界水平但没有出现充分的潮湿条件而测量不到临界污闪电压，因而进行闪络电压的测量还应结合其他污秽度参数的测量。同时污闪电压及污闪梯度测量要求试验设备容量大，试验不方便，对运行维护也不方便。

2.3.5　其他特征量

除了以上特征量之外，国内外目前还有以下几种特征量。

(1) 污秽的日沉降密度。它是取一定绝缘子表面在一定时间内沉降的污秽物称重，计算每日的污秽沉降密度来代表污秽程度。该方法测量比较简单直观，但所能反映的污秽影响程度有限。

(2) 污液电导率。它是用绝缘子表面的污秽在蒸馏水中的电导率来反映污秽的导电性能。显然，污液电导率必须规定污液的浓度才有比较意义。该方法的优点是测量简便，但某一电导率的污液在绝缘子上可以产生不同程度的污秽，因此难以直接说明绝缘子污染的严重程度。

(3) 盐浓度。采用盐雾法进行人工污秽试验时，向试品喷射一定盐浓度的水或雾使其污染。比较自然污秽条件下绝缘子的泄漏电流与人工污秽条件下的泄漏电流，就可将自然污染的严重程度与人工污秽的盐浓度联系起来，从而可用一定盐浓度代表该地区自然污染的程度，该方法简单易行，但它没有考虑电压的影响，一般多用于人工污秽试验或用于衡量盐污地区的绝缘水平。

(4) 1%污液浓度电导率法。将 1g 污秽物加 100ml 蒸馏水，测得此溶液的电导率并换算到 20℃的值。该 1g 污秽物可以是绝缘子表面刮下的物质，也可以是设备所在地区的污秽物。

1%浓度的污液电导率仅指示出在该浓度下污秽物的导电性能，说明污秽的性质，但不能反映出绝缘子表面沉积的污秽的严重程度，与绝缘子污秽闪络过程无直接关系。

(5) 基于声发射技术的绝缘子污秽放电监测。通过监测运行电压下绝缘子污秽放电发出的超声波信号来判断当前绝缘子污秽的运行状态。

(6) 大气质量指数。由于大气中的 SO_2（及转化后的硫酸盐）是绝缘子表面可溶盐的主要污染物，因此以 SO_2 为主要污染参数，TSP（总悬浮粒子）、NO_x 为一般污染参数。描述电网污区污秽特征的大气质量参数 Q 定义为

$$Q=\sqrt{\frac{M_{SO_2}}{B_{SO_2}}-\frac{1}{3}\left(\frac{M_{SO_2}}{B_{SO_2}}+\frac{M_{NOx}}{B_{NOx}}+\frac{M_{TSP}}{B_{TSP}}\right)} \tag{2-8}$$

式中：M 为污染物实测浓度，mg/m^3；B 为评价标准，各污染评价标准取相应年日平均值，即 B_{SO_2} 为 0.06mg/m^3，B_{NOx} 为 0.05mg/m^3，B_{TSP} 为 0.3mg/m^3。

在远离工业污染区的盐碱地区和沿海岸区域，为突出风力扬尘或海盐粒子的污染，式(2-8) 可改为

$$Q=\sqrt{\frac{M_{SO_2}}{B_{SO_2}}-\frac{1}{3}\left(\frac{M_{NOx}}{B_{NOx}}+2\frac{M_{TSP}}{B_{TSP}}\right)} \tag{2-9}$$

根据全国各地 87 组"盐密—大气质量参数"数据统计分析可得绝缘子表面的等值盐密 S_{ESDD}（mg/cm^2）与大气质量参数的关系为

$$S_{ESDD}=-0.015+0.0806Q \tag{2-10}$$

二者的相关系数的平方 R^2 为 0.7893。

大气质量指数的使用使电力系统污秽等级划分中的污秽特征定量化。大气质量指数法考虑了污秽地区的不溶污秽物，但是该方法的评价标准为相应年日平均值，各个地区的评价标准不一致，因此要建立各个地区的评价标准需要大量的测量分析工作。

(7) 大气含盐质量指数。华东电力试验研究院和南京电力环境保护科学研究所共同研究关于大气质量（等值含盐量）指数方法。研究发现，外绝缘污秽闪络的发生，主要和盐类导电成分的多少关系密切。把大气环境中含盐的质量浓度和绝缘子本身所处环境下的表面盐密联系起来进行相关性研究，结果发现大气中含盐质量指数和绝缘子表面的代表盐密之间有其密切的相关性关系，其表达形式的应用方便可行。于是可以从监测当地大气等值含盐量来判断该区域的绝缘子污秽程度。用多种曲线进行了统计拟合，提出了一条较好的理论拟合曲线，即

$$y=0.2031\ln(x)-0.7285 \tag{2-11}$$

式中：y 为绝缘子代表盐密，mg/cm^2；x 为大气含盐质量浓度，mg/m^3。

经计算，这条拟合曲线的相关系数 $R^2=0.96$，呈显著相关，并通过 $\alpha=0.01$ 的显著性

检验。大气含盐质量指数考虑了盐类导电成分的影响，但仍是反映污秽的静态参数，不能反映绝缘子的运行状态，并且未考虑不溶污秽物的影响。

(8) 饱和盐密。绝缘子表面在长期积污过程中经历“积污（冬季）—清洗（雨季）—再积污（冬季）—再清洗（雨季）…”这一循环往复过程。绝缘子表面盐密不断增长，达到动态平衡状态时的盐密值可视为饱和盐密。从统计学角度，绝缘子平均年度最大积污量和绝缘子年自清洗能力均可视为常数。如果平均年度最大盐密（通常指连续 3 年每年积污期结束而未受到雨水冲刷所测得的年度盐密平均值）用 S_1 表示，雨季后绝缘子表面剩余盐密为 CS_1，（C 为反映自清洗能力的绝缘子表面年度盐密的残余率），则第二年绝缘子表面的盐密值为 S_1+CS_1；第 n 年的累计盐密为

$$S_n=S_1+CS_1+\cdots+C^{n-1}S_1+\cdots=\frac{S_1\ (1-C^n)}{(1-C)} \tag{2-12}$$

式中：n 为累计时间，年。由于绝缘子表面的盐密残余率 $C<1$，故上式收敛，可求得饱和盐密为 $S_b=S_1/\ (1-C)$。$1-C$ 即为绝缘子自清洗率，C 可通过雨季后盐密的实测值与平均年度盐密比值来确定，与雨季的降水值、绝缘子几何形状有关。饱和盐密与等值盐密法类似，但测试周期较长。

从现有研究成果来看，迄今为止还没有统一的、能够确切表征污秽绝缘子运行状态的特征量，各种污秽参数表达方式的效果和彼此间的差别有待进一步研究。但这些特征量为研究污秽绝缘子的运行状态及污秽等级的定量划分提供了参考依据，有的已应用于输电线路的设计、运行及维护。

2.4 输变电设备外绝缘污秽等级划分

2.4.1 外绝缘污秽等级传统划分方法

随着工农业生产高速发展，大气污染日益严重，尤其是煤矿、发电厂、冶炼厂、化工厂等严重的煤烟型污染已造成了输变电设备电气外绝缘污闪事故的频繁发生，污染已成为影响电网安全运行的严重隐患。绝缘子污闪发生在污秽地区，而不同污秽地区绝缘子的污闪电压亦有所差异，这就需要区分输电线路所经区域是污秽区还是清洁区，以及污秽的轻重。为了对电网污秽等级进行合理划分，以便为运行设备的改造、电力工程设计以及运行部门进行有计划调整爬电比距提供科学依据，有效防止污闪事故的发生，电力工作者在绝缘子污秽特征量的基础上提出了多种污秽等级划分方法。

(1) 等值盐密法。国家标准《高压电力设备外绝缘污秽等级》（GB/T 5582—1993）和《高压架空线路和发电厂、变电站环境污区分级及处绝缘选择标准》（GB/T 16434—1996）和电力行业标准规定：外绝缘按最小公称爬电比距和人工污秽耐受值分为 0、Ⅰ、Ⅱ、Ⅲ和Ⅳ五级。0 级适用于无明显污秽地区，不需要进行人工污秽试验。线路和发电厂、变电站污秽等级对应的盐密值见表 2-6，各级污秽等级下相应的爬电比距见表 2-7。

对于 500kV 以下线路，划分污秽等级的盐密值是以 1～3 年的连续积污盐密值为准。对于 500kV 及以上线路，则以 3 年积污的盐密值确定污秽等级。

线路和发电厂、变电站的盐密均指由普通悬式绝缘子 XP-70 型（或 X-4.5 型）及 XP-160 型所组成的悬垂绝缘子串上测得的值，其他绝缘子应按照实际积污量加以修正。变电站取样

应逐步过渡到以支柱绝缘子为主，按普通支柱绝缘子测量的盐密划分污秽等级的方法见表2-8。

表2-6　线路和发电厂、变电站污秽等级对应的盐密值　(mg/cm^2)

污秽等级	污湿特征	盐密	
		线路	发电厂、变电站
0	大气清洁地区及离海岸盐场50km以上无明显污染地区	≤0.03	—
Ⅰ	大气轻度污染地区，工业区和人口低密集区，离海岸盐场10～50km地区。在污闪季节中干燥少雾（含毛毛雨）或雨量较多时	>0.03～≤0.06	≤0.06
Ⅱ	大气中等污染地区，轻盐碱和炉烟地区，离海岸盐场3～10km地区，在污闪季节中干燥少雾（含毛毛雨）但雨量较少时	>0.06～≤0.10	>0.06～≤0.10
Ⅲ	大气污染较严重地区，重雾和重盐碱地区，近海岸盐场1～3km地区，工业与人口密度较大地区，离化学污染源和炉烟300～1500m的较严重污秽地区	>0.10～≤0.25	>0.10～≤0.25
Ⅳ	大气污染特别严重地区，离海岸盐场1km以内，离化学污染源和炉烟300m以内的地区	>0.25～≤0.35	>0.25～≤0.35

在高压架空线路防污设计的具体实施中，污秽分级的参考条件如下。

1）0级污秽区是指在清洁地区及离海岸50km以上地区，盐密为0～0.03mg/cm^2（强电解质）或0～0.06mg/cm^2（弱电解质）。

2）Ⅰ级污秽区是指大气轻度污染地区，或大气中等污染地区；盐碱地区，炉烟污秽地区，离海岸10～50km地区，在污闪季节中干燥少雾（含毛毛雨）或雨量较多时，盐密为0.03～0.10kg/cm^2。

3）Ⅱ级污秽区是指大气中等污染地区，盐碱地区，炉烟污秽地区，离海岸3～10km地区，在污闪季节中，潮湿多雾（含毛毛雨）但雨量较少时，盐密为0.05～0.10mg/cm^2。

4）Ⅲ级污秽区是指大气严重污染地区，大气污秽而又有重雾的地区，离海岸1～3km地区及盐场附近重盐碱地区。盐密0.10～0.25mg/cm^2。

5）Ⅳ级污秽区是指大气特别严重污染地区，严重盐雾侵袭地区，离海岸1km以内地区，盐密大于0.25mg/cm^2。

表2-7　各污秽等级下的爬电比距　(mm/kV)

外绝缘污秽等级	线路		（发电厂、变电站）电站设备	
	220kV及以下	330kV及以上	220kV及以下	330kV及以上
0	13.9 (16.0)	14.5 (16.0)	—	—
Ⅰ	13.9～17.4 (16.0～20.0)	14.5～18.2 (16.0～20.0)	16.0 (18.4)	16.0 (17.6)

续表

外绝缘污秽等级	线路		（发电厂、变电站）电站设备	
	220kV 及以下	330kV 及以上	220kV 及以下	330kV 及以上
Ⅱ	17.4～21.7 (20.0～25.0)	18.2～22.7 (20.0～25.0)	20.0 (23.0)	20.0 (22.0)
Ⅲ	21.7～27.8 (25.0～32.0)	22.7～29.1 (25.0～32.0)	25.0 (28.8)	25.0 (27.5)
Ⅳ	27.8～33.0 (32.0～38.0)	29.1～34.5 (32.0～38.0)	31.0 (35.7)	31.0 (34.1)

注 爬电比距计算时取系统最高工作电压，其中（）内数据为额定电压计算值。

表 2-8　变电站根据普通支柱绝缘子测量的盐密划分污秽等级的方法　(mg/cm²)

污秽等级	0	Ⅰ	Ⅱ	Ⅲ	Ⅳ
盐密	<0.02	0.02	>0.02～≤0.05	>0.05～≤0.10	>0.10～≤0.20

(2) 局部电导率法。局部表面电导率（γ_p）的测量克服了 *ESDD* 测量过程中必须将污秽物全部清洗下来的缺点，它的测量和染污绝缘子在雾、露等易发生污闪的恶劣运行状态是一致的。理论分析和试验结果均表明 γ_p 与 U_f 的相关性较好。清华大学通过试验研究提出了根据 γ_p 划分污秽等级的方法，并给出了相应污秽等级下单片 XWP-70 的污闪电压见表 2-9 和表 2-10。

表 2-9　高压架空线电瓷外绝缘污秽分级标准

污秽等级	γ_p (μS)	单片 XWP-70 的 U_f 值（kV）
0	0～20	>19.1
Ⅰ	20～40	19.1～16.5
Ⅱ	40～80	16.5～14.3
Ⅲ	80～160	14.3～12.4
Ⅳ	>160	<12.4

表 2-10　发电厂、变电站电瓷外绝缘污秽分级标准

污秽等级	γ_p (μS)	单片 XWP-70 的 U_f 值（kV）
Ⅰ	0～20	>19.1
Ⅱ	20～160	19.1～12.4
Ⅲ	80～160	14.3～12.4
Ⅳ	>160	<12.4

(3) 大气质量指数法。中国电力科学研究院等单位通过对大气污染物和绝缘子表面污秽物的监测分析研究，提出了根据大气质量指数进行污秽等级划分的方法，见表 2-11。

表 2-11　污区划分中污湿特征及其量值

污秽等级	污湿特征	大气质量指数（Q）	参考盐密（mg/cm^2）
0	离大中城市、海岸、盐场 30～50km 以上的无明显工业污染，人口密度低的地区	<0.4，且 SO_2、NO_x、TSP 极限浓度低于国家大气质量标准 1 级	<0.03
Ⅰ	距大中城市及工业区主导风（积污期）下风 15～30km 或更远（其他方向取主导风向的 2/3，下同）；工业废气排放强度小于 1000 万标 m^3/km^2 及人口密度小于 1000 人/km^2 的乡镇区域；重要交通干线沿线 1km 内；离海岸、盐场 10～30km；积污期干旱少雾（含毛毛雨）的内陆盐碱（含盐量小于 0.3%）地区	0.4～0.8	0.03～0.06
Ⅱ	距大中城市及工业区主导风（积污期）下风 15～20km，工业废气排放强度小于 1000～3000 万标 m^3/km^2 及人口密度 1000～10000 人/km^2 的乡镇区域；重要交通干线沿线 0.5km 及一般交通线 0.1km 内；离海岸、盐场 3～10km；沿海轻盐碱和内陆中等盐碱（含盐量 0.3%～0.6%）地区	0.8～1.3	0.06～0.10
Ⅲ	距大中城市及工业区主导风（积污期）下风 5～10km 内，距独立化工及燃煤工业源 0.5～2km，乡镇工业密集区及人口密度大于 10000 人/km^2 的居民区；重要交通干线 0.2km 和交通枢纽，近海 1～3km 和重盐碱（含盐量 0.6%～1.0%）地区及积污期有持续大雾的Ⅱ类地区	1.3～3.2	0.10～0.25
Ⅳ	在化工、燃煤工业源区内及距此类独立工业源 0.5km 内，沿海 1km 和含盐量大于 1.0%的盐土地区	>3.2	>0.25

注　根据电力系统环境区域划分，输变电设备距工业污染源距离在易形成大环境污染区取上限；在大环境弱污染区取下限。同时污染源扩散距离还应考虑地形影响。

局部电导率法和大气质量指数法是科研工作者提出的新的污秽等级划分方法，其适用性都还有待进一步验证。局部电导率法必须在所测部位饱和湿润的情况下测量，不同试验人员得到的测量结果可能有较大差异；并且测量用探头精度要求高，在绝缘子表面含有相同的电解质和非电解质污秽时，因污秽分布均匀度等因素的影响，局部电导具有较大分散性。为确定一个地区的大气质量指数评价标准需要长时间的监测，并且随着工农业的发展同一地区的评价标准都在发生变化，不同地区的评价标准也有很大差别，要建立完整的大气质量指数污秽等级划分方法需要大量的实测工作。等值盐密法技术上直观易懂，IEEE 工作组和 IEC 均推荐采用等值盐密法，我国和日本也采用了这种方法，并根据各污秽等级的爬电比距进行输电线路、发变电所外绝缘配置选择，我国已使用此法几十年，取得了不少经验和一定的成绩。

在输电线路设计和运行维护时虽充分考虑了输电线路所经地区的盐密、污湿特征及运行经验，而国内不少输电线路刚投入运行不足一年就几经调爬，可污闪事故仍时有发生。研究表明，不溶污秽物对染污绝缘子交流闪络特性具有一定的影响，因此在划分污秽等级时应充分考虑不溶污秽物的影响。

2.4.2 根据 IEC 60815（新）标准划分方法探讨

绝缘子表面上污秽物有导电的部分和不能导电的部分，能相当于盐密的仅指其能导电部分。国家标准 GB/T 16434—1996 忽略了非导电部分的影响。由国内外现有的研究结果可知，绝缘子表面污秽中的不溶性物质，即灰密对绝缘子的污秽闪络电压具有一定的影响，在划分污秽等级时，应充分考虑灰密的影响。我国也正在研究以盐密和灰密为污秽特征量划分污秽等级的可行性与科学性，但到目前为止尚无统一的认识，相关标准的制定也处于探讨和摸索阶段。鉴于等值盐密作为污秽特征量在我国得到广泛应用，且积累经验数据丰富，操作简单、易懂，本节在国家标准 GB/T 16434—1996 的基础上，对 IEC60815—2008MP，本书简称为 IEC 60815（新）中以盐密和灰密为污秽特征量的划分污秽等级的方法进行探讨，供我国即将制定的新污秽等级划分标准参考。

试验结果表明，不同盐密和灰密的绝缘子串可能具有相同的污闪电压；相同盐密、不同灰密的绝缘子串具有不同的污闪电压。因此，不同盐密和灰密的区域可能处于同一污秽等级，应选取相同的外绝缘配置；相同盐密、不同灰密可能处于不同污秽等级，选取的外绝缘配置具有一定的差异，处于具有各污秽等级分级界限上盐密、灰密的绝缘子串应具有相同的污耐受能力。同一盐密，污秽等级的划分由灰密确定；同一灰密，污秽等级的划分依据盐密而定。

IEC 60815（新）在划分污秽等级时同时考虑了盐密与灰密的影响，并以盐密和灰密作为污秽特征量对普通型悬式绝缘子在实际运行中的污秽等级进行了划分，如图 2-8 所示。图2-8是从现场测量、运行经验和污秽试验，并考虑绝缘子积污特性的基础上提出来的，所提出各污秽等级的盐密和灰密范围是长期测量的最大值。人工积污和自然积污之间存在差异，不同型式绝缘子之间的积污特性、污闪特性也有所不同。因此，图 2-8 不能直接用于实验室人工污秽试验时的污秽等级划分或其他型式绝缘子的污秽等级划分。

由图 2-8 可知，对于普通型悬式绝缘子，只要测出其盐密和灰密，就可以得到该绝缘子所对应的污秽等级。各污秽等级之间不是从某一等级突变到另一等级，在相邻污秽等级之间是逐渐过渡的，在两个污秽等级交界区间应慎重选择污秽外绝缘，充分结合输电线路所经地区的污湿特征和线路运行经验，确定该区域所应配置的输电线路外绝缘强度。

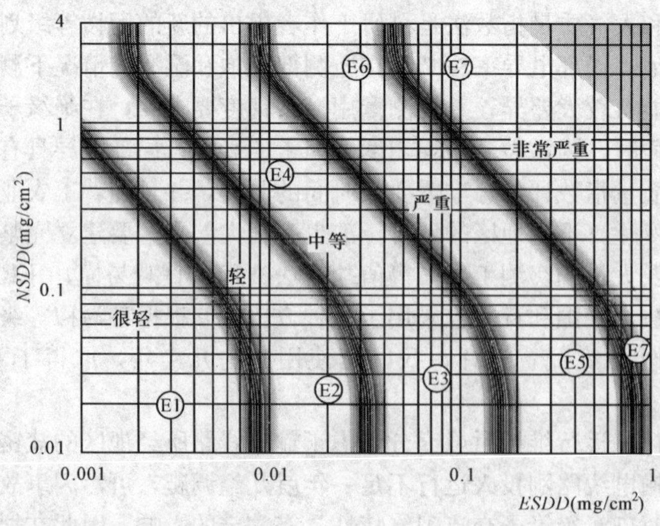

图 2-8 普通悬式绝缘子污秽等级与盐密和灰密的关系

为了验证关于采用盐密和灰密为污秽特征量划分污秽等级的观点以及我国是否沿用 IEC 60815（新）划分方法。重庆大学在 IEC 60815（新）各污秽等级分级界限上选取不同盐密、灰密组合，根据第 5 章中的式（5 - 17）计算可得到单片 XP-160 绝缘子在各污秽等级过渡区间的污闪电压值，如附表 I - 1 所示。由附表 I - 1 可知，在各污秽等级分界限上具有不同盐密、灰密组合的单片 XP-160 污闪电压很接近，即可认为各污秽等级之间界限上应具有相同的耐污能力，需要相同的污秽绝缘配置，这与本书在后面提出的观点一致，IEC 60815（新）污秽等级的划分具有一定的合理性。

IEC 60815（新）还提出各污秽等级对应的最小统一爬电比距（*USCD*），如图 2 - 9 所示。统一爬电比距是指爬电距离与绝缘子两端最高运行电压（对于交流系统，通常为最高相电压，即 $U_m/\sqrt{3}$）之比，通常表示为 mm/kV。图 2 - 9中柱状的 *USCD* 值为根据现场污秽等级确定绝缘子尺寸和类型，IEC 60815（新）推荐各污秽等级所要求的最低值，对具有现场及试验站经验或具有输电线路实际污秽度和相应试验判据的也可根据 *USCD* 与污秽等级的关系曲线来确定 *USCD* 值。对高污秽等级，最小参考 *USCD* 可能不足，可根据实际经验和试验室试验结果确定更高的 *USCD*。国家标准 GB/T 16434－1996 各污秽等级对应的 *USCD* 和 IEC60815 各污秽等级对应的 *USCD* 见表 2 - 12（其中 L_s 为爬电比距）。

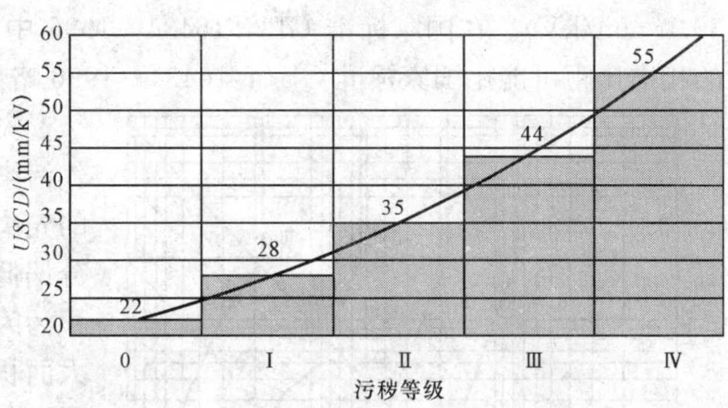

图 2 - 9　污秽等级与统一爬电比距的关系

表 2-12　　各污秽等级下的统一爬电比距

污秽等级	GB/T 16434－1996		IEC60815	
	ESDD（mg/cm²）	L_S（mm/kV）	*USCD*（mm/kV）	L_S（mm/kV）
0	≤0.03	16.0	22.0～28.0	12.7～16.2
Ⅰ	0.03～0.06	16.0～20.0	28.0～35.0	16.2～20.2
Ⅱ	0.06～0.10	20.0～25.0	35.0～44.0	20.2～25.4
Ⅲ	0.10～0.25	25.0～32.0	44.0～55.0	25.4～31.8
Ⅳ	0.25～0.35	32.0～38.0	＞55.0	＞31.8

为配合我国《污秽条件下高压绝缘子的选择和尺寸确定》这一新国家标准的制定，中国电力科学研究院也以盐密、灰密为污秽特征量进行污秽等级划分的研究。中国电力科学研究院基于我国电网普通悬式绝缘子表面自然积污情况和 IEC 60815（新）规定的各级污区所用统一爬电比距并计及自然污秽与人工污秽的差别，计算得到了以盐密、灰密为污秽特征量划分的污秽等级各级污区的盐密、灰密值，如图 2 - 10 所示。

由图 2 - 9 可知，综合考虑盐密和灰密划分的污秽等级与采用国家标准 GB/T 16434—1996 划分的污秽等级之间有一定的差异，IEC 60815（新）提出的以盐密、灰密为特征量划分的污秽等级部分地将国家标准 GB/T 16434—1996 的 0 级地区上升到Ⅰ级，Ⅰ级上升到Ⅱ级，Ⅱ级上升到Ⅲ级。IEC 60815（新）也将国家标准 GB/T 16434—1996 中的Ⅳ级地区部分下降为Ⅲ级，将Ⅲ级中的部分下降为Ⅱ级。如国家标准 GB/T 16434—1996 中，盐密 0.03mg/cm²是 0 级和Ⅰ级污区的分界点，而在图 2-9 中已是Ⅰ级，甚至是Ⅱ级、Ⅲ级污区；国家标准 GB/T 16434—1996 中，盐密为 0.30mg/cm²为Ⅳ级污区，而在图 2-10 中当灰密较小（<0.2mg/cm²）时，为Ⅲ级污区。相同盐密和灰密下国家标准 GB/T 16434—1996 的统一爬电比距与 IEC 60815（新）也有较大的差异，如国家标准 GB/T 16434—1996 中盐密为 0.03mg/cm²时，其对应的爬电比距为 16.0mm/kV；而在 IEC 60815（新）中，当灰密为 1.0mg/cm² 时，其对应的爬电比距最少都应是 25.4 mm/kV（对应的统一爬电比距为 39.0 mm/kV）。在国家标准 GB/T16434—1996 中盐密较高且灰密较小，IEC 60815（新）的爬电比距可能比国家标准 GB/T 16434—1996 略低。

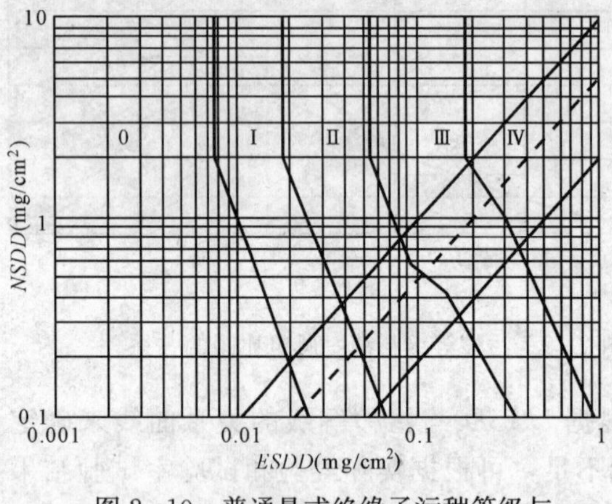

图 2-10　普通悬式绝缘子污秽等级与盐密和灰密的关系

灾害性（多年不遇）浓雾和日趋严重的大气污染造成的绝缘表面污染是引发大面积污闪的先决条件，基本绝缘配置水平（包括污级划分偏低）低于所在区域的污秽水平，才是大面积污闪事故的根本原因。20 世纪 90 年代华北大面积污闪事故发生后，各地不同程度地调整了设备的爬电距离，但近年来辽宁、华北、华东和南方电网多次发生的污闪事故表明，尽管已按规定进行了调爬但仍会发生污闪。根据第 5 章中的研究发现，不溶污秽物对绝缘子串交流污闪电压存在一定的影响，但遗憾的是我国现行标准国家标准 GB/T 16434—1996 忽略其影响，在输电线路设计、运行维护时并未将不溶污秽物的影响纳入考虑范围。因此，武汉高压研究所建议重新界定污秽类型，污秽类型分固体层型和盐雾型，对固体层型的污秽等级以盐密、灰密两个参量表示，改变国家标准 GB/T 16434-1996 仅以盐密进行定量表示的方式。这与第 5 章得到的结论一致，也与 IEC 60815（新）提出以盐密、灰密为污秽特征量进行污秽等级划分相符。

图 2-10 给出了普通悬式绝缘子与每一污秽等级相对应的盐密和灰密的范围，这些值是根据现场测量、经验和污秽试验确定的，是 3～5 年积污的测量结果。从图 2-10 可知，这种方法与 IEC 60815（新）存在一定的差异，如图 2-8 中当盐密、灰密分别为 0.009mg/cm² 和 1.0mg/cm² 时，处于 0 级与Ⅰ级污区的分界限上，但在图 2-10 中已是Ⅱ级污区。同时，图 2-10 认为在灰密≥2.0mg/cm² 后，污秽等级的划分将不再受灰密的影响，即同一盐密下，当灰密≥2.0mg/cm²，不论盐密如何变化，其处于同一污秽等级，即 2-10 表明同一盐密下，当灰密≥2.0mg/cm²，灰密对染污绝缘子串的交流污闪电压的影响但是根据第 5 章及国内外研究结果表明，同一盐密下，染污绝缘子串的交流闪络电压是受灰密影响的，且两者呈幂函数关系，即在同一盐密下，灰密≥2.0mg/cm²，灰密对染污绝缘子串交流污闪电压尚存在一定的影响（见表 2-13），如盐密为 0.034mg/cm²，当灰密从 2.00mg/cm² 增加到 4.52mg/cm²，7 片串 XP-160 的污闪电压下降了 9.4kV；盐密为 0.026mg/cm²，当灰密从 2.00mg/cm² 增加到 3.10mg/cm²，7 片串 XP-160 的污闪电压下降了 2.5kV。因此，图 2-10 的适用范围尚有待进一步验证。

表 2-13　　不同灰密下的 7×XP-160 交流污闪电压（U_{av}）

SDD（mg/cm²）	*NSDD*（mg/cm²）	U_{av}（kV）	σ（%）
0.033	0.15	103.8	3.8
0.034	2.00	71.0	5.0
0.034	4.52	61.6	4.8
0.026	1.50	76.6	2.8
0.026	2.00	73.3	5.2
0.026	3.10	70.8	2.5

武汉高压研究所测量了天广直流、葛上直流、110kV 钱华线、王北线等 28 条交、直流输电线路的 174 基杆塔在带电运行状态下的绝缘子的盐密和灰密值，结果发现灰密与盐密之比最大值为 15.3，最小为 0.8，其比值分布见表 2-14。

表 2-14　　灰密与盐密比值分布

NSDD/*ESDD* 比值	≤3	3～8	>8	≤5	5～8	>8
测量点数	48	113	13	114	47	13

中国电力科学研究院对清河站、魏善庄站和富县站等三个自然积污站的盘形绝缘子、支柱绝缘子和穿墙套管的盐密和灰密值进行了多次测量，结果发现绝缘子表面的灰密大约是盐密的 4～7 倍，交、直流电压对该比值无明显的影响。

鉴于目前我国对盐密、灰密测试不全面，在不同地区测量输电线路的污秽度时，一般只测量盐密，而忽略灰密，并根据所测得的盐密进行输电线路污秽绝缘选择和故障杆塔调爬，但实际运行经验表明不少输电线路投入运行不足一年或几经调爬后仍发生污闪事故。因此，国家标准 GB/T 16434—1996 仅根据盐密划分污秽等级，忽略灰密的影响，与输电线路实际运行情况存在一定的差异，在进行输电线路污秽等级划分时应将灰密纳入考虑范围。但灰密对绝缘子串闪络特性的影响国内研究较少，目前尚无以盐密、灰密为污秽特征量的污秽等级划分方法。根据重庆大学研究结果，建议沿用 IEC 60815（新）提出的污秽等级划分方法，但可结合我国污染源的特性，取值范围可适当缩小。

我国的污染源大多在内陆地区，从武汉高压研究所和中国电力科学研究院的现场实测表明，大部分输电线路灰密与盐密比值处于 20/1～1/10 之间，因此建议去掉图 2-8 中灰密与盐密比值大于 50/1 部分和小于 0.5/1 部分，将灰密与盐密比值为 20/1～50/1 和 1/10～1/0.5 中间的部分作为参考部分，灰密与盐密比值处于 20/1～1/10 之间的部分作为我国污秽等级划分的主要部分，如图 2-11 所示。

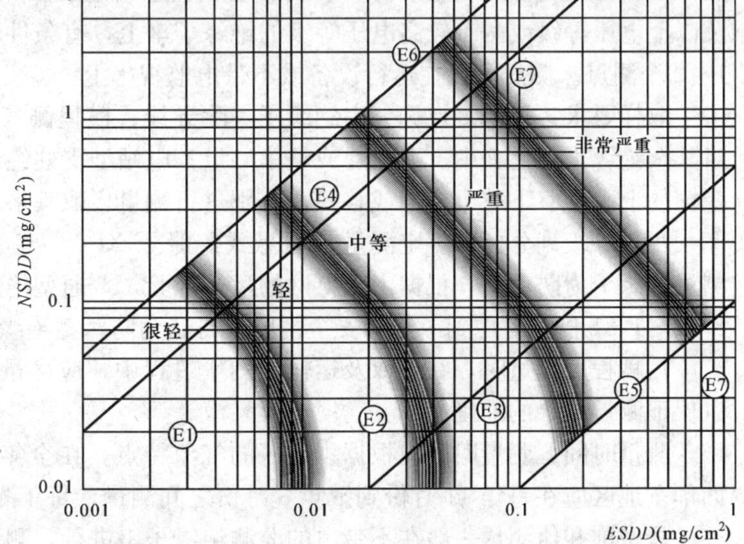

图 2-11　普通悬式绝缘子污秽等级与盐密、灰密的关系

实际运行线路污秽等级的划分除考虑盐密和灰密，还应考虑各地的污湿特征及运行经验。运行经验是划分污秽等级的决定性因素，当三者不一致时，应依据运行经验决定。应用运行经验划分污秽等级时应综合考虑的因素有：运行设备的污闪事故率及跳闸率；设备在系统中的重要性及其发生污闪事故损失和影响的程度；本地区采用其他防污闪措施的经验；运行经验还包括科学的预见性，工程设计应给运行管理留有适当的安全运行裕度。但在盐密和灰密、污湿特征、运行经验三条原则中只有盐密和灰密这一原则是定量的，其余两条原则是难以具体表达的，并且对新建线路而言可能是无运行经验可依的，因此加强对输电线路盐密和灰密的测量，以此为依据指导污秽等级划分具有一定的工程应用意义的。

2.4.3 按污秽等级确定污区图的绘制

污秽等级和区域的划分是根据国标、行标的要求，依据本地区的污湿特征，运行经验及绝缘子表面污秽物质的等值密度三个因素综合考虑确定。当三者不一致时，按运行经验确定。

我国幅员辽阔，气候、地理环境千差万别，这就需要收集污秽沉积量，出现雨、雾、露、溶雪等气象条件的强度和次数，以及作用电压、持续时间、外绝缘造型等原始资料，进行整理、分析，做到科学、合理地划分污区，确定污秽等级。

一、资料收集

（一）盐密测量及污秽物化学成分

盐密测量是判断外绝缘污秽严重程度的定量数值，是划分污秽等级的最为重要的依据之一。盐密测量具有随机性，与取样的时间、地点及测定方法有关，只有在坚持连续测量多年，积累较多数据时，才能得出反映积污特性和实际情况的结论。

污秽分级标准是以盐密，即污秽物中相当于 NaCl 的含量来确定污秽等级的，但自然污秽物中，除了 NaCl 外，还有 $CaSO_4$ 等其他物质，因此，对污秽物质应进行化学成分分析，将实测的盐密值等效成 NaCl 的盐密值，并以此确定污秽等级。

测点选择原则：无明显污染源的山区、农田地区，一般每个乡行政区域内选测 1 个测点。明显污染地段及发生过污闪事故的地点应适当增加测点。发电厂、变电站中，在 35kV 及以上电压等级或两个较高电压等级的绝缘子串上，有条件时应在棒型支柱绝缘子上，选择 1～2 个测点。测点可设在运行设备或不带电监视串上。

取样要求：每个测点选一串绝缘子，除导线、横担侧各一片因累积污秽多不予测量外，对其余绝缘子取上、中、下三片或整串测量；电站型支柱绝缘子、套管，可取垂直安装位置瓷棒的上、中、下三个伞裙或整只，分别进行测量，取其平均值。

污秽等级划分标准规定测量普通悬式绝缘子 XP-70 型（或 X-4.5 型）的盐密值，如果测量绝缘子为防污型，根据山东电网的运行经验，普通型绝缘子的盐密月增长率是防污型的 1.62～1.81 倍，考虑到一定的安全裕度，可认为防污型绝缘子的积污为普通型的 50%。

污秽程度测量时，在拆取及运输、测量过程中，应尽量避免不损伤绝缘子表面的污秽，以保证测量结果的准确性。

测量时间：测量时间应根据本地区的气象特点，在全年最大积污量的季节中进行测量，如华东地区应在每年 11 月份到下年 3 月份之间测量，每年测量一次。

盐密饱和值测量一般在不带电的监测绝缘子串进行，测量时间按照需要确定，一般 6 个月测量一次，连续累计时间至少 3 年。

污秽物质的化学成分：污秽物化学成分分析测点选择原则与盐密测点相同，但测点数可以减少。无明显污染源的山区、农田地区，一般以县（市）行政区域内选择 1～2 个测点。不同类型的严重污染地段，可各选择一个测点。各测点取一片绝缘子上刮下的干粉或清洗下的污液进行测量分析。对测点的污秽物质应进行化学成分分析时，主要分析 Ca^{2+}、Na^{+}、K^{+}、Mg^{2+}、Zn^{2+}、Cl^{-}、NO_3^{-}、SO_4^{2-} 等的含量。其他阴离子、阳离子含量主要作为是否基本平衡和化学分析的准确性，对修正盐密的影响不大，可以不考虑。

（二）气象资料

气象条件对外绝缘污闪具有非常重要的影响，没有适当的气象条件，污闪不可能发生。因此，要收集各地区气象部门提供的历年、特别是最近年份的气象资料，统计分析容易发生污闪气象条件的干旱日、雾、露、融雪等强度、次数和规律，得出各地区的污湿特征。气象资料的收集包括以下几方面的资料。

（1）按月降雨量。

（2）按月雾、露、融雪等天数。

（3）连续无降水日数（即干旱日，雨量小于 0.1mm/日）。

（三）污秽特征

污秽特征是指大气环境、污秽程度、性质以及污染源与电力设备的距离和相对位置，这些是污秽特征的主要内容，是决定污秽等级的一个重要考虑因素。因此，收集各地区环保部门提供的历年，特别是近几年来的环保资料。工业污源调查资料中的等标污染负荷或煤耗量能够较全面地反映污秽特征的状况。

等标污染负荷法是目前应用较多的污染源评价方法，即采用一个比较各类污染源性质的共同评价指标，对污染物和污染源进行标准化计算，即

$$p_i=\theta_i/\varphi_i \tag{2-13}$$

式中：p_i 为某污染物的等标污染负荷；θ_i 为某污染物的绝对排放量，t/年；φ_i 为某污染物的评价标准，mg/m^3，如粉尘、烟尘为 0.3，SO_2 为 0.15，HF 为 0.005 等。

废气中污秽物的排放量主要包括两部分。

（1）燃烧过程中污秽物排放量。如煤、油等在燃烧过程中，排放的烟气和烟尘，烟气中含有 SO_2、NO_x 和 CO 等污染物，它与煤和油类的年耗量有一定的比例关系。

（2）生产工艺中产生的污染物排放量，如砖瓦厂有氟化氢（HF），水泥、石灰厂主要为粉尘等，污染物种类繁多，计算方法可以参照《环境统计手册》。

在没有开展污源调查地区，可以用排放量的第一部分，即年煤耗量作为污特征的参考依据。将等标污染负荷除以污源地区面积，得到该地区密度等标负荷，再根据表 2-15 进行污区分类。

表 2-15　按密度等标负荷划分污区等级

污染等级	重污染区	中等污染区	轻污染区	微污染区
密度等标负荷	＞240	180～240	100～180	＜100

除收集等标污染负荷外，还要收集影响污秽特征的另外三个因素。

1）酸雨频度（%）。

2）按月自然降尘量［$t/(km^2\cdot 月)$］。

3）距离海岸线距离（km）。

4）运行经验。

运行经验主要是指运行设备外绝缘的污闪跳闸和事故记录及地理环境、气象特点，采用防污措施等情况，是划分污秽等级三个因素中起决定性作用的因素。因此，要收集积累全国和条件相似地区情况，充实目标地区的运行经验。主要收集三个方面的内容。

（1）全国和条件相似地区输变电及电厂污闪事故。表 2 - 16 为 1969～1983 年全国输变电及电厂设备爬电比距（cm/kV）与污闪情况的统计分析表。

（2）本地区历年污闪故障点及相应泄漏比距统计。

（3）本地区历年污闪跳闸年，事故年统计。

表 2-16　1969～1983 年全国输变电和电厂设备爬电比距（cm/kV）与污闪情况统计表

污秽等级	无污闪事故	可能有污闪事故	频繁发生污闪事故
0 级	1.65～1.78	—	—
Ⅰ级	2.04	1.78～1.91	—
Ⅱ级	2.61	2.04～2.3	1.78～1.91
Ⅲ级	3.35	2.61～3.17	2.3～2.42
Ⅳ级	—	3.35	2.98～3.17

二、资料整理

（1）编制分地区、年份盐密平均值汇总。

（2）编制分地区、年代（一般 3～5 年）城镇污染地区和无明显污染源农田地区盐密平均值汇总。

（3）编制分地区、城镇污染地区和无明显污染源农田地区 NaCl 与 $CaSO_4$ 比值平均数汇总。

（4）编制分地区、历年、年代（一般 10 年）的月平均干旱日、大雾日等日数汇总，并绘制曲线。

（5）编制分地区各市、县、乡行政区域的单位面积等标污染负荷、煤耗量（t/km^2）汇总。

（6）编制分地区各严重污源点、年等标污染负荷、煤耗量汇总表。严重污源点是化工、水泥、冶炼、火电厂及大砖瓦厂、石灰厂等。

（7）编制分地区历年污闪跳闸的线路电压、名称、故障杆塔及对应的爬电比距和实测盐密值汇总。

（8）编制分地区、年代的输变电设备污闪事故率、跳闸率（次/100km・a）汇总。

（9）编制城镇污染地区和无明显污染源农田地区，已发生和未发生污闪跳闸的爬电比距汇总。

三、污区图爬电比距的确定

以往划分污区仅局限于污源点上，即以污源点为中心，污染半径从几百米至 1km，但污闪事故仍时有发生。由于工业发展迅速，特别是乡镇工业的发展，新生的污源不断出现，而三废治理等环保措施还有待加强，大气环境污染仍居高不下，因此污区划分的范畴主要是面而不是点，即要用以面为主、点面结合的方法来划分污区。

为了比较直观地反映污秽等级，污区图上直接用爬电比距表示，便于在设计和运行中的严格执行和实施。各个污秽等级中，将爬电比距分为上、中、下三档。因为同一污秽等级中，爬电比距上下限值相差较大，易造成理解和认识上的不一致和不统一。

（1）大范围面上爬电比距的确定。大范围一般是指一个市（县）的行政区域。大范围内确定爬电比距的基础是平均盐密值，再根据 NaCl 与 $CaSO_4$ 的比值和运行经验，确定等效成纯 NaCl 的盐密修正系数。污秽成分主要是 NaCl 时，则修正系数接近 1.0。$CaSO_4$ 所占比例越高，则修正系数越小；同样污秽成分，相同爬电比距下，污闪跳闸率越高，则修正系数越大。根据不同污秽成分下的人工模拟污秽试验数据，可以得出相应的盐密修正系数见表2-17。

表 2-17　盐密修正系数

$NaCl/CaSO_4$	1 片 X-4.5 不同盐密下污闪电压及盐密修正系数							
	0.05（mg/cm^2）		0.10（mg/cm^2）		0.20（mg/cm^2）		0.40（mg/cm^2）	
	电压/kV	修正系数	电压/kV	修正系数	电压/kV	修正系数	电压/kV	修正系数
1/0	10.8	1.0	9.2	1.0	7.9	1.0	7.2	1.0
1/1	11.9	0.907	10.0	0.92	8.2	0.96	—	—
1/2	13.1	0.824	10.3	0.89	8.6	0.918	—	—
1/5	14.0	0.770	11.3	0.814	9.0	0.878	8.1	0.889
1/10	14.7	0.735	12.5	0.736	10.9	0.725	—	—

根据修正后的盐密值，对照污秽分级标准，初步确定污秽等级，在结合污湿特征、运行经验进行必要的调整，然后再确定污秽等级和爬电距离。

如某地区 110kV 线路采用 7 片，220kV 线路采用 13 片普通型悬式绝缘子，爬电比距为 1.71～1.84cm/kV，实测盐密值接近 0.10mg/cm²，有雾但持续时间短，每年清扫一次，未发生过污闪事故，该地区污秽等级可定为Ⅰ级。

盐密测量工作开展较少的市（县），可参照本地区条件相当，且盐密测量较多的市（县）确定污秽等级。其他市（县）可根据污秽特征资料中的等标污染负荷或耗煤量，通过比较确定污秽等级。

如某市 220kV 线路采用 13 片普通型绝缘子，爬电比距为 1.71cm/kV，实测盐密经修正后为 0.08mg/cm²，单位面积等标污染负荷为 250t/km²，污闪事故接近 0.3 次/（100km·a），确定该市污秽等级为Ⅱ级中上限值，全线调换为 13 片防污型绝缘子，合理爬电比距为 2.42cm/kV。同一市某县也是 13 片普通型绝缘子，盐密测量数值不多，等标污染负荷为 150t/km²，事故率为 0.03 次/（100km·a），则可确定该县的污秽等级为Ⅰ级中上限值，每串增加 1～2 片普通型绝缘子。

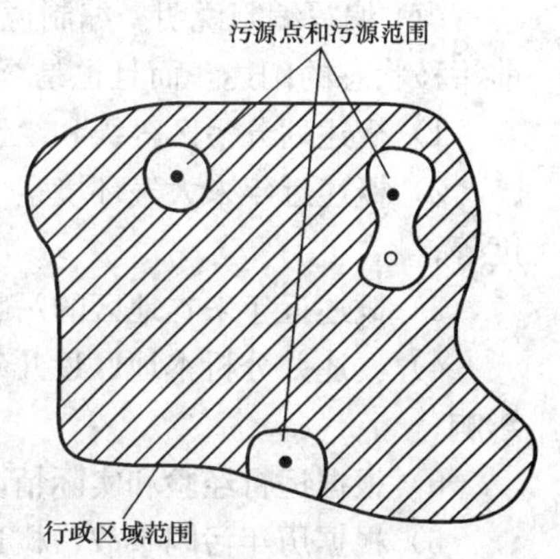

图 2-12　污源点和污染范围

（2）小范围面上爬电比距的确定。小范围指各乡的平均盐密值或单位面积等标污染负荷、耗煤量较小的乡的行政区域，除去严重污染源点污染范围之外的地区，如图 2-12 中的剖面线地区。这种地区的爬电比距以大范围面上的爬电比距降低一档选择。

(3) 严重污源点污染范围和爬电比距的确定。严重污染源点指盐密值或等标污染负荷、耗煤量较大的化工、水泥、冶炼、火电厂及砖瓦、石灰厂等工厂。面上爬电比距在 2.0 cm/kV 以下时，上述类型工厂污特征中等也应作为严重污源点考虑。

表 2-18 严重污染源点的影响半径（km）

污染源点	影响半径		
	A_R	B_R	C_R
水泥厂	<0.5	0.5～1	1～（2～5）
化工厂	<0.5	0.5～1	1～（1.5～3）
冶炼厂	<0.2	0.2～0.5	0.5～（1～3）
火电厂		<2.0	2.0～（5～8）
砖瓦厂		<1.0	1.0～（2～3）
石灰厂		<0.5	0.5～（1～2）

严重污染源点影响半径见表 2-18。表中括号内的数值范围则根据污源排放高度，按照下式估算其确切的影响半径，即（20～30）H+（100～700）m。根据运行经验，按地区所在面上的爬电比距 λ 来确定表 2-19 中的 A_R、B_R、C_R 应增大的爬电比距值。

(4) 距离海岸线等距离线范围内的污秽等级。依据距离海岸距离表 2-20 确定污秽等级，然后根据运行经验，确定同一污秽等级中爬电比距的上、中、下限值。

表 2-19 严重污染源点的爬电比距（cm/kV）

λ	1.6	1.8	2.0	2.3	2.5	2.8	3.2	3.5	3.8
A_R	2.0	2.3	2.3	2.5	2.5	2.8	3.2	3.5	3.8
B_R	2.5	2.5	2.5	2.8	2.8	3.2	3.5	3.5	3.8
C_R	2.8	2.8	2.8	3.2	3.2	3.5	3.5	3.8	3.8

表 2-20 按距离海岸距离划分污秽等级（km）

距离海岸线距离	<1	1～3	3～10	10～50
污秽等级	Ⅳ	Ⅲ	Ⅱ	Ⅰ

(5) 高海拔地区的污秽等级。海拔高度增加，污秽等级应随之增加。高海拔地区具体使用时，可按照平原地区爬电比距值增加的百分数来确定，海拔 1000～2000m 增加 5%，海拔 2000～3000m 增加 10%，海拔 3000～4000m 增加 15%。

四、绘制污区图

(1) 编写编制说明。编制说明主要阐明确定污秽等级和污区划分的理由。它不仅是对目前污秽状态的阐述，而且也是今后调整污区和污级的基础资料，具体内容有：

1) 概述划分污区等级和绘制污区分布图的依据；

2) 概述近年来大气环境空气污染状况及地理环境、人口密度、工业发展速度和酸雨频度等；

3) 概述近年来本地区的污特征，收集列举各地区的污秽环境资料；

4) 概述并分析本地区近几年内的每月大雾日数、连续无降水的日数等及其分布规律和影响；

5) 根据运行经验和实际情况，综合分析历年实测盐密值，提出经修正后的代表盐密值；

6) 根据历年污闪事故，概述各类爬电比距时的污闪跳闸率，列表说明已发生和未发生污闪事故的爬电比距，分析污闪事故与污湿特征、盐密值之间的关系。

(2) 绘制污区图的注意事项。

1) 选用地图比例一般为省局 1∶50 万、地（市）局 1∶10 万、县（市）局 1∶5 万。

2) 污区图上应统一用颜色标明运行线路走向，省局 220kV 及以上，地（市）局 110kV 及以上。如用蓝色表示 110kV，黑色表示 220kV，紫色表示 500kV。以及各种符号表示历年污闪故障点和严重污源点。

3) 污区图的爬电比距统一用颜色标明，如用地图底色表示 1.5cm/kV，蛋黄色表示 1.8cm/kV，浅蓝色表示 2.0cm/kV，翠绿色表示 2.5cm/kV，粉红色表示 2.8cm/kV，深红色表示 3.2cm/kV 及以上。

4) 绘制污区图时，先绘制点，再绘制面；先绘制爬电比距高的，再绘制爬电比距低的。

5) 对不同污秽等级区域的划分，采用以污染源为圆心，污染范围为半径（如 R_1、R_2）的同心圆外推方法，几个污源点、相同爬电比距交叉或接近时（$S \leqslant 0.5$km），污染范围如图 2-13 所示，其边缘为圆形包络线，其 D 确定为

$$D=\frac{1}{2}(R_1+R_2-S) \tag{2-14}$$

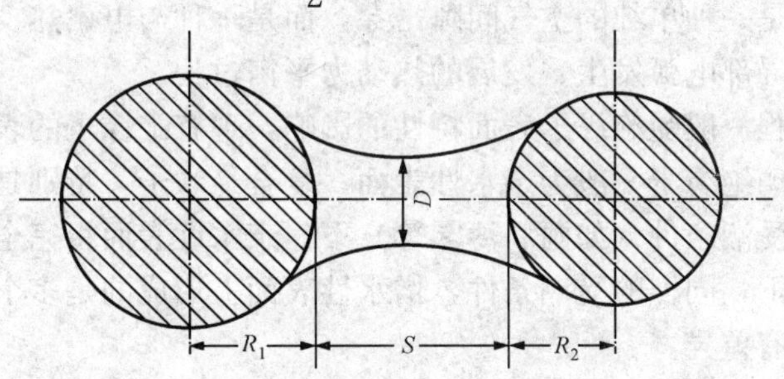

图 2-13　不同污秽等级区域的划分

(3) 绘制实例。选择一个地区进行污区图绘制，按照下面步骤。

1) 大气环境。

2) 污特征。

3) 湿特征。

4) 运行经验。

5) 盐密及爬电比距的确定。

6) 污区图。

第3章 污秽绝缘子表面放电机理

3.1 污秽绝缘子沿面放电的发展过程

污秽闪络，是指外绝缘表面受到固体的、液体的和气体的导电物质的污染，在遇到雾、露、毛毛雨等湿润作用，污层电导增大、泄漏电流增加产生局部电弧，在运行电压下绝缘子表面的局部电弧发展成为电弧闪络，这种闪络的发生不是由于作用电压的升高，而是因为绝缘子表面绝缘能力的降低所致。

按所选的系统绝缘水平和空气间隙碰撞游离的放电机理，在运行电压下绝缘子不可能发生闪络事故。但在实际运行中的绝缘子串却一再发生污闪，说明污闪有不同于空气间隙击穿的机理。到目前为止，有关绝缘子表面染污放电机理较为一致的认识是：沿绝缘子湿润污秽表面的闪络现象已不是一种单纯的空气间隙击穿，而是一种与电、热、化学等因素有关的污秽表面气体电离以及局部电弧发生、发展的热动力平衡过程。

绝缘子的污闪过程一般受绝缘子表面特性的影响，现有绝缘子的表面状况有两种：憎水性或亲水性。瓷和玻璃绝缘子一般为亲水性表面；复合绝缘子，特别是硅橡胶复合绝缘子表面一般为憎水性。在受潮条件（如雨、薄雾等）下，亲水性表面将完全湿润而形成水膜覆盖在绝缘子上；相比之下，同样的受潮条件，憎水性表面上形成的是多个水珠。亲水性表面和憎水性表面污闪过程有差异。

一、亲水性表面污闪过程

绝缘子表面的污秽放电是一个涉及电、热和化学的错综复杂的变化过程，宏观上亲水性表面发生污闪必须经历积污、潮湿、形成干带并产生局部电弧和局部电弧发展至完全闪络四个阶段。

（一）绝缘子表面形成污秽层

绝缘子表面沉积一层污秽物，污物中含有不导电的惰性物质和受潮能溶解的盐类或酸碱等物质。只要污层不是电解液如盐水飞沫和稀酸，一般污层在干燥状态下是不导电的，积污是污秽闪络的前提条件。

运行绝缘子在大气环境中受到工业排放物以及自然扬尘等因素的影响，表面逐渐沉积了一层污秽物。这些污秽物按不同起因，可分为无人参与的自然条件下产生的自然型污秽和生产过程中产生的工业型污秽。

绝缘子表面的积污，一方面取决于促使微粒接近绝缘子表面的力；另一方面也取决于微粒和表面接触时保持微粒的条件。微粒在绝缘子表面的沉积，受风力、重力、电场力的作用，其中风力是最主要的。空气运动的速度和绝缘子的外形决定了绝缘子表面附近的气流特性，在不形成涡流的光滑表面，微粒运动速度快，减少了它们降落在绝缘子表面的可能性；反之，具有高棱和深槽的绝缘子下表面附近则易于形成涡流，使气流速度下降，产生了污秽沉积的有利条件。重力只对直径较大的微粒起作用，且主要影响污源附近的绝缘子上表面。微粒在交流电场中作振荡运动，作用在中性微粒上的电场力指向电力线密集的一端；在直流电场的作用下固体微粒可带电，更易吸附于绝缘子表面，因此直流系统绝缘子的积污比交流系统严重的多。带电与否对绝缘子积污有一定的影响，但与环境因素有关。一般来说，如果污秽是急剧形成的（如风、海雾），带电与否对积污的影响不大；如果污秽是缓慢积聚的，则带电绝缘子的积污比不带电绝缘子的积污要严重。

（二）污秽湿润或染污绝缘子表面受潮

大多数污秽物在干燥状态下是不导电的（电阻值很高），该状态下绝缘子的放电电压和洁净干燥时非常接近，因此，发生污秽闪络前必须要有受潮过程。只有污秽物吸水受潮，在绝缘子表面形成一层导电水膜，污秽物中的电解质成分电离，在水溶液中以离子形态存在时，绝缘子的闪络电压才会明显降低，闪络电压降低的程度与湿污层的电导率有关。潮气吸收、凝露和降雨都可能使绝缘子受潮。在相对湿度较大（大于75%），绝缘子的温度和环境温度相同时，其表面吸收潮气；当绝缘子表面温度低于露点时，空气中的水分在其表面凝露，该情况一般出现在日出或刚刚日出之前；大雨可能冲洗掉部分电解质和全部污秽层，放电过程的其他阶段不再发生，或者直接由雨水桥接伞裙而闪络。长期的运行经验表明，雾、露、毛毛雨最容易引起绝缘子的污秽放电，其中雾的威胁性最大。

在毛毛雨、雾、露、雨夹雪或溶雪、溶冰等潮湿天气时，绝缘子表面的局部或全部受潮，污秽层变成导电层，在运行电压下有泄漏电流流过。大雨具有冲刷作用，一般不构成污闪危险。

绝缘子的湿润加大了它的表面导电性能，使得通过绝缘子表面的泄漏电流增大，导电薄层发热。发热从正、反两个方面改变表面层的导电性能，即：

（1）表面层的烘干将使电导率减小；

（2）受表面层中正温度系数电解质的影响，随着温度的升高而使电导率增加。

（三）形成干燥带并产生局部电弧

在潮湿的气象条件下，表面覆有导电污秽层的绝缘子在电压作用下产生泄漏电流，泄漏电流的大小不仅取决于绝缘子脏污的程度及污秽物的成分，而且和污秽物的湿润程度有关。

由于污秽沿绝缘子表面的分布通常是不均的，且沿绝缘子泄漏路径的直径也不同，因此，绝缘子各个区段的泄漏电流密度不同，这就使得表面泄漏电流产生的热量对污层的烘干不均匀。由于结构形状或其他偶然因素的影响，在电流密度较大或污层电阻较大的局部地区，首先被烘干成干带或干区。绝缘子表面各处的电流密度不同，在悬式绝缘子的钢脚、钢帽附近，或棒形、支柱绝缘子的杆径处，电流密度较大。表面泄漏电流产生的焦耳热效应在几个周波内会使电流密度很大的地方水分蒸发，从而形成所谓的干区（干燥带）。

干带的出现将减小甚至中断泄漏电流，在这种情况下作用电压将主要集中在干带上。由于干带比较窄，往往仅仅几毫米宽，导致干带上的空气可能击穿和产生泄漏电流脉冲。

当绝缘子表面形成干带后，取决于作用电压的大小，其表面物理过程的发展将不同。

（1）当电压很低时（$0\leqslant U<U_A$），干燥区的电场强度不足以使空气发生碰撞电离形成局部放电，泄漏电流的建立过程是平稳的，其值一般不超过几百微安，如图3-1中的A区。

（2）当电压稍高时（$U_A\leqslant U<U_B$），如图3-1中的B区，干燥区的电场强度足以使空气发生碰撞电离并形成局部放电。局部放电的电流将由加在绝缘子上的电压、局部放电和与局部放电串联的绝缘子表面部分两者的总电阻所决定，电流值一般在几个毫安以下。这种放电

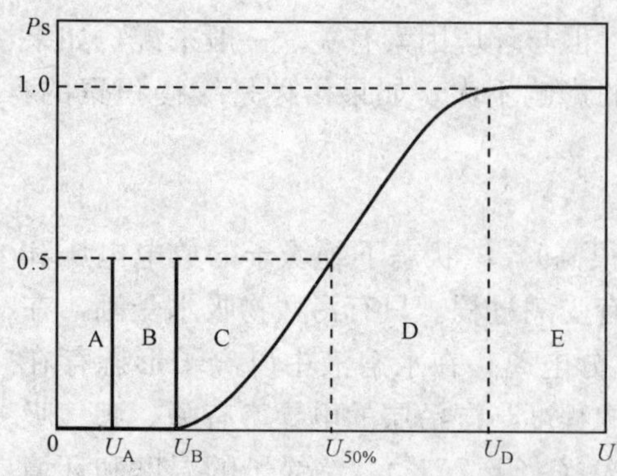

图 3-1 污秽绝缘子沿面放电发展的各个阶段（A、B、C、D）的闪络概率

具有上升型“伏一安”特性，局部放电的发展将使放电通道的电阻增大，通过的电流减小。放电火花较短（几毫米）且呈蓝紫色，有很多并行途径。热量减少，表面被湿润，这种放电是反复的，对系统没有危害。

污秽层不均匀干燥所产生的干区具有很大的表面电阻，从而使导电通道破坏，泄漏电流中断，沿绝缘子表面的电压分布也随之发生变化。加在绝缘子两端的电压主要由干区分担，当干区（可能仅几个毫米长）某处的场强超过沿介质表面空气放电的临界场强时，干区上的相应电压使空气击穿，干区由电弧桥接，与未干燥部分的电阻和污秽层的导电部分串联。这种放电是不稳定的，呈间歇的脉冲状态，出现在绝缘子表面的每一次火花放电都产生一个泄漏电流脉冲。火花放电的形成以及泄漏电流脉冲值的大小取决于与干区相串联的湿污层电阻值。如果绝缘子污染不很严重，或者受潮不充分，以及绝缘子泄漏距离较长而有较大的绝缘裕度，湿污层的电阻值较大，这种条件下的放电比较微弱，相应的泄漏电流脉冲值也较小。虽然间歇的放电可持续相当长时间，但绝缘子发生闪络的危险性不大，闪络概率（P_s）几乎为零。

（四）局部电弧发展至闪络

(1) 若加在绝缘子上的电压相当大时（$U_B \leqslant U < U_{50}$），如图 3-1 中的 C 区，如果绝缘子湿污层的电阻较小（绝缘子污染比较严重，表面又充分受潮，且泄漏距离较小），会出现较强烈的放电现象，此时跨越干区的放电形式为具有下降型“伏一安”特性的电弧放电，放电通道中的温度可升高到热电离的程度，与这种放电形式相对应的泄漏电流脉冲值较大，可达数十或数百毫安。在一定条件下，桥接干区的局部电弧沿绝缘子表面持续发展，其趋势使与电弧串联的剩余污层电阻减小，电流增加，甚至将绝缘子表面桥接，最终导致相对地闪络。

短接干燥带的局部放电将具有电弧特性，其伏安特性是下降型的。这类局部放电一般称为局部电弧。局部电弧的电阻不太大，因此出现局部电弧后绝缘子的总电阻将显著降低（主要由未被局部电弧短接的绝缘子表面部分的电阻决定）。随污秽程度的不同，泄漏电流将突增至数十或数百毫安。局部电弧的颜色也由蓝紫色改变为红黄色或白色，电压沿绝缘子（带）表面很快进行重新分布。电源供给能量如图 3-2 所示。

电源供给的能量
- 局部电弧
  - 消散在周围空气中的能量
  - 电弧内的电离过程的能量，维持电弧的稳定燃烧
- 绝缘子表面层加热

图 3-2 电源供给能量的组成部分

对于消耗在绝缘子表面层发热上的能量，它取决于电压的大小和污层的性能：

1）当表面层的干燥影响占优势时电阻值将增加，绝缘子泄漏电流将减小，与之相应的局部电弧电流也随之减小，取自电网的能量减小，耗费在电离过程中的能量也就减少，为熄弧创造了条件，被局部电弧分路的绝缘子表面干燥区逐渐受潮，干燥区逐渐减少，电导逐渐恢复，使局部电弧旁路而熄灭，然后再次出现干燥区，如加在干燥区的电压可能使其重新放

电，从而再次形成局部电弧，这种状态称为间歇小电弧状态。

2）当电解质的正温度系数影响占优势时电阻值将减小，绝缘子表面层的发热将引起绝缘子电阻的减小和泄漏的增加，与之相等的电弧电流就增大。使得供给电弧的能量增加，电弧温度升高，建立了有利于电离过程发展的条件，促使局部电弧伸长。由于电弧的下降型伏安特性，电流的增加将使电弧电阻和电弧上的压降进一步减小，随着局部电弧的伸长和局部电弧电阻的减小，绝缘子非干燥区表面的电场强度逐步升高，当电场强度超过临界值时，就将发生绝缘子的完全闪络。

整个过程可归纳为绝缘子、污秽、受潮条件和所加电压（在实验室为电源阻抗）之间相互作用的过程。闪络的可能性随泄漏电流的增大而增加，而泄漏电流大小主要取决于绝缘子表面污层的电阻。

(2) 当电压大于 50%闪络电压（U_{50}）时（$U_{50} \leqslant U < U_D$），如图 3-1 中的 D 区，只经过几个工频周期就将发生完全闪络。该电压作用下绝缘子表面层内的热动力平衡过程并没有充分发展，在没有明显地形成干燥区和出现局部电弧的情况下就将发生绝缘子闪络。但是，闪络电压值仍然要比干闪电压低得多，其原因可能是污秽分布的不均匀，使得绝缘子表面各区段的电阻不等，作用电压沿绝缘子表面的分布也就不均匀，促使发生分段依次闪络。

(3) 当作用电压更高时（$U_D \leqslant U$），如图 3-1 中的 E 区，表面层的存在实际上不影响放电发展过程，放电发展的需要在时间上是几十至几百微秒，放电电压接近干闪电压而与绝缘子的结构、外形关系不大。

由上分析可知，如果 A、B 区和 C 区相当于正常运行方式下污秽绝缘子的放电发展过程，则部分 D 区和 E 区将相当于过电压作用下的污秽绝缘子闪络，而且其中部分 C 区和 D 区相应于内部过电压的作用，D 右边的区域相应于大气过电压的作用。

二、亲水性表面局部电弧发展机理

对亲水性表面局部电弧延伸发展的机理，国内外学者从不同的角度进行了分析和研究，还提出了一些不同的观点：

(1) Wilkins 等认为电弧端部的电离和在电离基础上弧根连续不断的生成，是导致电弧发展的主要因素，从能量角度考虑，$dW_p/dx > 0$ 是电弧发展的必要条件。

(2) Jolly 认为局部电弧沿绝缘子表面伸展的作用力主要有静电力、电磁力和热浮力等，在小电流时，静电力是主要的，而大电流时热浮力将超过静电力的作用。极快的污闪放电速度是静电力和热浮力不可能达到的，因此污闪放电过程是电击穿过程。

(3) Hampton 假设单位长度电阻不变，在圆柱形均匀染污绝缘子表面饱和湿润后进行了闪络试验，提出了绝缘子闪络的必要条件为：圆柱面上的电压梯度 E_P 应超过电弧中的电压梯度 E_{arc}，即若 $E_{arc} < E_P$，具有恒定电阻率的圆柱上的电弧沿表面发展。

(4) Hesketh 也得出了与 Hampton 一致的判别式，假定与湿污层串联的电弧将会由于电源自动调整使电流达到最大值，故判别式为 $dI/dx > 0$，它是对沿所有可能成为电弧通道的位置而言的。

(5) 清华大学对局部电弧发展变化动态过程及电弧温度进行研究，认为临界闪络条件不是由于弧柱部分电场强度增加到足以引起空气击穿而造成的，而主要是由于电弧温度升高，电弧等离子体电离度增加，当电弧等离子体中的某种元素接近全部电离，带电粒子浓度急剧增加，在电压作用下带电粒子迅速扩散和迁移导致电弧最后闪络。交流污秽试验发现：当污层盐密在0.05～0.4mg/cm^2 时电弧不熄灭，但随着电流的周期变化，电弧的亮度和长度作相应的强弱和伸缩变化，电压和电流的示波图均为正弦形。如果降低污层盐密，在电流过零附近电弧会出现零休。在临闪前3～6个半周期峰值处电弧平均发展速度仅为每秒数米；到临闪前第二个半周期峰值处为10m/s；到临闪前半个周期峰值处（即临界点）约30m/s。

(6) 利用模拟电荷法，重庆大学对光滑圆柱绝缘子及真实支柱绝缘子表面出现干区前后及出现局部电弧后的电场进行了计算，认为局部电弧头部场强的垂直分量对污闪的发展起了重要作用。通过对电场实测和仿真计算，肯定了“染污绝缘子表面形成局部电弧后，推动局部电弧向前发展的主要因素不是场强电离，而是电弧头部附近存在强烈的热电离”这一假说；并提出“在形成热电离的过程中，电弧头部场强的法向分量使电弧中的带电粒子与绝缘子表面发生剧烈碰撞对弧头温度的升高起了主要作用”的观点。

三、憎水性表面污闪过程

清华大学提出，憎水性表面的污秽闪络过程和机理不同于亲水性表面。由于其表面的憎水性，表面吸收的水分呈水珠状，污秽物中的导电物质（如盐分）迁移进水滴中，且水滴本身是不稳定的，在电场作用下表面液体变成丝状，当电场足够高时，放电在液体丝状和水滴之间发展。

在受潮过程中，憎水性表面凝结了大量的细密水珠，随着受潮时间增加，水珠的体积逐渐增大，表面污层中的可溶盐成分逐渐溶解于水中，使得水珠电导率增加；在外界扰动和电场力的作用下，部分水珠融合形成较大的水珠。在绝缘子表面电场强度较高的位置，如端部（特别是高压端）、杆径及伞裙边缘部位，细密的水珠会在电场力的作用下合并，大的水珠也会拉长，形成一条或多条大致沿电场方向的水带，这些水带两端的场强进一步得到加强，这种局部的电场增强反过来又会进一步加速水带的发展。

水珠以及水带之间的局部电场增强将导致一些局部电弧的出现，由于沿绝缘子表面水珠分布的随机性，这些放电在场强较高的区域到处可见。某一水带的明显发展会抑制周围其他方向的场强，如果受潮严重，会沿电场方向形成局部的“水珠—水带”通道，通道形成后，主要电压施加于干区之上，干区中的电场得到了加强，通道的发展被加速。如该通道持续发展，剩余干区越来越小，在电压条件满足的情况下，剩余干区击穿，导致沿面闪络的发生。如果运行电压不足以导致该亲水性细水带的闪络，绝缘子仍将安全运行，但可能产生能量较高的小电弧，这种电弧长期作用会造成憎水性的丧失，甚至电蚀的出现。

实际运行中，憎水性材料具有积污、受潮、局部放电或高场强的动态过程，其联合作用使绝缘子的部分或整个表面表现出临时的亲水特性。因而在局部或有限时间内，亲水性表面的污闪过程也适用于名义上的“憎水性”材料或表面。

3.2 局部电弧发展成为完全闪络的条件

由3.1节可知，沿绝缘子湿润污秽表面的闪络现象是一种与表面层发热、烘干以及局部电弧产生、发展有关的热动力平衡过程。它与作用电压的大小，绝缘子的表面爬电距离以及污层电导（包括污秽特性质、污秽物沉积量和湿润程度）等有关。

将电弧的电导（或电阻）和未被电弧覆盖（即与局部电弧相串联）的湿润污层表面的电

导（或电阻）进行比较。就可得到局部电弧发展成为完全闪络的条件。

根据德国的奥本诺斯（Obenaus）于1958年提出的污秽放电物理模型，污秽绝缘子的放电发展可用平板或圆柱形物理模型来分析，如图3-3所示。

图3-3 剩余污层用矩形代替的染污绝缘子的放电模型

由图3-3可得产生局部电弧后，局部电弧电流与外施电压满足以下关系式，即

$$\begin{aligned} U &= U_a + r_n (L - x_1 - x_2) I \\ &= U_a + r_n (L - L_a) I \end{aligned} \tag{3-1}$$

式中：U为模型二端电压，kV；U_a为电弧压降，kV；I为通过局部电弧和剩余污层的电流，A；r_n为单位长度剩余污层的电阻率，Ω/m；$L_a=(x_1+x_2)$为电弧长度，m；L为总爬电距离，m。

电弧压降由阴极压降、阳极压降和弧柱压降三部分组成。对于长度为几cm以上的电弧，弧柱中的过程起主要作用，电弧电压主要由弧柱电压降组成，阴极、阳极电压降可以忽略❶。因此，根据电弧具有“下降型伏安特性”的特点，电弧电压近似与电弧长度成正比，可表示为

$$U_a = A I^{-n_a} L_a \tag{3-2}$$

式中：n_a为与电弧电流有关的常数，在标准参考大气条件下，当$I\approx0.1$A时，$n_a=0.6\sim0.7$；$I=1\sim10$A时，$n_a=0.5$；$I>10$A时，$n_a=0.35\sim0.25$；A为与气体性质和气压有关的常数，且与电弧冷却情况有关，在标准参考大气条件下，对于空气电离$A=60\sim80\text{V}\cdot\text{A}^{n_a}/\text{cm}$，对于沿湿润表面电离$A=140\sim350\text{V}\cdot\text{A}^{n_a}/\text{cm}$。

电弧的电场强度，即单位长度电弧上的电压降为

$$E_a = \frac{U_a}{L_a} = A I^{-n_a} \tag{3-3}$$

由此可得单位长度电弧的电阻为

$$r_a = \frac{E_a}{I} = \frac{A}{I^{1+n_a}} \tag{3-4}$$

在污秽绝缘子放电现象中，一般来说，临界闪络前的最大泄漏电流或电弧电流$I=0.1\sim10$A，其n_a值在0.5～0.6之间，如果取$n_a=0.5$，则

$$r_a \approx \frac{A}{I^{1.5}} \tag{3-5}$$

即污秽绝缘子沿面单位长度电弧的电阻与电弧电流的1.5次方成反比。

下面以Obenaus物理模型为基础分析局部电弧发展成完全闪络的条件。

一、基于将剩余污层简化为矩形的直流污闪条件分析

由图3-3的Obenaus的平板或圆柱形模型可知，湿润污秽绝缘表面产生局部电弧后，其表面总电阻R为

---

❶ 一般来说，阴极压降为400V左右，阳极压降为700V左右。

$$
\begin{aligned}
R &= r_a L_a + r_n (L - L_a) \\
&= r_n L + L_a (r_a - r_n) \\
&= R_n + L_a (r_a - r_n)
\end{aligned} \tag{3-6}
$$

式中：r_a 为单位长度局部电弧的电阻率，Ω/m。因此，由式（3-6）可得产生局部电弧后沿污秽绝缘子表面流过的电流为

$$
I = \frac{U}{R_n + L_a (r_a - r_n)} \tag{3-7}
$$

由式（3-7）可知，随着 r_a 与 r_n 比值的不同，产生局部电弧后的绝缘子表面总电阻可能大于未出现局部电弧（污秽层完全受潮）时的表面电阻（当 $r_a > r_n$ 时），也可能不变（$r_a = r_n$），或者可能减小（$r_a < r_n$）。

（1）当 $r_a > r_n$ 时，产生局部电弧后沿绝缘子表面流过的电流将小于产生局部电弧前污秽层完全湿润的电流，消耗在表面污秽层上能量减少，烘干的表面开始吸收水分，若局部电弧偶然伸长，则由式（3-7）可知，电流更加减小，直到干燥区逐渐受潮，导致局部电弧被旁路或熄灭。

当 $r_a > r_n$ 时，相当于图 3-1 中的 A—B 区的间歇小电弧状态。

（2）当 $r_a < r_n$ 时，局部电弧的产生导致表面电阻减小和局部电弧电流的相应增加。由于电弧的下降型伏安特性，电流的增加将使得电弧单位长度的电阻 r_a 进一步减小，总电阻也就进一步减小，电流进一步上升。由式（3-7）可知，局部电弧的偶然伸长会使绝缘子总电阻进一步减小，沿面电流进一步加大，在 $r_a < r_n$ 的条件下出现电弧燃烧不稳定的状态，它不会妨碍局部电弧的任意伸长。当电弧伸长至整个爬电距离时，绝缘子发生污闪。

沿面放电研究表明：电弧端部以每秒数十米的速度向前滑动，端部的滑动在途径上并不烘干污秽层，但电弧的移动速度却随其长度的增加而增大。

在局部电弧扩展的短时间内（约 1～2s），在不断增长着的电流作用下潮湿污秽层的状态实际上是不变化的。

只要表面上产生局部小电弧，并且满足 $r_a < r_n$ 的条件，就将会使局部电弧逐步伸长直到表面全面闪络。

（3）当 $r_a = r_n$ 时，表示临界条件，是一种不稳定的状态。

由此可知，$r_a \leqslant r_n$ 是局部电弧发展成为完全闪络的必要条件。因此可以得出污秽绝缘子在受潮时的沿面闪络条件为：①沿绝缘子表面流过的泄漏电流应使湿润污秽层发热并形成局部烘干区，烘干区的击穿使绝缘子的表面产生局部小电弧；②必须满足 $r_a \leqslant r_n$ 的条件，使通过绝缘子表面污秽层的电流不低于能产生闪络通道的极限泄漏电流值，局部电弧才可能沿湿润污秽表面扩展直到发生绝缘子的全面闪络。

二、基于剩余污层电阻较准确表达方式的直流污闪条件分析

对于任意形状的绝缘子，污闪过程的电路方程均可以按照 Obenaus 物理模型分析，即其电路表示为

$$
U = AxI^{-n_a} + R(x)I \tag{3-8}
$$

对于任意形状的绝缘子，分析污闪条件的关键是找出绝缘子产生局部电弧后的剩余污层电阻 $R(x)$ 的解析式。一般来讲，$R(x)$ 与弧根半径 r_0 有关，弧根半径又与局部电弧电

流 I 有关。由 Obenaus 物理模型可知，与污闪条件相联的是临界时刻的剩余污层电阻，此时弧根半径仅决定于临界电流。假定电弧发展中，r_0 不变，其值决定于 I，因此 $R(x)$ 仅是电弧长度 x 的函数。设弧长 x 为某一确定值（即假设临闪时刻的电弧长度为 x），则由式（3-8）可得

$$U=a_x\times I^{-n_a}+b_x\times I \tag{3-9}$$

式中，$a_x>0$ 且 $b_x>0$。对于任意 $a_x>0$ 且 $b_x>0$ 的式（3-9），分析可得其“$U-I$ 特性曲线”有如图 3-4 所示的基本形状。

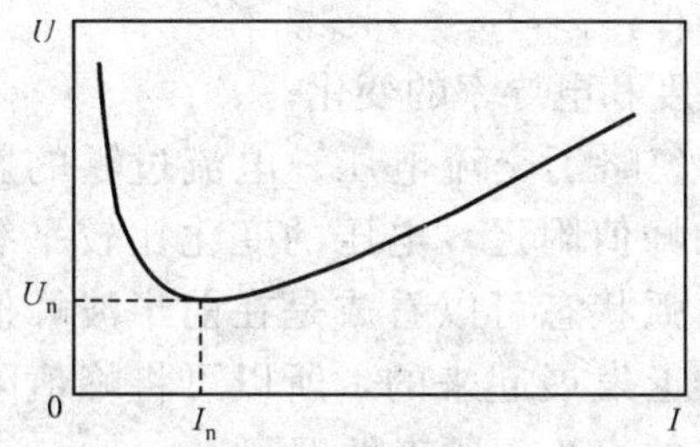

图 3-4　维持确定电弧 x 所需电压和电流特性曲线

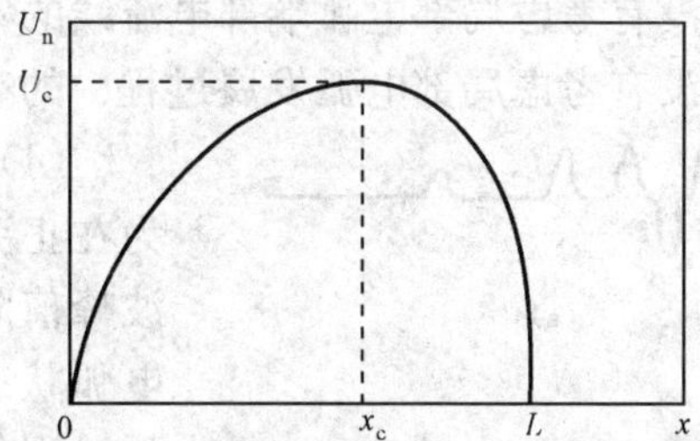

图 3-5　U_n 与电弧长度的关系曲线

由图 3-4 可以看出，对于给定的局部电弧长度 x，其 $U-I$ 关系曲线存在一个极小值，因此，由下式可得维持特定弧长为 x 的电弧所需要的最小电压 U_n，即由式（3-9）对电压 U 求电流 I 的导数，并解 $\mathrm{d}U/\mathrm{d}I=0$ 可得

$$\begin{cases} I_n=\left[\dfrac{n_a xA}{R(x)}\right]^{\frac{1}{n_a+1}} \\ U_n=\left(1+\dfrac{1}{n_a}\right)[nxA]^{\frac{1}{n_a+1}}[R(x)]^{\frac{n_a}{n_a+1}}=\left(1+\dfrac{1}{n_a}\right)I_n R(x) \end{cases} \tag{3-10}$$

由式（3-10）可知，对于确定的电弧长度 x，I_n 和 U_n 均是弧长 x 的函数。当 x 较小时，U_n 随 x 的增加而增加；当 x 较大时，U_n 随 x 的增加而减小，即 x 存在一个临界值，如图 3-5 所示。因此，只要弧长达到临界值 x_c，闪络不可避免。也就是说，电弧发展至 x_c 之后，电弧的发展不稳定，电弧发展速度发生明显变化，这与高速相机拍摄的发电发展过程一致，即（$L-x_c$）的泄漏距离的电弧发展是跃闪过程。

对 U_n 求电弧长度 x 的导数，并解 $\mathrm{d}U_n/\mathrm{d}x=0$ 可得

$$R(x_c)=-n_a x_c\frac{\mathrm{d}R(x_c)}{\mathrm{d}x_c} \tag{3-11}$$

$$\begin{cases} I_c=\left[\dfrac{n_a x_c A}{R(x_c)}\right]^{\frac{1}{n_a+1}} \\ U_c=\left(1+\dfrac{1}{n_a}\right)I_c R(x_c) \end{cases} \tag{3-12}$$

式（3-11）～式（3-12）为任意形状绝缘子临界闪络的条件。由式（3-11）～式（3-12）可知：无论何种形状的试品绝缘子，只要找到表示 $R(x)$ 的适当的解析式，就可以利用式（3-11）～式（3-12）计算实现污闪的临界条件，即临界弧长、临界闪络电压和电流。

因此，求取 $R(x)$ 的解析式则是分析污闪放电过程的关键。这也是污闪放电机理和特

性研究的关键问题之一。关于任意绝缘子产生局部电弧后剩余污层电阻的表达式 $R(x)$，国内外一直在进行研究和深入分析。

3.3　交流污闪条件分析

3.2 节的分析没有考虑以下情况：

（1）没有对交、直流加以区别；

（2）没有考虑局部电弧端部电流线的不均匀分布；

（3）没有考虑局部电弧发展过程中的表面层温度和电导率的变化；

（4）分析中忽略了交流电压、电流过零的影响，认为在正弦交流的峰值附近，电压的变化比较平缓，后半波峰值附近的电弧状态可以看成是在前半波峰值附近的电弧状态的基础上发展起来的，所以可将峰值附近的电弧过程作为稳态的直流问题来处理。

为了实现交流污闪，除满足直流污闪的条件外，还应满足交流电弧的重燃条件和恢复条件，关键因素是恢复条件。

交流污闪过程中，其局部电弧电流或泄漏电流有图 3-6 所示的几种典型波形。

（1）如图 3-6（a）所示，有的半波中没有电流，即相应半波中电弧没有重燃，不满足重燃条件，不可能实现闪络。

（2）在图 3-6（b）中，每个半波都有电流，说明每个半波中都重燃，能满足重燃条件，但电流幅值逐渐减小，电弧逐渐减弱，后半波的电弧不能恢复到前半波的电弧状态，不满足交流电弧恢复条件。

（3）在图 3-6（c）中，不仅满足重燃条件，而且电流幅值逐渐增加，电弧逐渐增强，也满足交流电弧的恢复条件，有可能完成闪络。

（4）在图 3-6（d）中，没有明显的“零休”，交流电弧没有明显的熄弧重燃现象，不存在重燃问题，只要幅值不减小，则满足恢复条件，有可能完成闪络。

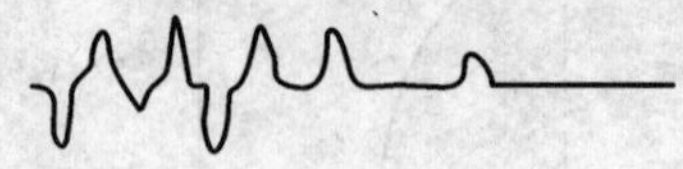

（a）

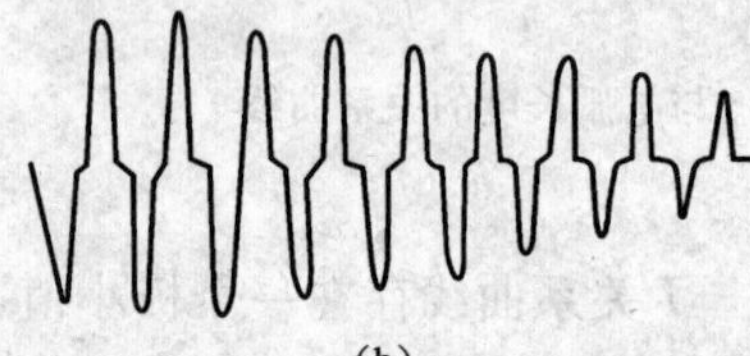

（b）

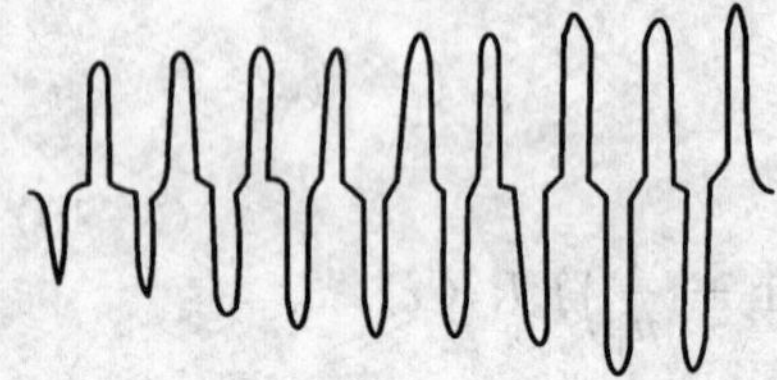

（c）

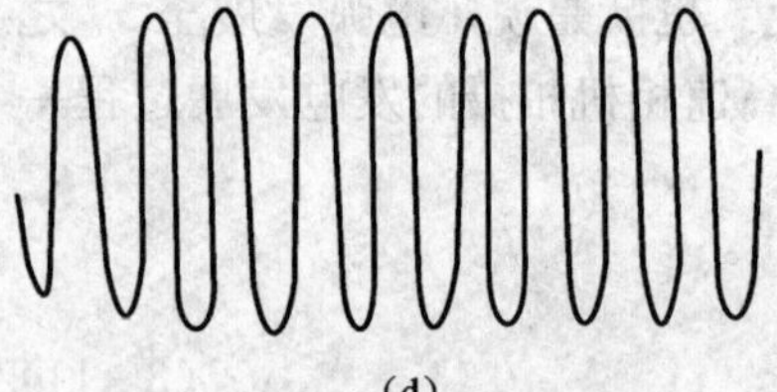

（d）

图 3-6　泄漏电流波形

（a）有的半波无电流；

（b）每个半波均有电流；

（c）有可能完成闪络；

（d）没有明显的“零休”

根据前面的分析可知，为实现交流污闪，不仅应满足泄漏电流峰值 I_m 达到临界泄漏电流（或者峰值时电弧长度达到临界电弧长度 L_c），而且要求在电弧发展到临界弧长的过程中，始终满足电弧的恢复条件，即要求同时满足

$$\begin{cases}U_m=AL_aI_m^{-n_a}+r_n(L-L_a)I_m\\U_m=f(I_m)\end{cases}\tag{3-13}$$

式中：U_m、I_m 为交流电压、电流峰值；$U_m=f(I_m)$ 为交流电弧的恢复条件隐函数；r_n（$L-$

L_a）为剩余污层电阻。

从单位长度电弧电导是单位长度电弧中积累的能量的函数出发，并假设交流电流过零后作用在弧隙两端的电压仍按正弦规律变化，则可推导出交流电弧的恢复条件为

$$E_m \geqslant \frac{\sqrt{N_1 N_2 (1+4\omega^2\theta_1^2)(1+4\omega^2\theta_2^2)}}{2\omega^2\theta_1\theta_2 I_m} \tag{3-14}$$

式中：N_1 为过零后单位长度电弧的散失功率；N_2 为过零前的散失功率；θ_1 为过零后电弧的时间常数；θ_2 为过零前电弧的时间常数；I_m 过零前的电弧电流（峰值）；E_m 为使电弧恢复所必需的作用在单位长度电弧上的电压（峰值）；ω 为角频率。

由式（3-14）可知，单位长度电弧的恢复电压或恢复电场强度与过零前的电弧电流 I_m 以及过零前、后的电弧参数 N、θ 有关。若 I_m 较大，在较低的电场下就可使电弧恢复。电弧参数 N、θ 受到电弧电流、气体成分、大气压力、散热条件等多种因素的影响。

理论推导很困难，由实测得到的经验数据如下。

（1）燃炽态的电弧：$N=75$，$\theta=1.0$；

（2）熄灭态的电弧：$N=25$，$\theta=0.25$。

所谓燃炽态是指电弧没有明显熄灭、重燃现象，电流过零前后的电弧状态变化不大，其 $N_1=N_2=75$，$\theta_1=\theta_2=1.0$。

所谓熄灭态是指电弧存在明显熄灭、重燃现象：过零前的电弧处于燃炽态，过零后的电弧重燃前处于熄灭态，$N_1=25$，$N_2=75$，$\theta_1=0.25$，$\theta_2=1.0$。

由此可得以下两种情况。

（1）对于存在明显熄灭、重燃现象的交流电弧其电弧恢复条件为

$$E_m \geqslant 1050/I_m \tag{3-15}$$

（2）对于不存在明显熄灭、重燃现象的交流电弧其电弧恢复条件为

$$E_m \geqslant 531/I_m \tag{3-16}$$

对于光滑圆柱表面实测结果表明，随着局部电弧的伸长，沿试品表面的电压分布将趋于均匀。当电弧发展到临界弧长时，电压分布近似线性，因此有

$$E_m = \frac{U_m}{L} = \frac{U'_m}{L_a} \tag{3-17}$$

式中：U_m 为试品端电压；L 为泄漏距离；U'_m 为弧隙端电压；L_a 为弧长。

从而可得以试品端电压表示的恢复条件有以下两种情况。

（1）无明显熄弧，重燃时，恢复条件为

$$U_m \geqslant 531L/I_m \tag{3-18}$$

（2）有明显熄弧，重燃时，其恢复条件为

$$U_m > 1050L/I_m \tag{3-19}$$

对于存在明显熄灭、重燃的交流电弧，电流过零时电弧熄灭时弧隙处于高阻状态。因此可以假设电弧恢复前作用在试品上的电压主要由弧隙承受，即 $U_m \approx U'_m$，因此有

$$U_m \geqslant 1050L_{cr}/I_m \tag{3-20}$$

式中：L_{cr} 为临界电弧长度。

上面分析没有考虑电流线的分布及污层分布不均匀，实际上电流线在弧根明显集中，它使污层电阻增加，具体分析略。

3.4 交流电压下污闪的电场模型

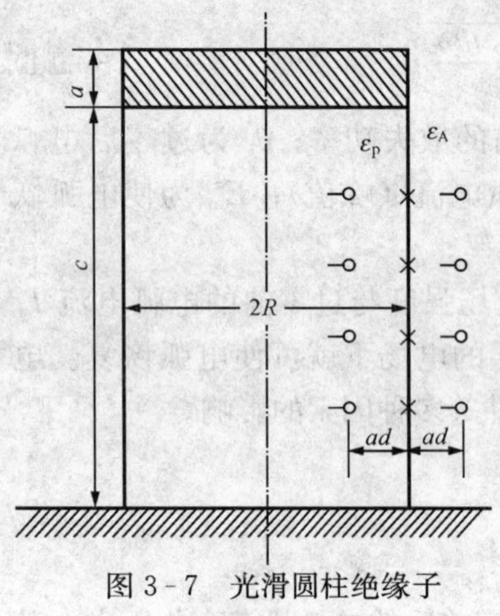

图 3-7 光滑圆柱绝缘子截面示意图

污秽放电是与电、热、化学等因素有关的复杂过程，仅从电路上来分析其污闪条件必然存在局限性，本节从电场的角度来分析交流污闪过程。

在交流电压下，污秽绝缘子表面电场分布与污层电导率、绝缘部件的体电阻率（电导率）有关，它是一个无界场，可用模拟电荷法进行数值分析，仍以光滑圆柱绝缘子为例。

如图 3-7 所示，a 为高压电极厚度，c 为瓷件高度，$2R$ 为圆柱瓷件直径，ε_P为瓷件介电常数，ε_A为空气介电常数，ad 为模拟电荷设置的位置离边界的长度。

设外施电压为 $U(t)=U_m\cos\omega t$，当介质均匀时，交变场的麦克斯韦方程为

$$\begin{cases}\oint_L \vec{E}\cdot d\vec{l}=-j\omega\int_s \vec{B}\cdot d\vec{s}\\ \oint_L \vec{H}\cdot d\vec{l}=\int_s(\vec{J}_c+j\omega\vec{D})\cdot d\vec{s}\\ \oint_s \vec{D}\cdot d\vec{s}=\int_v \rho\cdot dv\\ \oint_B \vec{B}\cdot d\vec{s}=0\end{cases} \tag{3-21}$$

式中：$\vec{E}$ 为产生电弧电极间的电场强度；$\vec{B}=d\vec{B}/dt$ 为绝缘子和空气中的磁感应强度对时间的导数；$\vec{H}=d\vec{H}/dt$ 为磁场强度对时间的导数；$\vec{D}=d\vec{D}/dt$ 为位移电流；ρ 为体电荷密度。由于绝缘介质中的电流比污层中泄漏小得多，产生的磁场可以忽略，在绝缘子内和空气中的磁感应强度为 $\vec{B}=\mu\vec{H}=0$，由麦克斯韦方程可导出污秽绝缘子沿面电场的数学模型为

$$\nabla z\dot{\varphi}=0 \tag{3-22}$$

一、干燥污层

当污层干燥时，污层电阻可视为无穷大，由于交流作用下等值电磁波长比绝缘子尺寸长得多，由下列边界条件可求解

$$\begin{cases}\nabla^2\dot{\varphi}_P=0 & \text{绝缘子内}\\ \nabla^2\dot{\varphi}_A=0 & \text{绝缘子外}\\ \dot{\varphi}_P=\dot{U}_m & \text{高压电极}\\ \dot{\varphi}_P=\dot{\varphi}_A & \text{分界面上}\\ \varepsilon_P\dot{E}_{nP}=\varepsilon_A\dot{E}_{nA} & \text{分界面上}\end{cases} \tag{3-23}$$

二、污秽湿润

当污层湿润时，交流下沿表面流动的电流的介质分界面上形成自由电荷，使绝缘子表面

成为含有电容分量和电阻分量的混合场，把交界面电流产生的真实电荷归入到分界面电流密度法线分量直接条件之中，即可把分界向上任一点 i 的真实电荷密度按流进和流出该点的电流表示成

$$\begin{aligned}\delta_{(i)} &= \frac{1}{S_{(i)}}\int_0^t [I_{(i+1)} - I_{(i)}]\mathrm{d}t \\ &= \frac{1}{S_{(i)}}\int_0^t \{[U_{(i+1)} - U_{(i)}]Y_{(i+1)} - [U_{(i)} - U_{(i-1)}]Y_{(i)}\}\mathrm{d}t\end{aligned} \tag{3-24}$$

对于交流电场，式（3-24）为

$$\dot{\delta}_{(i)} = \frac{1}{\mathrm{j}\omega\delta_{(i)}}\{Y_{(i+1)}[\dot{U}_{(i+1)} - \dot{U}_{(i)}] - Y_{(i)}[\dot{U}_{(i)} - \dot{U}_{(i-1)}]\} \tag{3-25}$$

式中：$\delta_{(i)}$ 为 i 处微小面积的平均自由电荷密度；$Y_{(i+1)}$、$Y_{(i)}$ 分别为 $i+1$ 和 i、i 和 $i-1$ 之间的电导；$U_{(i)}$ 为 i 处的电位；$S_{(i)}$ 为边界点 i 附近的一个微小面积；$I_{(i+1)}$、$I_{(i)}$ 分别为 $i+1$ 到 i、i 到 $i-1$ 之间的电流。

对于光滑绝缘子有

$$\begin{cases} S_{(i)} = 2\pi R \cdot 2\Delta L = 4\pi R\Delta L \\ Y_{(i)} = 2\pi R \cdot G_S / L_i \end{cases} \tag{3-26}$$

式中：ΔL 为轮廓点附近的一个微小长度增量；G_S 为表面污层电导率；L_i 为轮廓点 $i-1$ 和 i 之间的距离；$2R$ 为绝缘子直径，可得污层湿润后电场的求解仍为式（3-23）

3.5　污秽放电的其他模型

从 20 世纪 50 年代开始，国内外学者对绝缘子污秽闪络模型进行了大量的研究，得出了绝缘子污秽闪络的一系列物理、数学模型，对研究绝缘子污秽闪络过程、机理以及判断染污绝缘子临界闪络电压提供了依据。3.2 节的分析即是基于德国的 Obenaus 于 1958 年提出的物理模型。

在早期研究交流污闪问题时，采用 Obenaus 模型对交、直流染污放电差异未加区别。实际上在交流污闪过程中，当每半周电流两次过零时，交流电弧就会减弱甚至可能熄灭，电弧的强弱作周期变化，所以把它作为稳定的直流电弧是不准确的。在直流污闪条件中，若最大电弧长度达不到临界值，闪络不会发生，这对于交流污闪同样成立；对直流，当最大电弧长度达到临界值，就必然完成闪络，而对交流而言除了这个条件外，还须在电弧发展到临界弧长的过程中满足电弧恢复条件。

除以上分析模型外，对于污秽放电目前还有以下主要模型。

（1）与前面的分析类似，在 Obenaus 污秽放电物理模型基础上，先由 Neumarker，接着由 Alston 和 Zoledziouski 加以改进，通过数学推导，即令 $\mathrm{d}U/\mathrm{d}I=0$，得电弧为 x 时的最小维持电压 $U_{\min}$ 为

$$U_{\min} = \left(1 + \frac{1}{n_a}\right)(n_a N_1 x)^{\frac{1}{n_a+1}} R(x)^{\frac{n_a}{n_a+1}} \tag{3-27}$$

假设表面是长为 L 的均匀染污矩形，求解式（3-27）进行数值求解，可得临界弧长 x_c、临界电流 I_c 和临界闪络电压 U_c，即

$$\begin{cases}x_c=\dfrac{L}{n_a+1}\\I_c=\dfrac{n_a}{n_a+1}\dfrac{n_aL}{r_p\ (L-x_c)}\\U_c=N_1^{\frac{1}{n_a+1}}r_p^{\frac{n_a}{n_a+1}}L\end{cases}\tag{3-28}$$

式中：r_p 为污层表面单位长度电阻，Ω/cm。

(2) Ghosh 等采用电压、电流有效值建立了交流放电模型，其电路方程为

$$U=kxn_aI^{-n_a}+r_p(L-x)I+U_e\tag{3-29}$$

式中：U_e 为电弧阴、阳极压降之和，V；k 为直流电压与交流峰值电压之间的系数，$k=(\sqrt{2}/1.3)^{-(n_a+1)}$。

将式（3-29）分别对 x、I 求偏导可得临界闪络电压 U_c 为

$$U_c=Lk^{\frac{1}{n_a+1}}N_1^{\frac{1}{n_a+1}}r_p^{\frac{n_a}{n_a+1}}\tag{3-30}$$

采用绝缘子表面电导率（γ_s，μS/cm）可改写为

$$U_c=Lk^{\frac{1}{n_a+1}}N_1^{\frac{1}{n_a+1}}1\left(\frac{1}{\gamma_s}\right)^{\frac{n_a}{n_a+1}}\tag{3-31}$$

表面电导率可以由等值附盐密度表示为

$$\begin{gathered}S_{ESDD}=\frac{k_1}{(\gamma_s)^{n_a}}=f(\gamma_s,\ k_1)\\k_1=(0.5W)^{n_a-1}\end{gathered}\tag{3-32}$$

式中：k_1 为污层宽度的函数；W 为污层宽度，cm。

由此临界闪络电压可表示为

$$U_c=Lk^{\frac{1}{n_a+1}}N_1^{\frac{1}{n_a+1}}(S_{ESDD})^{\frac{1}{n_a}}k_1^{-\frac{1}{n_a+1}}\tag{3-33}$$

(3) 在 Obenaus 物理模型和 Alston 数学模型的基础上，Topalis 等推导悬式绝缘子的临界污闪电压为

$$U_c=\frac{n_a}{n_a+1}(L+\pi n_aD_mFK)\ (\pi N_1D_m\sigma_s)^{-\frac{n_a}{n_a+1}}\tag{3-34}$$

式中：D_m 为绝缘子最大盘径，cm；σ_s 为染污绝缘子表面电导，S；K 为考虑电流在弧根处汇集的污层电阻系数。

(4) 20 世纪 70 年代 Claverie 等提出，为实现交流污闪，除应满足直流污闪的维持方程外，还应满足交流电弧的重燃条件，Claverie 理论侧重点在电弧状态而不是熄弧后弧道的介质强度。其电路方程和重燃条件分别为

$$U=100x/\sqrt{I}+IR(x)\tag{3-35}$$

$$U=800x/\sqrt{I}\tag{3-36}$$

(5) 20 世纪 80 年代 Rizk 总结了此前 25 年污闪物理、数学模型的研究，明确提出用直流污闪模型分析交流污闪是错误的，应有针对性地建立交流污闪模型。交流电弧过零后的电弧重燃可分为能量击穿和介质击穿。如过零后在电弧间隙中仍存在导电等离子体，就仍有电流可以流过，此时若能量不能散发出去，就可能直接在电流零点附近发生能量击穿；若过零后在电弧间隙中只存在不导电的热气体，在过零后的稍晚阶段，只有当恢复电压的瞬时值超

过间隙介质强度时才发生介质击穿。清华大学根据此理论，把电弧看成圆柱形气体通道，分析动态电弧模型，得到了交流电弧的恢复条件

$$U_m=\begin{cases}531x_c/I_m & \text{无零休}\\1050x_c/I_m & \text{有零休}\end{cases} \tag{3-37}$$

式中：U_m、I_m 为局部电弧电压、电流的峰值。

(6) Sundararajan 假设绝缘子均匀污秽、均匀湿润，并且沿绝缘子表面只有一根电弧起主导作用，同时忽略电弧和污层的热特性，在 Obenaus 模型上提出了分析污秽绝缘子直流污闪的动态模型，即

$$U=U_n+U_p+r_{arc}L_{arc}I+I(R_{poln}+R_s) \tag{3-38}$$

式中：U_n 为电弧阴极压降，V；U_p 为电弧阳极压降，V；r_{arc} 为电弧单位长度电阻，Ω/cm；L_{arc} 为电弧长度，cm；R_{poln} 为污层电阻，Ω；R_s 为电源内阻，Ω。

忽略 R_S，在 $t=0$ 时，对一给定的污秽度和外加电压 U，电流可由初始值 $L_{arc}=1/100$ 爬电距离（cm），$r_{arc}=100\Omega/\text{cm}$，$U_n=700\text{V}$（常数），$U_p=200\text{V}$（常数）算出。$R_{poln}=f/\sigma_s$ 由绝缘子的形状系数 f 和污层电导 σ_s 得到。

如果污层电压梯度 $E_p>$ 电弧电压梯度 E_{arc}，电弧将继续发展，且如果电弧长度接近绝缘子爬电距离时绝缘子将发生闪络；如果 $E_p\leqslant E_{arc}$，电弧将熄灭。电弧电阻的变化可由数值微分法算出，即

$$\frac{dr_{arc}}{dt}=\frac{r_{arc}}{\gamma}-\frac{r_{arc}^2 I^{n_1+1}}{\gamma N_1} \tag{3-39}$$

式中：$\gamma=100\mu\text{s}$ 为电弧时间常数。于是下一时刻电弧电阻为

$$r_{arc}(\text{new})=r_{arc}(\text{old})+dr_{arc} \tag{3-40}$$

则根据下一时刻的绝缘子形状系数和污层电阻就可以得出下一时刻的电流。

(7) 通过分析染污绝缘子交流闪络过程局部放电电弧的发展，并从绝缘子结构、电弧动态电阻和电弧传播速度等方面研究，西安交通大学建立了一个计算绝缘子交流污闪电压的动态模型。模型把沿面放电等效为污层电阻 R_P 和电容 C 的并联支路与电弧电阻 R_{arc} 串联的支路（如图 3-8 所示）。其电路方程为

$$U=U_e+R_{arc}I+Z_pI \tag{3-41}$$

式中：R_{arc} 为电弧电阻，Ω；Z_p 为污秽阻抗（污层电阻 R_p 和电容 C 的并联阻抗），Ω；电容 C 为污秽层电容及电弧与电极间的杂散电容之和。

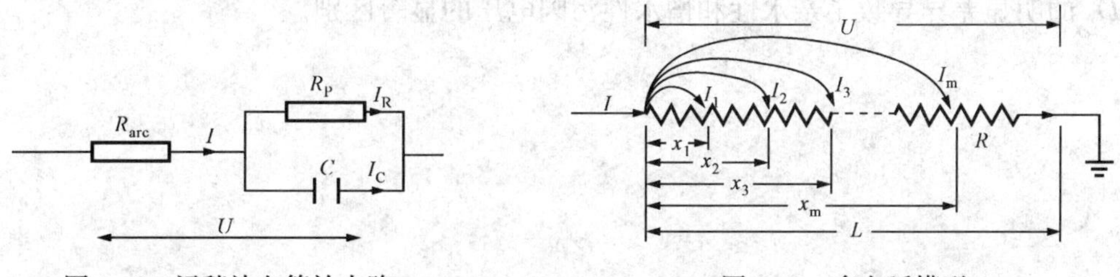

图 3-8　污秽放电等效支路　　图 3-9　多电弧模型

(8) Farag 在实验室污秽试验中发现，在先导电弧发展的同时伴随着其他的放电，电源必须提供更大的电流来支撑因这些放电电弧而升高的电极压降，在临界状态总的电压也比单电弧时的高。因此，建立了多电弧模型（如图 3-9 所示）。

假设 U_j 是长度为 x_j 电弧的维持电压，则有

$$\begin{cases} U_j = N_1 x_j I_j^{-n_a} \\ U_{j+1} = U_j + R(x)(x_{j+1} - x_j)\sum_{K=1}^{m} I_K \\ j = 1, 2, \cdots, m \end{cases} \tag{3-42}$$

式中：$R(x)$ 为剩余污层电阻，Ω。

假设 m 个电弧同时存在则外加电压为

$$U = N_1 I_m^{-n_a} x_m + R(x) \times (L - x_m) \sum_{K=1}^{m} I_K \tag{3-43}$$

通过对 I_m、x_m 求偏导就可以得到临界闪络电流和临界闪络电压。

（9）大部分污秽放电模型都建立在绝缘子表面污秽是均匀分布的假设下，实际情况却是表面污秽是不均匀分布的，参考文献［116］中假定绝缘子表面分为清洁（干）区和污秽（湿）区，污秽层长度为 y 时的绝缘子总的表面电阻 $Z_t(y)$ 为

$$\begin{aligned} Z_t(y) &= Z_d(y) + Z_p(y) \\ &= 4.2 \times 10^8 \left(\frac{L-y}{L}\right)^{0.42} + \frac{8.26 \times 10^8}{\gamma_s} \lg\left(\frac{d_e + y}{d_e}\right) \end{aligned} \tag{3-44}$$

式中：$Z_d(y)$ 为干区电阻，Ω；$Z_p(y)$ 为湿区电阻，Ω；$d_e = 2.5\text{cm}$ 为高压电极半径。

（10）复合绝缘子的污闪机理不同于瓷、玻璃绝缘子，部分研究人员基于憎水性表面遍布的放电现象，假设绝缘子表面电压均匀分布；临闪前的通道为多段电弧与剩余污层（水珠或水带）串联组成；污闪电压等于各分段电压之和，可用多段电弧与剩余污层电阻串联的 Obenaus 物理模型推导计算复合绝缘子的污闪电压。清华大学认为憎水性导致的电弧分段与高剩余污层电阻是复合绝缘子优异的耐污闪湿闪性能的根本原因，用典型的电弧一电阻串联方程分析可得临界干区长度 X_c 与临界闪络电压 U_c

$$X_c = \frac{L}{n_a + 1} \tag{3-45}$$

$$U_c = N_1^{\frac{1}{n_a+1}} L \left(\frac{\rho_s}{d}\right)^{\frac{n_a}{n_a+1}} \tag{3-46}$$

式中：ρ_s 为水带的表面电阻率，μS/cm；d 为水带的宽度，mm。

清华大学分析认为：水带宽度对污闪电压的影响类似于亲水性表面放电模型中绝缘子的等效直径 D_e，实测表明水带宽度为几个毫米的数量级甚至更小，而 D_e 一般都大于 40mm，d 和 D_e 的明显差异导致了亲水性和憎水性污闪电压的显著区别。

第4章 绝缘子污秽试验

4.1 引 言

污秽试验分为人工污秽试验和自然污秽试验。人工污秽试验是用人工的方法对绝缘子进行染污，然后在人工雾室中施加一定的电压所进行的试验；自然污秽试验是指绝缘子在自然环境下污染，用自然积污的绝缘子作试品所进行的试验。自然污秽试验的方式有两种：一是将自然积污的绝缘子取回到人工雾室，人工制造受潮环境，测量其闪络电压或耐受电压；二是在自然环境中长期经受运行电压考验，测量其耐受的时间及闪络次数。

污秽试验为耐污型绝缘子选型和绝缘子爬电距离计算提供了科学依据。在评价各种防污闪技术措施时，污秽试验也是基本的检测手段。因此，在防污闪工作中需要掌握污秽试验技术。

4.2 人工污秽试验

人工污秽试验的特点在于短时间内可获得大量与自然污秽试验基本等价的数据，因而被广泛应用。人工污秽试验方法及设备要求具备三方面的性能：① 等价性，应当尽可能接近自然环境及运行条件，所得到的试验结果与自然污秽试验结果在优劣次序上一致，并在给定条件下，能够定量预知被试绝缘子的实用性；② 重复性和再现性，在一个试验室进行多次重复试验，分散性小，在不同试验室所获得的结果相互接近；③ 简便性，用比较简单的设备，即能进行试验。

4.2.1 人工污秽试验设备

交、直流人工污秽试验的主要设备及接线示意图如图 4-1 所示。由图 4-1 可知，典型交、直流人工污秽试验的主要设备有人工雾室、试验变压器、调压装置、人工雾产生装置及测量设备等组成。

一、人工雾室

人工雾室是模拟潮湿天气（雾天）或恶劣环境（盐雾）的场所。雾室分固定房屋式和可拆移的塑料布罩式两种。我国人工雾室大多数为固定房屋式，塑料布罩式常用于临时性试验。雾室一般为方形或长方形。房屋顶部宜呈圆弧形，以免凝结在顶部的水滴滴在试品上。雾室的大小与引入电压的高低及试验方法有关。如果要求雾室能进行盐雾试验，按照标准的要求，盐雾喷嘴固定架的轴线与试品轴线平行，分布在试品的两对称侧，喷嘴距离试品轴线为 3.0m。若将喷嘴安装在室内的两对称边角，则要求能进行盐雾试验的雾室最小对角线长为 7.0m。根据经验，在雾室中每 100kV 要求有约 1.0m 的空间距离，因此雾室大小可以按照引入电压每 100kV 约 2.0m 边长进行设计。

大多数雾室的试验电压经穿墙套管从雾室外的试验变压器高压端引入，也可以将试验变压器直接放置在雾室内。

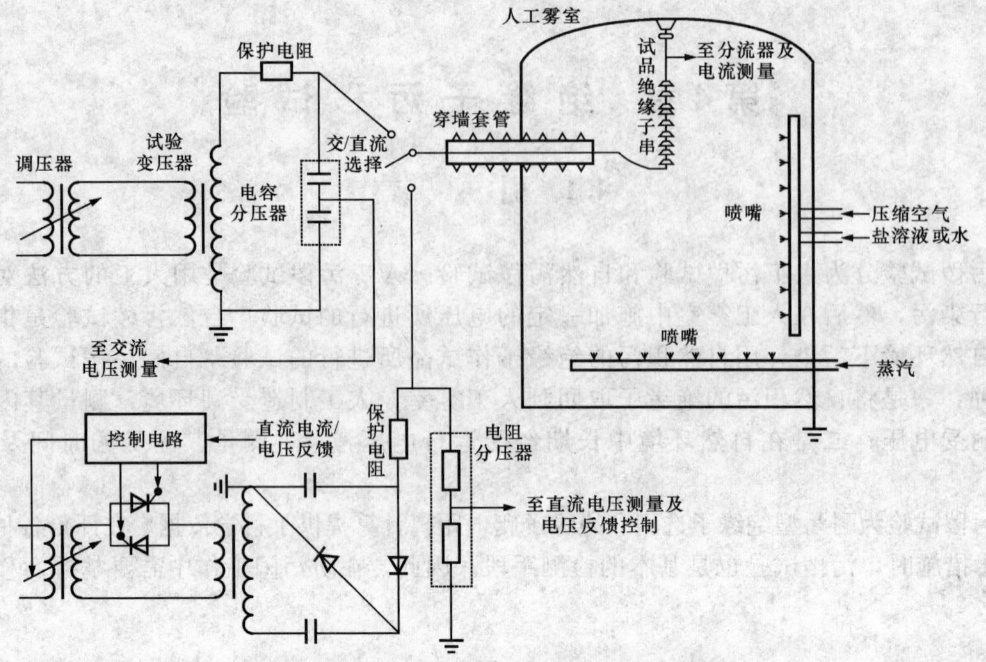

图 4-1 典型交流、直流人工污秽试验主要设备及接线示意

表 4-1 对应不同电压等级，试验变压器的额定电压值

试验电压等级（kV）	试验变压器额定电压（kV）	当人工雾室为正立方体形时的边长（m）
110	150	3～4（不能进行盐雾试验）
220	300	5.5～6.5
500	600～750	11～13

表 4-2 一些国家和我国污秽试验标准以及 IEC－60507（1991）对污秽试验试验电源的规定

标准或出版物名称	对电源的规定
原联邦德国 VDE 0448/1975	每 1A 电流持续负荷的电压降最大不超过 5%
日本 JEC－170（1968）	高压侧的短路电流在 5～6A 以上
原苏联 ГОСТ－10390－1971	试验设备的额定电流等于电压为 50%放电电压的泄漏电流时，试品上的电压降小于 10%
GB/T 4585.2－2004 GB 4585.1－2004	闪络前一周电压不低于开路电压的 80%，或者短路电流 I_k＞10A，若受设备限制 I_k＜10A 时，由供需双方商定
IEC－60507（1991） 推荐	(1) 试品的爬电距离除以试验电压与$\sqrt{3}$的积为爬电比距 I_s（mm/kV），当 $I_s \leqq 16$ 时，短路电流 $I_{sc} \geqslant 6$A，当 $16 \leqq I_s \leqq 25$ 时，$I_{sc} \geqslant (I_s-10)$ A； (2) 电源回路中的电阻 R 与电抗 X 之比 $R/X \geqslant 0.1$； (3) 电容电流 I_C 与短路电流 I_{SC}之比 I_C/I_{SC}＝0.001～0.1

二、试验变压器

试验变压器为污秽试验提供试验电源，其额定电压应根据试品最高闪络电压 U_f 来选择，同时应考虑研究系数 K_1（取 1.3）和安全系数 K_2（取 1.1）。试验变压器的额定电压 U_n 为

$$U_n = K_1 K_2 U_f = 1.3 \times 1.1 U_f = 1.43 U_f \tag{4-1}$$

对于人工污秽试验，除了额定电压有一定要求的（见表 4-1），试验变压器即试验电源的容量应满足一定要求。许多国家和我国国家标准以及 IEC605071991，对试验电源容量都作了规定，如表 4-2 所示。关于试验电源对污秽试验结果的影响将在后面讨论。

用于污秽试验的试验变压器，除了要求有较大的额定电流和尽可能低的短路阻抗外，还要求能够承受高压侧经常性放电产生的过电压，为此，在高压侧加装了保护电阻。

三、调压装置

常用调压装置有低阻抗发电机和调压变压器。用低阻抗发电机组调压的优点是容量大，调压速度能在很大范围调节，常为超高压大型雾室所配置，其缺点是造价高，维护困难。中、小型雾室大都采用调压变压器调压。调压变压器中以新型接触式调压器最为适合，其主要优点是阻抗低（$U_k\% \approx 3.5\%$），在调压过程中阻抗变化小，波形基本不畸变。

四、人工雾

大型污秽试验室以及有条件的雾室大都采用低压锅炉产生的蒸汽作人工雾。没有低压锅炉的雾室，可用电加热器产生的蒸汽雾，或用喷雾器将冷水喷成冷雾，将热喷成热雾，以及蒸汽雾与冷雾组成的混合雾。采用固体涂层法时，人工雾输入雾室的流速的规定应满足 IEC-60507（1991）的要求。

雾的浓度用雾水量来衡量，试验时，雾室中雾水量在 3～7g/m^3 较为合适。当雾水量偏小时，试品的耐受电压增高且不稳定；雾水量偏大时，易使试品上的污秽物部分流失，从而使试品的耐受电压反而增加。只有在适当的范围内，试品的耐受电压才能稳定在最低值。

雾室的温度也影响污秽绝缘子的试验结果。按照 IEC-60507（1991）的要求，在雾室开始湿润时，试品与周围环境的温度差应在 2K 内，在试验结束时，在试品高度处测量的雾室温升应不超过 15K。

五、测量设备

试验电压经分压器或电压互感器直接并联在试品两端，用峰值电压表或示波器进行测量。对于 70kV 以上的试验电压，多用电容分压器测量；70kV 以下的试验电压，也可用电磁式电压互感器测量。试品的泄漏电流和短路电流可通过阻值不同的分流器进行测量。

4.2.2　人工污秽试验的固体层法

一、模拟对象

固体层法是人工污秽试验最主要的一种方法，它是模拟工业污秽的试验方法。工业污秽的成分由水溶性导电物质及不溶于水的固体物质组成。固体层法用氯化钠（NaCl）模拟导电物质，用硅藻土或者高岭土（或砥石粉）模拟不溶性物质。

二、染污操作方法

（1）用清洁剂清除试品表面油迹和污垢，然后用自来水冲洗干净，待干燥后进行染污。

（2）试品染污操作方法分为两种。

1）一是用100g硅藻土加10g二氧化硅（颗粒直径为2～20μm），1000g水，再加适量的盐（根据配置盐密的高低而定）；或者用40g高岭土（或砥石粉）加1000g水，再加适量盐，配制成一定电导率或盐密的污秽悬浮液。将配制的溶液用浇染法（或浸染法，或喷污法）在绝缘子表面均匀覆盖一层污秽，且使同一批试品上的污秽量相同。经染污后的试品待污层干燥后，抽取3只实测其盐密或电导率，若3只的平均值如与预定值之差大于10%，则应重新调整污液配比，将试品洗净后重新染污，直到满足要求为止。

2）二是根据染污的盐密与灰密的要求和染污绝缘子的表面积，计算出每只试品所需盐和硅藻土的重量，用1/1000天平称取后混合，并加上适量的糊精和水调匀，均匀地涂刷在试品绝缘子表面。采用这种定量涂刷染污的试品，可以不抽测。这种方法简单易行，国内多采用这种染污法。

按照GB/T 4585.2—2004《交流系统用高压绝缘子人工污秽试验方法：固体层法》的规定，盐密为0.025～0.4mg/cm^{2}时，灰密均取1.0～2.0mg/cm^2。根据目前运行线路绝缘子自然积污的测量结果，灰密大小与盐密有关。但实际运行绝缘子的灰密与盐密之比变化较大，可参见表2-14。

三、用恒压法测量绝缘子的污耐受电压或耐受污秽度

（1）恒压法。恒压法是将电压快速升到预期的试验电压，维持恒定至少数分钟的一种升压方法。这种升压方法与实际运行状态相同，试验分散性小，是IEC和国家标准所推荐的方法。

（2）试验程序。IEC-60507（1991）推荐了两种采用恒压法的试验程序，所不同之处是当试验电压作用在试品上时，试品污层条件不同，其中程序A是湿的（达到饱和湿润），程序B是干的。

1）程序A：带电前和带电期间湿润。将试品安装在人工雾室中，最好用蒸汽雾使试品均匀受潮，试品周围温度不超过35℃，当污层电导达到最大值时，快速（不超过5s）升压到预计的试验电压值并维持恒定或直至闪络，如未发生闪络，则维持或耐受15min，然后将绝缘子从雾室取出，并将其干燥。可将已试的试品第二次放入雾室，重复试验，要求试品受潮后测得的电导率不低于前一次的90%。

2）程序B：带电后湿润。程序B所用污液是用高岭土（或砥石粉）配置的，要求使用蒸汽雾。在施加试验电压后，立即喷入蒸汽雾，维持试验电压恒定，如果发生闪络，则立即停止试验，否则持续100min或是测量试品泄漏电流的峰值下降到最大值的70%，试品污层只能使用一次。

如果按程序A或程序B进行3次连续试验都没有闪络，或者闪络1次，进行第4次，如没有闪络，则在此污秽度下，已通过的试验电压为耐受电压或者说在此试验电压下，已通过的污秽度为耐受的污秽度。

四、用递增或递降恒压法测量最大耐受电压

用恒压法测得的绝缘子耐受电压没有反映绝缘子的最大耐受电压，而绝缘子耐污性能中所需要的耐受电压是指最大耐受电压。通过递增或递降恒压法试验，可以测得某一污秽度下绝缘子的最大耐受电压。

（1）递增恒压法从较低电压开始试验。当耐受通过后，增加5%左右的试验电压，再作耐受试验，直到闪络的总数达到2次，则前一次耐受电压为最大耐受电压，如表4-3所示。

表 4-3 递增恒压法流程示例

耐受电压	第1次	第2次	第3次	第4次	说明
U_1	○	○	○	—	○ 耐受 ● 闪络 U_2 为最大耐受电压 U_{mw}
$U_2=1.05U_1$	○	●	○	○	
$U_3=1.05U_2$	●	●	—	—	

(2) 递降恒压法从较高电压开始试验，试品闪络后，则降低5%左右试验电压作耐受试验，直到耐受总次数达到3次，则此次耐受电压为最大耐受电压，如表4-4所示。

表 4-4 递降恒压法流程示例

耐受电压	第1次	第2次	第3次	第4次	说明
U_1	●	●	—	—	○ 耐受 ● 闪络 U_2 为最大耐受电压 U_{mw}
$U_2=0.95U_1$	○	●	○	●	
$U_3=0.95U_2$	○	○	○	—	

五、用恒压升降法测量50%耐受电压或50%闪络电压

根据IEC-60507（1991）推荐的试验程序，50%耐受电压试验需按程序B的条件进行，且要求绝缘子在某一基准污秽度下，做不少于10次有效试验。所谓有效试验是指与前一次试验结果不同的试验为开始的试验，随后不少于9次试验。这些试验是用升高或降低电压的办法进行的。即前一次没有通过耐受，则降低的10%电压再做耐受试验，若通过耐受，则升高约10%电压再作耐受试验，反复试验直到有效试验次数在10次以上。

50%耐受电压或50%闪络电压及其标准偏差可计算为

$$\begin{cases} U_{50}=\dfrac{\sum(n_iU_{fi})}{N} \\ \sigma=\sqrt{\dfrac{\sum\limits_{i=1}^{N}(U_{fi}-U_{50})^2}{N-1}} \end{cases} \tag{4-2}$$

式中：U_{50} 为50%耐受电压，kV；U_i 为某一施加电压值，kV；n_i 为相同施加电压 U_i 下试验的次数；N 为总有效次数；σ 为试验结果的标准偏差，kV。

举例：某厂生产的XWP-70防污型悬式瓷绝缘子，试验时垂直布置，试品串长为6片，污秽度的盐密/灰密为0.40/1.0mg/cm²，用恒压升降法得到的试验数据如图4-2所示。

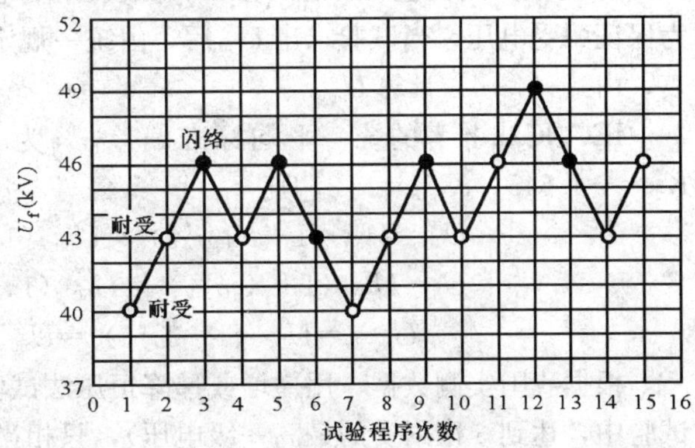

图4-2 用恒压升降法求50%耐受电压程序举例

由图4-2可知，第2次试验结果与第1次相同，不能作为有效试验的开始，第3次与第2次试验结果不同，故计算有效试验次数从第3次开始，到试验结束共计13次有效试验，因此，由恒压升降法得到

的 50%耐受电压或 50%闪络电压及其标准偏差分别为

$$\begin{cases} U_{50\%}=\dfrac{40\times1+43\times5+46\times6+49\times1}{13}=44.6\text{kV} \\ \sigma=\sqrt{\dfrac{(40-44.6)^2+5\times(43-44.6)^2+6\times(46-44.6)^2+(49-44.6)^2}{13-1}}\approx5.42\text{kV} \end{cases} \tag{4-3}$$

六、用均匀升压法试验平均闪络电压（U_{av}）

均匀升压法虽不是国家标准和 IEC 标准首选的推荐方法，但是科学研究中常用的方法。均匀升压法是将施加电压以一定的速度均匀升高，直至试品闪络。这种方法虽然与实际运行状况不同，但它节省时间。大量试验结果表明，由均匀升压法得到的交流污闪电压与恒压升降法得到的基本一致，因此在试验和研究中得到广泛应用。但采用均匀升压法进行直流污闪试验得到的试验结果分散性较大，因此，在直流污秽试验中一般不予采用。

用均匀升压法试验，要求加压前试品在雾室中充分受潮，当测量出污层电导增加到最大或肉眼观察到绝缘子表面形成水膜，边缘将要滴水，立即以一定速度均匀升高电压直至试品闪络。

相关标准中规定的升压速度为：40%预期闪络电压以前，升压速度不作规定；以后按每秒预期闪络电压的 10%～20%的速度升压。每只试品闪络 1 次，共试验 3 只试品，以 3 只试品闪络电压的平均值作为试品闪络电压值。并要求各次闪络电压值与平均值之差不大于 15%。

也有采用每只试品闪络 3 次的方法，加压间隔时间约 1～2min，取 3 次闪络中最低的 1 次为该试品的闪络电压；再取 3 只试品闪络电压的平均值作为该污秽状态下试品闪络电压，即记为 U_{av}。

七、用 50%耐受（闪络）电压（U_{50}）计算最大耐受电压

污秽绝缘子的闪络电压一般服从正态分布规律，即闪络电压 $U_f\sim N(\mu,\sigma^2)$，μ 为 U_{50}，σ 为标准偏差。为便于计算，将正态分布函数通过变量替代化为标准正态分布，对于放电概率为 $\alpha\%$的电压 U_α可计算为

$$U_\alpha=U_{50}(1+K_\alpha\sigma\%) \tag{4-4}$$

式中，K_α为标准正态分布中的样本，当 $\alpha\%<50\%$时，$U_\alpha<U_{50}$，故 K_α取负值。

放电概率 $\alpha\%$取多少为最大耐受电压各国标准不统一，有的国家取闪络概率为 10%的电压 $U_{10\%}$为最大耐受电压，也有取 U_5为最大耐受电压，还有取 $U_{50}-3\sigma$（闪络概率为 0.13%）为保证耐受电压，当试验求出 U_{50}后，由统一规定的 $\sigma\%$或试验求出的 $\sigma\%$，查标准正态分布表，由式（4-4）计算 U_α。

IEC/IC28 推荐的统一平均标准偏差 $\sigma\%$为 10%，查标准正态分布得 $K_{10}=-1.282$，$K_5=-1.645$，$K_{0.13}=-3$，则

$$U_{10}=U_{50}(1+K_{10}\sigma\%)=U_{50}(1-1.282\times0.1)=0.872U_{50} \tag{4-5}$$

$$U_5=U_{50}(1+K_5\sigma\%)=U_{50}(1-1.645\times0.1)=0.8355U_{50} \tag{4-6}$$

$$U_{\mu-3\sigma}=U_{50}(1-3\sigma\%)=U_{50}(1-3\times0.1)=0.7U_{50} \tag{4-7}$$

根据我国实测数据，用递增或递降恒压法试验得到的最大耐受电压（即 3 次或 4 次耐受试验中，达到 3 次耐受的最高一级电压），只相当于 10%闪络概率的耐受电压。因此由递增或递降恒压法得到的最大耐受电压可求得的 50%耐受电压为（取标准偏差为 10%）

$$U_{50}=\frac{U_{10}}{1+K_{\alpha}\sigma\%}=\frac{U_{mw}}{1-1.282\sigma\%}\approx 1.15U_{mw} \tag{4-8}$$

4.2.3　人工污秽试验的盐雾法

一、模拟对象

盐雾法主要是模拟海盐污秽，也可代表一些工业污秽沉积物，此类工业污秽是一层较薄的导电物质。

二、盐雾法的定义

盐雾法试验是将一定浓度的盐溶液喷成雾状，不断粘附在绝缘子表面，在电压和泄漏电流的作用下，不均匀烘干，形成局部放电。考虑到盐雾试验的重复性和再现性，IEC－60507（1988）和GB/T 4585.1－2004均对盐溶液的盐度值，喷嘴系统、雾室布置及试验程序作了明确规定。

三、预处理放电

盐雾法试验需要将试品作预放电处理。在规定盐度值下，施加试验电压20min，若绝缘子没有闪络，每隔5min，以10%的试验电压逐级上升，每级保持20min，直至闪络。闪络后电压应尽可能快地重新升至90%的初次闪络电压，每隔5min，按初次闪络电压的5%逐级上升直至闪络。IEC－60507（1991）推荐预处理闪络次数为8次。8次闪络后，试验结果才有较高的重复性和再现性。

四、用恒压法求耐受盐度和最大耐受盐度

经预处理放电后的绝缘子用水洗净，尽快在绝缘子表面喷上规定盐度溶液的盐雾，并加上规定的试验电压，保持1h。试验进行3次，如果3次试验均未闪络，则耐受通过。如果仅有1次发生闪络，则增试1次，如果未闪络，则耐受通过，此时的盐度为耐受盐度。

最大耐受盐度：为求得一定电压下的最大耐受盐度，先选取预计的最大耐受盐度作为起始盐度，然后按规定的盐度等级逐级下降进行耐受试验，每级盐度的试验程序同上。如果在某盐度下通过了耐受试验，则此盐度为该电压下的最大耐受盐度。

五、用递增或递降恒压法求最大耐受电压

为求得一定盐度下最大耐受电压，以预期的耐受电压为起始电压，若耐受通过，则增加5%左右起始电压继续耐受，直至闪络次数达到2次，则前一级试验电压为最大耐受电压，若在起始电压耐受时未通过，则降低5%左右起始电压，直至在这一级电压下总耐受次数达到3次，该收电压为某一基准盐度下的最大耐受电压。

六、均匀升压法求闪络电压

对洗净的试品施加规定盐度溶液的盐雾，20min后施加电压。升压速度在预期闪络电压的40%前不规定，其后以每秒10%～20%的预期闪络电压升高电压，直至闪络。升压闪络过程重复3次，间隔约1min。然后将试品用自来水冲洗干净，再重复上述过程两次，每次闪络3次，共测得9次闪络电压，以9次闪络电压的平均值为该盐度下的闪络电压。

4.2.4　人工污秽试验的湿污法

湿污法试验在以前的污秽试验中常被使用，但目前较少使用，目前主要用于不具备实验室条件的现场试验或其他试验情况。湿污法试验是将绝缘子染污后直接进行闪络试验，不需要人工雾室对污秽进行湿润。由于没有人工雾室和产生人工雾的条件，重庆大学在青藏铁路沿线的高海拔现场采用湿污法进行人工污秽试验。

重庆大学在人工气候室模拟高海拔的气压条件，以3片串XP-70瓷绝缘子和FXBW-10/70复合绝缘子为试品，比较了湿污法和固体层法（热雾法）的差异，试验结果如图4-3所示。

由图4-3试验结果可知，湿污法的污闪电压比固体层热雾法的污闪电压低4%～10%，由于固体层法染污的复合绝缘子自然阴干12h的过程中，因憎水性迁移特性使污秽表面具有的憎水性，而采用湿污法时，复合绝缘子表面呈亲水性状态，因此，两种方法下复合绝缘子的污闪电压差异更为明显。

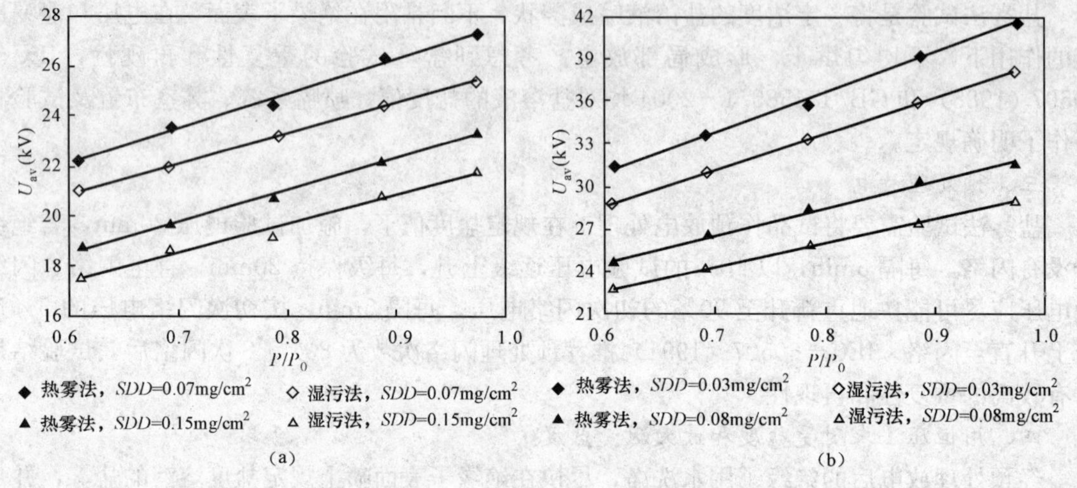

图4-3 U_{av}与P/P_0的关系

(a) XP-70；(b) FXBW-10/70

表4-5 图4-3试验结果按式（9-23）拟合得到的$U_{av,0}$和n值

绝缘子型式	XP-70				FXBW-10/70			
SDD/NSDD (mg/cm²)	0.07/1.0		0.15/1.0		0.03/1.0		0.08/1.0	
	$U_{av,0}$ (kV)	n	$U_{av,0}$ (kV)	n	$U_{av,0}$ (kV)	n	$U_{av,0}$ (kV)	n
固体层热雾法	27.59	0.439	23.43	0.460	42.19	0.612	32.24	0.535
湿污法	25.81	0.432	21.92	0.462	38.61	0.600	29.34	0.525

将图4-3的试验结果按照式（9-23）拟合得到的气压影响特征指数n和零海拔（常压）下的污闪电压$U_{av,0}$见表4-5所示。可知，两种试验方法导致的差异主要为$U_{av,0}$，即由于现场方法使得绝缘子表面污秽为饱和湿润，其得到的$U_{av,0}$低于固体层热雾法所得的，但气压影响特征指数并没有明显的差异，如当$SDD/NSDD$＝0.07/1.0mg/cm^{2}时，固体层热雾法和湿污法得到的XP-70瓷绝缘子气压影响特征指数n分别为0.439、0.432，而当$SDD/NSDD$＝0.15/1.0mg/cm^{2}时，n分别为0.460、0.462。因此，从探讨气压的影响规律讲，现场试验采用湿污法是可行的。

4.3 试验电源对试验结果的影响

试验电源参数对污秽放电的发展有一定影响。在临近闪络时，通过污层的泄漏电流急剧增加，对于实际运行电网，临闪前的数百毫安泄漏电流不会造成电压波动，而试验系统则不同，由于有比实际电网大很多的内阻，数百毫安的泄漏电流会使作用在绝缘子上的电压有所下降，在电压下降严重时，将会妨碍局部放电的进一步发展和过渡到完全放电，势必要提高试验电压才能形成完全放电，这样的试验会得出偏高的耐受或闪络电压，应用于实际电网，则不安全。

污秽试验临闪时等值电路如图4-4所示。

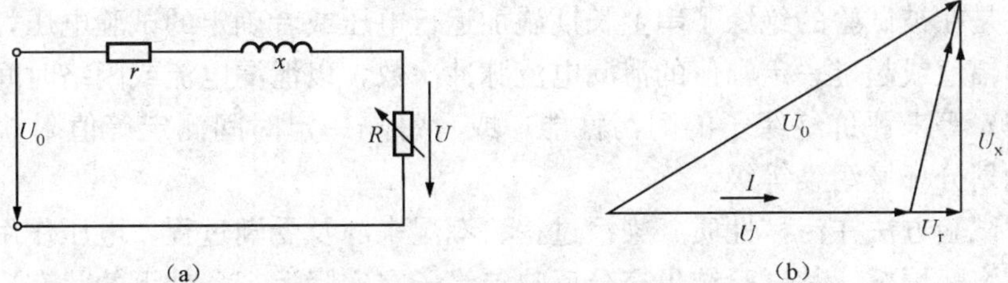

图4-4 污秽试验临闪时的电路

(a) 等值电路；(b) 矢量图

图4-4中，U_0为试验变压器的空载电压；U为试品两端电压；I为污闪过程中的泄漏电流；r、x分别为电源电阻及电抗（换算到高压侧）；R为污层等值电阻与局部电弧的电阻之和。由图4-4可知

$$\begin{aligned}\dot{U}_0 &= (\dot{U}+\dot{U}_r)+\dot{U}_x \\ &= (\dot{U}+r\dot{I})+\mathrm{j}\,x\dot{I}\end{aligned} \tag{4-9}$$

由式（4-9）可得污闪过程中电源内阻的压降为

$$U_0-U=(U_r^2+U_x^2+2UU_r)/(U_0+U) \tag{4-10}$$

由于 $U_0+U\approx 2U_0\approx 2U$、$U_r<U_x$、$U_r\ll U_0$ 和 $U_r^2/U_0^2\approx 0$

从而可得

$$U_0-U\approx\frac{2UU_r}{U_0+U}+\frac{U_x^2}{2U_0}+\frac{U_r^2}{2U_0^2} \tag{4-11}$$

则临闪时的相对电压降为

$$\begin{aligned}\Delta U &= \frac{U_0-U}{U_0} \\ &= \frac{U_r}{U_0}+\frac{1}{2}\left(\frac{U_x}{U_0}\right)^2=\frac{rI}{U_0}+\frac{1}{2}\left(\frac{xI}{U_0}\right)^2\end{aligned} \tag{4-12}$$

由此可知：

（1）临闪时泄漏电流I越大，相应的ΔU越大，即试品的污秽度越大引起的电源内阻抗压降越大；

（2）增大空载电压U_0可以降低ΔU，在试验悬式绝缘子时，可以增加串长，使U_0接近试验变压器的额定电压，以降低ΔU；

（3）回路电阻r大，ΔU也大，回路电阻为电源内阻和保护电阻之和，在保护试验变压器不受放电损坏的前提下，应尽可能减小保护电阻；

（4）减小电源电抗x可降低ΔU，用于污秽试验用的试验变压器及调压器在制造时，应尽可能减小短路阻抗，从而降低ΔU。

4.4 自然污秽试验

4.4.1 自然污秽试验方法

自然污秽试验是在空气污染地区建立污秽试验站，或者利用空气污染地区的输电线路来评估和鉴定绝缘子的耐污性能和防污闪措施的有效性，或者确定新建线路的绝缘子选择。

具体方法是在被试验的绝缘子串上长期施加运行电压或者确定的试验电压，在运行中测量泄漏电流的幅值或超过一定幅值的泄漏电流脉冲次数，以泄漏电流或闪络时间间隔（耐受多久才发生闪络）等来评价绝缘子的耐污性能；或者每隔一定时间测定等值附盐密度等特征量，以便正确划分环境污染等级。

自然污秽试验方法在污秽性质、染污过程、潮湿来源及受潮过程、电压作用等方面都完全符合当地的实际情况，其试验结果充分反映绝缘子在实际运行条件下的状态，得到世界各国的高度重视。

4.4.2 试验站类型

自然污秽试验可以在试验线路和试验架上分别进行。试验线路是经过新设计路径走廊的较长地区，可以得到沿线路走廊附近的空气污染对绝缘子的影响程度。试验架只能给出离实际一定距离的某一点上的污染情况，前者反映“污秽地区”，后者反映“地点污秽”。

4.4.3 自然积污绝缘子在人工雾室的试验

将自然积污绝缘子送到人工雾室进行试验是另一种类的自然污秽试验。

一、优点

自然污秽试验站中的试品是在自然环境中长期经受最高试验电压的试验，其试验结果真实，但自然污秽试验站长期耐受电压的时间长，且不能任意改变污源，而人工污秽试验虽然试验周期短，却不能真实反映实际运行绝缘子的积污的规律。因此，将各种自然环境下积污的绝缘子送到人工雾室内进行人工试验的方法，即具有人工污秽试验（试验时间短）的特点，又具有自然积污试验方法所具有的真实的优点，因而得到广泛应用。实际上，目前文献和人们常说的所谓自然污秽试验数据，绝大多数是自然条件下积污的绝缘子在人工雾室中试验得到的。

二、试品来源

自然积污的试品有以下几种来源。

(1) 由带电自然污秽试验站和不带电的自然积污站或自然积污线路上定期取下的试品。

(2) 从运行线路上更换下来的绝缘子串或涂有涂料的绝缘子串。

(3) 电网中发生污闪事故后更换下来的绝缘子串。

(4) 其他来源的试品。

从自然环境中取回的试品应特别小心，以保持自然污秽的完好性，最好是采用专门的支架，固定试品，及时送到人工污秽试验室进行试验。

按照预定的研究目的，对在自然污秽站或积污站、积污线路上取下的试品进行多种类型的试验是一种较理想的研究方法。

三、试验方法

自然污秽的试品不多，相同污秽度的试品数量更少，因此，试验方法宜采用升压法或先耐受后闪络的加压方式，以便用有限的试品获得较多的试验结果。如果为了和人工污秽试验升降法求得的U_{50}数据相比较，可将自然污秽的试品经受一个单元试验后，将其从雾室中取出，待自然阴干后再进入雾室经受下一个单元试验，但一般最多只能作 4 个单元试验，否则，自然污秽的流失必然导致试验结果偏高。

4.5 对人工污秽试验的评价

人工污秽试验是否能真实地重现自然条件下的性能，主要是看试验结果与自然条件下的绝缘子性能是否一致。对一致性的判别有两种形式。

（1）用人工污秽试验所得到的耐污优劣性能的顺序是否与自然条件下长期运行求出的优劣顺序相一致。

（2）人工污秽试验所得到的数据与自然污秽试验的数据是否接近。

国内外大量的试验数据和结果表明如下两种情况。

（1）有 70%以上的自然污秽绝缘子的污闪电压与人工污闪电压之比在 1.0～1.3 之间，即合理的人工污秽试验结果与自然污秽试验结果比较接近。

（2）多数人工污秽试验的污闪电压偏低，这给绝缘水平选择带来一定的安全裕度。

第 5 章　污秽绝缘子电气强度

5.1　绝缘子污闪电压的一般关系

一、与盐密或灰密单一因素的关系

通过人工或自然污秽试验的目的是求得不同污秽度下绝缘子的耐受电压或闪络电压。完整的污秽试验先用一系列基础污秽度的试品，进行闪络或耐受试验，求得对应的耐受电压或闪络电压，对试验数据采用回归法分析，得到绝缘子污耐受或污闪电压随污秽度变化的规律。大量试验结果及其分析表明，污秽绝缘子的闪络电压与污秽程度有关，也就是说，既与等值附盐密度有关，也与不溶于水的惰性物质的密度即灰密有关，且后面的试验结果将表明，盐密和灰密对污闪电压影响的规律是一致的，均可以表示为

$$U_f = K \cdot X^{-p} = A\ (SDD)^{-a} = A \cdot S^{-a} \tag{5-1}$$

$$U_f = K \cdot X^{-p} = B\ (NSDD)^{-b} = B \cdot G^{-b} \tag{5-2}$$

式中：U_f 为绝缘子耐受或污闪电压，kV；X 为绝缘子的污秽度，用盐密或灰密表示，mg/cm²；K 为系数，与绝缘子结构和大气环境条件有关，可通过人工污秽试验求得；a、b 分别为污秽中的盐密和灰密对污闪电压影响的特征指数，由试验求出。如果只考虑盐密的影响，则可以用式(5-1)表示，盐密影响特征指数一般在 0.2～0.3 之间；如果只考虑灰密的影响，则可用式（5-2）表示，灰密影响特征指数一般在 0.1～0.2 之间，即一般来说灰密的影响小于盐密。

既然知道了绝缘子的污闪电压满足式（5-1）和式（5-2）的关系，那么如何由试验数据或结果得到式（5-1）和式（5-2）中系数 A、B 和指数 a、b 呢？

假设通过试验已经获得了 n_M 组数据，对式（5-1）或式（5-2）进行线性化处理可得

$$\ln U_f = \ln K - p\ln X \Rightarrow y = A' + B'x \tag{5-3}$$

由最小二乘法可得

$$\begin{cases} A' = \bar{y} - B'\bar{x} \\ B' = H_{xy}/H_{xx} \end{cases} \tag{5-4}$$

其中：$\bar{x} = \frac{1}{n_M}\sum_{i=1}^{n_M} x_i$、$\bar{y} = \frac{1}{n_M}\sum_{i=1}^{n_M} y_i$、$H_{xx} = \sum_{i=1}^{n_M}(x_i - \bar{x})^2$、$H_{yy} = \sum_{i=1}^{n_M}(y_i - \bar{y})^2$ 且 $H_{xy} = \sum_{i=1}^{n_M}(x_i - \bar{x})(y_i - \bar{y})$

拟合的相关系数 R^2 为

$$R^2 = \frac{H_{xy}^2}{H_{xx}H_{yy}} \tag{5-5}$$

用标准偏差 σ 表示数据的离散程度为

$$\sigma = \sqrt{\frac{(1-k^2)\ H_{yy}}{n_M - 2}} \tag{5-6}$$

$\pm 2\sigma$ 上、下包线的回归方程为

$$\begin{cases} U_f = e^{A+2\sigma}X^{-p} \\ U_f = e^{A-2\sigma}X^{-p} \end{cases} \tag{5-7}$$

其中，σ/A 为离散系数，表示有 95%的试验数据在这两条曲线所夹的范围内。

二、盐密与灰密的综合影响

由前面分析和现场运行经验与大量试验结果可知，不仅盐密对污闪电压有影响，灰密对污闪电压也有较大的影响；并且二者对污闪电压影响的规律相互独立。为综合分析盐密与灰密对污闪电压的影响规律，得到以盐密、灰密为自变量的绝缘子污闪电压的表达式，为外绝缘的设计选择以及污秽等级划分提供参考，本节以硅藻土模拟污秽物中的不溶性物质，按照 GB/T4585—2004《交流系统用高压绝缘子的人工污秽试验》固体层法，采用浸污方式对 XP-160 绝缘子进行染污，并采用均匀升压法进行人工污秽试验，得到不同盐密和灰密下 7 片串 XP-160 闪络电压及标准偏差如附表 Ⅰ-2 所示。

（一）拟合曲线

根据大量的试验数据建立污闪电压 U_f 与盐密、灰密满足以下函数关系式，即

$$U_f = f(SDD, NSDD) \tag{5-8}$$

由于盐密和灰密对污闪电压影响的规律可看成是相互独立的。因此，根据式（5-1）、式（5-2），可假设绝缘子串的污闪电压（U_f）与盐密和灰密的关系可表示为

$$U_f = K_{AB} S^{-a} G^{-b} \tag{5-9}$$

式中：K_{AB}为与绝缘子串长、型式和大气环境条件有关的系数。

对式（5-9）进行线性化处理可得

$$\ln U_f = f'(\ln S, \ln G) = \ln K_{AB} - a\ln S - b\ln G \tag{5-10}$$

最理想的情形是选取合理的 K_{AB}、a、b 使所有试验数据点均在式(5-9)所在曲面上，但由于试验具有一定的误差和分散性，这是难以达到的。因此，只能求取使式(5-9)在各个污秽度下的函数值与试验数据相差都很小，就是要使偏差 m_i 绝对值都很小，则有

$$m_i = \ln U_{fi} - f'(\ln S_i, \ln G_i) \quad (i=0, 1, 2, \cdots) \tag{5-11}$$

式中：m_i 为偏差；U_{fi}、S_i 及 G_i 分别为附表Ⅰ-2 中人工污秽绝缘子串闪络电压、染污绝缘子表面盐密和染污绝缘子表面灰密；i 为试验数据编号；$n_M = 29$。

因为偏差有正有负，为确保每个偏差的绝对值均很小，由最小二乘法，只要保证偏差的平方和（M_Σ）最小，就可以确定每个试验数据与式（5-9）之间的偏差绝对值都很小，即 M_Σ 为

$$M_\Sigma = \sum_{i=0}^{n_M} [\ln U_{fi} - (\ln K_{AB} - a\ln S_i - b\ln G_i)]^2 \tag{5-12}$$

式中：M_Σ为偏差平方和。

将 M_Σ 看成自变量 K_{AB}、a 和 b 的一个三元函数，由函数 $M_\Sigma = M_\Sigma$（K_{AB}，a，b）取得最小值的点就可以得到式（5-9）中 K_{AB}、a 和 b，也就可以得到在盐密及灰密综合影响下污闪电压（U_f）表达式。函数 $M_\Sigma = M_\Sigma$（K_{AB}，a，b）最小值点可以由多元函数的极值得到，即通过对 M_Σ 分别求 K_{AB}、a、b 的偏导数

$$\begin{cases} M_{\Sigma K}(K_{AB}, a, b) = 0 \\ M_{\Sigma c}(K_{AB}, a, b) = 0 \\ M_{\Sigma d}(K_{AB}, a, b) = 0 \end{cases} \tag{5-13}$$

令

$$\begin{cases}\dfrac{\partial M_{\Sigma}}{\partial K}=2\sum\limits_{i=0}^{n_M}\dfrac{\ln K_{AB}-a\ln S_i-b\ln G_i-\ln U_{fi}}{K_{AB}}=0\\ \dfrac{\partial M_{\Sigma}}{\partial a}=2\sum\limits_{i=0}^{n_M}a(\ln S_i)^2+b\ln S_i\ln G_i+\ln S_i\ln U_{fi}-\ln K_{AB}\ln S_i=0\\ \dfrac{\partial M_{\Sigma}}{\partial b}=2\sum\limits_{i=0}^{n_M}d(\ln G_i)^2+c\ln S_i\ln G_i+\ln G_i\ln U_{fi}-\ln K_{AB}\ln G_i=0\end{cases} \tag{5-14}$$

由附表Ⅰ-2中可知，试验数据共有30组，即 $i=0$，$n_M=29$，亦即

$$\begin{cases}30\ln K_{AB}-a\sum\limits_{i=0}^{29}\ln S_i-b\sum\limits_{i=0}^{29}\ln G_i-\sum\limits_{i=0}^{29}\ln U_{fi}=0\\ a\sum\limits_{i=0}^{29}(\ln S_i)^2+b\sum\limits_{i=0}^{29}\ln S_i\ln G_i+\sum\limits_{i=0}^{29}\ln S_i\ln U_{fi}-\ln K_{AB}\sum\limits_{i=0}^{29}\ln S_i=0\\ b\sum\limits_{i=0}^{29}(\ln G_i)^2+a\sum\limits_{i=0}^{29}\ln S_i\ln G_i+\sum\limits_{i=0}^{29}\ln G_i\ln U_{fi}-\ln K_{AB}\sum\limits_{i=0}^{29}\ln G_i=0\end{cases} \tag{5-15}$$

由附表Ⅰ-2和式（5-15）可得

$$\begin{cases}30\ln K_{AB}+74.535a+3.140b-124.193=0\\ 74.535\ln K_{AB}+206.703a+8.786b-313.768=0\\ 3.140\ln K_{AB}+8.786a+29.338b-17.276=0\end{cases} \tag{5-16}$$

解方程组（5-16）可以得到 K_{AB}、a、b 值分别为34.4、0.237、0.139，即7片串XP-160型绝缘子的污闪电压 U_f 与盐密和灰密的关系可以表示为

$$\begin{cases}U_f=34.4S^{-0.237}G^{-0.139} & \text{7 片串}\\ U_f(1)=4.913S^{-0.237}G^{-0.139} & \text{平均每片}\end{cases} \tag{5-17}$$

（二）回归方程显著性检验

为了验证 $\ln S$、$\ln G$ 与 $\ln U_f$ 之间是否存在密切线性关系以及 $\ln S$、$\ln G$ 对 $\ln U_f$ 的影响的显著性，即验证式（5-17）和所求得 K_{AB}、a、b 值是否正确，下面对式（5-17）进行显著性检验。

由染污绝缘子串 U_f 的线性化方程，即式（5-17），可设

$$\begin{cases}Y=\ln U_f，\beta_0=\ln K_{AB}，x_1=\ln S\\ \beta_1=-a，\beta_2=-b，x_2=\ln G\end{cases} \tag{5-18}$$

则式（5-17）又可表示为

$$Y=\beta_0+\beta_1x_1+\beta_2x_2 \tag{5-19}$$

假设 x_1 与 x_2 对 Y 的影响不显著，那么式（5-19）中的系数 $\beta_i=0$（$i=1,2$），即 H_0：

$$\beta_1=\beta_2=0 \tag{5-20}$$

模型各偏差平方和分别为

$$\begin{cases}S_T^2=\sum\limits_{i=0}^{29}y_i{}^2-30\bar{y}^2=1.84 & \text{（总离差平方和）}\\ S_R^2=\bar{\beta}_1l_{1y}+\widehat{\beta_2}l\,2y=1.82 & \text{（回归平方和）}\end{cases} \tag{5-21}$$

其中：$l_{1y}=\sum\limits_{i=0}^{29}(x_{1i}-\bar{x}_1)(y_i-\bar{y})$，$l_{2y}=\sum\limits_{i=0}^{29}(x_{2i}-\bar{x}_2)(y_i-\bar{y})$；$\widehat{\beta_0}=3.538$，$\widehat{\beta_1}=-0.236$，$\widehat{\beta_2}=-0.139$。

残差平方和为

$$S_E^2 = S_T^2 - S_R^2 = 0.02 \tag{5-22}$$

于是 $S_R^2/S_E^2=92.00$，取显著性水平 $\alpha=0.005$，查 F 分布表得 $F_{0.995}(2,\ 27)\approx6.50$，从而临界值 C 为 $C=2F_{1-\alpha}(2,\ 27)/27=0.481$。$C=0.481<92.00$，故拒绝 H_0，即 x_1 与 x_2 对 Y 的线性影响在 $\alpha=0.005$ 是显著的。

（三）回归系数显著性检验

H_{0i}：$\beta_i=0$（$i=1,\ 2$），取 $\alpha=0.005$，查 F 分布表得 $F_{0.995}(1,\ 27)\approx9.35$。因此拒绝域临界值为

$$C_i = S_E\sqrt{C_{ii}F_{0.995}(1,\ 27)}/\sqrt{27} \tag{5-23}$$

其中，$C=(X^TX)^{-1}$，对本回归模型，C 为

$$C=(X^TX)^{-1}=(c_{ij})_{3\times3}=\begin{bmatrix} n & \sum_{i=0}^{29}x_{1i} & \sum_{i=0}^{29}x_{2i} \\ \sum_{i=0}^{29}x_{1i} & \sum_{i=0}^{29}x_{1i}^2 & \sum_{i=0}^{29}x_{1i}x_{2i} \\ \sum_{i=0}^{29}x_{2i} & \sum_{i=0}^{29}x_{1i}x_{2i} & \sum_{i=0}^{29}x_{2i}^2 \end{bmatrix}^{-1} \tag{5-24}$$

通过求解式（5-24）得 $C_{11}=0.0468$，$C_{22}=0.0345$；代入式（5-23），可得 $C_1=0.00127$，$C_2=0.00109$，即

$$\begin{cases} |\beta_1|=0.237>C_1 \\ |\beta_2|=0.139>C_2 \end{cases} \tag{5-25}$$

因此在显著性水平 $\alpha=0.005$ 下，x_1、x_2 对 Y 的线性影响是显著的，β_0 可得到

$$\beta_0=\bar{y}-\beta_1\bar{x}_1-\beta_2\bar{x}_2=3.537 \tag{5-26}$$

通过回归方程显著性检验和回归系数显著性检验可知，在显著性水平 $\alpha=0.005$ 下，x_1、x_2 对 Y 的线性影响是显著的，即绝缘子串的 U_f 与盐密和灰密的关系线性化处理方程即式（5-10）及相关的方程系数是可行的。因此 7 片串 XP-160 污闪电压与盐密、灰密的关系可以表示为式（5-17）。

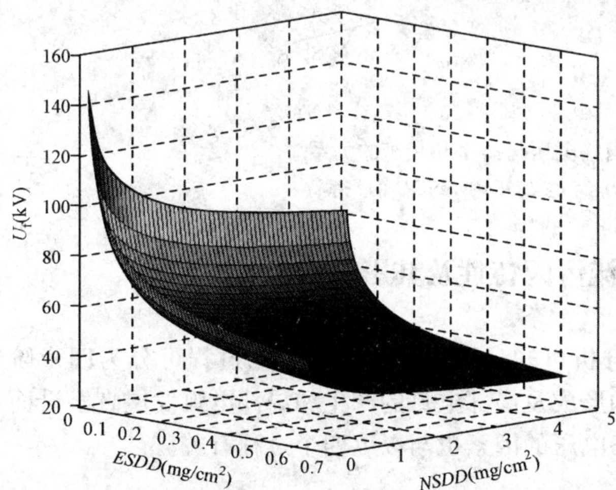

图 5-1　Matlab 拟合 7 片串 XP-160 污闪电压与盐密、灰密之间关系图

由式（5-17）进行拟合可得 7 片串 XP-160 污闪电压与盐密、灰密之间的关系如图 5-1 所示。由图 5-1 可知，7 片串 XP-160绝缘子串污闪电压（U_f）与盐密、灰密之间呈三维曲面关系，随着盐密和灰密的增加，U_f 逐渐下降；并且在盐密、灰密较小时 U_f 下降较快，随着盐密和灰密的不断增加 U_f 下降趋势变缓，这与分别考虑盐密及灰密作用时，对 U_f 的影响是类似的。

对于复合绝缘子，其污闪电压与灰密和盐密的关系是否符合式（5-9）基本规律，以广州迈克林有限公司生产的 110kV 大小伞结构的 $FXBW_3$-110/70 型复合绝缘子（大伞 13 个，小伞 12 个，结

构高度 1190mm，电弧距离 1040 mm，杆径 28mm）为试品，在任意灰密和盐密下进行了试验，共得 54 个数据点，其中 17 组试验数据如附表Ⅰ-3 所示。

假设复合绝缘子（U_f）与盐密和灰密的关系满足式（5-9）的一般关系，根据试验结果，分别采用最小二乘法和 TableCurve4.0 三维分析软件对试验结果进行分析和曲线拟合，得到污闪电压 U_f 与盐密和灰密关系为

$$U_f=\begin{cases}109.5S^{-0.1057}G^{-0.1395}\\110.7S^{-0.1063}G^{-0.1421}\end{cases} \quad (5-27)$$

由式（5-27）可知，两种拟合方法得到的结果很接近，取二者平均值并保留 3 位有效小数可得

$$U_f=110.0S^{-0.106}G^{-0.140}=110.0\ (S\cdot G^{1.32})^{-0.106}=110.0\rho^{-0.106} \quad (5-28)$$

由式（5-28）可绘制 U_f 与各参数的关系如图 5-2 所示。图 5-2（a）是以 ρ 为变量的拟合曲线，图 5-2（b）是以盐密和灰密为变量的拟合曲面，图 5-2 中拟合曲线和曲面与试验结果的相关系数均大于 0.95。由式（5-28）、图 5-2 可知：

（1）因复合绝缘子的憎水性及其迁移特性，其污闪电压远高于 7 片串×P-70 绝缘子；

（2）110kV 复合绝缘子污闪电压的盐密、灰密影响特征指数 a、b 分别为 0.106、0.140，即对于复合绝缘子，人工污秽试验条件下的灰密影响特征指数大于盐密影响特征指数，灰密的影响是盐密影响的 1.32 倍，这与 XP-160 绝缘子相反。

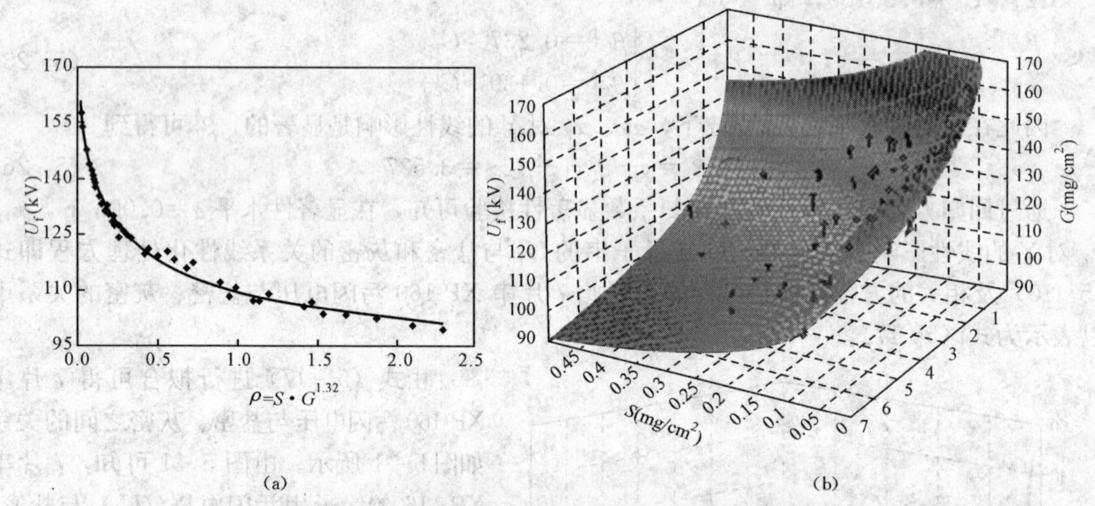

图 5-2 复合绝缘子闪络电压与盐密和灰密的关系

(a) U_f 与 ρ 的关系；(b) U_f 与 SDD 和 $NSDD$ 的关系

5.2 悬式绝缘子交流污闪特性及其影响因素

由 3.1 节污秽绝缘子放电发展过程的分析可知：绝缘子的染污放电过程可分为四个阶段，即污秽的沉积、污秽的湿润、烘干区的形成及局部电弧的产生和局部电弧发展直至沿面完全闪络。因此，影响污秽绝缘子沿面闪络电压的因素也与以上四个过程有关。

5.2.1 污秽性质及积污量的影响

一、污秽成分对污闪电压的影响

自然界中的污秽，不论是内陆还是沿海地区，也不论是工业地区还是城镇或农田地区，

积聚在绝缘子上的污秽物质都是NaCl和$CaSO_4 \cdot 2H_2O$组成的混合盐。它们所占的比例不同，污闪电压也不相同。污秽物中$CaSO_4 \cdot 2H_2O$所占比例越大，污闪电压越高。由于$CaSO_4 \cdot 2H_2O$的溶解度小，NaCl的溶解度大，在同一湿润情况下，$CaSO_4 \cdot 2H_2O$对污层电导率的影响远不如NaCl。等值附盐密度是在300ml水下测得的电导率，这些水量能使绝缘子表面污物中的$CaSO_4 \cdot 2H_2O$充分溶解，但在实际运行中，一片绝缘子表面附着的水一般不超过10ml，只有少量的$CaSO_4 \cdot 2H_2O$溶解，表面污液电导率显然比300ml时小，所以自然污秽绝缘子的污闪电压比人工污秽试验的污闪电压高，导致等值盐密与实际情况存在不等价。因此，在进行盐密测量时应对污秽物进行物理化学分析，按照NaCl与$CaSO_4 \cdot 2H_2O$的比例，对等值盐密进行修正，依据有效盐密划分污区。

污秽物中的阳离子的主要成分有K^+、Na^+、Ca^{2+}、Mg^{2+}、Zn^{2+}以及少量的Al^{3+}、Mn^{2+}等，阴离子主要有NO_3^-、SO_4^{2-}和Cl^-，污秽物的成分复杂，各种成分的含量随污源性质而各不相同。比较起来，NaCl等一价盐对应较低的污闪电压，$CaSO_4$等成分对应较高的污闪电压。污物中所含$CaSO_4$比例越高，相应的污闪电压也越高。

污秽物成分分析方法：将从悬式绝缘子表面洗下的污液，或从一片绝缘子上刮下积污干粉溶于500ml蒸馏水中，虑去不溶解物质，定量分析溶液中的K、Na、Ca、Mg、Zn、Cl、SO_4、NO_3（以mg/l计算）。分析方法如表5-1。

表5-1 污秽溶解物质化学成分分析方法

测量成分	测量方法	依据标准
Na^+、K^+、Ca^{2+}、Mg^{2+}、Zn^{2+}	原子吸收法	—
Cl^-	硝酸汞滴定法	SS—15—1（1984）
SO_4^{2-}	重量法	SS—15—1（1984）
NO_3^-	比色法	SS—24—2（1984）

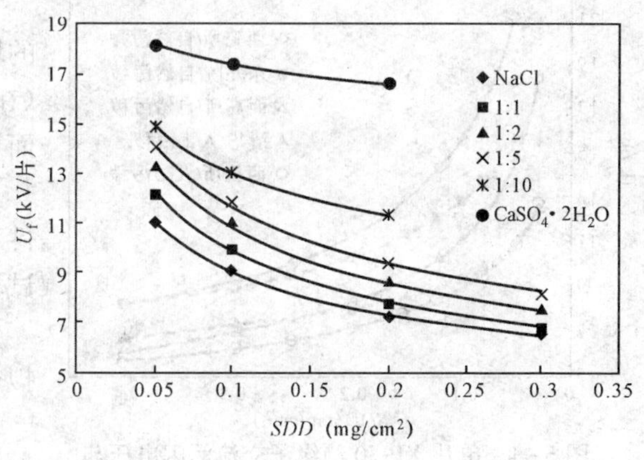

图5-3 污秽物中NaCl与$CaSO_4 \cdot 2H_2O$之比对污闪电压的影响

图5-3为不同盐类对污秽耐受电压的影响，即不同盐类即使在相同盐密下，其污秽耐受电压相差很大，其中$CaSO_4 \cdot 2H_2O$最高。盐密值较大时，$CaSO_4 \cdot 2H_2O$的耐受电压要比NaCl大若干倍，而$CaSO_4 \cdot 2H_2O$大于0.20mg/cm²时，盐密值再增大，耐受电压降低缓慢。人工污秽试验结果表明，其他Na盐和K盐（NaCl、KCl以外）的污耐受电压均较低，基本接近NaCl曲线。

污秽物中的实际可溶物主要是$CaSO_4$、$MgSO_4$、$ZnSO_4$及$NaNO_3$、KNO_3、KCl、NaCl等，在这些盐类中，对绝缘子污耐受电压影响较大的是$CaSO_4$和NaCl两种盐类，前者使污耐受电压升高，后者使污耐受电压降低。其他盐类如$NaNO_3$、KNO_3和KCl等可并入NaCl中，作为（Na盐+K盐），具有与NaCl相似的耐受电压曲线。而$MgSO_4$、$ZnSO_4$等盐类对耐受电压的影响不大，可以不予考虑。

表 5-2 为某城市郊区无明显污源的农村公路旁绝缘子上污秽物主要阴、阳离子分析结果。

表 5-2　　某一污秽物主要的阴、阳离子分析结果

阳离子	含量（mg/l）	原子量	摩尔浓度	%	阴离子	含量（mg/l）	原子量	摩尔浓度	%
Na^+	194.5	23	8.456	19.0%	Cl^-	412.9	35.4	11.664	28.6%
K^+	81.5	39.1	2.084	4.7%	NO_3^-	71.4	62	1.152	2.8%
Ca^{2+}	609.5	40	15.238	34.3%	SO_4^-	2688.2	96	28.0	68.6%
Mg^{2+}	443.88	24.3	18.266	41.1%					
Zn^{2+}	26.4	65.4	0.403	0.9%	小计			40.816	100%
小计			44.447	100%					

由表 5-2 可知，忽略 $MgSO_4$、$ZnSO_4$ 等盐类的影响，可得（Na 盐＋K 盐）与 Ca 盐的比例为

$$\frac{(\text{Na 盐}+\text{K 盐})}{\text{Ca 盐}}=\frac{19.0+4.7}{34.3}=\frac{1}{1.45}\approx\frac{1}{1.5} \tag{5-29}$$

二、盐密对污闪电压影响的试验结果及分析

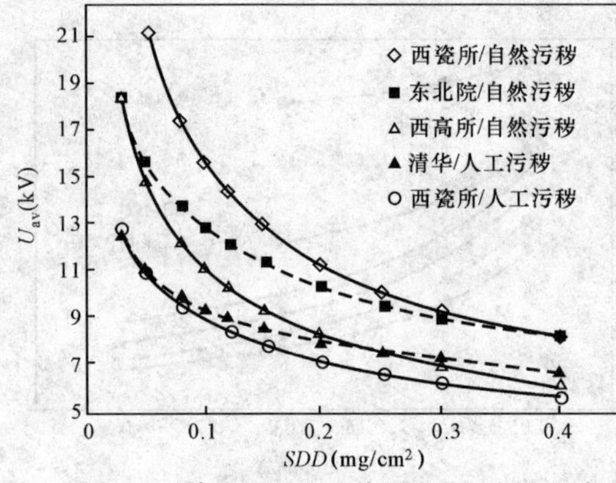

图 5-4　单片 XP-70 绝缘子交流污闪电压与盐密关系的试验结果

由式（5-1）可知绝缘子污闪电压随污秽度的增大而逐渐下降。降低率则随污秽度的增加（在污秽度较大时，例如盐密大于 0.20mg/cm²）而逐渐减小。

污闪电压与等值附盐密度的关系因试验条件和方法不同而有差异，人工污秽和自然污秽试验结果也有差异，如图 5-4 所示。

将图 5-4 试验结果按式（5-1）进行曲线拟合可得如下关系。

（1）自然污秽条件下，XP-70 绝缘子污闪电压与盐密关系为

$$U_{av}=\begin{cases}5.41S^{-0.45} & \text{（西瓷所）}\\ 6.27S^{-0.30} & \text{（东北院）}\\ 4.28S^{-0.41} & \text{（西高所）}\end{cases} \tag{5-30}$$

（2）采用固体层法人工染污时，XP-70 绝缘子污闪电压与盐密关系则为

$$U_{av}=\begin{cases}5.50S^{-0.23} & \text{（清华大学）}\\ 4.40S^{-0.30} & \text{（西瓷所）}\end{cases} \tag{5-31}$$

由式（5-30）和式（5-31）可知，自然污秽绝缘子污闪特性与人工污秽绝缘子存在差异，且不同试验室的结果也有差异，关于不同试验室结果的差异将另行讨论。

不同灰密下，绝缘子的污闪电压是否均满足式（5-1）的一般规律？重庆大学采用干闪电压大于 80kV，湿闪电压大于 45kV，在洁净条件下绝缘性能良好的 XP-160 型绝缘子为试品，试品染污采用固体层法的浸污方式，取灰密分别为 0.50、0.90、1.50mg/cm²，试验采

用均匀升压法，串长为片 7，每串试品进行 4～5 次闪络试验；同一污秽度下，选择 3 串试品进行重复试验，取其中与平均值误差不超过 10%的所有闪络电压的平均值为该污秽度下绝缘子串的平均闪络电压，并求得其标准偏差。

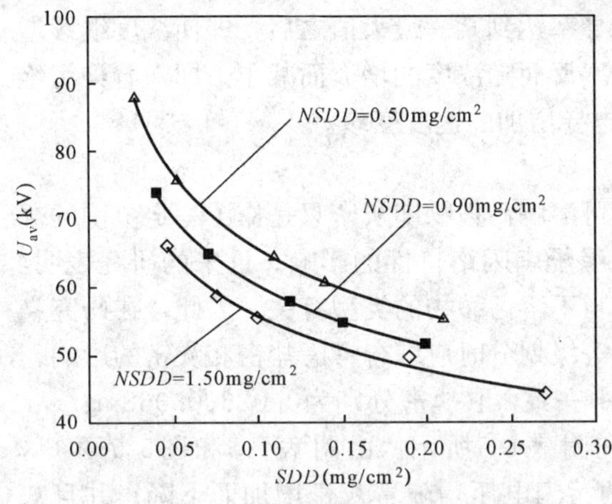

图 5-5　7 片串 XP-160 闪络电压 U_{av} 与盐密的关系

试验结果如图 5-5 和附表Ⅰ-4 所示，其试验结果的标准偏差在 7%之内。由图 5-5 和附表Ⅰ-4 可知，不同灰密下 7×XP-160 绝缘子串的污闪电压（U_{av}）均随着盐密的增加而下降，盐密较小时，污闪电压（U_{av}）随盐密的增加下降较快，随着盐密的继续增加，污闪电压（U_{av}）下降趋势变缓。如灰密为 0.90mg/cm² 时，当盐密从 0.040mg/cm² 增加到 0.068mg/cm²，即盐密只增加了 0.028mg/cm²，但污闪电压（U_{av}）降低了 9.1kV；而当盐密从 0.12mg/cm² 增加到 0.20mg/cm²，盐密增加了 0.08mg/cm²，污闪电压（U_{av}）只下降了 6.1kV。

将附表Ⅰ-4 的试验结果按照式（5-1）进行拟合可得其曲线如图 5-5 所示、系数 A、a 值及 R^2 如表 5-3 所示。由表 5-3 可知：灰密分别为 0.50、0.90、1.50mg/cm² 时，盐密影响特征指数 a 分别为 0.220、0.220、0.216，a 的平均值为 0.219，灰密为 1.50mg/cm² 下的 a 与平均值相差最大，相对于平均值其误差也仅有 1.4%，在工程允许误差范围内。如果取 2 位小数，则均为 0.22，即 a 受灰密影响并不明显。因此可认为盐密对染污绝缘子污闪电压的影响规律不受灰密的影响，可以看成独立变量。

表 5-3　不同灰密下盐密对 A 和 a 的影响

NSDD（mg/cm²）	A	a	R^2
0.50	39.26	0.220	0.998
0.90	36.00	0.220	0.995
1.50	33.94	0.216	0.986

由图 5-5 可知，灰密不同，污闪电压曲线差异明显。灰密为什么会对污闪电压造成影响？

染污绝缘子表面电导不仅受污秽程度的影响，也受所吸收水分量影响，随着盐密的不断增加，染污绝缘子污闪电压（U_f）的下降趋势越来越缓慢。导致这一现象的原因是，在灰密一定时，绝缘子表面的污秽层所能吸收的水分有限，随着盐密的不断增加，绝缘子表面污秽物中所含的 NaCl 不断增加，根据 Debye-Onsager 理论，强电解质溶液中任一中心离子都被带电荷符号相反的离子氛所包围，即在每一个中心离子的周围，相对集中地分布着一层带异号电荷的离子，这层异号电荷所构成的球体称为离子氛。在平衡情况下，离子氛是对称的，此时符号相反的电荷分配在中心离子的周围，如图 5-6 所示。

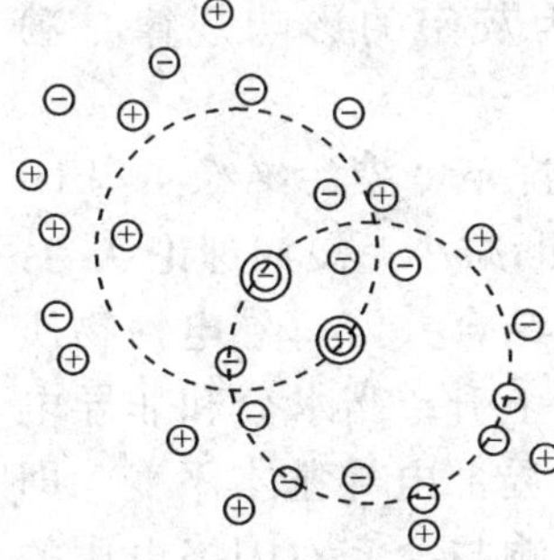

图 5-6　离子氛示意图

在无限稀释溶液中，离子与离子间的距离大，几乎不发生静电作用，故可以忽略离子氛的影响，即认为离子的行动不受其他离子的影响；随着电解质溶液浓度逐渐增加，离子氛对中心离子行动的影响变大，使其在电场中运动的速率降低，从而导致其摩尔电导降低。即各种电解质溶液在不同浓度下的导电特性有其固有的规律，其当量电导（一克当量电解质溶液的导电度）是随溶液浓度的减小而增大的，在无限稀释时溶液的当量电导达到最大值。这一特性使得溶液的电导率与浓度不能保持正比关系。电导率通常是随浓度的增加而增大，其增加的斜率则随浓度的增大而逐渐减小；当浓度增加到一定值后，溶液的电导率将不再随浓度的增加而增加，在电导率达到某一最大值之后，即使浓度继续增大，电导率并不再随之增加，有的电解质的电导率反而随浓度的增大而减小。即随着染污绝缘子表面 NaCl 浓度的不断增加，绝缘子表面的电导增加的速度变缓。

三、灰密对污闪电压的影响

早期，国内外大部分理论和试验研究中对不可溶解污秽物即灰密只是作了一定范围的规定，在研究过程中忽略了灰密微小变化对染污绝缘子串闪络特性的影响。近来的研究表明，染污绝缘子串的污闪电压不仅受灰密的影响，还与不溶污秽物的类型有关。因此，在研究染污绝缘子串的闪络特性、外绝缘的设计以及污秽等级划分时应综合考虑盐密和灰密的影响。

（1）灰密度的影响。试品、试验方法与图5-5中一致，取盐密分别为0.026、0.068mg/cm²及0.14mg/cm²进行试验，试验结果如图5-7和附表I-5所示。由附表I-5和图5-7可知，不同盐密下7片串XP-160型人工污秽绝缘子串的污闪电压均随着灰密增加而下降；并且灰密较小时，随灰密的增加污闪电压下降较快，随着灰密的继续增加，污闪电压下降趋势变缓，这种趋势与污闪电压和盐密之间的关系一致。如盐密为 0.068mg/cm² 时，当灰密从 0.50mg/cm² 增加到 0.90mg/cm²，即灰密只增加 0.40mg/cm²，但 U_{av} 下降 6.9kV；而当灰密从 0.90mg/cm² 增加到 1.50mg/cm²，灰密增加 0.60mg/cm²，U_{av} 只下降 4.2kV。

表 5-4 不同盐密下常数 *B* 和灰密特征指数 *b*

SDD (mg/cm²)	*B*	*b*	R^2
0.026	80.75	0.138	0.987
0.068	65.01	0.138	0.988
0.14	55.33	0.136	0.990

将附表 I-5 试验结果按式（5-2）进行拟合得其 *B*、*b* 值及 R^2 如表 5-4 所示。由表 5-4 可知，不同盐密下，灰密影响的特征指数 *b* 分别为 0.138、0.138 和 0.136，即 *b* 的平均值为 0.137，三个盐密下 *b* 值相对其平均值的误差均为 0.73%，在允许误差范围之内。如取 2 位小数，则均为 0.14，即 *b* 受盐密影响并不明显，因此也可认为灰密的影响规律是独立的。

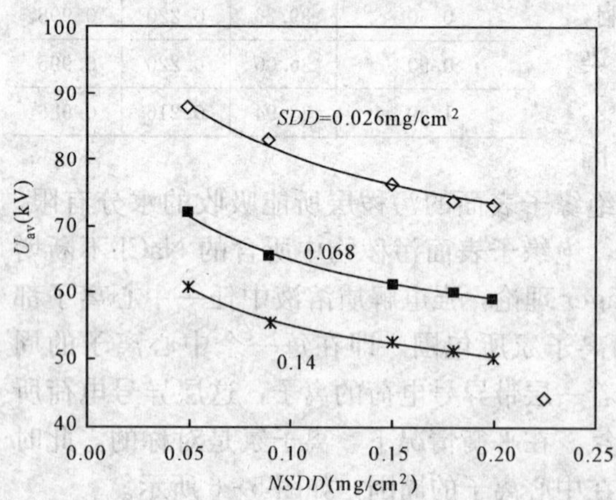

图 5-7 7 片串 XP-160 闪络电压 U_{av} 与灰密的关系

在盐密一定的情况下，染污绝缘子串 U_f 随着灰密的增加而不断减小，浸润理论认为：当水分和导电性物质结合并溶解导电性物质后，该处局部电导将上升；当水分和非导电性物质结合时，该处局部电导基本不变，即灰密对闪络电压的影响与盐密对闪络电压的影响在性质上有差异。污层中的不溶污秽物虽本身不导电，但它保持的水分却可以溶解电解质，增大导电率。同时随着附着在绝缘子表面的不溶物的增加，绝缘子表面所吸收的水分就越多，形成了更厚的水膜，降低染污绝缘子表面电阻，导致泄漏电流增大。但是随灰密的不断增加，污闪电压下降趋势逐渐变缓，这主要是因为随着灰密的不断增加，绝缘子表面吸收的水分虽然在不断增加，但是绝缘子表面电导增加变缓，并趋于稳定。参考清华大学在染污玻璃表面盖上一层相同面积的滤纸，压上一定尺寸的电极，加水测量染污玻璃的电导。通过试验发现当水量增加一定量时，电导值就不再随着水量变化而改变，而是几乎固定在某一值。如表 5 - 5 所示，在灰密为 1.0mg/cm^2 和盐密为 0.2mg/cm^2 时，在水量为 13.5ml，电导为 150.2μS；当水量为 16.5ml，电导达到了 235.7μS，水量仅差 3ml，而电导相差达到 85.5μS。随着水量继续增加，染污玻璃表面的电导值就不再随着水量值变化，而是几乎在 237μS 左右。即在盐密一定时，随着灰密的增加染污绝缘子表面所吸附的水分增多，促进了可溶污秽物的溶解，从而使电导也随之增加；但是随着灰密的不断增加，染污绝缘子表面的电导趋于某一最大值。所以染污绝缘子污闪电压的下降趋势随灰密的不断增加而变得缓慢。大量试验证明，电导与水量的这一关系，并不会因为滤纸的存在、电极的长短和电源幅值的变化而发生较大的改变。

表 5-5　　电导与水量的关系

水量（ml）	13.5	14.7	15.9	16.5	17.7	18.3	18.9	19.5	20.1	21.6
电导（μS）	150.2	196.7	222.6	235.7	238.2	235.9	236.7	236.7	236.7	234.4

注　电极为 70mm，电源电压为 6V。$NSDD$=1.0mg/cm^2，SDD=0.20mg/cm^2。

(2) 不溶物性质对污闪电压的影响。绝缘子表面的污秽物由可溶于水的导电物质和不溶于水的惰性物质组成。人工污秽试验中，用 NaCl 来模拟导电物质，用硅藻土或高岭土或砥石粉等模拟惰性物质。

不同地区污秽物的成分差异较大，用 NaCl 模拟各类导电物质对污秽绝缘子电气性能的影响国内外基本达成共识。国内外现有研究结果表明，灰密和灰密成分对污闪电压也有影响，但现有大多数研究没有严格区分这种影响。相关标准提出可采用硅藻土、高岭土或砥石粉等模拟污秽物中的惰性物质，但没有给出惰性物质类型对污闪电压的影响。

重庆大学采用固体层法，试验研究了惰性物质的类型对交流污闪电压的影响，试验仍采用升压法，试验结果如表 5 - 6 所示。

表 5-6　　灰密类型对 3 片串 XP-70 绝缘子交流污闪电压 U_{av} 的影响（kV/串）

$NSDD$（mg/cm^2）	SDD（mg/cm^2）	硅藻土	高岭土
1.0	0.06	30.0	28.7
	0.13	25.1	24.0
	0.25	20.3	18.9
0.5	0.04	37.8	36.3
	0.06	32.5	30.6
	0.12	26.4	24.8

由表 5 - 6 可知：灰的类型对绝缘子污闪电压有影响。人工污秽试验中，以硅藻土模拟污秽物中的不溶于水的惰性物质进行试验得到的污闪电压比高岭土高，如当灰密为

1.0mg/cm² 且盐密分别为 0.06、0.13mg/cm² 和 0.25mg/cm² 时，硅藻土的污闪电压比高岭土分别高 4.3%、4.4%和 6.9%；而当灰密为 0.5mg/cm² 且盐密分别为 0.04、0.06mg/cm² 和 0.12mg/cm² 时，硅藻土的污闪电压比高岭土分别高 4.0%、5.9%、6.1%。

重庆大学采用固体层法得到的不溶物类型对污闪电压影响的另一组试验结果见表 5-7。

表 5-7　不溶物类型对 3×XP-160 绝缘子串交流污闪电压的影响

SDD (mg/cm²)	*NSSD* (mg/cm²)	高岭土		硅藻土		U_{av1}/U_{av2}
		U_{av1}/kV	σ_1/%	U_{av2}/kV	σ_2/%	
0.030	0.50	37.2	5.2	42.3	1.7	0.88
	1.00	33.1	2.4	38.6	3.9	0.86
	1.50	31.8	4.3	36.3	4.7	0.88
	2.00	30.7	1.8	34.7	4.1	0.88
0.10	0.50	26.3	6.8	31.0	4.2	0.85
	1.00	24.3	2.7	28.9	5.3	0.84
	1.50	22.6	3.2	27.1	4.0	0.83
	2.00	21.7	7.0	25.6	5.2	0.85

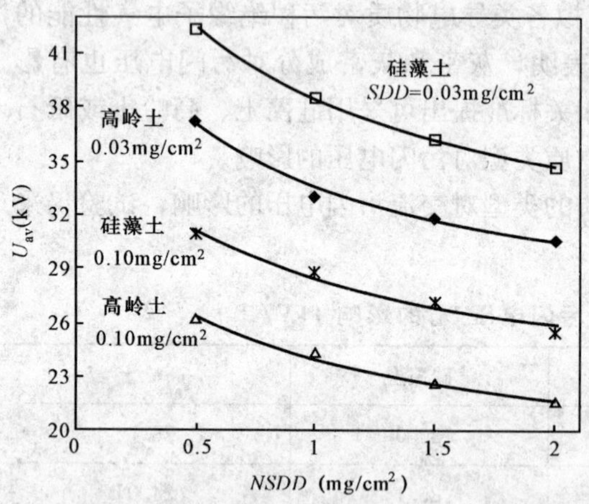

图 5-8　不溶物类型对 3 片串 XP-160 污闪电压（U_{av}）的影响

由表 5-7 可知，同一污秽度下采用高岭土染污的 U_{av} 均低于硅藻土。如在盐密为 0.030mg/cm²，灰密为 1.0mg/cm² 时，由高岭土染污的污闪电压为 33.1kV，而由硅藻土染污的污闪电压为 38.6kV，两者相差 5.5kV；在盐密为 0.10mg/cm²，灰密为 0.50mg/cm² 时，由高岭土染污的污闪电压为 26.3kV，而由硅藻土染污的 U_{av} 为 31.0kV，两者相差 4.7kV。即在盐密为 0.030mg/cm² 和 0.10mg/cm² 时，由高岭土染污的绝缘子串污闪电压分别比由硅藻土低大约 12%～14%和 15%～17%。从图 5-8 可看出，高岭土和硅藻土染污的绝缘子串污闪电压均随灰密增加而下降，且两者下降趋势一致，即在灰密较小时，随灰密的增加 U_{av} 下降较快，但随灰密的继续增加，污闪电压下降趋势变缓。

将表 5-7 试验结果按式（5-2）进行拟合可得其 B、b 值及 R^2 见表 5-8，即采用定量涂刷法得到灰密对污闪电压的影响规律与采用浸污法得到的规律是一致的，且灰密对 U_{av} 的影响指数 b 约为 0.14，即影响指数 b 受染污方式和不溶污秽物类型的影响并不明显。

表 5-8 **不同污秽物下常数 *B* 和灰密特征指数 *b***

污秽物类型	SDD（mg/cm²）	B	b	R^2
高岭土	0.03	33.58	0.138	0.986
	0.10	24.00	0.140	0.990
硅藻土	0.03	38.42	0.142	0.998
	0.10	28.47	0.136	0.976

由此可知，不溶物类型对染污绝缘子串的污闪电压有一定影响，且灰密对绝缘子污闪电压的影响与染污方式有关，如采用浸污方式且盐密为 0.06mg/cm² 时，灰密为 1.0mg/cm² 时的污闪电压比 0.5mg/cm² 时低 7.3%；如采用定量涂刷方式且盐密为 0.06mg/cm² 时，灰密为 1.0mg/cm² 时的污闪电压比灰密为 0.5mg/cm² 时也低 6.2%。

《交流系统用高压绝缘子的人工污秽试验》（GB/T 4585—2004）中固体层法所推荐的硅藻土和高岭土，其主要特性见表 5-9。

表 5-9 **硅藻土与高岭土的主要特性**

不溶污秽物类型	重量组成（%）			颗粒分析（累积分布）（μm）			
	SiO_2	Al_2O_3	Fe_2O_3	H_2O	16%	50%	84%
高岭土	40～50	30～40	0.3～2	7～14	0.1～0.2	0.4～1	2～10
硅藻土	70～90	5～25	0.5～6	7～14	0.1～0.2	0.4～1	2～10

高岭土是一种硅酸盐黏土矿，其主要成分高龄石中的羟基使高岭土具有亲水性；硅藻土易吸水，它除表面吸水外，水分子还可以与其表面 SiOH 以氢键键合。高岭土和硅藻土均具有亲水性，在湿润过程中均可吸附水分促使绝缘子表面的可溶物溶解形成导电层。但是硅藻土含有的 SiO_2 量大于高岭土，而 SiO_2 具有憎水性，所以高岭土比硅藻土更容易吸附水分；且高岭土具有典型的层状 Si—O 四面体结构，具有较大的黏度，溶入液相后黏度大幅度增加，可以更好地黏滞在绝缘子表面，湿润过程中不易流失。因此采用高岭土染污的绝缘子串污闪电压低于同一污秽度下采用硅藻土染污的绝缘子串的污闪电压。

由于不溶污秽物的量和类型对绝缘子串污闪电压具有一定的影响。为模拟不同地区的污秽，试验研究时应充分考虑灰密的影响，而不可对所有污秽区都将灰密设定为某一定值；同时，应考虑不同污秽地区的污源性质，对地处水泥厂、黏土矿等具有高黏度粉尘的污源附近，建议采用高岭土模拟绝缘子表面不溶污秽物；对地处我国西北等风沙较大的地区及较为贫瘠的农田附近，建议采用硅藻土模拟绝缘子表面不溶污秽物。

5.2.2 绝缘子串结构以及串长的影响

一、布置方式对绝缘子串污闪电压的影响

试验结果表明，双串绝缘子的污闪电压比单串低 5%～10%，当双串绝缘子之间的距离增大时，对污闪电压的影响明显减少，一方面是双串之间电场的影响，另一方面是双串绝缘子由于局部电弧发展成闪络的途径增多而使闪络概率增加。

绝缘子串的安装方式不同，其污闪电压也有明显差异。

试验结果表明，由普通悬式绝缘子组成 V 型串时，其污闪电压比同一污秽程度的悬垂串提高 25%～30%。且普通悬式绝缘子组成的 V 型串的耐污性能比某些型式的耐污型绝缘子组成的悬垂串还好，但由耐污型绝缘子组成 V 型串时，其提高污闪电压的程度则要小一

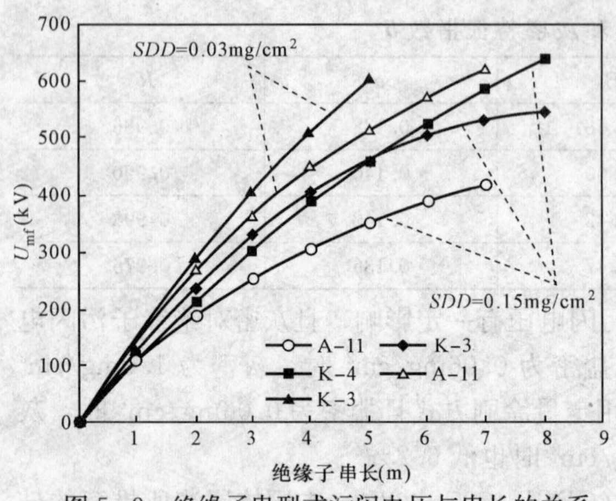

图 5-9 绝缘子串型式污闪电压与串长的关系

些。图 5-9 为 V 型串污闪电压与串长的关系。由图 5-9 试验结果可知：普通悬式绝缘子（A-11 型）组成 V 型串的污闪电压与串长之间的非线性度大于大盘径绝缘子（K-3 型和 K-4 型）。在 $SDD=0.15\mathrm{mg/cm^2}$ 时，K-3 和 K-4 的曲线在串长为 5.0m 处相交，即串长较短时，K-3 型优于 K-4 型，对于长串，情况则相反。

悬式绝缘子串安装方式有三种：悬垂串、水平串、V 型串。如图 5-10 所示。布置方式对污闪电压影响的原因为：

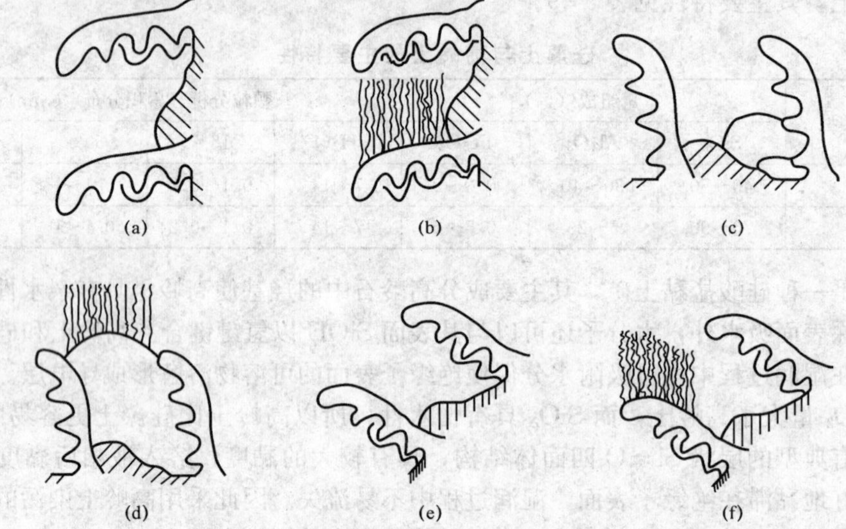

图 5-10 绝缘子串安装方式对交流污闪电压的影响

(a) 悬垂串起始电弧；(b) 悬垂串临闪电弧；(c) 水平串起始电弧；(d) 水平串临闪电弧；(e) V 型串起始电弧；(f) V 型串临闪电弧

(1) 悬垂串。对于悬垂绝缘子串，当发生污秽放电时，在钢脚处首先产生的局部电弧虽然紧贴绝缘子下表面［图 5-10 (a)］，但电离气体不易自由扩散掉［图 5-10 (b)］，伞边缘的水滴又会往下滴，并且污秽物又不易被雨水冲洗干净。

(2) 水平串。对于水平耐张串，在钢脚处首先产生的局部电弧因热作用上升，从而缩短了泄漏距离，使局部电弧易于发展［图 5-10 (c)］，这比悬垂串不利，但电离气体能自由扩散［图 5-10 (d)］，可以抑制放电的发展，且水平安装时污秽物易于被雨水冲洗掉。因此，两种因素相互制约，使水平耐张串和悬串的污闪电压相差不大。

(3) V 型串。对于 V 型串，兼有悬垂串和水平耐张串的优点〔图 5-10 (e)、(f)〕，所以，V 型串的污闪电压较高。

二、污闪电压与串长的关系

绝缘子串长与交流污闪电压之间是否呈线性关系是一个非常重要的悬而未决的有争议的

问题，对高压输变电工程污秽绝缘设计尤其是特高压外绝缘设计具有重要的工程意义，遗憾的是因试验条件限制，国内外的试验结果不统一，至今为止，国内外的试验结果还不足以做出明确的结论。

日本、加拿大、英国的试验研究结果表明，500kV及以下线路绝缘子串长与污秽耐受电压呈线性关系。美国试验结果则认为，在特高压下绝缘子串长与污秽耐受电压值有一定的饱和性。我国在建设西北高原"格尔木—察尔汗盐湖"第一条110kV线路和西南高原"漫湾—昆明"的第一条500kV线路的初期研究中，就污闪电压与串长的关系进行了论证，做了部分绝缘子自然积污和人工污秽试验，结果表明，串长30片以内的绝缘子串污闪电压与串长成正比。

美国和日本试验研究结果表明：当绝缘子串长在6m范围内，绝缘子串闪络电压与串长成线性关系，串长超过6.5m时，绝缘子闪络电压与串长存在小于10%的非线性关系。

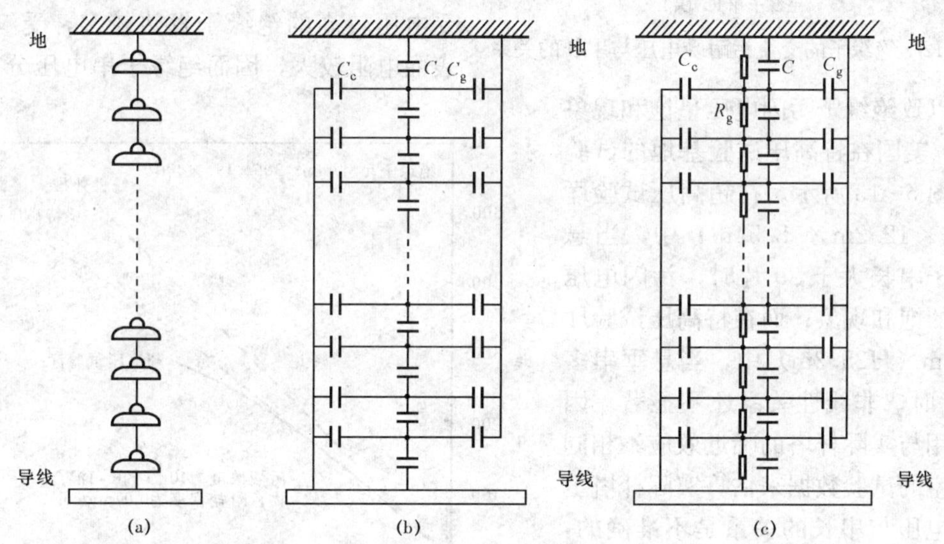

图5-11　绝缘子串等效回路

(a) 绝缘子串；(b) 干燥状态下的绝缘子串等效回路；(c) 湿润状态下的绝缘子串等效回路

绝缘子串等效电路如图5-11所示，干燥时绝缘子串的电压分布呈容性。由于对地电容C_g和对导线电容C_c的存在［如图5-11（b）所示］，使其电压分布不均匀，靠近高压端和地端的绝缘子承担了较多的电压；当染污绝缘子湿润后，绝缘子表面将呈现阻容性，绝缘子串电压的分布则是电阻和电容共同作用的结果［如图5-11（c）所示］。因为电容C_g、C_c不变，电压分布是否均匀主要取决于绝缘子的表面电阻R_g，如果R_g足够小，则电压分布是均匀的，否则是不均匀的。因此，绝缘子串的污闪电压是否与串长呈线性关系与表面污层电阻、对地电容和对周围物体的电容以及绝缘子自电容C有关。复合绝缘子在污秽湿润条件下的电压分布很不均匀，因此在较低的电压下就可能出现非线性关系。

试验结果还表明，污闪电压与串长是否呈线性关系不仅与试验方法有关，而且与人工雾室的大小有关。

(1) 采用清洁雾升压法、盐雾法、湿污法所得到的试验结果都将呈线性关系，这是因为从施加电压开始到绝缘子串闪络，绝缘子表面电阻小，绝缘子串电压分布比较均匀，因此，闪络电压与串长呈线性关系；日本的等价盐雾试验结果如图5-12所示，其串长达40片时

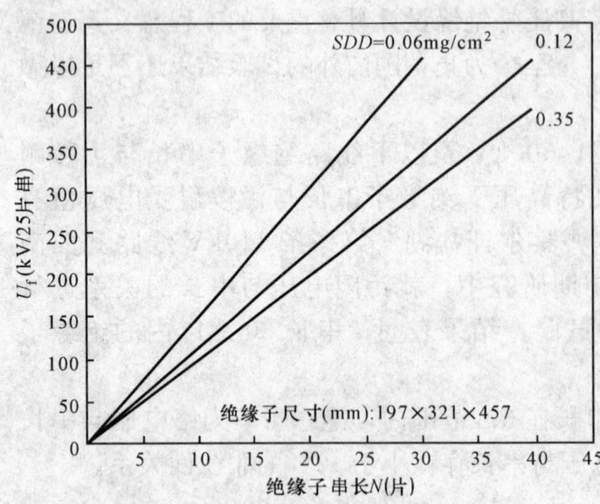

图 5-12 绝缘子的交流污耐受电压与串长的关系

的交流污闪电压仍与串长呈线性关系。

(2) 如果采用清洁雾耐压法，而且为了模拟绝缘子在运行过程中积污和潮湿天气带电状态下逐渐受潮过程，用缓慢受潮法所得到的污闪电压与串长的关系将出现饱和现象。这是由于在加压过程中由干燥状态逐渐转变为受潮状态的过程中，当绝缘子还处于干燥状态时，绝缘子的阻抗是容性的。因为对地电容的影响而造成绝缘子串的电压分布不均匀，以后逐渐受潮时，绝缘子的阻抗由容性变为阻性，容抗则可以忽略，但原来承受电压较高的绝缘子发热较多，受潮较慢，表面电阻较大，因而绝缘子串电压分布仍不均匀，以致绝缘子污闪电压呈饱和现象。

(3) 美国在特高压试验基地的试验结果如图 5-13 所示。在超高压试验厅(12.2m×12.2m× 8.54m) 中，当悬垂绝缘子串长大于 25 片时，污闪电压有明显的饱和现象；而在特高压试验厅(Ø24.4m×H25.2m) 中，当悬垂串多至 50 片时，非线性关系还不显著。因此，使用与实际杆塔的临近效应不相同的试验室的试验数据来估算实际杆塔上的污闪电压与串长的关系是不准确的，必需做一系列的真型试验为超高压，特别是特高压绝缘子串选择提供数据。

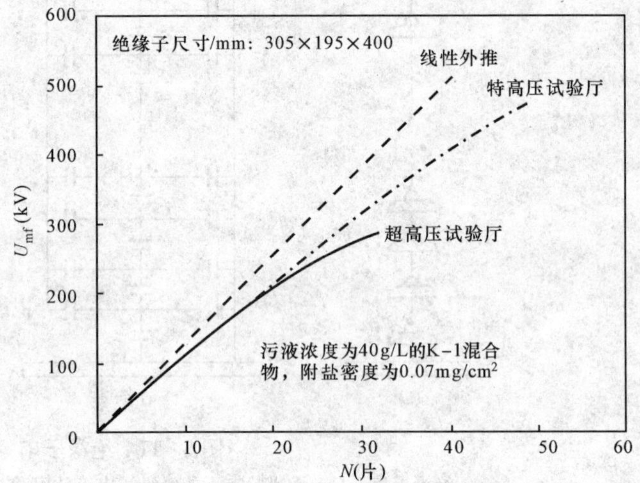

图 5-13 标准悬式绝缘子组成的串长与交流最小闪络电压的关系

考虑长绝缘子串的干燥效应、表面电阻的变化和绝缘子片间电容及对地电容等的影响，闪络强度与绝缘子长度间呈非线性关系，也就是说绝缘子污秽强度的非线性是由于接地构架对绝缘子的邻近效应所产生的沿绝缘子串不均匀电压分布而造成的，在超高压和特高压线路设计中，可以考虑加均压环，采用大盘径绝缘子等措施改善长绝缘子串的电压分布，从而减小非线性。从这个意义上看，污闪电压与串长的关系与人工雾室尺寸有关，试验结果表明大帽盖的大盘径绝缘子的非线性比标准绝缘子要小，棒形悬式绝缘子污闪电压的非线性比其他类型要大得多。

考虑到自然污秽绝缘子的污闪电压都比人工污秽试验高，一般认为若用人工污秽的试验数据来选择超高压或者 40 片以下的绝缘子串，按线性关系来考虑是有一定裕度的。

5.2.3 大气潮湿条件的影响

潮湿气象条件是发生污闪的必要条件，包括雾、露、毛毛雨、雾淋、雪淋及雨夹雪等。湿润强度从最小值逐渐增加时，污秽层的受潮程度和导电率都逐渐增加，使绝缘子的污闪电压相应降低，可导致运行电压下的闪络事故。但在污秽层受潮达到饱和后，由于污秽物质有可能被冲洗掉，而使污闪电压相应提高。不同气象条件下达到饱和湿润的时间也不同。

一、雾、露、毛毛雨、雾淋、雪淋及雨夹雪

雾是空气中过量的悬浮水汽凝结成小水滴而形成的，是气体中悬浮液滴的总称。确定雾的标准是水平能见度小于 1km。雾的含水率，即凝结成水滴的液态水含量约为 0.2～0.5g/m^3，雾滴的平均半径为 5～7μm，雾发生的范围广，持续时间长，能使绝缘子均匀受潮。雾的浓度越大，能见度越低，危害越大。

露水是空气中水分在温度比周围空气低的绝缘子上冷凝的结果，并且多在夏天早晨出现。对多数工业性污秽，露水型短时间湿润并不危险。

毛毛雨强度一般为 0.5～4mm/h，水滴半径约 50～250μm，降水速度小于 1m/s。毛毛雨对绝缘子表面的湿润不如雾均匀，持续时间较长的毛毛雨危险性很大。

雾淋、雪淋及雨夹雪是指空气温度在 0℃左右，降落到绝缘子表面的固体水，温度升高时其融化对绝缘子构成严重危害。

二、大雨

通常大雨有利于清洗绝缘子表面。大雨雨滴半径为 100～500μm，降雨速度达 4～6m/s。强度为每小时几十至几百毫米的大雨特别有利于绝缘子清洗。但污秽绝缘子在大雨开始时因雨水污染桥接伞裙有可能使伞间距小的电站型套管绝缘子发生雨中闪络。

三、导电水分直接湿润绝缘子

海水直接飞溅、盐碱地区发生的盐雾、工业区排放的气相化合物与大气水分化合成的酸碱性液体直接湿润绝缘子形成导电性较好的污层，很容易导致污闪。

绝缘子的污闪电压不仅取决于绝缘子的型式和污秽度，而且与气象条件有关，如湿度、气压、温度、酸性湿沉降等。

四、温度

Ishii 等人对直流绝缘子污闪电压的研究结果表明：在 5℃～35℃的范围内，雾室中环境温度每升高 1℃，绝缘子的污闪电压下降 0.7%～1.0%。Chisholm 等在人工雾室内的不同温度下进行的污闪试验结果表明，瓷绝缘子的污闪电压在 0℃时最低，实际上这是冰闪，并不是单纯的污闪。根据溶液中电导率与温度的关系，Mizuno 等人推导出绝缘子污闪电压与环境温度的关系为

$$U_f \propto [1+0.02(t-20)]^{-w_t} \tag{5-32}$$

式中：t 为环境温度，℃；w_t 为环境温度影响特征指数，交流下 $w_t=0.2$，直流下 $w_t=0.33$。重庆大学的现场试验结果也验证了推导结果的正确性，第 9 章将详细分析温度对污闪电压的影响。

五、气压

第 9 章的理论分析和试验结果均表明，污闪电压与气压的关系可表示为

$$U_f = U_0 \times (P/P_0)^n \tag{5-33}$$

式中：U_f 和 U_0 分别为气压（P，kPa）、标准参考大气条件下气压（$P_0=101.3$kPa）下的污闪电压，kV；n 为气压影响特征指数，在 0～1 之间。

不同研究者得到的气压影响特征指数有较大的差异，但一般来讲结构简单的绝缘子 n 值为 0.5 左右，第 9 章将详细分析高海拔下的低气压对污闪电压的影响。

六、雨水酸度

绝缘子人工污秽试验时，一般采用洁净雾（蒸汽雾）或盐雾，并未考虑雾的酸度，实际上由于工农业污染的影响，很多地区湿沉降的酸度（pH 值<5.6 的湿沉降称为酸性湿沉降）大大增加。从不同绝缘子的人工酸雾污秽试验结果看，若以 pH 值 5.6 的酸性湿沉降为基准，盐密为 0.015～0.10mg/cm^2 时，在 pH 值为 3.0～4.0 的严重酸雾环境中，不同型式绝缘子的交流污闪电压下降约 2.1%～21.7%，污秽度越轻，污闪电压下降越厉害，而瓷和玻璃悬式绝缘子的下降程度更甚于复合绝缘子和支柱绝缘子。第 5.7 节将详细分析酸雨酸雾对污闪电压的影响。

5.2.4 爬电距离对污闪电压的影响

外形简单的绝缘子污闪电压与爬电距离的几何长度成正比。外形复杂的绝缘子的污闪电压并不随爬电距离的增加而线性增加。因为复杂绝缘子在发生局部放电时，电流可沿个别区域的空气间隙发展。此外，依靠增加棱槽等方法使爬电距离过分增加时，由于气流旋涡和滞流等影响可能使积污量增加。

例如，几种大爬距的绝缘子的爬电距离为普通绝缘子（XP-70）的 1.4～1.6 倍，试验结果表明，轻污秽下污闪电压仅提高 29%～42%，重污秽下提高更少。

因此，单纯增加爬电距离不一定能有效地提高其污闪电压。因此，提出了有效爬距的概念，即

$$L_a = K_x L_0 \tag{5-34}$$

式中：L_a 为有效爬电距离，mm；L_0 为几何爬电距离，mm；K_x 为爬电距离的有效利用系数。K_x 主要由各种绝缘子的爬电距离在试验和运行中提高污秽耐受电压的有效性来决定，以普通悬式绝缘子（XP-70）作为标准，取其 $K_x=1$。

绝缘子的污秽闪络电压与结构造型及自然积污量有关。爬电距离的有效利用系数既反映放电发展时爬电距离长度利用的有效性，又能反映绝缘子在运行条件下的积污性能。因此，爬电距离有效利用系数应由在相同的自然条件下，在相同的积污时间内其被试绝缘子与基准绝缘子的污闪电压梯度相比较来确定。

我国幅员辽阔，各地区污源分布及气象条件差异较大，绝缘子的自然积污特性不同。而且，现有的绝缘子的自然积污数据还比较少，特别是随着特高压的发展，各种型式及其高吨位的绝缘子的应用，其自然积污数据更少。因此，现采用在相同的自然条件下，在相同的积污时间内被试绝缘子和基准绝缘子的积污盐密值的人工污秽试验闪络电压梯度相比较的方法来求取 K_x，即

$$K_x = \frac{E_c}{E_0} \tag{5-35}$$

式中：E_c 为相当于在相同自然条件下，在相同积污时间内被试绝缘子积污的盐密值的人工污秽试验闪络电压梯度，kV/m；E_0 为相当于在相同自然条件下，在相同积污时间内基准绝缘子积污的盐密值的人工污闪电压梯度，kV/m。

污闪梯度分为电弧闪络梯度 E_h 和爬电闪络梯度 E_L，如果仅考虑盐密的变化，污闪电压可表示为式（5-1），则以电弧距离和爬电距离表示的污闪梯度分别为

$$\begin{cases} E_h = \dfrac{U_f}{\sum h} = \dfrac{A}{\sum h} S^{-a} = E_0\ (h)\ S^{-a} \\ E_L = \dfrac{U_f}{\sum L} = \dfrac{A}{\sum L} S^{-a} = E_0\ (L)\ S^{-a} \end{cases} \tag{5-36}$$

根据《绝缘子人工污秽试验方法－固体层法》(JB 2596—1996) 标准对人工污秽试验电源的要求，选用我国西安电瓷研究所、东北电力科学研究院、中国电力科学研究院、武汉高压研究所、清华大学、重庆大学等九个单位对典型的 13 种绝缘子的 120 组人工污秽试验数据，经过筛选处理后，求取典型绝缘子的人工污闪电压回归方程和污闪梯度见表 5-10。

表 5-10　人工污秽试验得到的典型绝缘子的污闪电压 U_f 和污闪电压梯度 E_L

绝缘子型式	回归方程 ($U_f=AS^{-a}$)		由回归方程计算不同盐密下的的 U_f (kV/片) 和 E_L (kV/m)							
	A	a	0.05mg/cm²		0.10mg/cm²		0.20mg/cm²		0.40mg/cm²	
			U_f	E_c	U_f	E_c	U_f	E_c	U_f	E_c
X-4.5	5.227	0.271	11.77	40.58	9.75	33.62	8.08	27.86	6.70	23.10
XP-70	5.319	0.244	11.05	37.46	9.33	31.63	7.88	26.71	6.65	22.54
LXP-70	6.064	0.223	11.83	40.10	10.13	34.34	8.68	29.42	7.44	25.22
XH1-4.5	5.954	0.275	13.57	33.93	11.22	28.05	9.27	23.18	7.66	19.15
XWP-70	5.509	0.292	13.21	33.02	10.79	27.00	8.81	22.02	7.19	17.97
XP-160	4.610	0.278	10.60	34.75	8.74	28.66	7.21	23.64	5.95	19.51
XP3-160	5.230	0.289	11.36	32.46	9.50	27.14	7.93	22.66	6.63	18.94
XP4-160	6.123	0.253	13.06	32.65	10.96	27.40	9.20	23.0	7.72	19.30
XWP-160	6.223	0.233	12.51	31.27	10.64	26.60	9.05	22.62	7.70	19.25
XWP2-160	7.255	0.219	13.98	31.07	12.01	26.69	10.32	22.93	8.87	19.71
XWP5-160	5.919	0.311	15.02	33.38	12.11	26.91	9.76	21.69	7.87	17.49
LXP-160	5.466	0.287	12.91	39.12	10.58	32.06	8.68	26.30	7.11	21.54
XP-210	6.158	0.244	12.79	38.18	10.80	32.24	9.12	27.22	7.70	22.98

各种型式绝缘子的人工污闪电压梯度确定后，可根据绝缘子的自然积污特性，按式(5-35)计算爬电距离的有效系数。一般来说以 XP-70 或 X-4.5 绝缘子为基准绝缘子。计算方法如下。

如 XWP2-70 型绝缘子在某地区的积污量为基准型 XP-70 绝缘子的 0.5 倍，测量得到 XP-70 型绝缘子的年积污量为 0.20mg/cm²，对于的 XWP-70 绝缘子的积污量则为 0.10mg/cm²。由表 5-10 可知，0.20mg/cm² 盐密时，XP-70 绝缘子的污闪梯度为 $E_0=26.71$kV/m，0.10mg/cm² 盐密时，XWP-70 绝缘子的污闪梯度为 $E_c=27.00$kV/m。则 XWP-70 型绝缘子的爬电距离有效利用系数估算为

$$K_{XP\text{-}70}=\frac{E_c}{E_0}=\frac{27.00}{26.71}\approx 1.0109 \tag{5-37}$$

以次类推，根据绝缘子运行地区的自然积污特性，经查表或试验可计算出各种绝缘子在不同地区、不同盐密下的爬电距离的有效利用系数。

一般来说，可以采用以下方法计算。设U_x为被试绝缘子串的污闪电压，其几何爬电距离为L_x，U_0为基准绝缘子串的污闪电压，L_0为其几何爬电距离，且设基准绝缘子在特定的自然条件下在一定时间内积污的等值盐密为S_0，被试绝缘子在同样环境和同样时间内积污的等值盐密为γS_0，其中γ为被试绝缘子与基准绝缘子在相同环境和相同时间下的积污之比，则由式（5-35）和式（5-36）可知，该绝缘子的爬电距离有效利用系数为

$$K_x=\frac{E_c}{E_0}=\frac{U_x/L_x}{U_0/L_0}=\frac{L_0}{L_x}\times\frac{U_x}{U_0}$$

$$=\frac{L_0}{L_x}\times\frac{A_x S_c^{-a_x}}{A_0 S_0^{-a_0}}=\frac{L_0 A_x}{L_x A_0}\times\gamma^{-a_x}\times S_0^{-(a_x-a_0)} \tag{5-38}$$

由式（5-38）可知，绝缘子的有效爬电距离，或爬电距离的利用系数，与被试绝缘子串的串长有关，与其积污特性有关，与污秽程度影响特征指数有关，与绝缘子的结构特性有关。根据某文献中的7片串绝缘子人工污秽试验结果，按式（5-38）进行拟合得到几种典型绝缘子的爬电污闪梯度拟合式（5-36）的系数和污秽程度影响特征指数见表5-11。

表5-11　人工污秽试验得到的几种典型绝缘子的爬电污闪梯度拟合式的系数和指数

型式	*NSDD*	XP-160	XWP2-160	XWP4-160	LXY4-160	LXHY3-160
E_0（L）	1.0	0.172	0.139	0.131	0.170	0.197
	2.0	0.154	0.129	0.122	0.156	0.176
a	1.0	0.224	0.249	0.253	0.209	0.202
	2.0	0.225	0.252	0.259	0.207	0.203

如果不考虑各种绝缘子积污特性的差异，即假设$\gamma=1$，则由表5-11和式（5-38）可得以XP-70型绝缘子为基准绝缘子的四种典型绝缘子的有效利用系数与污秽程度的关系如图5-14所示。

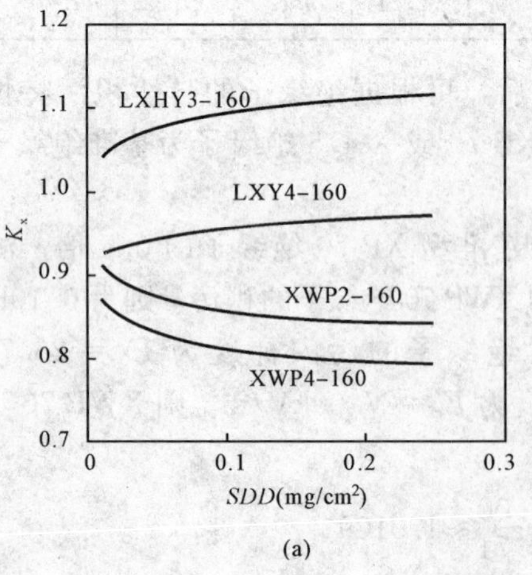

(a)

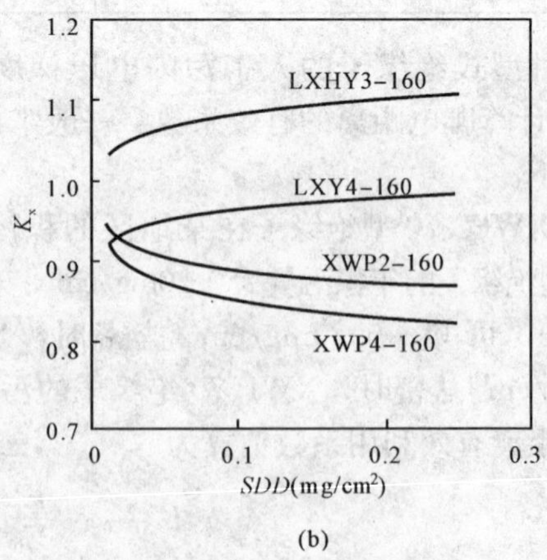

(b)

图5-14　盐密对不同型式绝缘子有效爬电系数的影响

（a）$NSDD=1.0\text{mg/cm}^2$；（b）$NSDD=2.0\text{mg/cm}^2$

由图5-14可知如下几方面。

(1) 绝缘子的有效爬电系数 K_x 与盐密有关，随着盐密增加，K_x 也发生变化，其变化规律与绝缘子型式及材质有关。

(2) 在人工污秽试验条件下，玻璃绝缘子的有效爬电系数明显高于瓷绝缘子。玻璃绝缘子的有效爬电系数大于0.95，而瓷绝缘子的 K_x 均小于0.90。这是因为相对于瓷绝缘子，玻璃绝缘子的电弧发展时更贴近表面，而且玻璃绝缘子下表面的垂直棱有效的抑制了电弧的发展。

(3) 即使是材料相同，其 K_x 值也有较大差异。如LXHY3-160绝缘子的 K_x 值明显高于LXY4-160，这是因为LXHY3-160绝缘子下表面的棱比LXY4-160深，对电弧的抑制作用比LXY4-160明显，另外LXHY3-160下表面的沟槽较深，人工污秽试验时湿润困难，当上表面污层饱和湿润时，下表面有很大一部分污秽还处于干燥状态。同样，XWP4-160绝缘子的 K_x 也高于XWP2-160，这是因为在放电发展过程中，XWP4-160和XWP2-160的伞间隙都被局部电弧短接了，但XWP4-160的结构高度比XWP2-160高，因此电弧不容易短接片间间隙；另外，XWP4-160的盘径比XWP2-160大，而在平滑的伞裙表面上，局部电弧是紧贴表面发展的，因此XWP4-160紧贴表面的电弧长度比XWP2-160长，所以它对爬电距离的利用率比XWP2-160高。

(4) K_x 随盐密增加而变化的趋势与材质有明显关系，对于玻璃绝缘子，K_x 随盐密的增加而增大；而对于瓷绝缘子，K_x 随盐密的增加而降低。盐密很低时，接近于干闪，各种型式绝缘子的有效爬电系数接近，但随着盐密的增大，各种型式绝缘子的变化规律不一致。对于XWP2-160和XWP4-160绝缘子，在放电发展过程中，电弧桥接了伞间间隙，以后随着盐密的增加，电弧的有效爬电距离基本上保持不变，但是随着盐密的增加，流过污层表面的泄漏电流增加，更易于形成干燥带，即沿泄漏距离的闪络电压梯度降低，从而导致其有效爬电系数降低；而对于LXY4-160和LXHY3-160绝缘子，当盐密很低时，并不是局部电弧发展而导致击穿，而是空气间隙的直接击穿，因此爬电距离的利用率较低，随着盐密的增加，泄漏电流增大，就有局部电弧产生，而根据观察，玻璃绝缘子的局部电弧是紧贴其表面发展的，因此随着盐密的增加，绝缘子的有效爬电距离增大，从而其有效爬电系数也增加。

(5) 普通型玻璃绝缘子LXY4-160的有效爬电系数大于1，表明LXY4-160绝缘子对爬电距离的利用率比标准型瓷绝缘子XP-160高。这是因为LXY4-160下表面的棱是垂直的，有抑制电弧发展的作用，而XP-160下表面的棱是弧形的，对电弧的抑制作用不明显。

式(5-38)中，最为关键的是系数 γ 的确定，这需要根据自然环境的大量测试和数据的积累才能得到，是决定爬电距离利用系数的关键，其他系数可以通过人工污秽试验得到。现有的关于各种型式绝缘子在不同环境条件下的自然积污特性较少。得到爬电距离的有效利用系数之后，采用式(5-38)可以计算有效爬电距离。防污设计时应采用有效爬电距离。

5.2.5　绝缘子结构形状的影响

由于结构和材质的关系，不同型式绝缘子的电气性能也有差异，绝缘子的污秽特性不仅受盐密、灰密的影响，且同绝缘子的结构密切相关。绝缘子的剖面形状对有效地利用其爬电距离，发挥自清洗能力，从而提高污闪电压有很大影响。

在相同的环境下，绝缘子表面的积污状况主要取决于绝缘子的材质和结构。无论是何种造型绝缘子，其上表面由于受到风、雨清洗的影响，都能保持相对清洁，且积污量差别不大；但在其下表面，不同型式绝缘子的积污状况差别很大，如具有流线型结构的双伞和三伞型绝缘子，其伞型设计较平滑，具有较好的空气动力特性，其下表面的积污量较小；具有深棱伞的钟罩型绝缘子，下表面附近易于形成涡流，使气流速度下降，有利于污秽沉积，且其自清洁能力较差，下表面的积污量较大，一般为流线型的 1.5～3 倍，复合绝缘子由于表面电阻率高，伞裙护套因与大气中的粒子摩擦而容易带电，从而容易吸灰，其表面盐密、灰密约为瓷绝缘子的 2 倍。研究表明，在沿海地区宜采用防雾型绝缘子，而在气候干燥、风沙大的地区则宜于采用空气动力型绝缘子。

日本根据 12 种不同型式的绝缘子的试验结果和模型计算结果得到：盐密影响特征指数与绝缘子形状因数有关；对于盘形悬式绝缘子，其 a 为 0.32～0.33，锥型绝缘子的 a 为 0.35～0.37，而针型绝缘子的 a 在 0.31～0.32 之间；A 是由绝缘子结构决定的函数，且 A 与爬电距离（L，cm）之间有 $A=0.130L+1.947$ 的简单关系。

加拿大从理论上推导出爬电比距（L_s，cm/kV）与绝缘子结构参数和污秽度有关，即

$$L_s=d_c D_e^{3r} SDD^r \tag{5-39}$$

式中：D_e 为绝缘子的平均直径，cm；d_c 为向量常数；$r=n_a/(1-n_a)$，n_a 为沿面电弧静态常数，$0<n_a<1$；SDD 为盐密，mg/cm²。

根据污闪机理的分析，绝缘子的爬电距离越大，要形成闪络就越困难，即需要的局部电弧长度必然增长，要有较大的泄漏电流和较高的电压才能完成闪络。因此，随爬电距离的增加，绝缘子的交流污闪电压也就越高。但不同结构绝缘子的污闪电压并不是简单地与其爬电距离成正比，而与绝缘子的造型有很大关系。如果造型不合理，局部电弧在相邻伞间（绝缘子串的片间或双层伞或三层伞的层间）发展，则爬电距离虽然增加，但其污闪电压却提高不多。因此，绝缘子的最佳造型应是便于制造、安装和清扫（或水冲洗）的条件下，以积污量小、污闪（污耐受）电压最高为主要判据。

当然，适用于各种污秽条件下的绝缘子外形是不存在的；绝缘子的外形不仅影响积污量、污层分布和各部位受潮的均匀性及程度，而且对沿面放电的发展过程也有明显影响；一般认为耐污型绝缘子比普通型绝缘子的污闪电压高 20%～30%是可以做到的。为了得到耐污性能好的造型，应使绝缘子的爬电距离 L、结构高度 H、盘径 D、相邻二伞间的爬距 L_a 及间距 h 和伞伸出长度 a（双层伞或三层伞造型）之间满足如下关系，即：① $L/H\leqslant 3.5$；② $H/D\leqslant 0.5\sim 0.55$；③ $L_a/h<5$；④ $h/a>0.8$（对于伞下无棱的光滑伞和伞下表面倾泻角度较小的平伞可减小到 0.65）。

为了降低绝缘子的结构高度，又便于带电作业，国际上对于机械强度为 60、70、100、160kN 级悬式绝缘子一般采用标准高度（146mm）。因此，为提高绝缘子耐污性能，应采用大盘径、大爬距结构。

国内外耐污型悬式绝缘子主要有五种造型结构，如附图Ⅲ-1 所示，即：① 钟罩伞形，或称防雾型（将普通型伞裙下的沟槽加深）；② 普通型悬式绝缘子造型而涂覆半导体釉层；③ 流线伞形，属于空气动力学型，伞下无棱或近似无棱，常称为草帽型绝缘子；④ 双层伞或三层伞，也属于空气动力学型，具有二层或三层伞裙；⑤ 大盘径、大爬距、小高度型。

在绝缘子定量耐污性能方面，前苏联标准提出了明确规定，如表5-12所示，并指出，采用人工污秽固体涂层法（测量污层表面电导，μS）所测得的产品的污闪梯度和与之对应的采用盐雾法（控制盐溶液浓度，g/L）所测得的产品的雾闪梯度均不低于标准规定值。此外，由于人工污秽试验与自然污秽试验的不等价性，对于绝缘子造型的评定应将其安装在自然污秽试验站经过较长时间的筛选或实际线路上进行现场考验。

表5-12　前苏联绝缘子耐污性能的规定（ГОСТ 22757）

污层表面电导率（μS）	污闪梯度（≥kV/cm）	盐溶液浓度（g/L）	雾闪梯度（≥kV/cm）
2.0	1.60	2.5	1.44
5.0	1.39	5.0	1.25
10.0	1.08	10.0	1.04
15.0	0.88	20.0	0.77
22.0	0.75	57.0	0.64
45.0	0.60	—	—

钟罩型绝缘子具有发达的垂直棱，伞下部不易受潮；当伞下饱和受潮时，伞上或伞外部污秽已经流失，伞下高棱有抑制电弧发展的作用。因此，在同样爬电距离和盐密下，钟罩式绝缘子比空气动力绝缘子的雾闪电压约高20%。但钟罩型绝缘子在运行过程中易积污，并且不便于清扫。因此，只适用于多雾区或盐雾区。

空气动力型绝缘子不易积污，自洁性能好，但盘径加大很多才能保持一定的爬距，因此制造困难。

半导体釉绝缘子耐污性能虽好，但不稳定。

双层伞和三层伞结构绝缘子的雾闪电压虽然低于钟罩型和半导体釉绝缘子，但具有良好的空气动力特性，伞面平滑而开放，不易形成涡流，绝大部分表面易被风雨清洗；在同等结构尺寸下，具有较大的泄漏距离，便于人工清扫和水冲洗，可应用于各种污秽地区。绝缘子的等值盘径越大，风洞试验表明不仅其附盐密度越小，而且在同样爬电距离下，所增加的污耐（或污闪）电压也越大；当L/H达到一定值后，如不加大盘径，则爬电距离对提高污耐（或污闪）电压的作用就要降低。

因此，通过增大盘径加大爬电距离，而不是采用双层伞或三层伞，则既提高耐污性能又使结构高度较小。这种大爬距、大盘径、小高度的绝缘子在超高压、特高压线路设计中得到普遍采用。

图5-15为不同型式绝缘子的污闪特性。由图5-15（a）可知：在0.1mg/cm^{2}的盐密下，70kN级耐污型绝缘子的污闪电压比普通型绝缘子的污闪电压提高15%～33%，其中双伞型XWP1-70提高17%～32%，XWP2-70（小高度双伞型）提高15%～33%，以上提高幅度基本保持在同一水平。但钟罩式XHP1-70却提高30%～60%。由图5-15（b）和（c）可知，对于100kN级和160kN级耐污型绝缘子也可以提高同样的污闪电压。

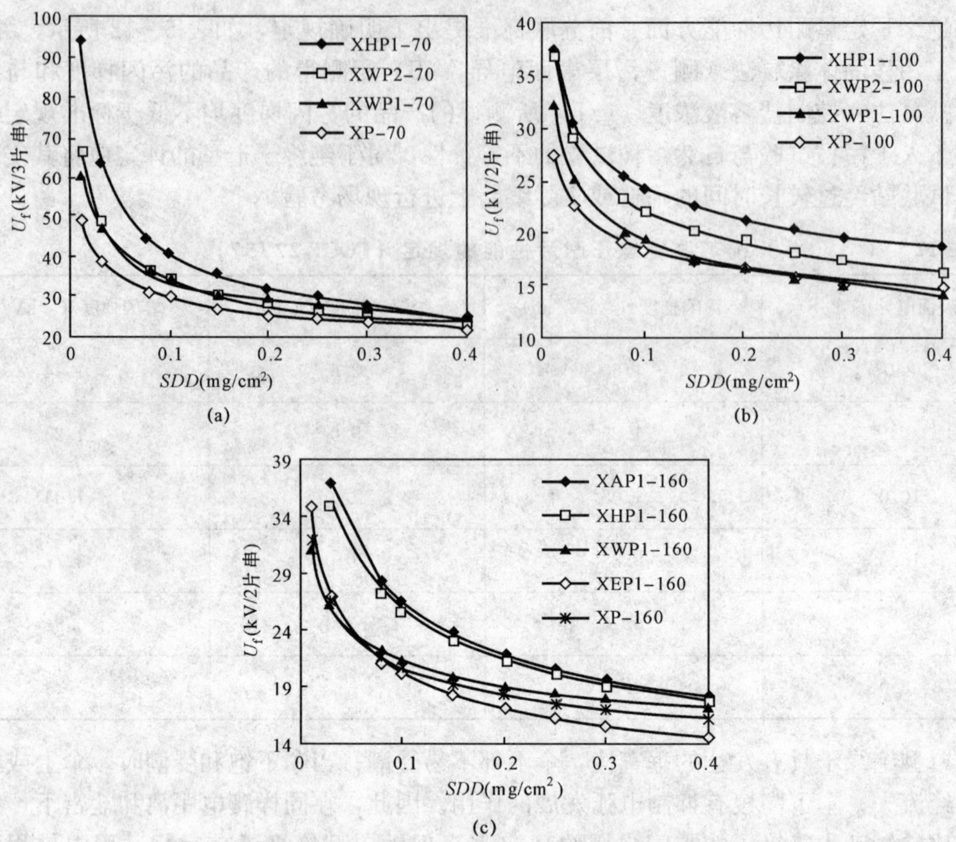

图 5-15　绝缘子污闪电压与盐密的关系

(a) 70kN；(b) 100kN；(c) 160kN

附表Ⅰ-6、附表Ⅰ-7和附表Ⅰ-8是国产部分典型绝缘子的结构参数和耐污性能的比较。3片串XP-70、XWP2-70、XP3-160D、LXP-160和XWP3-160绝缘子和25片串160kN级绝缘子的人工污耐受电压与盐密关系的曲线如图5-16和图5-17所示。

由图5-16和图5-17可知，在相同盐密下，耐污型绝缘子的污闪电压（或污耐受电压）比普通绝缘子高，大爬距绝缘子的污闪电压（或污耐受电压）比普通型高。

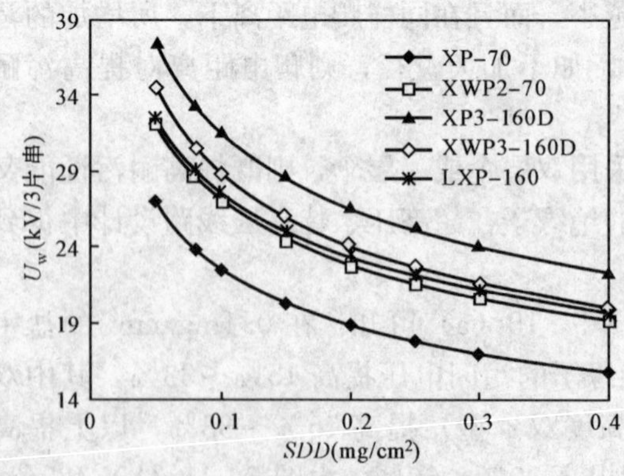

图 5-16　几种典型的70kN和160kN绝缘子组成的3片串的污耐受电压与盐密的关系

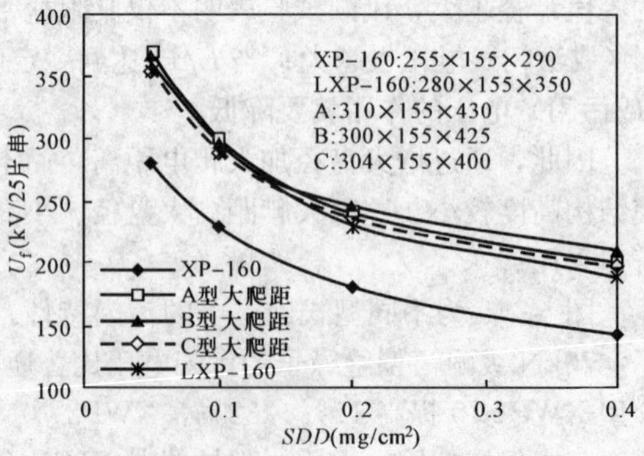

图 5-17　几种典型的160kN级绝缘子组成的25片串的污闪电压与盐密的关系

由此可见，要提高绝缘子的耐污性能，爬电距离是重要的基本参数，外形设计应使爬电距离得到充分利用。同时，整个造型应考虑带电条件下有利于降低表面积污率和提高自清洗作用。

5.2.6　污秽不均对交流污闪电压的影响

自然条件下，绝缘子的污染总是不均匀的。这种不均匀包括绝缘子的上、下表面，同一表面的不同扇面和环面，以及同一串各元件间的积污量。一般来说，绝缘子污染不均匀时将使污闪电压相应提高。人工污秽试验较自然污秽试验污闪电压低，有这方面的原因存在。

整串绝缘子的盐密平均值是电力系统决定外绝缘污秽等级、选择外绝缘爬电距离的重要参数，但绝缘子表面的积污是不同的，由于受到风、雨清洗的影响，无论何种绝缘子，其上表面都能保持相对清洁，但下表面污秽度较重，上、下表面积污比（T/B）一般在 1∶5～1∶10，有的高达 1∶20。绝缘子上、下表面积污不均匀对绝缘子直流污闪电压的影响较大，当 $T/B=1/10$ 时，直流污耐受电压值约提高 50%，当 T/B 达到 1/15 或 1/20 时，直流污耐受电压的提高超过 50%；上、下表面积污不均匀对绝缘子交流污闪电压也有一定影响，但没有对直流污闪电压的影响明显。

由于绝缘子串电场分布的不均匀，不仅同一绝缘子上、下表面以及表面的各个部分积污不均匀，且同一串绝缘子中各片绝缘子的积污也有差异，串两端绝缘子积污较串中间绝缘子严重，其比值一般在 1.2～2.0，其中高压端盐密值最大的出现频率最高。根据 8 片串标准悬式绝缘子的人工污秽试验，在平均盐密一致的情况（$SDD=0.066\mathrm{mg/cm^2}$）下，串中污秽不均匀的绝缘子交流污闪电压比污秽平均分布的下降了 3.8%，但其试验数据较少，尚不能充分说明。

5.2.7　作用电压的大小与持续时间

影响污秽绝缘子沿面闪络的重要因素之一就是作用电压的大小和持续时间。

(1) 在持续的直流电压和交流工频电压作用下，当施加电压过低时，流过表面污层的泄漏电流很小，不足以在绝缘子表面上形成烘干区，或者形成烘干区后产生的局部电弧不能得到充分发展。只有当施加的电压等于或超过临界闪络电压时才有可能使局部电弧发展成为完全闪络。

(2) 同等污秽程度下的直流污闪电压与交流工频污闪电压相比较，由于交流下存在电流、电压过零现象，即存在局部电弧的熄灭、重燃和恢复（以及零休现象），并且直流电弧更易于飘离绝缘子表面形成桥接。因此，除极为轻微污染条件下两者污闪电压接近外，直流污闪电压一般比工频污闪电压有效值低。

(3) 长期以来，在持续时间以毫秒和微秒计的操作冲击和雷电冲击波下，由于电压作用时间短，表面污层的发热不够充分，烘干区不易形成，将使污秽绝缘子的纯操作冲击和雷电冲击闪络电压大大高于工频污闪电压。因此，污秽地区的外绝缘设计没有考虑这两者的影响。

但实验结果表明：在饱和湿润条件下，污秽绝缘子的纯操作冲击闪络电压明显低于干燥状态下的纯操作冲击闪络电压，而且随着污秽程度的加剧而差距增大。

实际运行的绝缘子是受到工频的持续作用的，因此，操作冲击或雷电冲击的影响不能忽视，运行中证实，这类事故确实存在。

5.2.8　染污方式对绝缘子污闪特性的影响

固体涂层法是国内外广泛应用的主要方法之一，但染污方式有多种，如 IEC 60507（1991）、

IEC 61245（1991）和国家标准 GB/T 4585—2004 推荐采用浸污法和喷射法，电力行业标准 DL/T 859—2004、DL/T 810—2002 推荐采用定量涂刷法、浸污法和喷射法等，但相关标准均未提及染污方式对污闪特性的影响情况。染污方式对污闪电压是否有影响、影响有多大是研究人员十分关心的问题，也是污秽外绝缘选择和设计必须解决的问题，但目前国内外对此研究尚不深入。

表 5-13　　不同染污方式下的 3×P-70 绝缘子串闪络电压

NSDD	SDD	浸污法	涂污法
mg/cm²		kV	
1.0	0.06	26.7	30.0
	0.13	23.1	25.1
	0.25	18.6	20.3
0.5	0.04	33.9	37.8
	0.06	28.8	32.5
	0.12	24.2	26.4

重庆大学在人工气候室以串长为 3 片串 XP-70 绝缘子为试品，采用固体涂层法，不溶性物质为硅藻土和二氧化硅，采用升压法试验研究了染污方式对污闪电压的影响，试验结果见表5-13，其标准偏差小于 5.0%。

由表 5-13 可知，染污方式对绝缘子污闪电压有影响，浸污方式时的污闪电压低于定量涂刷方式：灰密为 1.0mg/cm² 且盐密分别为 0.06、0.13mg/cm² 和 0.25mg/cm² 时，浸污时的污闪电压比定量涂刷时分别低 11%、8.0%和 8.4%；而灰密为 0.5mg/cm² 且盐密分别为 0.04、0.06mg/cm² 和 0.12mg/cm² 时，浸污时的污闪电压比定量涂刷时分别低 10.3%、11.4%和 8.3%。

重庆大学试验结果还表明，采用定量涂刷方式染污时，操作人员的个体差异也影响绝缘子的污闪电压，见表 5-14（不溶性物质为硅藻土和二氧化硅）。由表 5-14 可知：

表 5-14　　不同人员涂污的绝缘子闪络电压

NSDD	SDD	甲	乙	丙
mg/cm²			kV	
1.0	0.06	31.5	30.0	37.1
	0.13	23.9	25.1	26.9
	0.25	22.1	20.3	21.8
0.5	0.04	39.6	37.8	35.9
	0.06	30.2	32.5	32.3
	0.12	29.3	26.4	28.5

（1）操作人员涂刷污秽时的个体差异对绝缘子污闪电压有明显影响，如灰密为 1.0mg/cm²、盐密为 0.06mg/cm² 时，操作人员丙和乙误差达 25%；

（2）操作人员个体差异对污闪电压的影响是随机，没有一定的规律，如灰密为 1.0mg/cm² 且盐密为 0.06mg/cm² 时，操作人员丙涂刷的绝缘子污闪电压最高，甲次之，乙最低；而当灰密为 0.5mg/cm² 且盐密为 0.06mg/cm² 时，操作人员乙涂刷的绝缘子污闪电压最高，丙次之，而甲则最低。

由此可知，染污方式和操作人员的个体差异均对污闪电压有影响。造成这种差异的主要原因是：采用浸污方式染污的绝缘子表面污秽分布较均匀，在污秽湿润过程中能保证绝缘子表面各点的污秽同时达到饱和湿润状态，即能保证所有的污秽在绝缘子闪络过程中都产生作用；定量涂刷方式染污的绝缘子则易受操作人员个体差异的影响，造成绝缘子表面污秽分布均匀性比浸污方式差，在湿润过程中绝缘子表面各点无法同时达到饱和湿润状态，若以绝缘子表面污秽物薄的位置判断绝缘子的饱和湿润状态，则绝缘子表面污秽物厚的位置并没有完全达到饱和湿润；而以绝缘子表面污秽物厚的位置确定绝缘子的饱和湿润状态，则绝缘子表面污秽物薄的位置由于过饱和导致污秽的流失，这两种情况均导致绝缘子闪络过程中产生作用的污秽量比实际涂刷的污秽量少，因此，浸污方式的绝缘子污秽闪络电压比定量涂刷方式的闪络电压低。

5.2.9 研究机构试验结果的差异分析

国内外许多研究机构按照规程和标准推荐的方法对绝缘子污闪特性进行了大量的试验研究，得到了许多研究结果，但各研究机构得到的试验结果差别较大，这些差异给外绝缘设计带来了很大的困惑。表5-15为这种差异的一个例子。

表5-15 国内外部分研究机构污闪电压试验结果的差异

（$SDD=0.05mg/cm^2$，负极性直流） （kV/片）

绝缘子型式	科研机构	试验结果（kV/片）	试验过程说明
XZP-210	清华大学	17.3	定量涂刷法，高岭土，灰密 0.3mg/cm²，40℃以下
	重庆大学	14.8	浸污法，硅藻土，灰密 0.3mg/cm²，30℃～35℃
	中国电科院	16.4	定量涂刷法，高岭土，灰密 0.3mg/cm²，40℃以下
复合绝缘子（$h=4.0m$）	瑞典 STRI	412	喷污法，高岭土，灰密 0.3mg/cm²，40℃以下
	中国电科院	431	定量涂刷法，高岭土，灰密 0.3mg/cm²，40℃以下
XP-70	重庆大学	9.7	浸污法，硅藻土，灰密 2.0mg/cm²，30℃～35℃
	日本 NGK	13.6	喷污法，高岭土，灰密 0.1mg/cm²，20℃以下
	瑞典 STRI	13.5	喷污法，高岭土，灰密 0.1mg/cm²，20℃以下
	加拿大 IREQ	17.9	喷污法，高岭土，灰密 0.1mg/cm²，20℃以下
	俄罗斯 HVTRC	14.1	喷污法，高岭土，灰密 0.1mg/cm²，20℃以下

分析表明，造成这种差异的原因主要有以下几种。

（1）染污方式的影响。污秽试验标准推荐的固体涂层法中包括定量涂刷法、浸污法、喷污法等几种染污方式。清华大学、中国电科院主要采用定量涂刷方式，重庆大学采用浸污方式，国外大多数研究机构常用喷污方式。由5.2.8节分析可知，浸污方式和定量涂刷方式之间的污闪电压相差8%～12%。有的文献表明，喷污法和定量涂刷法染污的绝缘子污闪电压相差约5.0%。

（2）不溶性物质类型的影响。

重庆大学的结果表明，用硅藻土模拟不溶性惰性物质的污闪电压比高岭土高4.0%～7.0%。日本的 Masaru Ishii 等试验结果表明，高岭土污闪电压比砥粉低15%；而

R. Sundarajan等的试验结果则表明，高岭土污闪电压比砥粉低 15.0%～30.0%。

重庆大学和武汉高压研究所的试验结果表明，灰密在 0.1～2mg/cm² 范围内，绝缘子污闪电压随着灰密的增加而下降，满足式（5-2）的关系式，以硅藻土模拟灰密，则交流下 XP-160、FXBW-110/70 绝缘子的 b 值取 0.14；Matsuoka 等用高岭土和砥石粉模拟灰密，得到交、直流下的 b 值为 0.15；Ramos 采用砥粉模拟灰密得到交流下的 b 值为 0.15。

（3）试验环境温度的影响。污秽试验标准和规程规定，污秽试验时，特别是采用蒸汽雾湿润时，要求环境温度控制在 40℃以下。实际实施过程中，各研究机构虽遵循相关标准规定，温度控制在 40℃以下，但温度差异仍明显，见表 5-15。试验时温度不同，绝缘子表面污层电导率也不同，因此绝缘子污闪电压会发生变化。由式（5-32）可知，温度每变化 10℃，交流污闪电压将随之变化 5%左右，直流污闪电压将随之变化 7%左右。因此，污闪试验时必须考虑温度的影响。

由于各研究机构进行污秽试验时存在以上差异，从而使得试验结果相差较大。为此，将各研究机构的试验结果校正到相同染污方式（浸污法）、灰密成分（硅藻土）、灰密量（0.3mg/cm²）和温度（20℃）下进行对比分析，具体校正方法如下。

1）染污方式：浸污法比定量涂刷法的污闪电压低 10%，喷污法比定量涂刷法低 5%。

2）灰密成分：硅藻土的污闪电压比高岭土高 5%。

3）灰密量：由式（5-2）校正且 b 值取 0.15。

4）温度：由式（5-32）进行校正。如果给出的是温度范围，则取上限。

将表 5-15 试验结果按以上方法校正后可得表 5-16。由表 5-16 可知，对染污方式、温度、灰密量及类型等校正后，各研究机构试验结果基本一致，如 XP-70 绝缘子的污闪电压，重庆大学、NGK、STRI、IREQ 和 HVTRC 分别为 11.9、11.5、11.4、15.1kV/片和 11.9kV/片，即除 IREQ 外，其他结果之间误差小于 5%。

表 5-16　　表 5-15 结果进行校正后的结果

（SDD=0.05mg/cm²，$NSDD$=0.3mg/cm²，固体涂层浸污方式，硅藻土，t=20℃）　（kV/片）

绝缘子型式	科研机构	试验结果	绝缘子型式	科研机构	试验结果
XZP-210	清华大学	14.6	XP-70	重庆大学	11.9
	重庆大学	13.6		日本 NGK	11.5
	中国电科院	13.9		瑞典 STRI	11.4
复合绝缘子（h=4.0m）	STRI	367.8		加拿大 IREQ	15.1
	瑞典电科院	364.5		俄罗斯 HVTRC	11.9

5.3　悬式绝缘子直流污闪电气特性及其影响因素

在直流电压作用下，绝缘子的染污特点及电弧发展均与交流不同，主要体现在以下几个方面。

（1）交流存在过零时零休、电弧的重燃、恢复等现象，直流电压下不存在类似现象；

（2）直流具有吸尘现象，同样自然污秽条件下，直流绝缘子串的等值盐密可达交流时的

2倍。

因此，污秽绝缘子的直流电气特性与交流时有明显差异。

5.3.1　直流绝缘子污闪电压与污秽程度的关系

直流绝缘子污闪过程和污闪特性与交流情况下有较大差异。这些差异主要体现在直流污闪过程中直流电弧不存在零休和但存在严重的瓢弧现象。因此，直流绝缘子的污闪电压比交流污闪电压低。并且随着污秽程度的增加，直流污闪电压比交流污闪电压低的比率增大。目前有以下主要结论。

(1) 美国电科院（EPRI）的试验结果表明，盘形绝缘子的直流污闪电压比交流低50%。

(2) 日本NGK公司的试验结果表明：支柱绝缘子在盐密0.10mg/cm^{2}时的直流污闪电压比交流低36%～43%。

(3) 重庆大学对多种绝缘子的污闪特性研究表明，在盐密0.03mg/cm^2～0.20mg/cm^{2}时，直流污闪电压比交流低15%～30%，污秽越严重，直流污闪电压低的比率越高。

国内外大量试验研究结果表明，人工污秽绝缘子的直流闪络电压或耐受电压与等值附盐密度之间仍满足式（5-1）的关系，但污秽影响特征指数与交流有差异，且目前不同研究者得到的结果有一定的差异，主要体现在以下几点。

(1) Ramos等的研究结果表明，直流下的a为0.33。

(2) 重庆大学通过试验提出，污秽中盐密和灰密可看成为独立参量。直流绝缘子污闪电压与盐密满足式（5-1）的关系。不同型式绝缘子在交、直流电压作用下常数A均随着海拔升高而降低，a随着电压类型、绝缘子型式、海拔高度不同而变化。对于直流，污秽特征指数a值在0.30～0.37之间。

(3) 清华大学提出，在不同气压下，绝缘子的正、负极性污闪电压与盐密的关系均可由式（5-1）表示，指数a在正、负极性时分别约为0.41和0.36。负极性污闪电压低于正极性污闪电压，但当盐密较大时，正、负极性污闪电压值有接近的趋势。

(4) Matsuoka通过对复合绝缘子进行污耐试验得到a为0.20。

许多研究也表明，灰密对污秽绝缘子的直流闪络电压也有一定的影响，其污闪电压与灰密之间仍满足式（5-2）的关系，但对于灰密影响特征指数，各研究者得到的结果也有较大的差异，主要体现在如下几点。

(1) 重庆大学认为，灰密对污闪及耐受电压有影响，但在同一盐密下，当灰密为1.0mg/cm^{2}时污闪电压或耐受电压开始饱和，在灰密为2.0mg/cm^{2}达到最低点。

(2) 武汉高压研究所根据不同型式绝缘子的试验结果提出b值为0.12。

(3) Matsuoka等用高岭土和砥石粉模拟灰密的人工试验结果表明，不论交流还是直流，当污秽程度一致时，由高岭土和砥石粉染污的绝缘子串闪络电压不同，这主要是由于高岭土染污的绝缘子串表面污秽比砥石粉染污的更均匀；并且当在SDD=0.10mg/cm^{2}时，污秽绝缘子交、直流闪络电压与灰密的关系均可由式（5-2）表示，且b为0.15，但B值与绝缘子型式有关。

(4) Ramos采用砥粉进行了人工交直流污秽试验，认为随着灰密的增大，闪络电压将降低，并得到b值均为0.15。

由于绝缘子在交、直流下的污闪特性有明显差异，因此在交流下具有良好耐污特性的绝缘子在直流下并不一定具有较高的污闪电压。图5-18是同一绝缘子在交、直流下的污闪特性的比较。由图 5-18 可知，当盐密很小时，直流污闪电压高于交流，而盐密较大时，其结果则相反，即在直流下绝缘子的污闪特性与交流不同。

直流绝缘子的积污特性与交流也有明显差异，在交流电压下，绝缘子带电与否的积污量的差异并不很明显，但直流绝缘子则不同，在工业和农村污染地区，绝缘子的污秽积聚是缓慢进行的，直流电压下绝缘子积污则比交流电压下吸附更多的污秽，因此，带电情况下直流绝缘子积污比交流严重得多。在沿海有强风时，带电对绝缘子的积污影响相对来说较小。大量自然污秽试验表明，沿带电直流绝缘子串的污秽分布是不均匀的，如图 5-19 所示，在绝缘子串二端附近污秽更为严重，中间部位绝缘子的积污基本一致。

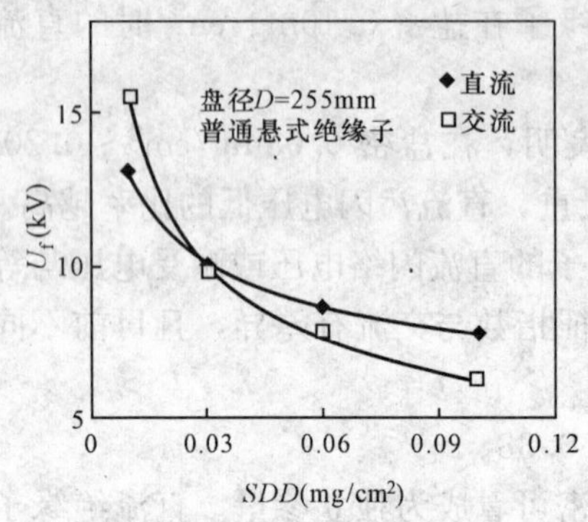

图 5-18 普通悬式绝缘子的交、直流污闪特性

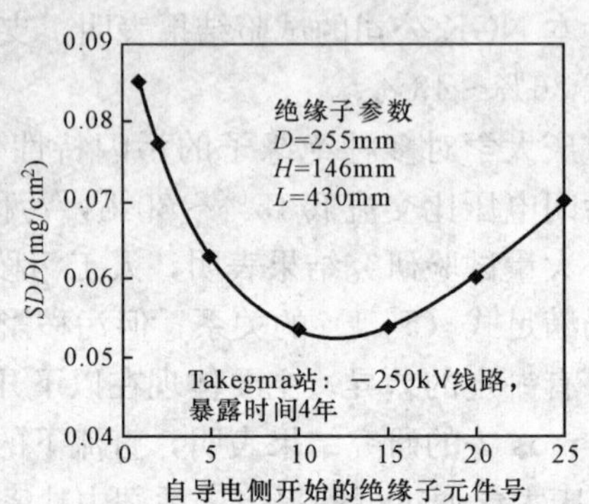

图 5-19 长期自然污秽试验的绝缘子串污秽分布

附表Ⅰ-9 是国内典型绝缘子的直流污闪电压试验结果。由附表Ⅰ-9 试验结果可知，交流造型的绝缘子在直流电压下的耐污性能比直流绝缘子差得多。因此，无论是线路型还是电站电器型的交流绝缘子，都不适宜于用作直流绝缘子。直流绝缘子应按照造型因素，通过人工污秽试验和自然污秽试验，根据试验结果和运行经验，选择最佳的造型，才能得到优良的直流耐污性能。

5.3.2 直流绝缘子型式对污耐受电压的影响

由于恒定电场的吸附作用，直流电压作用下绝缘子表面污秽附着程度比交流线路上大得多。在相同条件下，直流绝缘子表面的积污量可比交流下大 0.5～1 倍。因此，针对线路沿线的环境和污源分布等情况合理选择外绝缘爬距及绝缘子型式，对超高压和特高压直流线路的长期安全运行和节省投资有着十分重要的意义。

直流输电线路污秽绝缘设计的重点之一是外绝缘爬距的选择。国内外对于直流绝缘子闪络电压与爬电距离的关系以及爬电距离有效性方面进行了大量的研究。直流电压作用下，电弧距离不变时，绝缘子串的污耐受电压随爬距增加并不是呈线性增加的关系，而是呈现饱和趋势，即当爬距达到一定值后其污耐受电压梯度呈下降趋势。这是因为直流下存在“飘弧”现象，因此容易引起绝缘子伞裙间电弧“短接”和绝缘子串片间电弧“短接”现象。绝缘子盘径一定，绝缘子高度越小时，片间“短接”的几率越大，因此适当增加绝缘子高度可减少绝缘子串片间电弧“短接”及提高绝缘子串的污闪电压。由于直流电弧的桥接，使得绝缘子的有效爬电距离比几何爬电距离小得多。

加利福尼亚大学研究表明：绝缘子爬电距离有效利用系数 K_{DC} 是绝缘子参数 ω_d、d_L 和 r 的函数，并受 ω_d/d_L 和污秽度的影响；对于典型结构绝缘子，可忽略其 r 对 K_{DC} 的影响；并

提出 K_{DC} 的经验公式为

$$K_{DC}\left(\frac{\omega_d}{d_L}\right)=1.0-\exp\left[\frac{-k_{SDD}\omega_d}{d_L}\right] \tag{5-40}$$

式中：K_{DC} 为绝缘子爬电距离有效利用系数；k_{SDD} 为与污秽度相关的常数；ω_d 为相邻伞棱顶端间距，mm；d_L 最大深沟槽深度，mm。

重庆大学以 XP-160 型绝缘子为基准进行研究表明，当盐密为 0.03mg/cm^2 时，直流绝缘子爬电距离的有效利用系数为

$$K_{DC}=\left[0.95+0.5\left(\frac{L}{D}-1\right)\right]^{-1} \tag{5-41}$$

式中：L 为绝缘子的几何爬电距离，mm；D 为绝缘子盘径，mm。由于直流电弧易飘离绝缘子表面和桥接伞裙间距，直流绝缘子的爬电距离不能有效地发挥作用，因此，直流绝缘子下表面的棱应该长短交错布置。高压直流绝缘子污闪电压与有效爬电距离而不是总的爬电距离成比例，直流绝缘子的设计不能一味地追求增加爬电距离。

国内现有的提高瓷绝缘子污闪电压的常规方法是增大绝缘子的爬电距离。由于绝缘子的结构尺寸受到一定限制，因此增加爬电距离必然使直流绝缘子具有密集型伞、高棱、窄沟的复杂结构特点。采用复杂结构不仅破坏绝缘子的自洁性能，还可能由于伞、棱间的弧络，降低泄漏距离的利用率，从而导致污闪电压的降低。为了提高直流绝缘子的机电破坏强度和增大其泄漏距离，直流绝缘子有较大盘径是不可避免的。试验结果表明，在 420mm 以内，盘径与污闪电压成线性关系。Matsuoka 等提出，随着支柱型绝缘子直径的增大，其闪络电压和耐受电压均呈下降趋势，绝缘子表面的污秽程度也会随之增大。

直流电压下绝缘子积污更为严重则要求绝缘子具有更大的爬电距离。国外运行经验表明，直流输电系统绝缘子串的爬电比距应为（2.2～6）cm/kV。交流电压下绝缘子的污闪过程是沿绝缘子表面发展的，而直流电压下的绝缘子污闪放电过程则与交流有一定的差异，其电弧伸展更容易沿伞棱间发展，形成伞裙间和伞棱间电弧桥接现象，因此，延长电弧的发展通道成为提高直流绝缘子污闪电压的重要方法之一。国内外研究表明，当绝缘子的棱下系数 K_L 为 0.7～1.1 时呈现较好的直流污闪特性。

直流输电线路污秽绝缘设计的另一重要因素是绝缘子型式的选择。绝缘子的结构型式不仅决定了污秽物的沉积量，同时也决定了污秽物沿绝缘子表面的分布状况以及在风、雨、引力作用下绝缘子的自清洁能力。闪络电压的大小取决于电弧发展的路径，而电弧的发展路径则与绝缘子的造型密切相关。绝缘子耐受电压梯度不是随爬距增加呈线性增加，而是呈饱和趋势。在直流电压作用下爬距达到一定值后耐受电压反而会呈下降趋势。耐受电压至峰值时爬电距离随绝缘子盘径不同而不同，绝缘子型式的选择，在技术上应考虑能有效地阻止棱间直流电弧“飘弧”（即绝缘子几何爬距的有效性）、片间“连闪”（即应有合理的高度和盘径）、绝缘子第二棱突出和裙槽较深。这样可以防止雾汽和雨水侵入下表面，在湿润程度和积污量上能保持上、下表面不均匀，从而提高绝缘子污耐压。目前，在国内外直流高压线路中可采用的绝缘子主要有瓷绝缘子、玻璃绝缘子和复合绝缘子。由于复合绝缘子具有污耐受电压高等优点，我国近年来在防污设计和运行中普遍采用复合绝缘子，但国外则相对较少采用复合绝缘子。

对于直流玻璃绝缘子和瓷绝缘子，国内外在试验室和室外自然环境下开展了大量的研究和试验工作，两种型式的绝缘子在国内外数十个直流工程中经历了长期的运行考验。与瓷绝

缘子相比，玻璃绝缘子具有以下优点，即积污状况易于观测，劣化绝缘子自爆，便于发现事故隐患，不需登杆检测不良绝缘子，裙件自爆后仍具有足够高的机械强度，不会发生掉串，其缺点是在遇外力破坏（如枪击）时裙件易炸裂，损坏率较瓷绝缘子高。

与瓷绝缘子和玻璃绝缘子相比，复合绝缘子具有机电强度高、重量轻、无零值和耐污性能好等优点。在相同爬距及污秽条件下，复合绝缘子的污耐受电压明显高于瓷绝缘子和玻璃绝缘子。在严重污秽地区，采用直流复合绝缘子可减小塔头尺寸、杆塔高度和线路走廊。而且复合绝缘子价格较瓷或玻璃绝缘子便宜，不易破损，不需零值检测，不需清扫维护。但国内外有些观点认为，复合绝缘子的伞裙易老化，长时间淋雨后憎水性恢复较慢，且芯棒机械强度随运行时间的延长而降低，特别是在高海拔和覆冰地区，复合绝缘子所具有的优越性是否充分表现仍有待进一步研究和论证。因此，复合绝缘子在高海拔、覆冰地区的可靠性以及在高海拔强紫外线下的老化特性和有效寿命则是值得关注的问题和进一步研究和探讨的。

国内外对各种类型绝缘子的交、直流污秽试验结果以及运行经验均表明：

(1) 交流下耐污好的，直流下未必耐污好；

(2) 绝缘子造型对直流耐污特性十分重要；

(3) 直径、结构高度、爬电距离、沟槽数及其深度等单个几何参数与结果之间没有十分密切的关系。

众所周知，绝缘子对操作过电压的性能主要取决于绝缘子的结构高度，但对正常运行电压下的耐污性能则主要取决于爬电距离。直流线路的特点是操作过电压的倍数较低，因此，直流线路型绝缘子应采用“2 大 1 小”结构，即“大盘径、大爬距、小高度”结构。同时，考虑到直流电弧的飘离绝缘子表面和桥接作用下爬电距离不能有效发挥作用，下表面的棱应长短交错布置，使相邻棱端间的空气间隙总和增加，其第二道长棱可以进一步阻挡污秽和雾气的浸入，并有效地抑制局部电弧的伸长。附图Ⅲ-2 是几种典型的具有大盘径、大爬距、长短交错，棱结构特点的直流绝缘子外形图。

绝缘子的结构高度（H）将影响串长及杆塔尺寸，在考虑到装卸方便及串中爬电距离有效性的前提下，H 值尽可能小，直流绝缘子一般取 $L/H=2.5\sim3.0$。在不考虑形状影响时，综合反映爬距、盘径及高度三要素的造型系数定义为

$$\xi=\frac{LD}{H^2} \tag{5-42}$$

造型系数值越大，则电气性能越好。但一般认为 ξ 值不宜大于 5；当绝缘子表面均匀覆盖一层湿润污层后，形状系数 f 值越大，则表面污层的电阻也越大，其耐污性能就越强，一般认为直流绝缘子的 $f\approx1$ 较合理。

图 5-20 为直流绝缘子伞下棱的典型结构示意图。定义棱下系数 K_L 为

$$K_L=\left(\sum_{i=1}^{n}S_i/d_i\right)/(n_L-1) \tag{5-43}$$

式中：n_L 为棱的数目；S_i、d_i 的意义如图 5-20 所示。图 5-21 为绝缘子的棱下系数 K_L 与其交、直流耐受电压之间的关系，由图 5-21 可知，$K_L=0.7\sim1.0$ 为最佳值；通常将简化爬距（P_1+P_2+H）与实际爬距 L 之比称为外形系数，即

$$P_F=\frac{P_1+P_2+H}{L} \tag{5-44}$$

式中：P_1、P_2 分别为盘沿至铁帽和钢脚的最短距离。显然外形系数越小，在相同铁帽和钢

脚下，其结构高度小，爬电距离大，耐污性能好。按照 IEC 的推荐，对于轻污区，$P_F \approx 0.8$，重污区，$P_F \approx 0.7$。

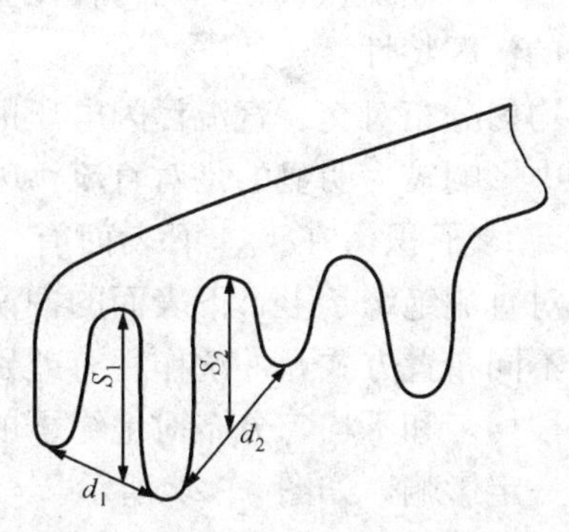

图 5-20　棱下系数 K_L 的定义

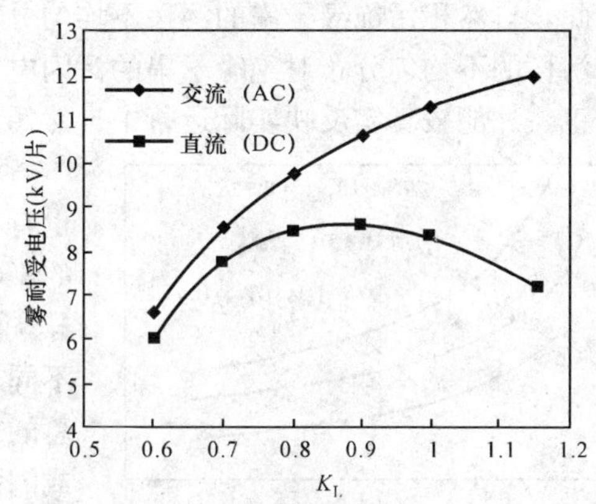

图5-21　直流绝缘子耐受电压与 K_L 的关系

为了提高直流绝缘子的耐污性能，宜采用钟罩型防雾结构。伞盘上表面倾角以 5.5°较好，伞下内棱应陡峭，特别是长棱的倾斜度应大于 85°。这样不易沾灰，有利于风、雨的自然清扫，而且上、下表面污层受潮不同期，从而可提高耐污性能。

由于直流电弧的飘弧特性，爬电距离利用率较交流下低，直流绝缘子的造型应采取一系列措施来加强其有效性。

(1) 因直流下的吸尘效应，再加上脚窝处气流形成涡流，使此外易于积灰，且该处不仅自洁性能差，而且电场又特别集中，所以脚窝处的污染最严重，往往最先在这里产生局部放电。显然，这部分爬电距离易于被高导电层的污层或局部电弧所短接，使其爬电距离的利用率最低。鉴于这个原因，设计上应尽量减少脚窝附近爬电距离所占的比例。

(2) 由于下表面不易受潮，因此，应适当增加绝缘子下表面爬电距离的比例，一般上、下表面爬电距离之比取 1/2 为宜。

(3) 应控制棱槽中的爬电距离与棱端间距 d 的比例。在增加爬电距离的同时，还应考虑 L/d 配合。如果 L/d 过大，虽然可得到深槽、高密棱，但又可引起棱端间电弧直接短接，从而使单个绝缘子槽的爬电距离利用率低。一般认为，直流绝缘子的 L/d 应控制在 2～5 之间，而且由外棱槽向里逐渐减小，外棱槽宜控制在 3～5，内棱槽为 2～3 为准。

(4) 绝缘子串层间间隙与其爬电距离之间的配合应当合理。如附图Ⅲ-5 所示，上面最外棱及最长棱至下片绝缘子上表面的间隙距离分别为 c 及 c'，它们将影响绝缘子串在淋雨或污秽条件下的电气性能，一般取 $c>100$mm，c 间所含爬电距离 l_c 与 c 之比 l_c/c 取3～5为宜。总之，直流绝缘子的造型要采用大盘径、大爬电距离、长短交错棱和自洁性能好的小高度结构，几何参数要相互配合得当，否则，即使加大爬电距离其耐污性能也不一定好。

5.3.3　非均匀污秽对直流污闪电压的影响

一、瓷和玻璃绝缘子

人工污秽试验中绝缘子的染污一般是均匀的，而输电线路运行绝缘子串在自然环境中带电运行时，污秽在绝缘子串上的沉积和分布是不均匀的，污秽的这种不均匀分布分为三种情况。

(1) 污秽在单片绝缘子的上、下表面的不均匀分布。

（2）污秽沿单片绝缘子伞裙径向的不均匀分布。

（3）污秽沿整个绝缘子串方向的不均匀分布。

因此，自然积污绝缘子串的污秽不均匀分布的污闪电压与人工污秽试验的污闪电压有差异，即污秽的不均匀分布对绝缘子串的污闪电压有较大影响，需要将人工均匀污秽试验数据进行修正，才能较真实反映实际运行中自然污秽绝缘子的污闪特性。

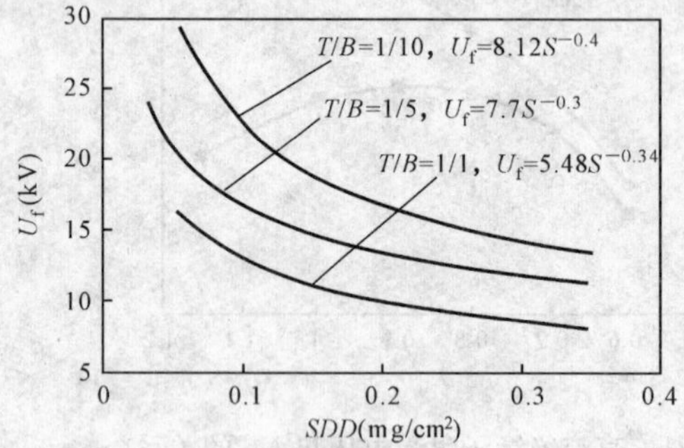

图 5-22　不均匀染污 XZP-160 绝缘子的直流污闪特性

污秽的不均匀分布对交、直流污闪电压的影响也有差异，其中影响较为明显的是对直流污闪电压的影响。直流绝缘子积污在上、下表面有一定差异，由于雨水对直流绝缘子上、下表面的冲洗作用不同，而且对不同布置方式，冲洗作用有差别，但总的来说，污秽均匀和不均匀分布对绝缘子的耐受或闪络特性有一定影响，如图 5-22 所示。

在工程实际应用中主要考虑绝缘子上、下表面污秽的不均匀分布对绝缘子污闪特性的影响。瓷和玻璃绝缘子上、下表面直流积污比（T/B）一般为 1∶5～1∶10，最高可达 1∶20，与 T/B=1∶1相比，当 T/B=1∶5 时，其污耐受电压约提高 30%，而 T/B=1∶10 时约提高 50%。以下表面盐密为基准，美国电科院提出污秽在直流绝缘子上、下表面不均匀分布对绝缘子直流污闪电压 U_{50} 影响的修正公式为

$$K=\frac{U_1}{U_2}=1-A\lg\left(\frac{T}{B}\right) \qquad (5-45)$$

式中：U_1、U_2 分别为绝缘子上、下表面不均匀染污和均匀染污时的直流污闪电压；T 为上表面盐密；B 为下表面盐密，T/B 为上下表面污秽分布不均匀的比值；A 为系数，其值为 0.29～0.47，平均值为 0.38。

式（5-45）主要应用于瓷和玻璃绝缘子，对于钟罩型绝缘子，A 值可取 0.38。

二、复合绝缘子

复合绝缘子自洁性较差，积污量为相同污区瓷或玻璃绝缘子的 1.5～2.0 倍甚至 2 倍以上。但运行中复合绝缘子上、下表面积污比（T/B）则与瓷和玻璃绝缘子相似，一般为 1∶3～1∶10。中国电力科学研究院和南方电网技术研究中心提出，盐密、灰密分别为 0.1、0.6mg/cm^2 时，直流复合绝缘子电弧闪络梯度与上下表面污秽不均匀度（T/B）的关系为

$$E_h=77.4+0.85(B/T) \qquad (5-46)$$

式中：E_h 为电弧闪络梯度，kV/m。

重庆大学在高 11.6m、直径 7.8m 的人工气候室（海拔高度为 232m）内，利用±600kV/0.5A 可控硅控制的电流电压双反馈倍压整流直流电源，以 FXBW—±800/530 型特高压直流复合绝缘子短样［结构高度 H 为 1800mm，电弧距离 h 为 1210mm，爬电距离 L 为 4270mm，三伞五组合结构，大、中、小伞直径分别为 248、164mm 和 98mm，杆径为 52mm，共七组伞裙，如附图Ⅲ-3（a）所示］为试品，采用固体层法的定量涂刷方式，且染污前破坏试品表面憎水性至 HC5～HC6 级（涂污在试品预处理后 1h 内完成。试品染污后 24h 进行试验，试验是染污试品绝缘子憎水性为 HC3～HC4 级），试验时将试品垂直悬挂于人工气候室顶部，试品二端无均压环；试品与所有接地体的最小间距大于 3.5m，满足 IEC 标准中“大于

0.5m/100kV”的试验要求。试品湿润采用蒸汽雾，湿润时间为10～15min，试验过程中雾室温度控制在35℃以下。

试品加压采用均匀升压法，电压为负极性。每串染污绝缘子进行4～5次闪络试验，相同污秽条件下，对试品染污5次进行重复试验，取其中与平均值误差不超过10%的所有闪络电压的平均值为该污秽条件下绝缘子的50%闪络电压U_{50}。

试验时，上、下表面平均盐密SDD分别为0.03、0.05、0.08mg/cm²和0.15mg/cm²，盐密/灰密之比取1∶6，上、下表面盐密比T/B分别为1∶1、1∶2、1∶3、1∶5、1∶8和1∶10，以下表面盐密为参考，并根据以下公式计算染污时的上、下表面盐密，即

$$\begin{cases} SDD=\dfrac{SDD_B+SDD_T}{2} \\ \dfrac{SDD_T}{SDD_B}=\dfrac{T}{B} \\ SDD_B=\dfrac{2\times SDD}{(T/B+1)} \end{cases} \tag{5-47}$$

式中：SDD、SDD_B、SDD_T分别为平均盐密、下表面盐密、上表面盐密，mg/cm²。试验结果见附表Ⅰ-10，试验结果的标准偏差均小于7.0%。

(一) U_{50}与SDD_B的关系

由附表Ⅰ-10可得不同T/B下试品绝缘子的直流污闪电压与SDD_B的关系如图5-23所示。分析附表Ⅰ-10和图5-23试验结果可知，试品绝缘子的50%直流污闪电压U_{50}与SDD_B的关系可表示

$$U_{50}=A\cdot SDD_B^{-b} \tag{5-48}$$

式中：A为与绝缘子结构和材质等有关的系数；b为污秽影响特征指数。将附表Ⅰ-10的试验结果按式(5-48)拟合，可得不同T/B下系数A、污秽影响特征指数b值及拟合的相关系数的平方R^2见表5-17。

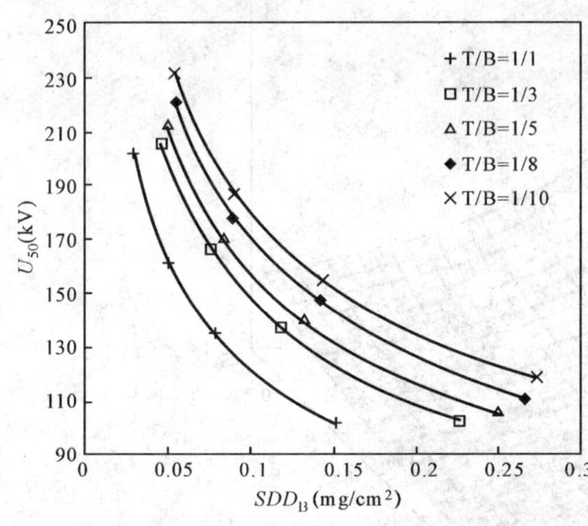

图5-23　不同T/B下U_{50}与SDD_B间的关系

表5-17　不同T/B下的系数A和a

T/B	A	a	R^2
1∶1	46.33	0.418	0.990
1∶2	52.10	0.419	0.996
1∶3	54.80	0.428	0.989
1∶5	58.30	0.432	0.990
1∶8	63.79	0.424	0.993
1∶10	68.75	0.419	0.991

由表5-17可知，当T/B为1∶1、1∶2、1∶3、1∶5、1∶8和1∶10时，污秽影响特征指数a值分别为0.418、0.419、0.428、0.432、0.424和0.419，平均值为0.4203，其最大值和最小值与平均值的相对误差分别约为2.30%、−1.75%，即T/B对b值有影响但不

明显，可取其平均值 0.42。

（二）不均匀染污修正系数

由附表Ⅰ-10 和图 5-23 可知，试品绝缘子的污闪电压不仅与 SDD、SDD_B 有关，还与上、下表面不均匀染污程度（T/B）有关，采用多元非线性拟合方法对试验结果进行分析可知，不均匀染污的污闪电压与 SDD_B 和 T/B 的关系可表示为（如图 5-24 所示）

$$\begin{aligned} U_{50} &= f\left(SDD_B, \frac{T}{B}\right) = A\times(SDD_B)^{-b}\times\left[1-C\times\ln\left(\frac{T}{B}\right)\right] \\ &= 45.3\times(SDD_B)^{-0.422}\times\left[1-0.206\ln\left(\frac{T}{B}\right)\right] \end{aligned} \tag{5-49}$$

由式（5-49）可知：

（1）当 $T/B=1$ 时，即均匀染污时，试品绝缘子的污闪电压为

$$U_{50}=45.3\times(SDD_B)^{-0.422} \tag{5-50}$$

（2）电弧距离闪络梯度 E_h（kV/m）则为

$$E_h=37.44\times(SDD_B)^{-0.422}\times\left[1-0.206\ln\left(\frac{T}{B}\right)\right] \tag{5-51}$$

以 U_1、U_2 分别表示上、下表面均匀和不均匀染污的直流污闪电压，则不均匀染污对污闪电压影响的系数 K 为

$$K=\frac{U_2}{U_1}=1-0.206\times\ln\left(\frac{T}{B}\right) \tag{5-52}$$

即与美国电力科学研究院对于瓷和玻璃绝缘子的研究结果是一致的，复合绝缘子不均匀染污对污闪电压影响的系数与式（5-45）的形式一致，但对于复合绝缘子，其系数为 0.206，小于瓷和玻璃绝缘子。

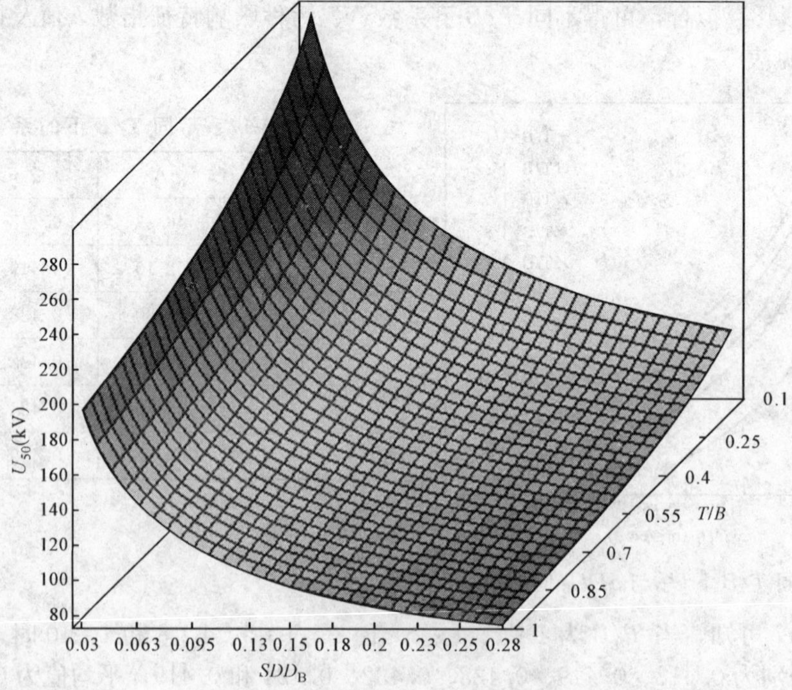

图 5-24 试品绝缘子的污闪电压与 SDD_B 和 T/B 的关系

（三）试验验证

为验证式（5-52），对试品绝缘子进行了验证性试验，试验结果与式（5-52）计算结果的比较见表5-18。

表5-18　式（5-52）计算值与试验值的比较

SDD (mg/cm²)	SDD_B (mg/cm²)	T/B	试验值 U_{50} (kV)	式（5-52）计算值 (kV)	Δ%
0.06	0.10	1∶5	153.5	159.4	3.84
0.08	0.140	1∶7	147.4	145.5	−1.30
0.11	0.20	1∶10	134.2	131.7	−1.85
0.20	0.356	1∶8	103.6	100.1	−3.37
0.015	0.015	1∶1	260.0	266.6	2.52
0.15	0.267	1∶8	110.0	113.0	2.75
0.10	0.182	1∶10	140.5	137.1	−2.40
0.12	0.192	1∶4	118.3	116.9	−1.22

由表5-18可知，式（5-52）计算值与试验结果的误差小于4.0%。因此，由式（5-52）得到的污秽不均匀分布对污闪电压影响的系数 K 可行。

5.3.4 串长的影响

与交流一样，直流污秽绝缘子电气强度随串长的增加是否保持线性关系也是超高压、特高压直流输电十分关心的问题。在现行的设计规程中，对清洁地区的不同电压等级线路的悬垂绝缘子串规定了相应的绝缘子基本片数，这个绝缘子片数是按绝缘子串与其耐受电压呈线性关系确定的。在额定电压相等的情况下，直流绝缘子串长远大于交流绝缘子串长。例如对于我国云广±800kV直流特高压输电线路，绝缘子串长的选择是否可以参照国内外现有的±500kV、±600kV外推，是直流特高压外绝缘设计必须解决的问题。从目前国内外所进行的研究结果来看，即使在特高压输电线路的范围内，直流绝缘子串的污闪电压与串长基本呈线性关系，至少可以说在污秽较严重的情况如此。现有的试验结果表明，在12m以内（目前试验只到12m），绝缘子串的直流污闪电压与串长之间呈线性关系，如图5-25所示，且国内外大多数研究均认为，即使串长达到50片，直流污闪电压与串长仍呈线性关系。

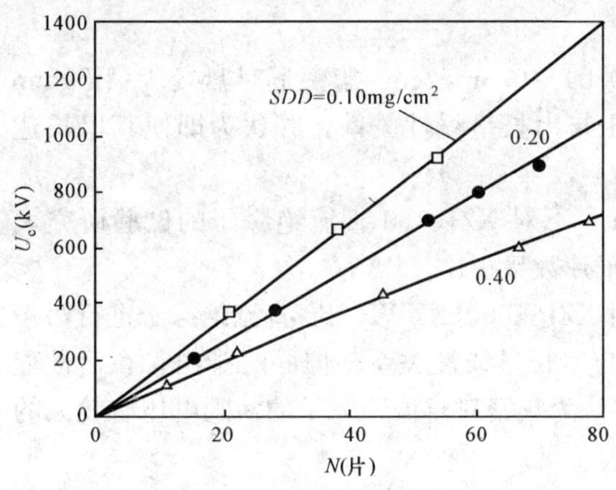

图5-25　均匀染污耐污型绝缘子串临界闪络电压与元件数的关系

美国还有研究结果表明，在轻污秽和中污秽水平（盐密为0.01～0.04mg/cm²）下，串长在12m以下时，直流绝缘子串的污秽闪络电压与串长成线性关系。

前苏联试验结果表明：在轻污秽条件下（盐密小于0.01mg/cm²），串长大于4m时，直流绝缘子串的闪络电压与串长呈非线性关系；而在污秽较重时（盐密大于0.05mg/cm²），即使串长达12m，直流绝缘子串的污闪电压与串长仍呈线性关系。

意大利的试验结果表明，盐密为0.012～0.19mg/cm² 时，直流绝缘子串的污秽闪络电压与绝缘子串长（≤11.3m）呈非线性关系；V形串绝缘子闪络电压比垂直串的闪络电压大约高15%；直流电压作用下的绝缘子积污比交流电压作用下大1.5倍以上，且表现出较大的污染不均匀性。在相同的环境中，随着绝缘子直径的增加，其积污量减少。

日本对特高压输电系统套管的直流污闪特性进行了试验研究，得到以下结论。

(1) 从积污角度看，平均直径大约为200mm的支柱绝缘子上的盐密几乎等于直径约为200mm悬式绝缘子的盐密，而直径大约为500mm的大套管瓷套的盐密将比悬式绝缘子的一半还低。

(2) 污秽在0.03～0.35mg/cm^{2}时，套管（平均直径D_{av}=1050mm）长度14m时，耐受电压与长度成正比关系，耐受电压与盐密的−0.2次方成正比。

(3) 当盐密为0.01mg/cm^{2}时，由于带电端电极附近的电压过分集中，在绝缘子高度超过8m时出现非线性。

(4) 对于特高压套管，采用充SF_6气体套管结构并内装电容芯子将使整体套管表面上电压分布得到极大改善。试验结果表明，改装后的套管在盐密为0.01mg/cm^{2}的轻污秽条件下整体套管的耐压随绝缘子高度而线性增加。

由上可知，直流绝缘子串污闪是否与串长呈线性还有一定的争议。但大多数观点认为，在特高压范围内，绝缘子串污闪电压与串长呈线性关系。其代表性的观点归纳总结如下：

(1) 在湿润状态下，直流绝缘子串表面泄漏电阻对电压分布起主导作用，在稳态下不存在电容电流。

(2) 超高压±500kV直流输电线路的设计和运行经验表明，直流绝缘子串的污闪电压或耐受电压与绝缘子串长呈线性关系。

(3) 美国PITTSFIELD通用电气公司在200～1000kV电压和0.01～0.04mg/cm^{2}盐密下对防雾型绝缘子的研究结果表明，串长为50片（约8m）以内，绝缘子串的污闪电压与串长呈线性呈关系。

(4) 日本电力中央研究在±500kV电压和0.01～0.3mg/cm^{2}盐密下对盘径为ϕ420mm的直流绝缘子进行试验研究表明，其污耐受电压与串长呈线性关系，并认为即使其串长达14m时，线性关系依然存在。

(5) 中国电力科学研究院在盐密0.05mg/cm^{2}下对XZP-160直流绝缘子的试验研究表明，串长在25片以内，其污秽闪络电压与绝缘子片数呈正比。

(6) 重庆大学在盐密0.03～0.1mg/cm^{2}下对XZP-160、XZWP-160直流绝缘子进行污秽试验，结果表明，串长在30片以内其闪络电压与串长呈线性关系；但同时指出，在污秽程度很轻时，这种线性关系比污秽严重时要差，并认为灰密对直流绝缘子的污闪电压有较大的影响，特别是在盐密较轻的时候。

(7) 前苏联设计和建设的±750kV直流输电工程的绝缘子串由两串并联组成，每串由52片ΠC-300型玻璃绝缘子组成。这可能是其污秽较轻的原因。

由上可知，用短串的污闪电压或耐受电压来估算长串的污闪特性在理论上是成立的，但应考虑灰密的影响。

根据目前的试验结果，在±800kV直流特高压输电线路的工作电压下，当等值盐密为0.10mg/cm^{2}时，采用瓷和玻璃绝缘子时，其串长将很长，这给设计带来巨大困难。虽然试验室试验结果与实际情况有一定差异，也就是说，试验室获得的结果一般情况要比自然污秽试验结果低10%～15%，但即使是这样，设计也存在困难。因此，对于云广±800kV特高压直流绝缘子串的污闪特性以及型式选择仍需论证和研究。

为了分析和验证直流污闪电压与绝缘子串长是满足呈线性关系，重庆大学对附图Ⅲ-4 所示的 XP-160、XZP-210、XZP-300、LXZP-210 和 LXZP-300 污秽绝缘子进行了直流污闪试验。不同盐密下，绝缘子的直流污闪电压与电压极性有关，负极性污闪电压比正极性高，因此仅研究负极性下污闪特性。试验结果见附表Ⅰ-11 和如图 5-26 所示。

由图 5-26 和附表Ⅰ-11 可知：随着绝缘子片数 N 的增加，五种绝缘子的直流 50%污闪电压均逐渐升高，其升高的变化趋势基本上线性关系。如在盐密为 0.03mg/cm^2 时，当绝缘子串为 5 片时，平均每片 XP-160 绝缘子的污闪电压为 11.7kV，绝缘子串为 13 片时，每片平均污闪电压为 11.2kV，而当串长为 21 时，平均每片污闪电压为 11.4kV。盐密为 0.20mg/cm^2 时，当串长为 5 片，平均每片 LXZP-210 绝缘子的污闪电压为 10.1kV，串长为 15 片，平均每片污闪电压为 10.1kV，而串长为 21 片时，平均每片污闪电压为 9.9kV。即绝缘子的直流污闪电压与随串长之间呈很微弱的非线性关系。在工程容许的误差范围内，可以认为污秽绝缘子串的直流闪络电压与串长之间基本呈线性关系。

根据附图Ⅲ-4 中绝缘子的结构高度以及图 5-26 和附表Ⅰ-11 中污秽绝缘子的 50%闪络电压与绝缘子片数的关系可以得到污秽绝缘子串闪络梯度（见表 5-19）。

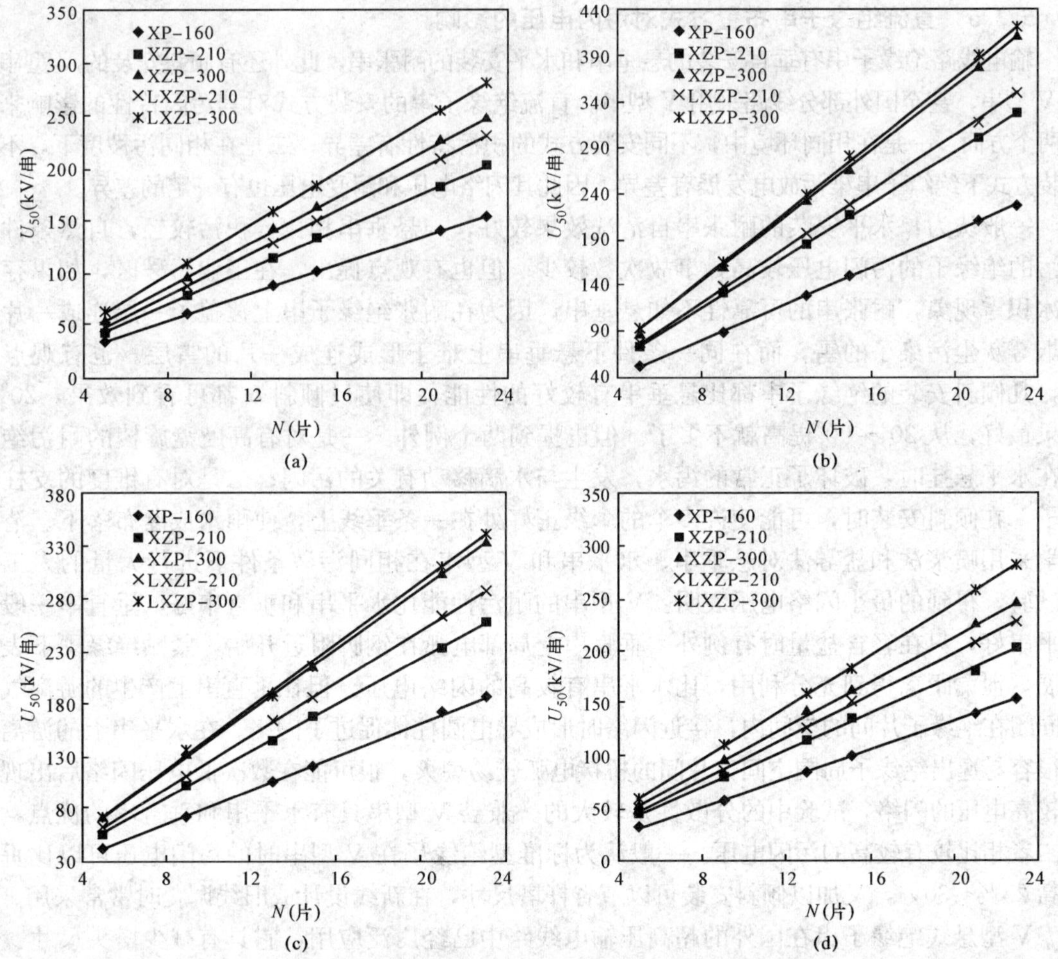

图 5-26　绝缘子直流 50%污闪电压与串长的关系

(a) SDD=0.03mg/cm^2；(b) SDD=0.05mg/cm^2；(c) SDD=0.10mg/cm^2；(d) SDD=0.20mg/cm^2

表 5-19　污秽绝缘子串 50%闪络梯度 (kV/m)

绝缘子型式	SDD (mg/cm²)					
	0.03	0.05	0.1	0.2	0.3	0.4
XP-160	79.5	67.8	54.8	45.2	39.7	36.3
XZP-210	101.8	84.7	65.3	52.4	44.7	40.0
XZP-300	109.7	92.3	74.4	55.4	49.2	45.1
LXZP-210	105.9	90.0	72.9	58.8	51.8	47.1
LXZP-300	111.8	94.9	75.9	62.6	53.8	48.2

由表 5-19 可知五种型式的绝缘子串的直流 50%污闪梯度随着盐密的增加而下降，盐密较小时，污闪梯随盐密增加而下降的速度较快，随着盐密的继续增加，污闪梯度下降的趋势变缓。其中以 XP-160 的闪络梯度最低，LXZP-300 的闪络梯度最高。

以上结果表明，在串长为 25 片以下时，污闪电压与串长之间基本满足线性关系，对于更长的绝缘子串是否满足线性，需要进一步论证。

5.3.5　直流绝缘子串布置方式对污闪电压的影响

输电线路绝缘子串有垂直安装的悬垂串和水平安装的耐张串，此外还有倾斜安装的 V 型串或倒 V 型串，甚至国外部分线路采用 Y 型串。直流绝缘子串的安装方式对其污闪特性的影响来源于两个方面：一是在相同环境中，不同安装方式的积污特性有差异；二是在相同污秽度下，不同安装方式下绝缘子串染污放电发展有差异，因此其闪络电压和耐受电压也有一定的差异。

一般认为：水平安装的耐张串自清洗效果较好，与悬垂串相比，积污较轻，自然条件下积污的绝缘子的污闪电压较高，事故次数较少。但也有观点提出，在工业污秽区，如果存在覆冰积雪现象，耐张串的可靠性不如悬垂串，因为在耐张绝缘子串上覆盖了一层连成一片的被烟雾灰尘污染了的雪，而在同一条件下悬垂串上难于形成连成一片的雪层。也有观点提出，凡倾斜安装的绝缘子串都比悬垂串有较好的性能，即使只倾斜 5°都可看到效果，20°时效果最好，从 20°～90°提高就不多了。但也提到两个例外，一是对有高度盘旋棱的耐污绝缘子在水平悬挂时，破坏了正常的泻水，发生与水滴移动有关的污闪；二是对有锥度的支柱绝缘子，在倾斜安装时，可能使许多伞的伞缘正好处在一条垂线上，使雨水成瀑布落下。清华大学采用喷浆法和盐雾法对悬垂串、水平串和 V 型串在相同污秽条件下进行大量的人工污秽试验，得到的最小闪络电压表明：V 型串的耐污性能比水平串和垂直串好，垂直串一般比水平串好，只在轻含盐量时有例外。垂直串上局部电弧在钢脚附近开始，紧贴绝缘子下表面发展，泄漏距离得到充分利用，比水平串有较高的闪络电压。但在垂直串上产生的游离气体被囿闭在绝缘子片间的空间内，接近闪络时形成导电圆柱体促进了闪络。在水平串上的游离气体很容易逸出绝缘子周围空间，片间的桥接电弧较易熄灭，很可能在数次低电压闪络后出现一次较高电压的闪络，试验中的分散性是较大的。兼县 V 型串具有水平串和垂直串的优点，与后二者相比较有较高的污闪电压。一般认为标准型绝缘子在 V 型串时的污闪电压可以比垂直串高 25%～30%，又加以倾斜安装可以节省杆塔尺寸，在新线设计或旧线调爬时常常采用。

V 型悬式绝缘子串在国外的超高压输电线路中已经广泛应用，它具有减少塔头尺寸、降低耗钢量，减少线路走廊宽度、节省走廊费用，污秽积存量较少、自清洗能力较强、污闪性能较悬垂串好，以及在一串发生断裂时可防止事故扩大等众多优点，特别适宜于大风地区使用。国外 V 型悬式绝缘子串的夹角一般为 70°～110°，大多数为 90°。意大利设计的沙江Ⅰ回线路 V 型串的夹角采用 105°～114°。在广东沿海地区，为尽量减少大风引起 V 型串卸载的几率，广东省电力设计研究院在大亚湾核电站配套送出工程等 500kV 送电线路中设计的 V 型串夹角一般为 105°～120°。

普通悬式绝缘子串组成 V 型串的污闪电压比同一污秽度下的垂直串提高 25%～30%，但某些耐污型绝缘子组成的 V 型串污闪电压提高的幅度比普通型要小。在污秽条件和串长一致时，双串结构比单串结构的 50%闪络电压低 4%～11%。

为了验证不同安装方式下污秽绝缘子串直流闪络电压的差异，重庆大学在多功能人工气候室内对串长为 15 片的瓷绝缘子悬垂Ⅰ串、V 型串和Ⅱ型串进行了直流人工污秽闪络试验，其 50%闪络电压与盐密的关系，见附表Ⅰ-12，如图 5-27、图 5-28 所示。

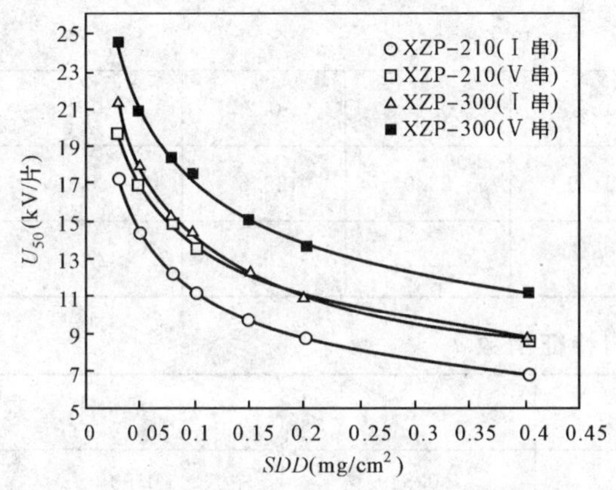

图 5-27　垂直布置与 V 型布置时的污闪电压与盐密的关系（由串长 N=15 片，V 串的夹角为 90°）

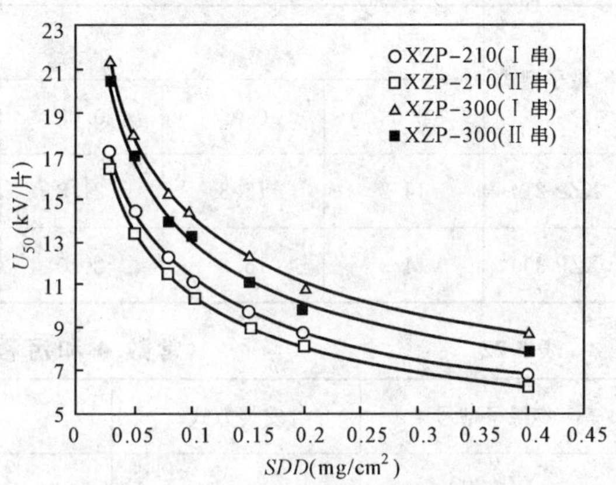

图 5-28　单串和双串的污闪电压与盐密的关系［串长 N=15 片，Ⅱ串的间距为 600mm］

从图 5-27 可以看出，V 型布置的 XZP-210 和 XZP-300 绝缘子串的污闪电压均高于悬垂Ⅰ串，这是因为 V 型串上的局部电弧是在钢脚附近开始，紧贴下表面向前发展，泄漏距离获得充分利用，V 型串上的气体可以自由逸去，不致在周围空间形成导电圆柱体；而垂直串上产生的游离气体被囿闭在绝缘子片间的空间内，接近闪络时形成导电圆柱体促进了闪络。如在盐密为 0.10mg/cm^{2}时，V 型布置的 XZP-210 绝缘子串的 50%闪络电压为 13.5kV，而其悬垂Ⅰ串的 50%闪络电压为 11.1kV。V 型布置比悬垂布置高 2.4kV，即高 21.6%。通过对图 5-27 进行拟合分析可知，XZP-210 和 XZP-300 绝缘子串在 V 型布置、悬垂布置的 50%闪络电压与盐密的关系均满足式（5-1），其常数 A 和污秽影响特征指数 a 以及相关系平方 R^2 见表 5-20。

表 5-20　常数 A 和污秽影响特征指数 a

绝缘子型号	安装方式	A	a	R^2
XZP-300	V	8.48	0.306	0.95
XZP-210		6.65	0.313	0.97
XZP-300	Ⅰ	6.34	0.349	0.93
XZP-210		4.94	0.358	0.95

由表 5-20 可知，二种绝缘子均是悬垂 I 串的 A 值比 V 型串的低，而 a 值则是悬垂 I 串的比 V 型串的高，即同一种绝缘子悬垂 I 串随着盐密的变化其闪络电压变化比较明显，不同污秽程度，V 型串闪络电压比 I 型串闪络电压高得出百分比见表 5-21，由表 5-21 可知：在不同污秽程度下，V 型串闪络电压比 I 型串闪络电压高 14.0%～28.0%。

图 5-28 表明，两种绝缘子悬垂 I 串的闪络电压均 II 型串的闪络电压高，如在盐密为 0.10mg/cm²时，XZP-300 绝缘子 I 型串的 50%闪络电压为 14.5kV，而其 II 串的 50%闪络电压为 13.4kV，I 串比 II 串高 1.1kV，即 8.2 %。通过对图 5-28 进行拟合分析可以发现 XZP-210 和 XZP-300 绝缘子的 I 型串、悬垂 II 串的平均闪络电压与盐密的关系均满足式 (5-1)，其常数 A 和污秽影响特征指数 a 以及相关系平方 R^2 如表 5-22 所示。

表 5-21 V 型串与 I 型串闪络电压差百分比 (%)

绝缘子型式	SDD (mg/cm²)						
	0.03	0.05	0.08	0.1	0.15	0.2	0.4
XZP-210	14.2	16.8	21.8	21.9	23.9	25.6	28.0
XZP-300	14.9	16.3	20.0	20.9	22.7	26.4	27.0

表 5-22 常数 A 和污秽影响特征指数 a

绝缘子型号	安装方式	A	a	R^2
XZP-300	I	6.34	0.349	0.93
XZP-200		4.94	0.358	0.95
XZP-300	Ⅱ	5.58	0.370	0.96
XZP-210		4.41	0.375	0.97

由表 5-22 可知，两种绝缘子均是悬垂 I 串的 A 值比 II 型串的低，而 a 值则是悬垂 I 串的比 II 型串的高，即同一种绝缘子悬垂 I 串随着盐密的变化其闪络电压变化比较明显。在不同污秽程度下，I 型串闪络电压比 II 型串闪络电压高 4.5 %～11.0 %，见表 5-23。

表 5-23 Ⅰ型串与Ⅱ型串闪络电压差百分比 (%)

绝缘子型式	SDD (mg/cm²)						
	0.03	0.05	0.08	0.1	0.15	0.2	0.4
XZP-210	5.0	6.4	6.4	8.4	9.4	9.6	9.1
XZP-300	4.5	5.5	9.3	8.1	11.0	9.3	10.0

5.3.6 直流污秽绝缘子污闪特性的极性效应

与交流相比，瓷和玻璃绝缘子的直流污秽闪络特性具有明显的极性效应，除 0.01mg/cm² 及以下的低盐密外，不论形状如何，负极性直流耐受电压或闪络电压比正极性低 10%～

20%，但这种极性效应的存在仅限于不对称绝缘子，对于对称型绝缘子，基本上无极性效应。也就是说，瓷和玻璃绝缘子存在极性效应，目前广泛使用的复合绝缘子基本上不具有极性效应，或者说极性效应不明显。

一、单电弧引发污闪的极性效应

瓷和玻璃绝缘子直流污秽闪络特性为什么具有极性效应？在分析之前，定义与极性效应有关的基本术语。

（1）正极性电弧与正极性污闪。电弧由正极性金属阳极电极出发并导致闪络，则称这种由相对的正极性电极出发的电弧称为正极性电弧，并称由正极性电弧引发的污闪为正极性污闪。

（2）负极性电弧与负极性污闪。电弧由负极性金属阴极电极发出并导致闪络，称这种由相对的负极性电极出发的电弧称为负极性电弧，并称由负极性电弧引发的污闪为负极性污闪。

这里以单电弧引发的污闪来说明极性效应。模拟悬式瓷绝缘子伞下棱槽结构的模型如图 5-29 所示，模型的棱高 7.0cm，槽宽 3.0cm，爬距 102.0cm，其中，图 5-29（a）中的电弧由正极性金属电极出发并导致闪络，图 5-29（b）中的电弧是由负极性金属电极出发并导致闪络。在该模型高压电极处施加直流高压，可以得到由单电弧引发的正、负极性污闪电压，分别用 U_{f+}、U_{f-}表示，结果列于表 5-24。

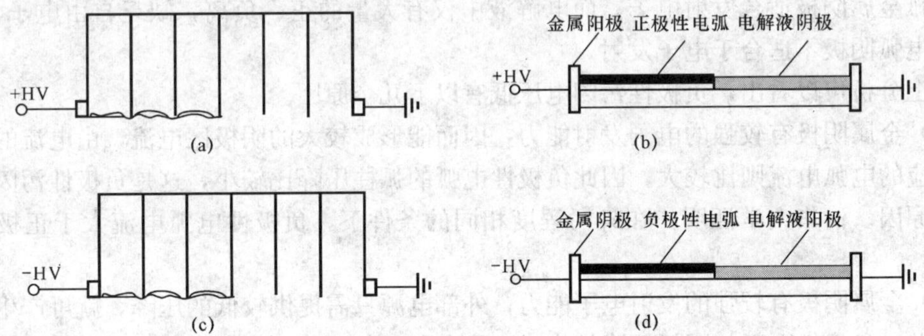

图 5-29　单电弧引发直流污闪示意图（棱高 7cm，槽宽 3.0cm，L=102cm）

(a) 正极性电弧；(b) 正极性电弧简化图；(c) 负极性电弧；(d) 负极性电弧简化图

表 5-24 表明：负极性污闪电压低于正极性，即对于单电弧引发的污秽闪络，正极性闪络电压比负极性约高 5.0%～6.0%，见表 5-24。

表 5-24　模型中单电弧引发的直流污闪电压比较

SDD（mg/cm²）	U_{f+}/kV	U_{f-}/kV	($U_{f+}-U_{f-}$) /U_{f-}（%）
0.2	28.0	26.4	5.7
0.4	22.8	21.6	5.3

以下分析单电弧引发污闪时造成污闪极性效应的原因。

电弧在污闪过程中起着关键作用，电弧分为三个部分，即阴极区、弧柱和阳极区，其中弧柱位于电弧的中间部位，因此，正、负极性电弧的弧柱没有区别。

阳极主要起被动的收集电子的作用，与发射电子的阴极相比较，其作用相对较为次要。因此，污闪的极性效应主要体现在正极性电弧和负极性电弧的发射电子的阴极的差别上。

由图 5-29 模型及其简化图可知，不同极性的闪络，阴极材料有本质区别，电弧阴极的作用是发射电子以构成阴极区电流。正极性电弧的阴极材料是电解液（即潮湿污层），负极性电弧的阴极材料是金属，而金属和电解液发射电子的能力有显著差异。

阴极材料发射电子的机制有两种，即热电子发射和强场电子发射。同时考虑这两种发射时，阴极的电流密度则为

$$j=A_1\ (T+A_2E)^2\mathrm{e}^{-\frac{11600\varphi}{T+A_2E}}=\frac{A_1\ (T+A_2E)^2}{\mathrm{e}^{11600\varphi/(T+A_2E)}} \tag{5-53}$$

式中：T 为阴极温度；φ 为阴极材料的功函数，即逸出功；E 为电极表面电场强度；A_1、A_2 为常数；j 为阴极电流密度，决定于起关键作用的 T、E 和 φ 三个参数。

很显然可得出如下结论。

(1) 正极性电弧的电解液阴极受自身饱和特性和溶液沸点的限制，其温度 T 大大低于负极性电弧的金属阴极，因此，负极性电弧的金属阴极更适合于热电子发射。且负极性电弧金属阴极表面总存在一些凸起之处，易于形成局部强电场，负极性电弧阴极更适合于强场发射。

(2) 金属内有大量的自由电子，且金属的逸出功 φ 较小，大约为几个电子伏特，因此负极性电弧金属阴极适合发射电子；而电解液中仅有大量的正、负离，缺乏自由电子，因此，正极性电弧阴极不适合于电子发射。

由上分析可以看出，负极性污闪电压低有以下几个原因。

(1) 金属阴极有较强的电子发射能力，因而能形成较大的阴极区电流，由电流的连续可知，相应的电弧电流则比较大，因此负极性电弧的弧柱压降比较小，这是负极性污闪电压低第一个原因。清华大学证明，在染污程度相同的条件下，负极性电弧电流大于正极性电弧电流。

(2) 金属阴极有较强的发射电子能力，外部电源只需提供较低的压降，就可产生阴极电流，因此，负极性电弧的阴极压降较小，这是负极性污闪电压低的第二个原因。实验证明，金属阴极压降约几十伏，电解液阴极压降约 700V。

(3) 金属阴极有较强的发射电子能力，易于形成较大的电弧电流，因此负极性电弧更强更稳定，更易于飘离绝缘子表面而不熄弧。对于图 5-29 的棱槽结构，电弧飘离造成棱间电弧桥接，相当于缩短绝缘子的爬距，使负极性污闪电压较低，这是负极性污闪电压低的第三个原因。清华大学在实验中证明，负极性电弧离绝缘子表更远一些，而正极性电弧与绝缘子表面贴得更近一些。

综上所述，负极性电弧金属阴极材料的强电子发射能力，是造成较低的负极性污闪电压的主要原因。也就是说，正、负极性电弧阴极材料发射电子能力的差异，是造成单电弧直流污闪极性效应的主要原因。

应该注意，负极性电弧易于飘离绝缘子表面的特点，虽然在本模型中造成了棱间电弧桥接，缩短了爬距，使负极性污闪电压降低，但对于平板模型，由于无可桥接之处，因此电弧飘离反而增加了爬距，会使负极性污闪电压升高。

二、瓷和玻璃绝缘子串污闪的极性效应

以上分析的单电弧引发的污闪属于一种特例，通常意义上的直流污闪极性效应是对运行状态下的悬式绝缘子串而言的。对于绝缘子串，可以用图 5-30 示意图说明。绝缘子串在污

闪过程中，串中每片绝缘子的上、下金具处均能引发电弧，因此，正、负极性污闪都是由多个电弧引发的，而且这些电弧既有正极性电弧又有负极性电弧。由于这些正、负极性电弧是串联的，具有相同的电弧电流，因此负极性电弧的金属阴极的强电子发射能力不再显得突出，即负极性电弧的金属阴极不再是造成绝缘子串负极性污闪电压的主要原因。

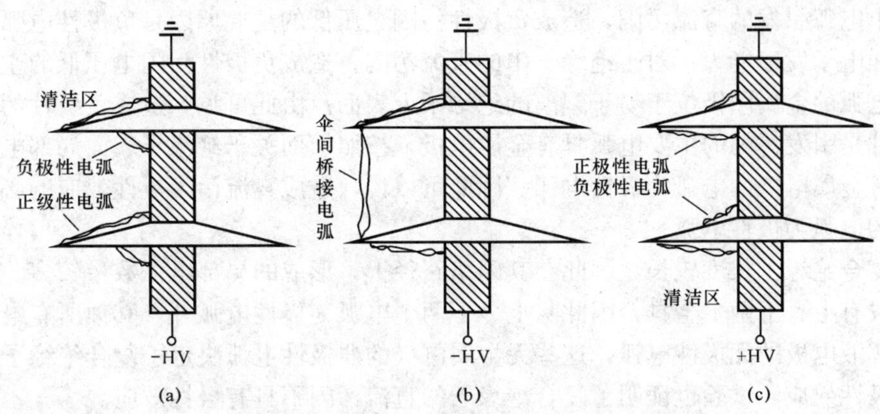

图5-30 绝缘子串直流污闪极性效应示意图

(a) 负极性污闪的初始阶段；(b) 负极性污闪的临闪阶段；(c) 正极性污闪示意图

如图5-30（a）、(b）的负极性污闪过程中，正极性电弧位于绝缘子的上表面，负极性电弧位于绝缘子的下表面；正极性的污闪的情形则与之相反，如图5-30（c）所示。

试验中发现，无论是正极性污闪还是负极性污闪，在正极性电弧的金具（阳极）侧均能够形成一片清洁区。这是由于电弧产生的正离子运动速度较慢（与电子相比)，易于被污秽颗粒吸附，带电污秽颗粒在电场力作用下向负极性方向移动，使金属阳极侧留下一片清洁区。清洁区的作用类似于高阻干区，其上承受的电压较高，易于产生电弧。

对于绝缘子串，直流污闪极性效应的原因有如下几方面。

(1）具有较高温度（与周围空气相比）的等离子体电弧的质量比周围空气轻，具有向上飘浮的特点。负极性污闪的清洁区位于绝缘子上表面，因此清洁区上形成的电弧易于飘离绝缘子上表面，并与上一片绝缘子下电极处产生的电弧连接，如图5-30（b）所示。连接的电弧一方面受到电场力的外推作用，另一方面又受到绝缘子内侧空气因受热膨胀产生的外推作用，于是不断外移，最后连接相临两片绝缘子的伞裙外缘，造成伞间电弧桥接，相当于缩短了绝缘子的爬电距离，因此负极性污闪电压较低。

(2）正极性污闪试验的清洁区位于绝缘子下表面，清洁区上形成的电弧贴在绝缘子的下表面，不能向上飘浮，难以形成伞间电弧桥接，这使绝缘子的爬电距离利用率较高，相应的，正极性污闪电压较高。

由此可见，正极性电弧金属阳极侧产生的清洁区在辅助以绝缘子的形状因素是造成负极性污闪电压低的主要原因，也就是说，正极性电弧金属阳极侧产生的清洁区所处位置的不同是造成绝缘子串直流污闪极性效应的主要原因。

值得注意的是，负极性污闪试验中，正极性电弧飘离绝缘子上表面虽然在本例中造成了伞间电弧桥接，缩短了绝缘子串的爬电距离，降低了负极性污闪电压，但对于单片绝缘子而言，由于无桥接之处，因此电弧飘离反而相当于增加爬距，使负极性污闪电压升高。

三、复合绝缘子直流污闪的极性效应

直流污闪试验中，绝缘子上出现的局部电弧有三种形式：① 具有一个金属阴极和电解液阳极的电弧（负极性电弧）；② 具有一个金属阳极和电解液阴极的电弧（正极性电弧）；③ 电弧阳极、阴极均为电解液，电弧阴极、阳极均不含金属电极，称为无极性电弧。

对于单电弧引发的直流污闪，造成负极性污闪电压低的主要原因是负极性电弧的金属阴极具有的强电子发射能力；对于绝缘子串的直流污闪，造成负极性污闪电压低的主要原因是其正极性电弧的金属阳极位于易于飘离的绝缘子上表面。由此可见，造成负极性污闪电压低的必要条件是引发污闪的主要电弧具有金属电极，按照上面关于绝缘子表面局部电弧种类的划分，具有金属电极的电弧为极性电弧。因此可以说，造成直流污闪极性效应的必要条件是引发污闪的电弧为极性电弧。

由于复合绝缘子长度较长，因此在其闪络路径上，形成的局部电弧数量较多。又由于复合绝缘子只有上、下两个金具，因此除上、下两个电弧为极性电弧外，其他所有电弧均为只有两个电解液电极的无极性电弧，这些无金属电极的非极性电弧决定了复合绝缘子的直流污闪不具有极性效应，试验也证明了复合绝缘子的直流污闪不具有极性效应。

5.4 电站电器污秽绝缘子电气特性

5.4.1 电站电器绝缘子交流污闪特性

电站电器绝缘子可分为支柱和套管型两大类。由于这种绝缘子是由多个伞构成的一个整体，在运行中不可能根据环境污染情况增加或减小爬电距离。因此，它的造型就十分重要。

根据人工污秽试验结果，一般认为应根据爬电比距、污染程度和伞型三个方面来选择造型。耐污型电站电器绝缘子的特点是：① 伞下带棱或大小伞交替并伞下带棱；② 伞倾角不小于15°/5°。(伞上/伞下表面倾角)；③ 伞伸出不小于 50mm；④ 伞间距与伞伸出之比接近于1；⑤ 棱间应有足够多的宽度以便于清扫。

支柱和套管型绝缘子是由多个大小不等的伞构成，为分析和工程应用方便，采用其平均直径作为参考。根据圆柱体表面积与其直径的关系，可以定义支柱和套管型绝缘子的平均直径为

$$D_{av}=\frac{S}{\pi L} \tag{5-54}$$

式中：D_{av}为支柱或套管型绝缘子的平均直径，mm；S为支柱绝缘子的表面积，mm^2；L为泄漏距离，mm。

一般认为，一定形状及一定平均直径的支柱或套管绝缘子，其爬电距离与高度成正比，因此污闪电压或污耐受电压与爬电距离成正比。支柱和套管型绝缘子的污耐受电压与爬电距离的关系如图 5-31 所示。

由图 5-31 (a) 可知，当平均直径 D_{av}为 183～212mm 时（曲线 3～4），污耐受电压与泄漏距离 L 成正比；当 D_{av}为 400～675mm 时（曲线 1～2），随着泄漏距离的增大，污耐受电压有饱和趋势。这是因为爬电距离长的支柱或套管，当其直径或表面积越大时，污耐受电压将因其直径增大降低，则出现饱和趋势。也有试验结果表明，污耐受电压和爬电距离呈线性关系，如图 5-31 (b)。

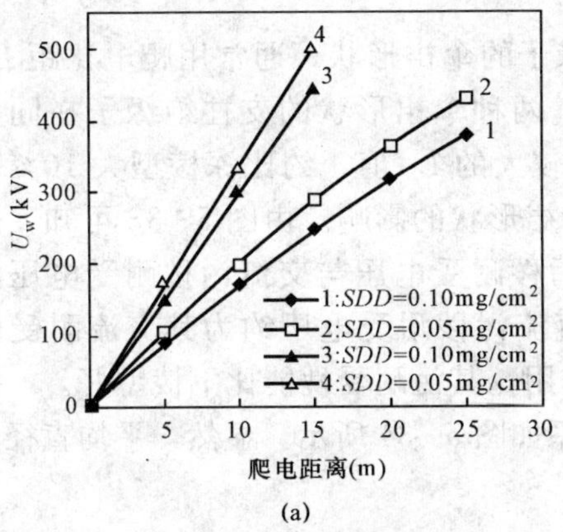

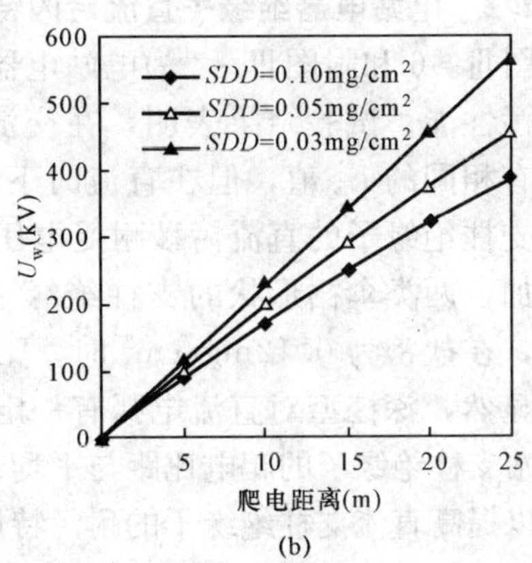

图 5-31　污耐受电压和爬电距离的关系

(a) 圆柱形支柱绝缘子及套管的污耐受电压和爬电距离的关系（1，2：D_{av}＝400～675mm，3，4：D_{av}＝183～212mm）；(b) 500kV 套管及支柱绝缘子的污耐受电压和爬电距离的关系

根据人工污秽试验结果，在相同结构高度下，过多增加爬电距离反而降低污闪电压，适当增加爬电距离和选择伞型伞距对提高污闪电压有明显效果。根据造型不同的七种 35～220kV 系列重污秽棒形支柱绝缘子的人工污秽和自然污秽的试验结果，发现大小交替带棱伞型和钟罩深棱大伞两种结构的耐污性能最好。日本电气协会在电站支柱绝缘子的设计准则中推荐按图 5-32 曲线来选择支柱绝缘子的爬电比距 L_S。对于套管、棒形悬式绝缘子也可按照上述原则来选择。但必须指出，由于整组隔离开关支柱绝缘子的污闪电压比单独试验的支柱绝缘子的污闪电压稍低，因此，在选择电站电器绝缘子时，应充分考虑这一点。

运行经验表明，电器类套管绝缘子在运行中发热可提高其污闪电压，但在投入运行初期一段时间里，以及在轻负荷下运行发热量较少，这一有利因素并不明显。对于钟罩型深棱大伞结构，其自洁性能差，积污较重，人工清扫或带电水冲洗都比较困难。因此，人工污秽试验得到的污闪电压高的电站电器绝缘子在自然污秽条件下并不一定好。为了更好地选择适宜的变电站支柱或套管绝缘子，应结合人工污秽和自然污秽试验结果进行综合比较。

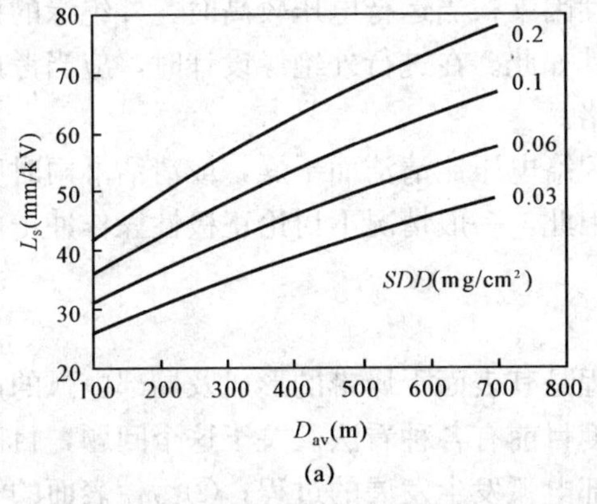

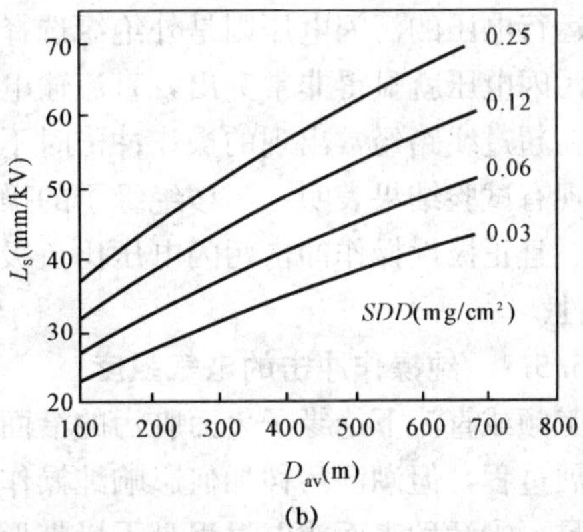

图 5-32　电站绝缘子的设计准则曲线

(a) 275kV 电站绝缘子；(b) 154kV 电站绝缘子

5.4.2 电站电器绝缘子直流污闪特性

附图Ⅲ-6和附图Ⅲ-7为电站电器支柱绝缘子的伞裙形状，通常用爬电比距 L_S 来评价其耐污性能。试验结果表明，在交流电压下，两种伞裙形状的支柱绝缘子在同等盐密下要求有相同的 L_S 值，但在直流时下棱型要有较大的 L_S 值，约比深棱型大10%。这表明电站支柱绝缘子的直流污秽耐受电压要受到伞裙形状的影响。由图5-33可知，随着盐密的增加，两类伞裙形状的支柱绝缘子的直流污秽耐受电压与交流污秽耐受电压的比率均下降，在盐密为0.12mg/cm² 时，下棱型的直流污秽耐受电压约为其交流耐受电压的60%。显然，深棱型对直流电弧有一定的抑制作用，其污耐受性能比下棱型好。

电站支柱绝缘子的爬电比距与平均直径的关系如图5-34所示。显然，平均直径适当增大，可以提高直流支柱绝缘子的耐污特性。

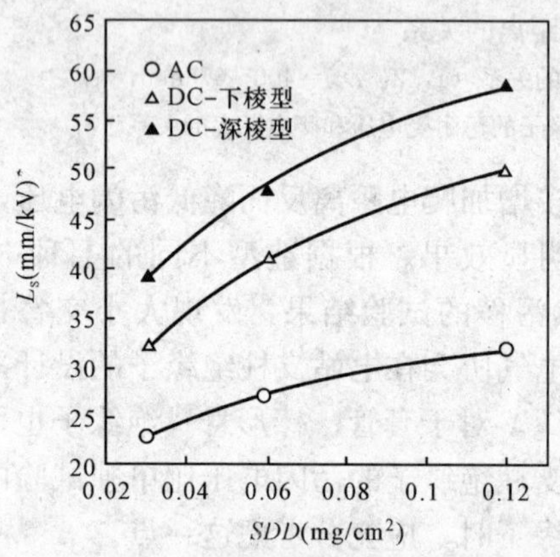

图5-33 电站支柱绝缘子直流耐受特性（污耐受法）

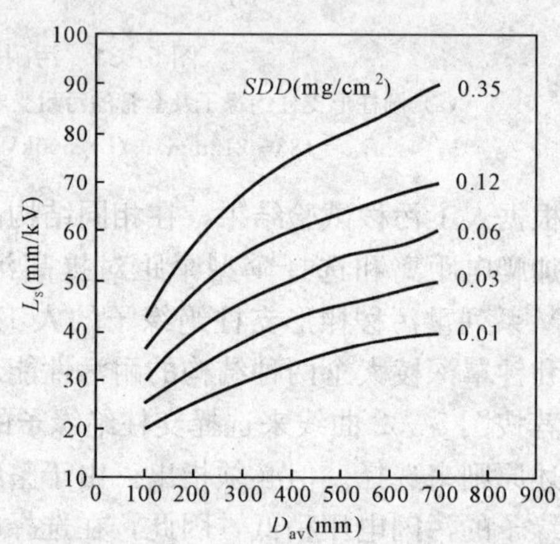

图5-34 电站支柱绝缘子的爬电比距与平均直径关系

5.5 污秽绝缘子的操作冲击特性

无论是交流输电，还是直流输电，系统均存在操作过电压。当操作冲击数值较低时，相对于运行电压的污闪电压则是外绝缘选择的决定性因素；当运行电压较高时，外绝缘的操作冲击污闪电压就显得非常突出，直流输电系统尤其如此。在进行外绝缘设计时，应当考虑绝缘子在超过线路经常出现的操作冲击时不发生闪络。

现有试验结果表明：污秽绝缘子的操作冲击闪络电压比清洁而干燥，或清洁淋雨时明显降低。且正极性操作冲击污闪电压比负极性低。因此，一般情况下讨论正极性操作冲击的污闪特性。

5.5.1 纯操作冲击的电气强度

工频或直流下绝缘子表面脏污的沿面放电过程是其表面干燥带的形成及局部电弧的产生和发展过程，但潮湿污秽如何影响纯操作冲击强度目前有各种看法。关于这个问题，目前认知的是：①污秽表面放电过程是干燥带形成及局部电弧发生发展的过程；②污秽表面的纯操作冲击放电过程目前仍在研究之中。

试验结果表明：绝缘子在污秽较轻时的纯操作冲击闪络时间明显有波头倾向，但随着污秽度的增加，闪络就逐渐出现在波尾，即污秽绝缘子的纯操作冲击闪络特性受波前影响不明显，受波尾影响较大；污秽物使绝缘子的纯操作冲击耐受强度显著下降，其放电电压仅为工频峰值的1.9～2.3倍。这说明操作冲击污闪过程也与热过程有关，特别是在绝缘子表面污秽分布不均匀并在长波头操作冲击电压作用下，污秽绝缘子的操作冲击电压明显降低，有可能导致空载下绝缘子串有湿润污秽时合闸瞬间引起闪络。

也有试验结果表明，在中等程度的污秽条件下，绝缘子的操作冲击污耐受强度将高于清洁湿耐受值，即使在重污秽下也仅造成很少的下降。其原因是，操作冲击作用时间不足以在绝缘子表面形成干燥带，或者湿污层多少改善了一点沿串的电压分布所致。关于这种争论或异议，需要继续进行深入研究。

由上可知，虽然污秽绝缘子的纯操作冲击闪络电压与清洁而干燥、或清洁而淋雨条件下绝缘子的纯操作冲击电压之间的差异尚有不同的看法，但大多数试验结果表明，污秽绝缘子的操作冲击闪络电压均随着污秽程度的增加而降低，如图5-35所示。

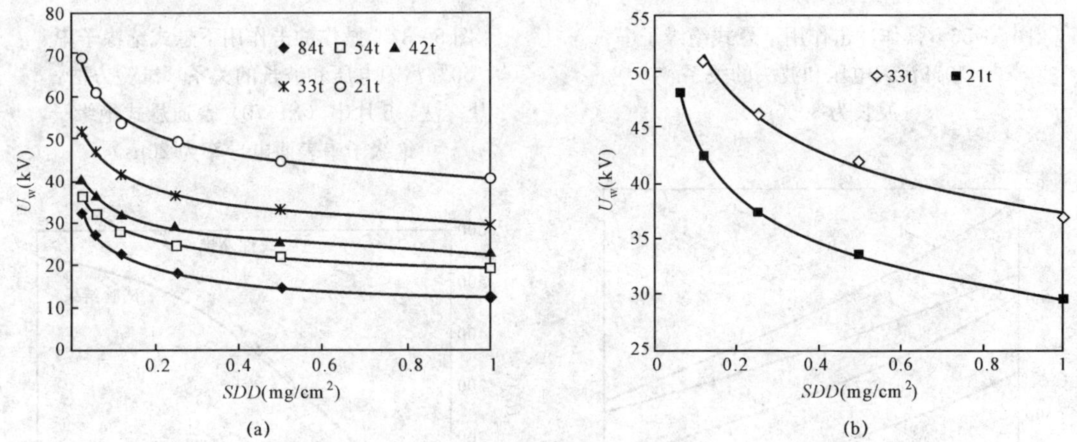

图5-35　纯操作冲击耐受电压与盐密的关系（+180/2400μs）
(a) 普通型悬式绝缘子（XP-70）；(b) 耐雾型绝缘子（XFP-70）

由图5-35可知：

(1) 对于普通悬式绝缘子，在盐密为0.025～0.10mg/cm² 之间，平均每片绝缘子的纯操作冲击耐受电压随盐密的增加而趋于饱和；其规律与工频下的污闪电压或耐受电压一致；

(2) 对于耐雾型悬式绝缘子，在盐密小于1.0mg/cm² 时，其耐受电压随盐密的增加按照线性规律降低。耐雾型绝缘子的纯操作冲击耐受电压是普通型的1.5倍左右。

5.5.2　有预加交流或直流电压时的操作冲击电气强度

污秽绝缘子施加操作冲击电压之前，如果有预加交流或直流电压时，将引起大片干燥带的形成，该干燥带在绝缘子长度或泄漏路径方向导致湿污层连续性的破坏，相当于污秽分布不均匀而致使污层导电性的连续性遭受破坏，因此，此时操作冲击强度下降程度比纯操作冲击严重。

为了研究预加交流电压下污秽绝缘子操作冲击放电特性影响的作用，用5个普通盘形悬式绝缘子（146mm×254mm）组成的绝缘子串进行对比试验。

(1) 一是先预加交流电压使其耐受1min，然后断开交流电源，并立即对污秽绝缘子串施加操作冲击电压，测量其放电电压。

(2) 二是不预加交流电压而直接施加纯操作冲击电压，测量其放电电压。

由 5 片 XP-70 绝缘子串进行以上试验测得的试验结果如图 5-36～图 5-39 所示。

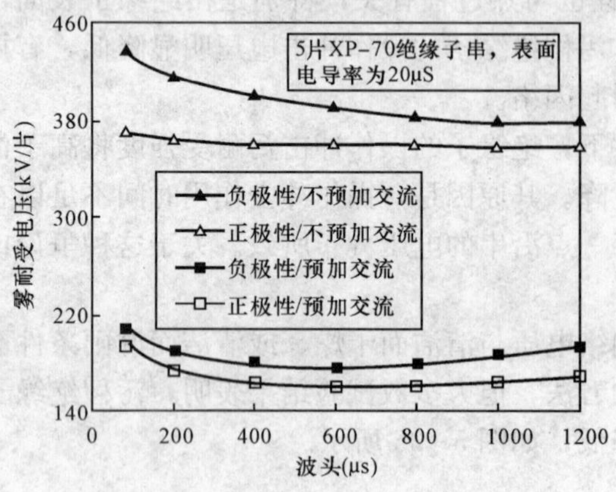

图 5-36 操作冲击作用下悬式绝缘子串50%污闪电压和波头的关系（波长为 3000μs）

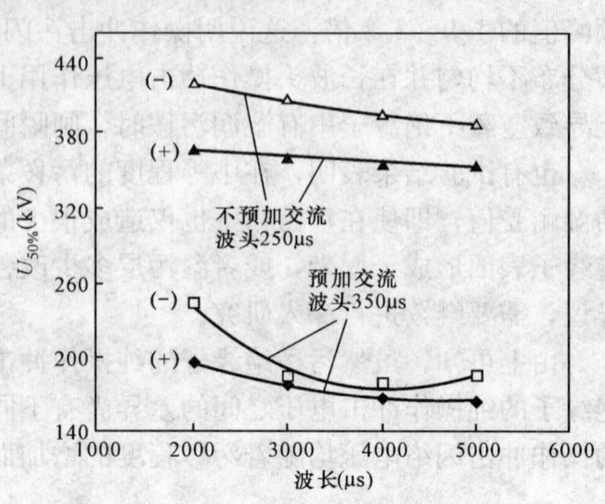

图 5-37 操作冲击作用下悬式绝缘子串50%污闪电压和波长的关系（试验方法：盐雾法，5 片串（XP-70）普通悬式绝缘子，绝缘子串表面电导率为 20μs）

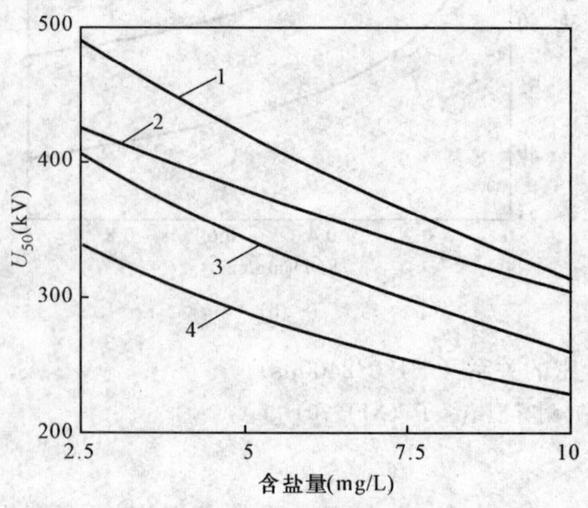

图 5-38 操作冲击下普通悬式绝缘子（XP-70）串的 50%污闪电压与盐雾含量的关系（试验方法：盐雾法，悬式绝缘子片数：10 片，预加交流 85kV）

1—不加交流电压（+35/2200μs）；

2—预加交流电压（+35/2200μs）；

3—不加交流电压（+550/3200μs）；

4—预加交流电压（+550/3200μs）

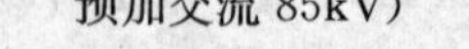

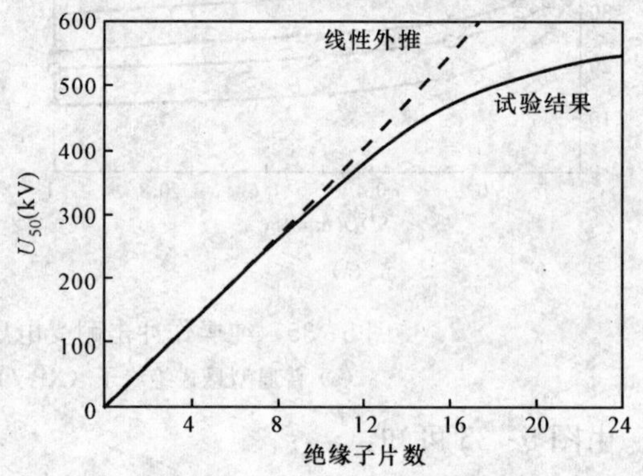

图5-39 操作冲击作用下普通悬式绝缘子（XP-70）串的 50%污闪电压和绝缘子片数的关系（对 9～18 片 146×254×295 绝缘子组成的串，用+350/3500μs 波形，表面电导 20μS，作预加交流的操作冲击污闪试验）

由图 5-36～图 5-39 可以看出如下几点。

1) 对于+350/3000μs 的操作冲击波，预加交流电压后其 50%操作冲击放电电压仅为纯操作冲击时的大约 46%。其原因大致如下：先预加交流电压使污层出现干燥带，为操作波下的污闪过程制造了必要条件。而纯操作冲击波的作用时间短，干燥带的形成不充分，其污闪电压必然比前者高。

2）操作冲击下的污闪电压存在极性效应，正极性比负极性低。

3）操作冲击的波形对操作冲击下的污闪电压有影响，正极性时，当波头超过350μs，波长超过3000μs后，操作冲击下的污闪电压基本趋于稳定，波头500μs的操作冲击污闪电压比30μs时低。

4）操作冲击下绝缘子的污闪电压与串长呈非线性关系，当普通悬式绝缘子（XP-70）的串长超过12片时，饱和现象则十分明显。

预加交流电压时的污秽绝缘子的50%操作冲击放电电压与工频交流的50%污闪电压之比见表5-25。

表5-25　预加交流时绝缘子串50%操作冲击污闪电压与交流50%污闪电压峰值的比值

普通悬式绝缘子串的片数/片	9	15	18	21
比值	2.24	2.00	1.85	1.70

当预加直流电压时，污秽绝缘子的操作冲击耐受强度与预加交流时的情况类似。

但是，若采用蒸汽雾法试验，预加直流下的操作冲击污闪电压基本上不受预加直流的影响，其相对于清洁而干燥绝缘子的操作冲击50%闪络电压减少25%左右；当用湿污法和间断的缓慢湿润法时，预加直流电压对污秽绝缘子的操作冲击污闪电压有明显影响，这时的操作冲击50%污闪电压比清洁而干燥的绝缘子的相应值低35%～50%。

显然，两种试验方法的差异是：湿污法能导致很大的干燥带，而蒸汽雾法很难形成大面积的干燥带；若用盐雾法，由于造成污秽本身的分布不均匀积聚，预加直流也存在明显影响。

对于这三种试验方法，预加交流对操作冲击污闪电压的影响与直流有类似的情况。到目前为止，预加直流，断开直流后在施加操作冲击电压的污闪放电试验结果还不多见，有待于进行试验和探讨。

5.5.3　交流或直流叠加操作冲击时的电气强度

实际运行情况下是交流或直流运行电压下出现操作冲击过电压，因此，设计和运行中更关心的是交流和直流电压下叠加操作冲击电压的污闪特性。但这种情况在试验室的模拟难度很大，对试验设备的要求也很高，特别是在电压等级较高的真型试验时，试验对设备的影响很大。

一、交流叠加操作冲击

（1）使用洁雾法进行交流叠加操作冲击试验时，先将染污的绝缘子串悬挂进雾室受潮2～3min，施加交流电压2～3min，然后在交流电压的正半波峰值叠加操作冲击电压。对于2～4片串悬式绝缘子组成的短串，在交流电压上叠加+250/2500μs的操作冲击电压的试验结果如表5-26所示。由表5-26可知，在交流叠加操作冲击电压下，绝缘子的污闪电压随污秽度的增加而下降，交流叠加操作冲击的污闪电压与交流污闪电压的比在1.6～2.1之间。

（2）使用湿污法进行试验时，用8～9片普通悬式绝缘子（146mm×254mm）组成绝缘子串，先将试品浸入污液中，取出并悬挂于试品架，1min后加压76kV（有效值）的交流电压3min，然后在交流电压上叠加37/2700μs的操作冲击电压，试验结果见图5-40。

表 5-26 悬式绝缘子的操作冲击污闪电压

绝缘子型式	串长（片）	SDD（mg/cm²）	操作冲击污闪电压（kV）		交流污闪电压（kV）		操作冲击污闪电压/交流污闪电压峰值	
			范围	平均	范围	平均	范围	平均
X-45	2	0.30	39.0～50.0	41.5	13.6～17.7	15.6	2.03～1.96	1.90
	4	0.156	78.2～89.6	84.5	31.5～46.0	37.0	1.76～1.38	1.62
		0.30	67.2～84.0	76.7	24.5～38.5	30.5	1.94～1.54	1.78
		0.56	51.8～70.0	64.6	22.4～35.7	28.0	1.65～1.39	1.64
XFP-60	2	0.30	44.8～54.6	51.7	10.7～23.5	17.5	2.97～1.65	2.08
	4	0.30	84.8～99.4	86.5	26.6～34.6	31.5	2.26～2.03	1.94
		0.56	77.7～81.2	79.6	—	—	—	—
X-45（半导体釉）	2	0.30	40.2～47.2	44.5	14.7～22.0	16.1	1.94～1.52	1.95
	4	0.30	72.1～94.5	79.0	29.5～42.6	34.3	1.73～1.57	1.63
		0.56	62.3～79.0	71.0	—	—	—	—

注 1. 灰密为 1.0mg/cm²；

2. 2 片串预加交流 12.7kV（有效值），4 片串预加交流 25.4kV（有效值）。

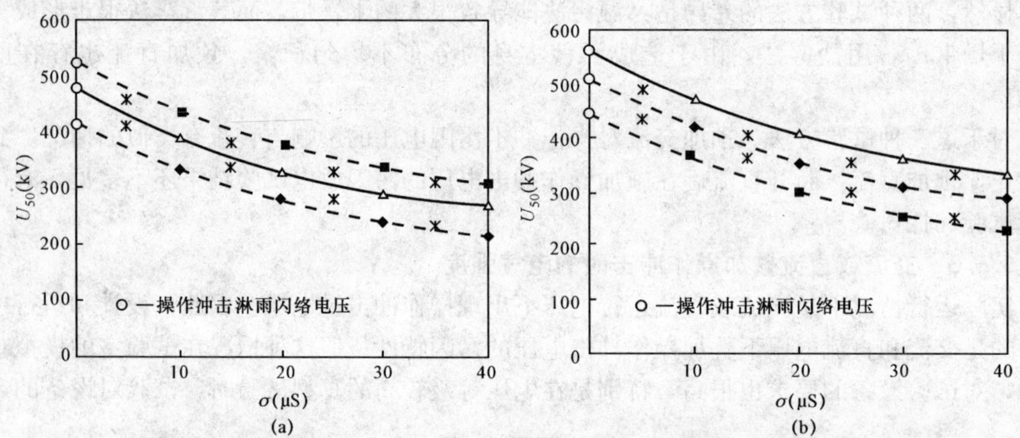

图 5-40 交流叠加操作冲击电压下普通悬式绝缘子的 50%污闪电压与电导率的关系

(a) 正极性；(b) 负极性

由图 5-40 试验结果可知，当交流叠加操作冲击电压时，正极性污闪电压略低于负极性操作冲击的污闪电压；在同一电导率下，操作冲击污闪电压比清洁绝缘子的操作冲击雨闪电压约低 1/3～1/2。

二、直流叠加操作冲击

与交流叠加操作冲击的情况基本一致，直流叠加操作冲击（+180/2400μs）时污秽绝缘子的 50%污闪电压也有明显降低。

采用湿污法进行试验得到的结果表明：

(1) 直流叠加操作冲击时绝缘子污闪电压随污秽度的增加而降低，当盐密为 0.05mg/cm²

时，其降低的趋势基本饱和；

(2) 与清洁而干燥的基准情况相比，其污闪电压降低约35%～50%。

由于试验条件和设备的限制，对于交流或直流电压下叠加操作冲击的污秽绝缘子的闪络特性有待于继续研究，目前缺乏足够的试验数据，但目前的试验结果表明：交流或直流电压下叠加操作冲击的污闪电压比清洁而干燥或清洁污闪电压低的看法是一致的。现在运行经验表明：对于500kV以上系统，特别是直流系统，操作冲击的污闪特性对绝缘子选择是十分重要的，因此，直流下操作冲击的污闪特性是需要进一步研究的课题。

5.6　污秽绝缘子的雷电冲击电气特性

与操作冲击电压相比，雷电冲击电压的作用时间更短，同时，雾、露、毛毛雨等不利气象条件与雷电冲击波同时作用的概率极小，因此，以污秽放电的热过程为基点，曾在相当长一段时间以内，普遍认为污秽绝缘子的雷电冲击强度不会有明显降低。但是，从目前已经掌握的运行资料来看，雷电冲击下也会发生污闪。我国华东地区曾发生多次220kV变电站污秽绝缘子雷击闪络，事故后进行试验表明，雷电冲击耐受强度因污秽的存在降低了30%；上海、河南、四川、贵州等地的运行经验也证明污秽绝缘子的雷电冲击强度比清洁绝缘子低，并导致闪络，从而引起了人们对污秽绝缘子雷电冲击强度研究的重视，特别是在直流系统中，正常运行的直流电压因可能的充电效应，使叠加的雷电冲击电压对污秽绝缘子的电气强度产生影响，并可能导致污闪。但这种观点仍有待于试验研究来证实，因为运行经验观测也有误差，也存在将其他类型事故归纳到雷电冲击的污闪中的情况。

但从污闪机理来看，在污秽较重时，由于污层表面泄漏电流较大，烘干作用较强，它不仅可以形成干燥带，而且小电弧的产生使沿面电位分布极不均匀。雷电冲击电压越高，产生污闪的条件越充分，这时的雷电冲击只起一个“点火”的作用。

所以大雨天气不会产生污闪，但往往与大雨来临之前的雷电活动强烈，这时可能出现的零星小雨点，甚至零星的大雨点可局部使绝缘子表面湿润，相当于自然干燥带的形成，在运行电压下则可能产生污闪事故。当然，雷电冲击下污闪仍是一个未解决的课题，有待于进一步研究，目前进行了许多研究，得到了一些数据，可参考相关资料。

在对污秽绝缘子的雷电冲击试验进行研究时，也分为三种情况。

5.6.1　纯雷电冲击的污秽绝缘子电气强度

采用固体层法，对污秽绝缘子串进行雷电冲击闪络试验的结果表明，对于25～45片XP-70普通悬式绝缘子串，正极性50%雷电冲击污闪电压比湿闪电压低15%～30%，而负极性则低25%～35%；对于深棱型绝缘子串，在正极性时几乎没有下降。在正极性时，因深而多棱结构对阻止正电子流的延伸是有效的，所以深而多棱的绝缘子其雷电冲击污闪电压较普通型好。

在纯雷电冲击电压下，污秽绝缘子的闪络时间一般在10～100μs之间，如图5-41所示，其中，10～40μs之间闪络占83.3%，在10～30μs之间闪络占51%，超过50μs仅占6.9%。这表明与热过程有关的污闪概率很小，纯雷电冲击下的污闪可能是污秽分布不均匀导致沿面电位分布不均匀所致。

5.6.2 先预加交流或直流的雷电冲击的污秽绝缘子电气强度

目前关于预加直流的污秽绝缘子雷电冲击特性的研究很少，因此，这里仅讨论预加交流时的污秽绝缘子的雷电冲击特性。

先预加交流电压，断开后立即施加雷电冲击电压，得到的污秽绝缘子的50%雷电冲击污闪电压与预加交流电压值的关系如图5-42所示。由图5-42可知，在盐密为0.1mg/cm^{2}时，50%雷电冲击污闪电压与预加交流电压值大小有关，且随着预加交流电压值的增加而降低，并逐渐趋于定值。这表明由于污秽层的泄漏电流较大，烘干作用较强，预加交流不仅可以形成干燥带，而且小电弧的产生使沿面电位分布极不均匀；预加交流越高，产生污闪的条件越充分，随后施加的雷电冲击只起一个“点火”的作用。

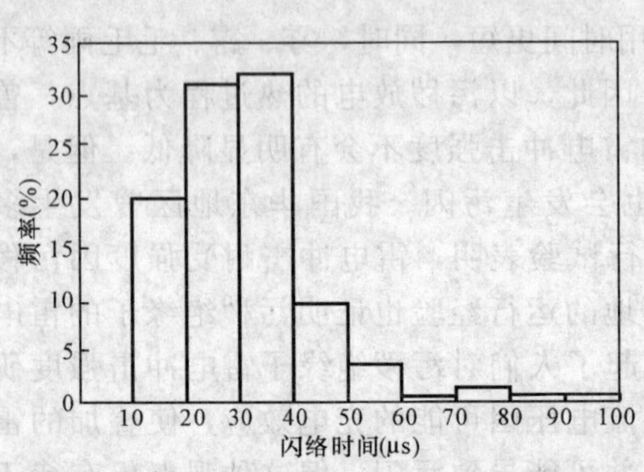

图5-41 污秽绝缘子50%纯雷电冲击闪络时间

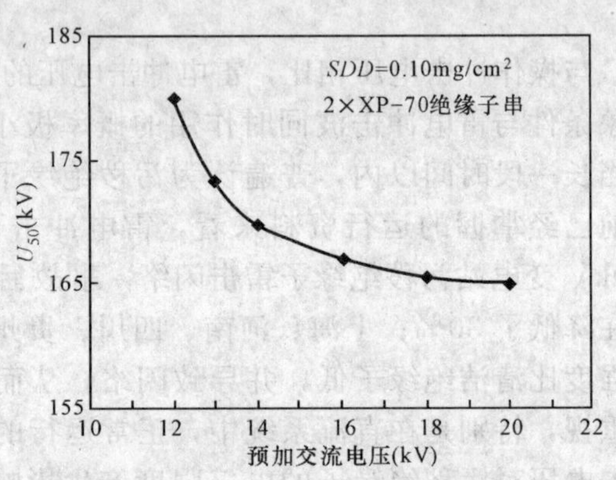

图5-42 污秽绝缘子50%雷电冲击污闪电压与预加交流电压的关系

采用固体层法染污的2片串XP-70普通悬式绝缘子组成的短串，采用冷雾法进行人工污秽试验，试验时先预加交流电压2min，断开交流电源的同时施加正极性标准雷电冲击电压。在每一级污秽程度下，根据两点法（闪络概率分别为20%和80%）来决定50%雷电冲击污闪电压。考虑到预加交流电压对干燥带形成的影响，采用了两种预加交流电压值：一是按污秽分级标准规定的最小公称爬电比距计算预加交流电压值；二是按10kV/片预加交流电压值。同时为了比较起见，还进行了雷电冲击清洁雾闪试验。试验结果如图5-43和表5-27所示。

表5-27 按最小公称爬电比距预加交流时2片XP-70串的雷电冲击U_{50}

SDD（mg/cm^2）	预加交流电压（kV）	雷电冲击污闪电压U_{50}（kV）	污闪电压比清洁雾闪电压降低的百分数（%）
0	20.0	240.3	—
0.03	20.0	179.9	25.9
0.05	15.9	177.4	27.1
0.10	11.6	180.7	25.7
0.20	9.0	197.1	18.9

(1) 按污秽分级标准规定的最小公称爬电比距计算预加交流电压值。由表5-27可知：在按照规定的最小公称爬电比距预加交流电压的雷电冲击污闪试验中，轻污秽时的50%雷电冲击污闪电压随污秽程度的增加而降低。在重污秽时，50%雷电冲击污闪电压随污秽程度的增加反而升高，其临界点在盐密为0.04～0.05mg/cm^{2}附近。由此得到：50%雷电冲击污闪电压比50%清洁雾闪电压降低18%～27%左右，在临界点降低27%。其所以在超过临界点后出现雷电冲击污闪电压上升，可能是预加交流电压偏低，干燥带形成不充分所致。

(2) 按10kV/片预加交流电压值。当预加交流电压为10kV/片时，在预加交流电压为一定值时，随着盐密的增加，50%雷电冲击污闪电压迅速下降，而且盐密达到一定值后，50%雷电冲击污闪电压趋于某一定值。这表明当盐密达到一定值后，如果预加交流电压值已使污秽绝缘子处于临闪状态时，雷电冲击电压只起击穿干燥带表面空气，并保持热电离过程的作用。在盐密为0.03～0.10mg/cm^{2}之间，50%雷电冲击污闪电压比50%清洁雾闪电压降低25%～31%左右。

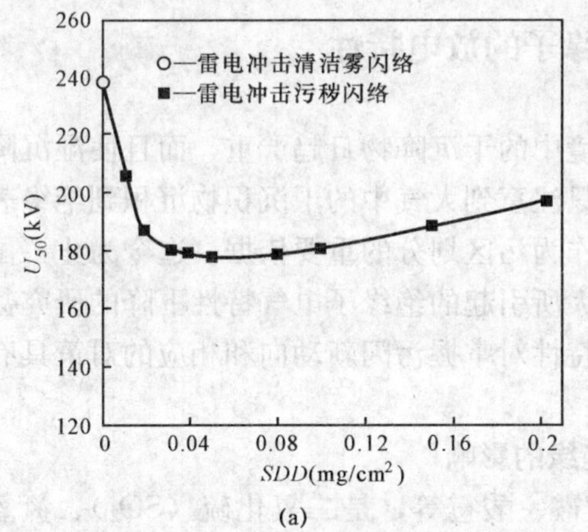

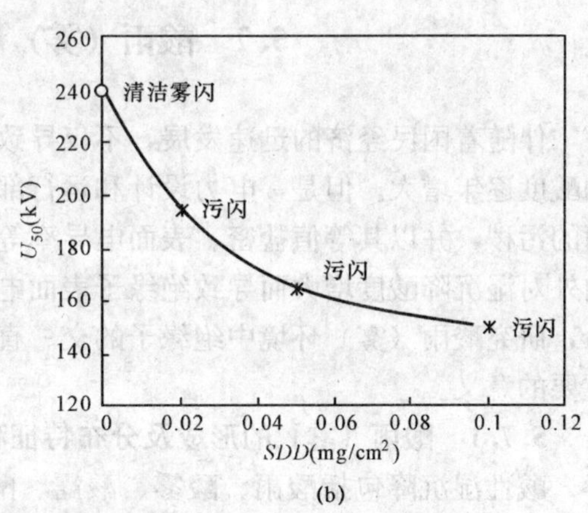

图5-43　预加交流时2片XP-70绝缘子雷电冲击50%污闪电压与盐密的关系
(a) 按最小电弧爬电比距预加交流电压；(b) 按10kV/片预加交流电压

5.6.3　交流或直流叠加雷电冲击的污秽绝缘子电气强度

采用湿污法对4～10片普通悬式绝缘子（146mm×254mm）组成的绝缘子串进行交流叠加雷电冲击电压的试验，试验时将绝缘子浸入污液中，取出悬挂于试验架进行试验，1min后施加交流电压，然后叠加1.2/50μs的雷电冲击电压。对于4～5片绝缘子串施加的交流电压有效值为38kV，对于8～10片绝缘子串施加的交流电压有效值为76kV。试验结果如图5-44（a）所示。由图5-44（a）可知，绝缘子串的50%雷电冲击污闪电压随盐密的增加而降低，并且比清洁状态的50%淋雨湿闪电压降低15%～35%。

用直径100mm、长1.7m的有机玻璃管作为支柱绝缘子的模型，预加交流电压时测得的单位长度的50%雷电冲击污闪电压与盐密的关系如图5-44（b）。无论极性如何，雷电冲击50%污闪电压均随盐密的增大而降低，并且比干燥时降低50%左右。

关于直流叠加雷电冲击的污闪特性试验结果尚不多见。分析可知，直流叠加雷电冲击时，直流对雷电冲击的50%污闪电压造成的影响是有限的，便还有待于进一步研究。

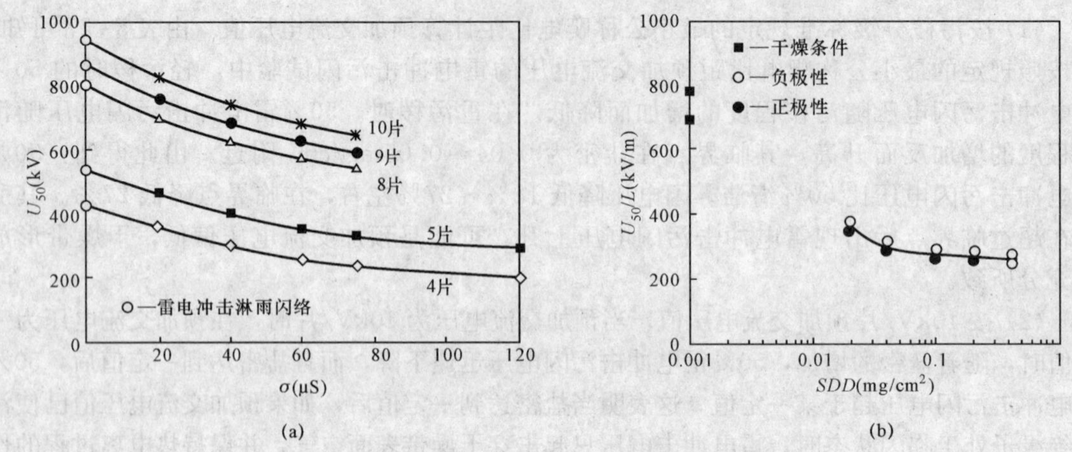

图 5-44　50%雷电冲击污闪电压与表面电导率的关系

(a) 普通悬式绝缘子串；(b) 光滑支柱（有机玻璃）

5.7　酸雨（雾）地区绝缘子的放电特性

伴随着国民经济的迅速发展，不仅导致大气环境中的干沉降物日趋严重，而且使湿沉降的酸度逐年增大。但是，电力设计和运行部门大多只注意到大气中的干沉积物沉积到绝缘表面的污秽，并以其等值盐密、表面电导率等特征量作为污区划分的重要依据。迄今为止，国内外对湿沉降酸度增大而导致绝缘子表面电导率增大所引起的绝缘子电气特性下降的研究甚少，研究酸雨（雾）环境中绝缘子的交、直流闪络特性对掌握污闪新动向和相应的对策具有重要的意义。

5.7.1　酸雨（雾）的形成及分布特征和对外绝缘的影响

酸性湿沉降包括酸雨、酸雾、酸露、酸雪、酸霰、酸雹等，是二氧化硫（SO_2）、氮氧化合物（NO_x）和氯化物（HCl）等这些人类活动排放到大气中的气体酸性物与空气中的水分反应形成的，pH 值小于 5.6。酸性湿沉降常用 pH 值来表征，pH 值越小，酸性越强，即酸度越高。

形成酸性湿沉降的酸性物质有自然源和人为源，自然产生的酸性物质，在正常的降雨过程中被稀释后不会产生什么危害，产生危害的酸性湿沉降主要是由于人类的工农业生产活动带来的。我国的能源生产和消费结构长期以煤炭为主。近年来随着经济和能源消耗的快速增长，化石燃料燃烧，尤其是原煤的大量直接燃烧，加之脱硫脱氮等排气净化装置配套的不完善，使 SO_2、NO_x 等酸性气体排放量不断增加；在城市附近和化工厂地区，汽车尾气和工厂排放的废气中也含有大量的酸类生成物，2005 年全国 SO_2 排放量 2549 万 t，居世界第一。在乡村地区，由于化肥的使用加剧了空气的污染，加之工业污秽飘尘的作用，也容易形成酸性湿沉降。

虽然一定量的排放污源是不可避免的，但区域性酸雨形成的大气气溶胶对降水酸度有重大影响。气溶胶中最重要的成分是 CaO，北方气溶胶中的钙多存在于 CaO 中，而南方多存于盐类，并使其水溶液偏酸性，它不仅不能中和降水中 SO_2 形成的酸，反而使降水酸度更高。因此，我国长江以南地区大气气溶胶物质对酸化的缓冲能力小，土地呈酸性，湿度大，气温高，太阳辐射强，这些因素都有助于降水酸化，因此我国长江以南地区区域性酸雨严重，而北方地

区虽然 SO_2、NO_x 排放强度很大，但仍未出现区域性酸雨。从全国分布来看，以长沙、株洲、赣州、南昌等城市为中心的华中酸雨区和以重庆、贵阳、遵义等城市为中心的西南酸雨区是全国酸雨污染最严重的区域，中心区年均降水 pH 值低于 4.0，酸雨频率最高达 90%；珠江三角洲及广西东部地区的华南酸雨区和长江中下游及南至厦门的华东酸雨区较华中、西南酸雨区弱，但分布范围广泛；而北方降水年均 pH 值低于 5.6 的只分布在个别城市地区。

研究表明，我国酸雨的化学特征是 pH 值低，硫酸根（SO_4^{-2}）、铵离子（NH_4^+）和钙离子（Ca^{2+}）质量浓度远高于欧美国家，而硝酸根（NO_3^-）质量浓度则低于欧美国家，酸性降水中硫酸根的当量比大约为 6.5：1，属典型的硫酸性酸雨。

酸雨（雾）对外绝缘的影响主要有两类：酸雨对绝缘子雨闪特性的影响和酸雨（雾）对绝缘子表面污闪特性的影响。

5.7.2 酸雨（雾）条件下绝缘子试验方法

(1) 酸雨环境中的绝缘子试验方法。在进行绝缘子酸雨闪络试验时，应满足 GB 775.2—2001《绝缘子试验方法 第2部分：电气试验方法》的要求。淋雨试验前应先按给定的 pH 值配制好酸性水，并储存于足以进行一级 pH 值试验所需降雨量的容器中。通过耐酸水泵将酸性水抽入喷雨系统，喷雨系统和雨量应满足绝缘子淋雨试验标准，即酸雨从标准喷嘴与水平面成 45°角均匀地淋在试品上；淋雨率在整个试验过程中应保持在 1.1±0.5mm 范围内。

按 GB 775.2—2001 的要求，试验可采用耐受试验或闪络试验：

1) 耐受试验。试品预淋雨 15min 后，先施加约 75%的试验电压，然后以每秒约 2%试验电压的速率上升至规定的耐受电压，保持 1min，不应发生闪络或绝缘体击穿。然后迅速退掉电压，但不应突然截断电压。

2) 闪络试验。试品预淋雨 15min 后，先施加约 75%的试验电压，然后以每秒约 2%试验电压的速率上升至闪络，湿闪络电压以 5 个连续测定的闪络电压的算术平均值计算，该 5 次的各个电压值与平均值之差不应超过平均值的 8%。每两次闪络试验间的时间间隔保持在 1min 以上。

(2) 酸雾环境中的试验方法。运行中的染污绝缘子表面污秽被酸雾饱和湿润后，表面电导率增大，将使绝缘子电气强度下降，因此，酸雾环境中最严重的状况是染污绝缘子表面的酸雾闪络。

试验时，人工污秽绝缘子或自然污秽绝缘子置入人工雾室中，预先按一定 pH 值配置好的酸性水盛于与喷枪相连的容器中，容器中的酸性水应足以完成一级 pH 值试验所需。启动空气压缩机使雾室内喷枪同时产生酸雾，适当调节喷枪的安装高度和进气量及压力以控制雾的浓度和均匀度。当试品在酸雾中饱和受潮即绝缘子伞裙边缘有污液下滴时，立即对试品均匀升压至一定电压下耐受或直至闪络。

5.7.3 酸雨（雾）条件下外绝缘的电气特性

一、酸雨条件下绝缘子的雨闪特性

绝缘子的淋雨闪络是一种沿着被雨淋湿的表面和空气间隙串联路径的放电。在清洁、干燥状态下，沿绝缘子表面的电压分布是容性分布，但是在淋雨状态下，绝缘子淋雨面和未淋雨面的电压分布可近似地通过简化等值电路确定，且淋雨时间越长，特别是雨量大时，淋雨表面的电阻将大幅下降，所以，几乎所有的电压都加在未受雨淋的表面上。受雨淋的表面，由于淋湿不均匀，即使在稳定的水层形成后，沿淋雨表面的电压分布也将严重畸变，阻性电压沿淋湿表面的分布为不均匀分布。当雨水有可能在绝缘子伞裙之间形成下滴的水桥时，水桥往往导致绝缘子雨闪电压非常低，同时，这种情况也增加了雨闪电压的分散性。

通常，当雨水淋到清洁、干燥的绝缘子表面时，绝缘子受雨淋表面的电导波动很大，这与绝缘子表面孤立水滴的形成与随机运动有关。随着淋雨时间的延长，电导波动更加剧烈。根据雨水强度的不同，电导最终将达到稳定，绝缘子表面达到稳定淋湿的时间，随雨水强度及绝缘子表面清洁度的增加而减少。标准悬式盘形绝缘子受雨淋表面的稳定表面电阻 R_w 可以表示为

$$R_w = c_w \rho_w A_w^{-0.44} \tag{5-55}$$

式中：c_w 为常数；ρ_w 为雨水电阻率；A_w 为总的雨水强度。

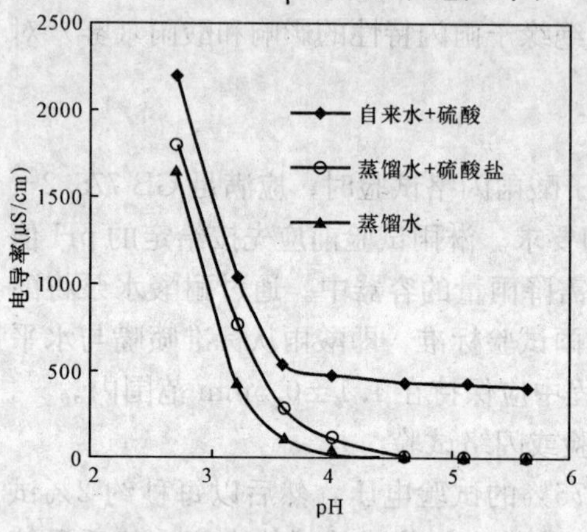

图 5-45 不同组分酸溶液的电导率 γ 与 pH 值的关系

式（5-55）表明，在达到稳定淋湿状态后，绝缘子表面电阻受雨水电阻率的影响比受雨水强度的影响更大。酸雨的电导率高于常规雨，由图 5-45可知，在酸雨条件下，雨水电导率高，且雨水 pH 值越低，雨水电导率越高，因此随着雨水 pH 值的降低，绝缘子的雨闪电压必将下降。

在湿沉降中，雨（毛毛雨）、雾、露、融雪、雨夹雪等是使绝缘子表面污秽层湿润的基本气象条件。根据大气环境质量监测的数据分析，雨、雾、露三种湿沉降水中，雨水酸度最大，雾水次之，露水最低。雾水的酸度虽比雨水低，但其污秽组分浓度最高，是雨水的几十倍。由于在湿沉降水的形成过程中，污秽物中的弱电解质和含量高的强电解质尚来不及充分溶解，一旦绝缘子表面的干沉降污秽物被持续的酸雾湿润，加上雾中电解质的充分溶解，两者叠加，将导致绝缘子表面的电导率增大，进而导致绝缘子的闪络电压下降。

绝缘子的雨闪电压是户外绝缘子重要的性能指标之一，在常规的绝缘子雨闪电压考核中并未考虑酸雨对雨闪电压的影响。图 5-46 是酸雨环境中五种不同型式清洁绝缘子的交流闪络电压与雨水 pH 值的关系。

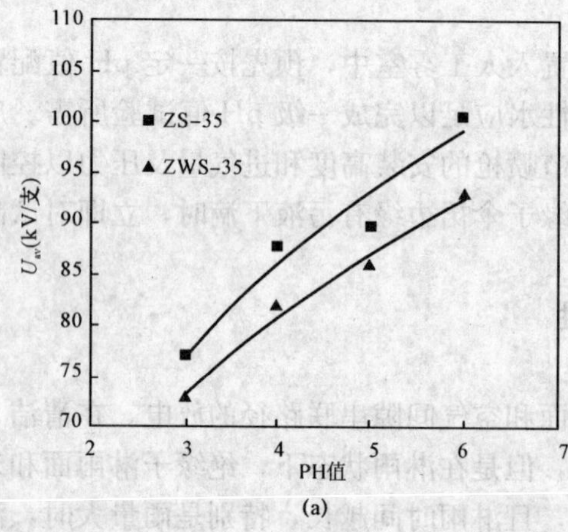

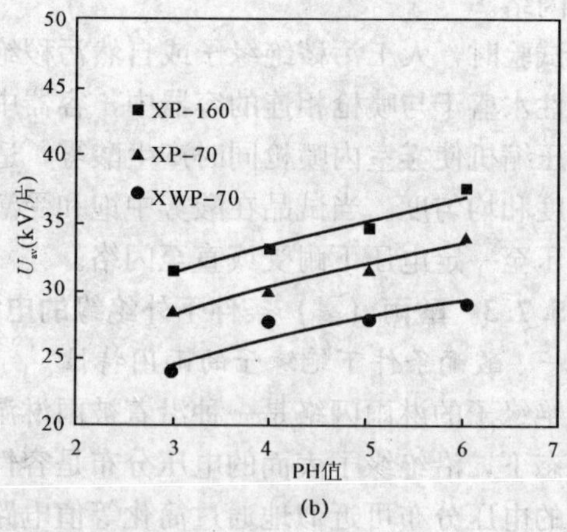

图 5-46 酸雨环境中清洁绝缘子的交流闪络电压与 pH 值的关系

(a) 电站绝缘子；(b) 线路悬式绝缘子

由图5-46可知，无论普通型或是防污型的清洁支柱绝缘子和悬式绝缘子，其交流雨闪电压均随着雨水pH值的减小（酸度增大）呈下降的趋势；酸度越大，绝缘子雨闪电压的下降程度越大：当雨水pH值从7变化到4时，绝缘子的雨闪电压下降较小，而pH值处于3～4之间时，雨闪电压的变化加剧，并有拐点出现，随着pH值的进一步减小，雨闪电压急剧下降，这与图5-46中硫酸溶液电导率与其pH值的关系趋势一致。由此可见，在外绝缘选择时，降雨酸度的增大已成为不可忽略的环境因素。

当雨水沿两伞边缘之间的空气间隙下流时，水桥短接了绝缘子的部分爬电距离，导致双伞耐污型悬式绝缘子和大小伞间隔的耐污型支柱绝缘子的雨闪电压比相应的普通型绝缘子还低，其中，悬式绝缘子XWP-70的比XP-70低8.3%～15.8%，支柱绝缘子ZWS-35的比ZW-35约低4.4%～7.9%。

二、酸雨（雾）条件下染污绝缘子的闪络特性

绝缘子人工污秽试验时，一般采用洁净雾（蒸汽雾）或盐雾，并未考虑雾的酸度，实际上由于工农业污染的影响，很多地区雾的酸度大大增加。图5-47和图5-48为9种不同型式绝缘子在酸雾环境中的交流闪络特性试验结果。

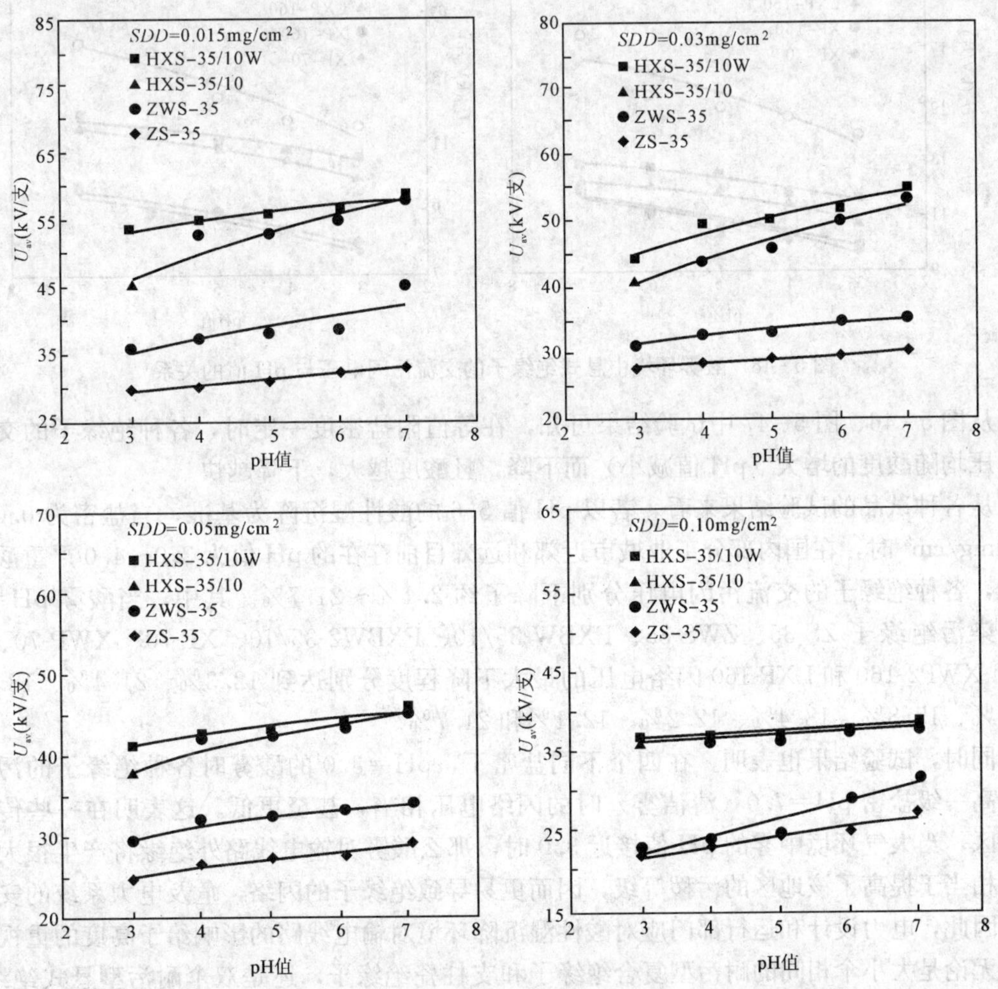

图5-47　酸雾环境中复合绝缘子和支柱绝缘子的交流污闪电压与pH值的关系

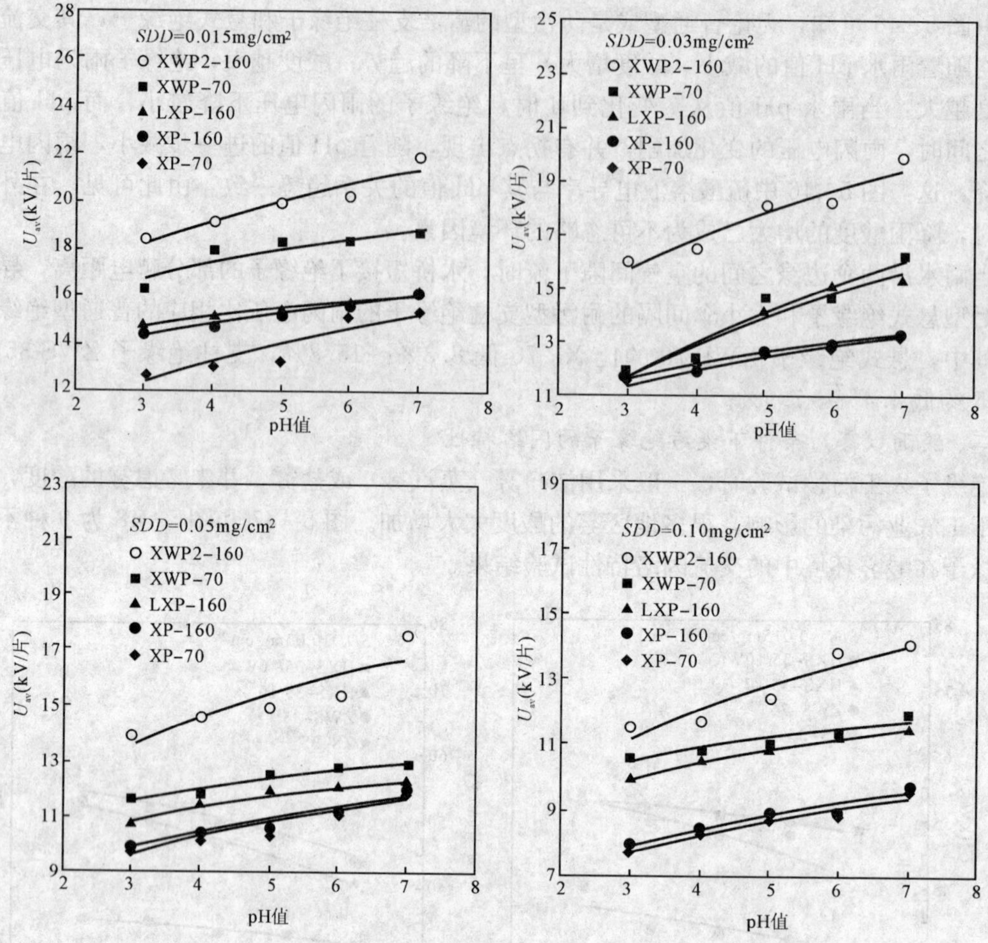

图 5-48　酸雾环境中悬式绝缘子的交流污闪电压与 pH 值的关系

从图 5-46、图 5-47 中试验结果可知，在等值附盐密度一定时，各种绝缘子的交流污闪电压均随酸度的增大（pH 值减小）而下降，且酸度越大，下降越快。

从各种试品的试验结果来看，若以 pH 值 5.6 的酸性湿沉降为基准，当盐密为 0.015～0.10mg/cm² 时，在国内部分工业城市近郊和远郊目前存在的 pH 值为 3.0～4.0 严重酸雾环境中，各种绝缘子的交流污闪电压分别下降了约 2.1%～21.7%。其中，当酸雾 pH＝3.0 时，染污绝缘子 ZS-35、ZWS-35、FXBW-35/10、FXBW2-35/10、XP-70、XWP-70、XP-160、XWP2-160 和 LXP-160 闪络电压的最大下降程度分别达到 12.3%、21.4%、18.3%、13.7%、15.8%、18.4%、12.2%、12.1%和 21.7%。

同时，试验结果也表明，在四个不同盐密下，pH＝3.0 的酸雾时各种绝缘子的污闪电压与高一级盐密 pH＝7.0（清洁雾）时的闪络电压相当，甚至更低。这表明在一些传统的轻污区，当大气环境中雾的 pH 值接近 3.0 时，那么酸雾对输电线路外绝缘将产生很大的影响，相当于提高了该地区的污秽等级，因而更易导致绝缘子的闪络，危及电力系统的安全运行。因此，电力设计和运行部门应对酸性湿沉降环境对输电线路的影响给予高度的重视。

无论是大小伞相间的耐污型复合绝缘子和支柱瓷绝缘子，还是双伞耐污型悬式绝缘子，虽然其酸雾下的交流污闪电压与清洁雾下的污闪电压相比也要下降，但耐污型绝缘子的污闪电压仍然明显高于相应的普通型绝缘子。其中，在 pH＝3.0～4.0 范围内，轻污秽（0.015mg/cm²）下，各种耐污型绝缘子普遍比相应的普通型绝缘子的闪络电压提高了 20.7%～37.7%；但当盐密增大为 0.10mg/cm² 时，耐污型复合绝缘子和支柱瓷绝缘子的污闪电压只比相应的普通型绝缘子分别提高了 1.6%～1.7%和 3.9%～4.5%，而双伞耐污型悬式绝缘子 XWP-70 和 XWP2-160 却比相应的普通型绝缘子的污闪电压分别提高了 30.1%～37.7%和 39.3%～45.6%。这个结果表明，酸雾环境中增大绝缘子表面的泄漏距离仍然是提高绝缘子耐污性能的有效措施。

此外，普通悬式玻璃绝缘子 LXP-160 与瓷绝缘子 XP-160 相比，在相同 pH 值酸雾和盐密下，LXP-160 的交流污闪电压均高于 XP-160。在 pH 值为 3.0～4.0 的酸雾环境中，虽然盐密为 0.015mg/cm² 时 LXP-160 的污闪电压仅比 XP-160 高 2.0%～2.8%，但当污秽较重（0.10mg/cm²）时前者的污闪电压却明显高于后者，比后者高 25.0%～25.3%。这表明绝缘子的材质和造型对酸雾下的污闪特性有一定的影响。

在不同 pH 值的酸雾环境中，盐密对不同型式绝缘子的污闪电压的影响如图 5-49 和图 5-50。从图中试验结果可知，当雾的酸度一定时，绝缘子的交流污闪电压受盐密的影响与清洁雾下的影响有相同的趋势。这表明即使是在酸雾环境中，盐密仍然对绝缘子的交流闪络电压有很大的影响。

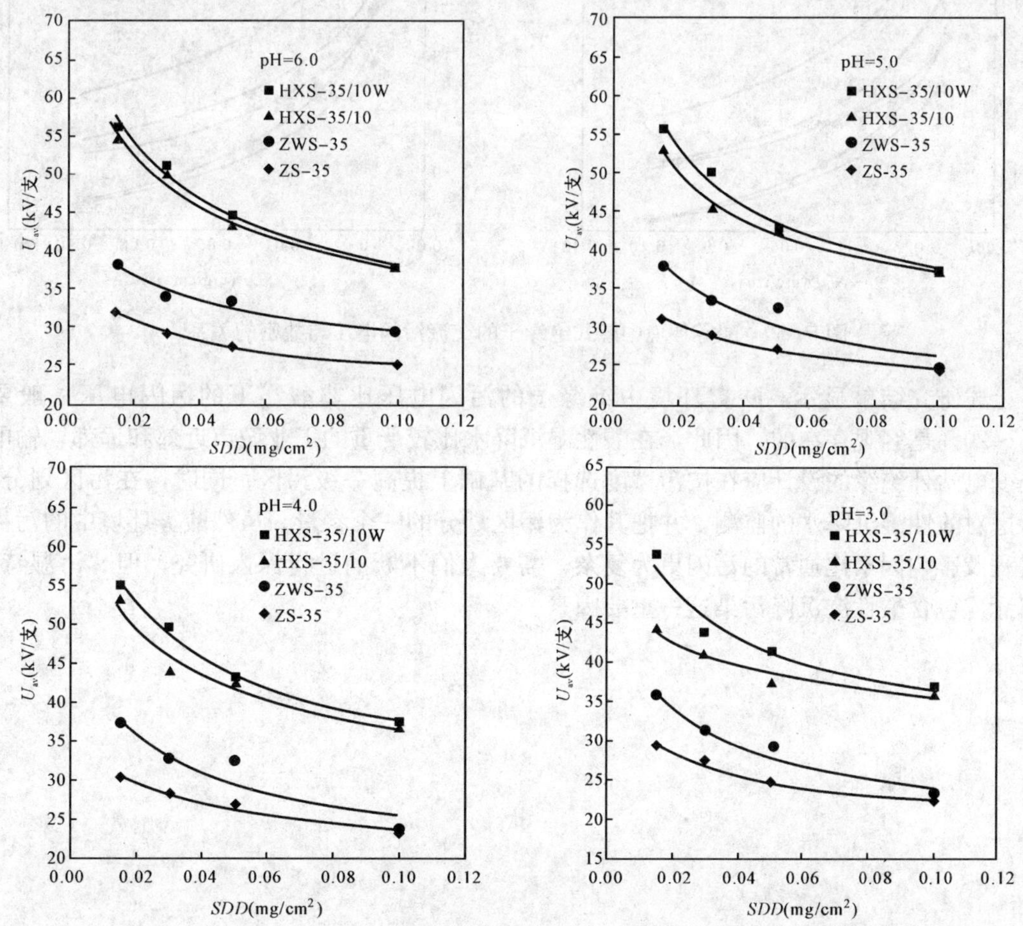

图 5-49 酸雾环境中复合绝缘子和支柱绝缘子的交流污闪电压与盐密的关系

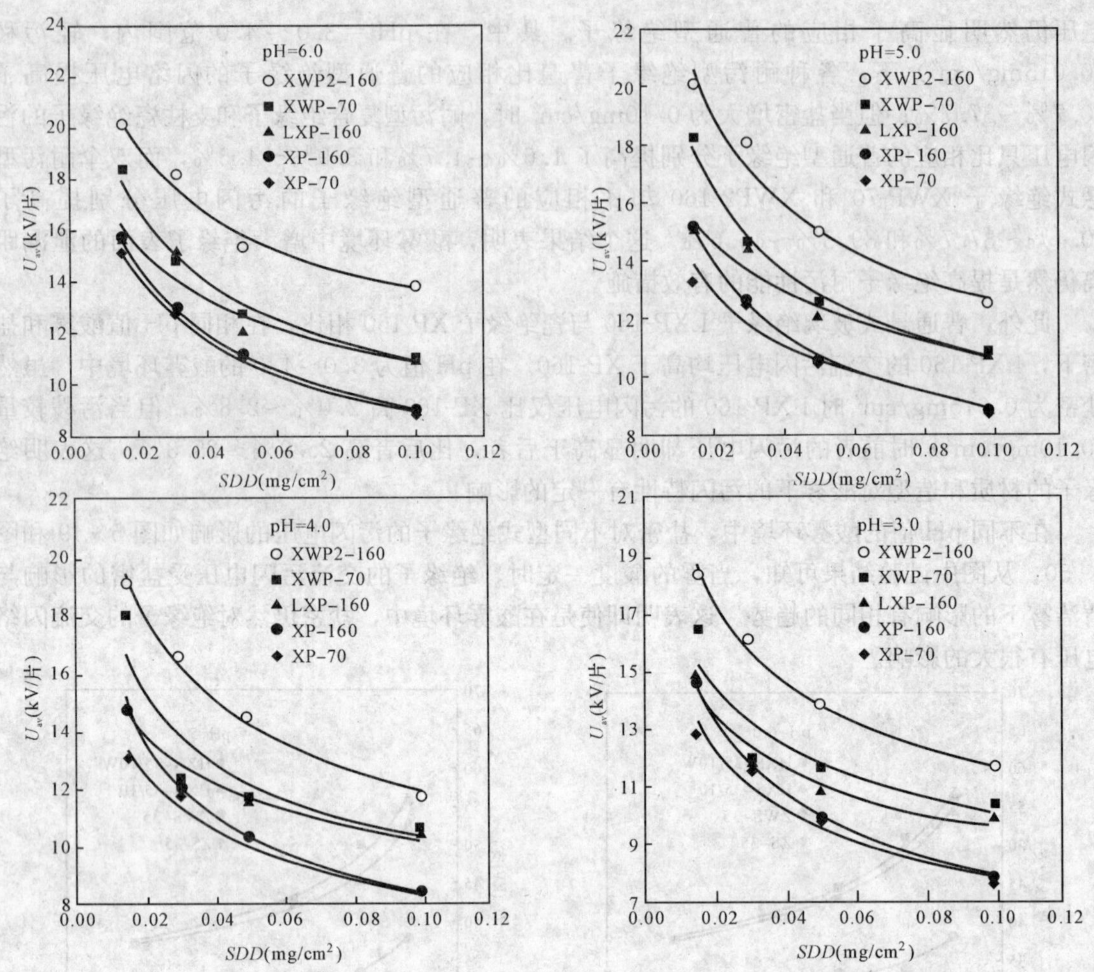

图 5-50 酸雾环境中悬式绝缘子的交流污闪电压与盐密的关系

上述研究结果显示，酸雾环境中绝缘子的污闪电压比非酸雾下的污闪电压一般要低10%～20%是客观存在的。因此，在酸性湿沉降水比较严重的工业城市近郊和远郊，输电线路及变电站外绝缘的设计应在按污秽度选择的基础上提高一级污区；同时，在污区划分中，应考虑对酸性湿沉降水的监测，并把其作为污区划分的一个参量。虽然酸雾环境中的污秽闪络过程及影响因素比通常的污闪更为复杂，需要人们不断的进行深入研究，但"污湿特征"的概念应包含酸性湿沉降污染这一重要因素。

第6章　绝缘子覆冰及其影响因素

6.1 概　　述

覆冰是电力系统的严重自然灾害。我国自20世纪50年代首次发生电网冰害事故以来，我国各电压等级的输变电设备均发生了冰害事故。

我国自20世纪70年来以来，就十分关注覆冰的危害，对其进行了长期的观测和研究，特别是对于绝缘子覆冰。近年来，随着特高压工程的建设，对其研究越来越重视。经过长期的研究，在绝缘子覆冰闪络特性和闪络机理方面，取得了许多有工程实际意义的成果。

绝缘子覆冰是一种特殊的污秽形式。覆冰绝缘子的电气强度降低始终与污秽有关。在高寒地区，绝缘子面临着覆冰积雪的危害更为严重。覆冰积雪对绝缘子电气强度的影响主要体现在两个方面：一是冰雪在泄漏电流或局部小电弧的热作用下融化，使绝缘子表面污秽湿润，或染污的冰雪融化后导致绝缘子表面电阻降低，即污秽绝缘子表面冰层融化后，融化的冰雪本身就是一种特殊形式的污秽；二是冰雪的堆积改变了绝缘子的外形结构，特别是冰凌产生以后，冰凌的形成改变了绝缘子沿面的泄漏路径，并导致在正常运行电压下沿绝缘子表面的电位分布发生变化。

覆冰虽然是一种特殊形式的污秽，但覆冰绝缘子的放电过程比污秽绝缘子放电更为复杂，所涉及的问题更多。到目前为止，覆冰绝缘子的电气强度及放电过程仍是国内外没有很好解决的技术难题，也是重庆大学多年来一直研究的重点，在该领域的研究，重庆大学取得了许多研究成果。

6.2 覆冰的分类和物理性质

6.2.1 覆冰分类

一、按形成条件分类

输电线路导线和绝缘子的覆冰按形成条件及性质可分为A型、B型、C型、D型和E型五种，见表6-1。

表6-1　输电线路导线和绝缘子覆冰的类型和性质

类型	名称	性质	形成条件及过程
A型	雨凇 (Glaze)	纯粹、透明的冰，坚硬，可形成冰柱，密度0.8～0.917g/cm³，粘附力很强	在低海拔地区，由过冷却雨或毛毛细雨降落在低于冻结温度的物体上形成，气温−2℃～0℃；在山地，由云中来的冰晶或含有大水滴的地面雾在高风速下形成，气温−4℃～0℃
B型	硬雾凇 (Hard Rime)	不透明（奶色）或半透明冰，常由透明和不透明冰层交错形成，坚硬；密度0.6～0.8g/cm³。粘附力强	在低海拔地区，由云中来的冰晶或含有雨滴的地面雾形成，气温−5℃～0℃；在山地，在相当高的风速下，由云中来的冰晶或带有中等大小水滴的地面雾形成，气温−10℃～−3℃

续表

类型	名称	性质	形成条件及过程
C型	软雾凇 (Soft Fime)	白色，呈粒状雪，质轻，为相对坚固的结晶，密度 0.3～0.6g/cm³，粘附力较弱	在中等风速下形成，在山地由云中来的冰晶或含水滴的雾形成，气温 －13℃～ －8℃
D型	白霜 (Hoar Frost)	白色，雪状，不规则针状结晶，很脆而轻，密度 0.05～0.3g/cm³，粘附力颇弱	水汽从空气中直接凝结而成，发生在寒冷而平静的天气，气温低于－10℃
E型	雪和雾 (Snow and Sleet)	在低地为干雪，密度低，粘附力弱。在丘陵为凝结雪和雨夹雪或雾，重量大	粘附雪经过多次融化和冻结，成为雪和冰的混合物，可以达到相当高的重量和体积

(1) A 型。A 型为雨凇覆冰，是在冻雨期发生于低海拔地区的覆冰，虽然单次冻雨覆冰过程的持续时间一般较短，但其重复性频率较高，温度接近冰点、风相当大，积冰透明，在导线和绝缘子上的粘合力很强，冰的密度很高，约为 0.8～0.917g/cm³。

雨凇覆冰时，气温在－2℃～＋2℃之间，由于风速大，实际导线表面的温度在－5℃～0℃之间，这就是许多文献中常说雨凇覆冰出现在 0℃以上气温的原因，天气预报的气温是未加风时的气温，即使在观冰站，有时也测得导线下方温度高于 0℃，但导线所处位置较高，风速大，因而实际导线表面温度在 0℃或 0℃以下。雨凇覆冰是混合凇覆冰的初级阶段，由于冻雨持续期一般较短，因此，导线覆冰为纯粹的雨凇覆冰的情况相对较少。

(2) B 型。B 型为混合凇。当温度在冰点以下，风比较猛时，则形成混合凇。在混合凇覆冰条件下，冻雨与冻雾交替呈现，纯粹的过冷却水滴冻结比较少，积冰有时透明，有时不透明，冰在导线和绝缘子上的粘合力很强。混合凇的密度较高，约为 0.6～0.8g/cm³。导线和绝缘子长期暴露于湿气之中，便形成混合凇。混合凇是一个复合覆冰过程，首先是雨凇，然后雾凇，是一种交替冰的形式，生长速度快，对导线和绝缘子危害特别严重。

(3) C 型。C 型为软雾凇，是由于山区低层云中含有的过冷水滴在极低温度与风速较小情况下形成的。在第二个水滴到来之前，第一个水滴已冻结在导线和绝缘子上。这种积冰呈白色、不透明、晶状结构，密度小于 0.60g/ cm³，在导线和绝缘子上附着力相当弱，最初的结冰是单向的，由于导线机械失衡，逐渐围绕导线均匀分布，在此情况下，这种冰对导线一般不构成威胁。

(4) D 型和 E 型。D 型和 E 型分别为白霜、雪和雾，后续内容将进一步说明。

二、按危害程度分类

按危害程度，并根据电力系统运行、维护、设计及科研的要求，导线和绝缘子有覆冰和积雪两种情况。而导线和绝缘子覆冰可分成四类，即白霜，雾凇，混合凇和雨凇；积雪可分成两类，即干雪和湿雪。

(1) 白霜。空气中湿气与 0℃以下的冷物体接触时，湿气在冷物表面凝华形成白霜。白霜的形成不需要有过冷却小水滴的存在，其基本特性是“针状”或“树枝状”晶体，形成时风速通常相当弱。可是在大多数情况下，当有白霜形成时，包含微小水滴的云或雾常与其共存。因此，自然形成的白霜是否纯粹由水蒸气凝华形成还十分值得怀疑。但可以想象，微小水滴粘结到晶体上有助于白霜的增长。白霜在导线上的粘结力十分微弱，即使是轻轻地振动，也可使白霜脱离所粘结导线和绝缘子的表面。与其他类型覆冰如雾凇、混合凇及雨凇相比，白霜几乎不可能对导线构成危害，但对绝缘子电气强度有一定影响。

(2) 雾凇。雾凇分为软雾凇和硬雾凇两种。导线和绝缘子上积覆雾凇时，常常是两者同时并存。风携带雾中或云中的过冷却小水滴一个接一个不断与导线和绝缘子表面碰撞并冻结而产生雾凇。雾凇的最明显特征是外观呈“虾尾状”或“松针状”。雾凇在导线或绝缘子上的粘结点小，且常在迎风面生长，如图6-1、图6-2所示。雾凇是冬季高寒高海拔山区输电线路最常见的一种覆冰形式，其颜色为白色，显微镜下呈颗粒状结构，软雾凇密度小于0.1g/cm³，硬雾凇密度为0.1～0.5g/cm³。条件适宜时，雾凇增长速度很快，一夜之间覆冰厚度可增长200～300mm。雾凇增长纯粹是由于云中和雾中过冷却水滴碰撞导线和绝缘子或其他物体表面引起的。可当云中有降雪或“飞雪”存在时，过冷却水滴有时将雪花粘结到覆冰组织中，在这种情况下，树枝常被大量积雪覆盖。

(3) 混合凇。混合凇是由导线和绝缘子捕获空气中过冷却水滴并冻结而发展起来的一种覆冰形式，以硬冰块的形式出现，透明或不透明；其结构为层状或板块形式，透明和不透明层交替出现。混合凇内部常捕获有孤立的微小气泡，结构是密实的，不像雾凇以颗粒结构形式出现；混合凇粘结力相当强，密度在0.6～0.8g/cm³之间；当温度较低、风速较强时，混合凇迅速增长。图6-3为人工气候室内模拟支柱绝缘子覆冰实例，图6-4为树枝自然覆混合凇冰。

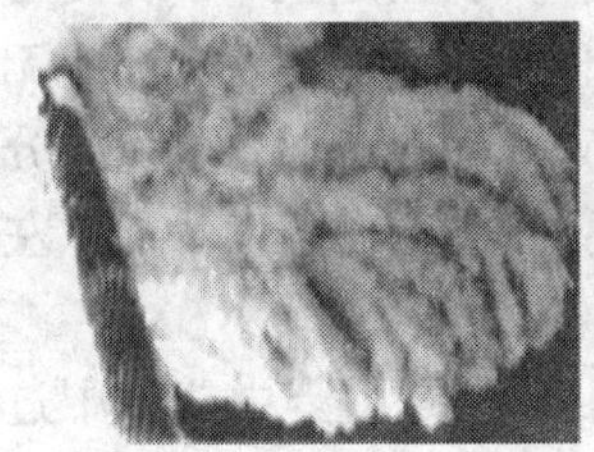

图6-1　导线上雾凇

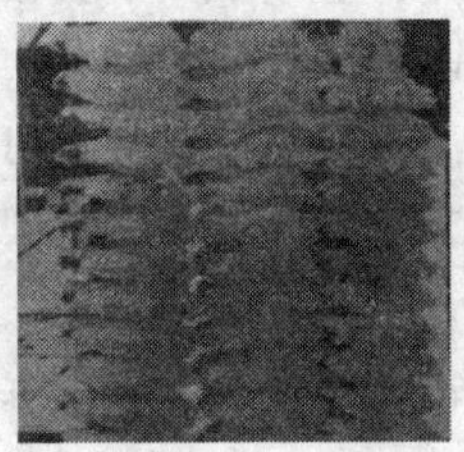

图6-2　绝缘子上雾凇

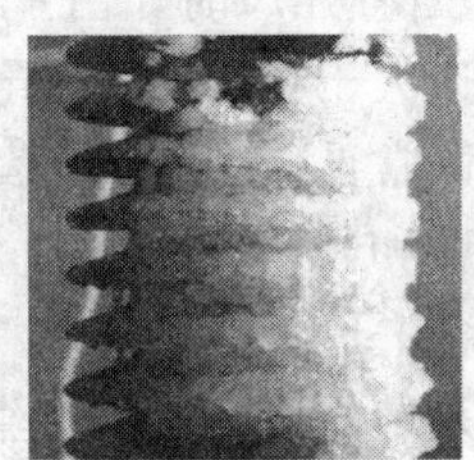

图6-3　绝缘子上混合凇

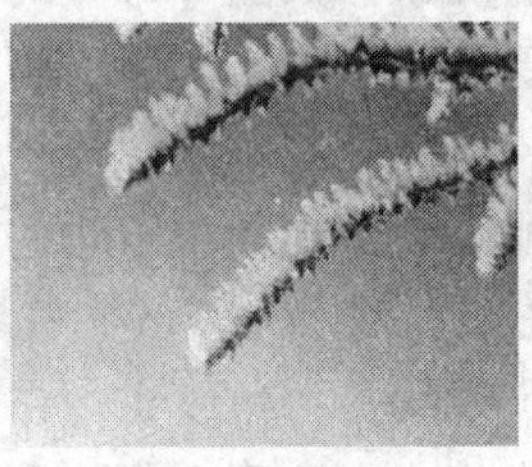

图6-4　树枝上混合凇

(4) 雨凇。雨凇是理论上透明的清澈冰。大多数情况下，雨凇是由过冷却雨滴或毛毛雨滴发展起来的，即冻雨覆冰。但在云中覆冰情况下，如果空气温度高，如－2℃～0℃，且过冷却水滴直径大，如15～25μm，覆冰以“薄冰”形式出现，这也是雨凇。在雨凇覆冰情况下，粘结到导线和绝缘子或其他物体上的水滴完全冻结之前，过冷却水滴的碰撞连续不断地发生，覆冰是连续增长的。雨凇覆冰形成过程中，冰面温度为0℃，从而使覆冰表面完全由一层薄薄的水膜覆盖。虽然雨凇覆冰也包含有一定的气泡，与混合凇相比，气泡含量少得多。雨凇冰是透明的，其密度接近理论上纯冰的密度，即0.917g/cm³。在工程实际中常将密度大于0.9g/cm³的冰称为雨凇。图6-5、图6-6是树枝和松针上典型的雨凇覆冰，其冰是透明的，并牢固地粘结在积覆物上；图6-7、图6-8是输电线路导线典型的雨凇覆冰情况。

图 6-5 树枝上雨凇

图 6-6 松针上雨凇

图 6-7 导线上翼型雨凇

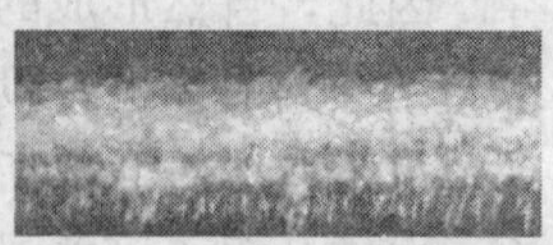
图6-8 导线上圆筒型雨凇

(5) 积雪。空气中的干雪或冰晶很难粘结到导线表面。只有当空气中的雪为“湿雪”时，导线才会出现积雪现象。

图 6-9 试验导线自然积雪

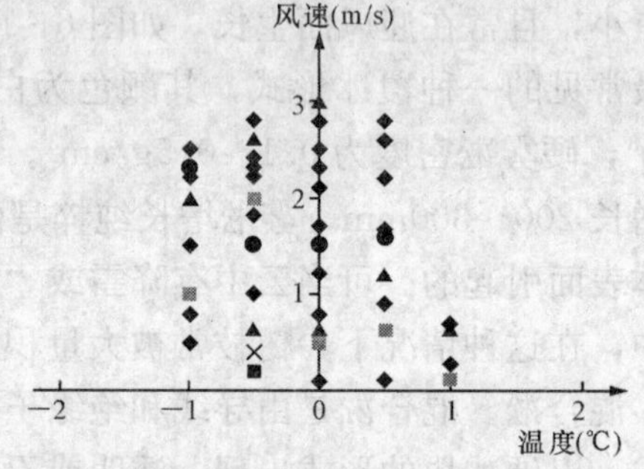

图 6-10 导线覆雪时风速和气温

在山区，有时雪片中混杂有过冷却水滴，水滴粘附在雪花上，这种情况下雪片容易粘附到所碰撞的物体上，这种现象称为覆冰，而不是积雪。导线积雪是指当温度在 0℃左右、风速很弱时，“湿雪”粒子与“水体”一起通过“毛细管”的作用相互粘结并粘附到导线表面的现象，如图 6-9 所示。当有强风时，雪片易被风吹落，导线覆雪不可能发生，导线覆雪受风速制约。实际上当风速大于 3m/s 时，导线覆雪不可能发生，此外，平原地区或低地无风地区导线覆雪现象较山区常见。图 6-10 表示鄂西及川东地区 1953～1995 年 42 年间部分地区观测到的积雪时的温度和风速。由图 6-10 可知，大部分积雪事件发生在温度为 0℃左右、风速小于 3m/s 气象条件下。

从另一角度讲，白霜是地面湿气凝华产生的一种覆冰；雾凇和混合凇是由雾中或云中过冷却小水滴引起的，统称为云中覆冰；雨凇及积雪是由冻雨和降雪造成的，总称为降水覆冰。

三、按形成机理分类

根据导线和绝缘子覆冰形成的内在机理及形成过程，覆冰增长过程可分为两种，即干增长覆冰过程和湿增长覆冰过程。雾凇覆冰是干增长过程，雨凇覆冰为湿增长过程，混合凇是介于干、湿增长之间的一种覆冰过程。干雪是干增长过程，湿雪为湿增长过程。将覆冰分为干湿增长过程有助于分析导线和绝缘子覆冰的形成机理及形成过程中的热平衡及热传递。

6.2.2 冰的物理性质

一、冰的密度

工程中测量导线和绝缘子覆冰密度比较困难，因为自然界导线和绝缘子覆冰具有不规则的形状及形式，且其密度分布很不均匀。为测量覆冰密度，应先测量覆冰的体积。测量覆冰体积的方法之一是“照相法”，但这种方法复杂且不适用。测量覆冰体积的实用方法是“排液法”，即将覆冰沉浸在冰不可融解的液体中，如四氯化碳等，测量冰排出的液体体积即得冰的体积。

冰的密度与空气温度、风速、水滴大小、空气中液水含量以及捕获物的大小、形状、覆冰物体表面动态热平衡过程等多种因素有关。1990 年，美国的 Jones 利用“π 理论”分析计算了冰密度与气象条件等参变量的关系，即 Jones 关系式为

$$\rho_i=249-84\ln\pi_c-6.24(\ln\pi_a)^2+135\pi_k+18.5\ln\pi_k\ln\pi_a-33.9(\ln\pi_k)^2 \tag{6-1}$$

其中

$$\begin{cases}\pi_c=-k_a T\times10^{-4}/(2Lwv L_f)\\ \pi_a=18av\rho_a^2\times10^{-2}/(\mu\rho_w)\\ \pi_k=4a^2v\rho_w\times10^{-6}/(18\mu R)\end{cases} \tag{6-2}$$

式中：ρ_i 为冰的密度（kg/m³）；k_a为空气的热导率，等于 2.4mW/（m.K）；ρ_w、ρ_a 分别为水滴密度和空气密度（g/cm³）；μ 为空气动粘滞系数，其值为 1.72×10^{-5} kg/（m.s）；a 为水滴半径（μm）；v 为风速（m/s）；T 为冰面与环境温差（℃）；w 为空气中液水含量（g/cm³）；R 为覆冰物体半径（cm）。由此可知，影响覆冰密度的主要大气参数有水滴半径、风速、环境温度和空气中液水含量。由于水滴半径和空气中液水含量不易测量，式（6-2）在工程应用中存在困难。但 Jones 利用式（6-1）计算了 Washington 山半径从 15.8mm 到 76.2mm 的导线覆冰时的密度，计算结果与实测误差仅为±0.0001g/cm³。

二、冰的粘结力

冰的粘结力是研究除冰技术及防冰方法的重要参数之一。冰在铜、铝、铁及木材等物质上的粘结力分为剪切力和垂直力。剪切力定义为将冰从物质表面横向移去所要求的力。冰在具有一定直径的圆柱棒上形成后，圆柱棒从一孔中拔出。由于冰粘结在孔表面，为使冰脱离圆柱棒表面，将力作用在圆棒轴线方向，从而可测得冰的剪切粘结力。垂直粘结力表示垂直方向将冰拔掉所需的力。在圆棒表面打一直径 1cm 的孔，一个与孔十分吻合并且其端面与圆柱棒表面完全一致的插销插进孔中，带有插销的圆柱棒覆冰后，通过测量连接到插销的弹簧在插销脱离棒时的弹力得到冰在物质表面的垂直粘结力。表 6-2 表示不同材料上冰的剪切力，材料不同，冰在其上的剪切力有所不同。表 6-3 表示铝材料在不同温度下垂直粘结力的变化。由表 6-3 可知，对于铝材，混合凇的垂直粘结力随温度的降低而增加。这是冰自身特有性质，未对雾凇的粘结力进行过多的测量。显然，与雨凇和混合凇相比，雾凇的粘结力相对较小。仅仅一击虽不能使混合凇冰和雨凇脱落，但可使雾凇完全脱离导线表面。积雪的特性与雾凇不同，作为比较及参考，给出现有关于覆雪垂直粘结力部分研究结果。

(1) Inoue 在温度为－5.7℃时测量了密度为 0.10g/cm³ 的积雪在玻璃表面的垂直粘结力为 23.1N/cm²；

(2) 在温度为－5.7℃时聚四氟乙烯表面的垂直粘结力为 16.7N/cm²。

表 6-2　　冰在物质表面的剪切力

材料	温度（℃）	冰类	剪切粘结力（N/cm²）
硬橡胶	－5	混合冰	11
硬橡胶	－6.3	雨凇	16

续表

材料	温度（℃）	冰类	剪切粘结力（N/cm²）
铜	−6.1 −8.9	混合凇	20 23
玻璃	−8.8	混合凇	15

表 6-3　　冰在物质表面的垂直粘结力

材料	温度（℃）	冰类	垂直粘结力（N/cm²）
铝	−4～6	混合凇	21
	−8～−12	混合凇	35
	−10～−12	混合凇	58
	−14～−16	混合凇	113

三、冰的导热率

冰的导热率是覆冰预测的基础参数之一，但目前没有很好的方法进行测量。由于绝缘子覆冰的形状及结构极其复杂，目前没有直接测量积冰导热率的方法。经过试验及间接测量，不同研究者得出的积雪导热率经验公式可作为研究覆冰导热率时参考，即

$$\mu(\rho)=\begin{cases}0.0285\rho^3 & \text{Abels 经验公式}\\ 0.0021+0.008\rho+0.025\rho^4 & \text{Janson 经验公式}\\ (3+300\rho^2)\times10^{-4} & \text{Devauk 经验公式}\\ 4.1868\times10^{(-4+2\rho)} & \text{Yoshida 经验公式}\end{cases} \tag{6-3}$$

式中：μ（ρ）覆雪的导热率，J/（℃. cm・s）；ρ 为雪密度，g/cm³。不同经验公式的结果曲线如图 6 - 11 所示。由图 6 - 11 可知，在积雪密度小于 0.70g/cm³ 时，Abels 经验公式、Deveaux经验公式和 Yoshida 经验公式的计算结果相差很小，满足工程应用的要求，而 Janson经验公式的计算结果与前三者相比，误差较大。取各研究者的平均值可得

$$\mu(\rho)=0.00125+0.0305\rho^{2.80} \tag{6-4}$$

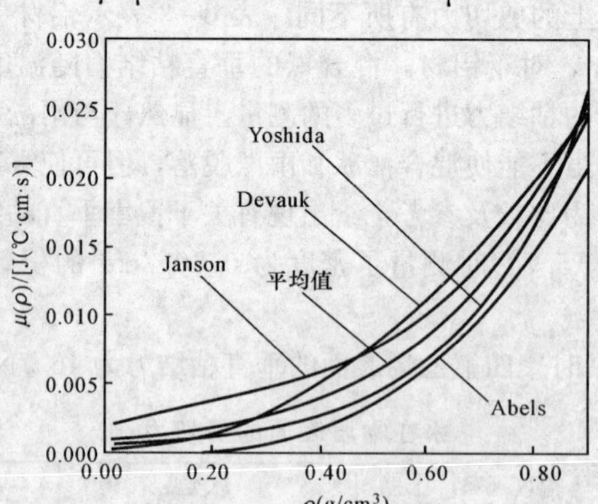

图 6 - 11　不同经验公式求得的导热率与雪密度的关系

6.3 影响覆冰的因素

绝缘子覆冰的区别主要体现在厚度、密度及每片绝缘子覆冰量、伞裙桥接程度等的差别上。影响绝缘子覆冰的因素很多，主要有气象条件、地形及地理条件、海拔高程、凝结高度、绝缘子悬挂高度、绝缘子盘径、绝缘子的结构、风速风向、水滴直径、电场强度及负荷电流等，本节将分别讨论以上各因素对绝缘子覆冰的影响。

6.3.1 气象因素

当过冷却在 0℃及其以下的云中或雾中水滴与绝缘子表面碰撞并冻结时，覆冰现象产生。在冬季，当温度低于 0℃时，大气中的小水滴将发生过冷却；在高空甚至在夏季水滴也会发生过冷却。处于过冷却水滴包围的输电线路绝缘子与气流中过冷却水滴发生碰撞，并冻结在绝缘子表面而形成覆冰。绝缘子表面发生覆冰现象必须满足三个条件，即 ① 大气中必须有足够的过冷却水滴；② 过冷却水滴被绝缘子捕获；③ 过冷却水滴立即冻结或在离开绝缘子表面前冻结。其中，必要条件①取决于气象条件，是气象学问题；必要条件②是流体的力学过程，由流体力学定律来决定；必要条件③是热力学问题，由覆冰表面的热平衡方程来确定。因此，绝缘子覆冰增长的机理应从这三个方面进行讨论。绝缘子覆冰过程是与气象学、流体力学、热力学等有关的综合物理过程。限于篇幅，本节仅阐述影响绝缘子覆冰的气象因素，与流体力学、热力学有关的问题可参考文献［2］。

一、覆冰的成因

绝缘子覆冰首先是由气象条件决定，是受温度、湿度、冷暖空气对流、环流以及风等因素决定的综合物理现象。在我国，电网设备覆冰主要发生在西南、西北及华中地区。西南及华中地区冬季平均气温几乎都高于 0℃，但受西伯利亚寒流和太平洋暖湿气流的影响，几乎每年冬季都出现短期的雾凇及雨凇覆冰气象条件，平均雾凇雨凇日数在 3～15 天，短期的雾凇雨凇覆冰给电力系统造成了巨大损失。

(1) 绝缘子覆冰的物理过程。在我国西南及华中地区，每年冬季和初春季节，由于北方冷空气与南方暖空气的交汇，在山脉上空常形成“静止锋”及其延伸的“准静止锋”。

由于冷气团像楔子一样由北向南贴近地面插在暖湿气团下部，故在“静止峰”影响范围内的大气中出现了逆温现象，即地面向上（地面向上至静止锋线），温度先是在 0℃以下；往上，由于暖气团的影响，温度反而升高至 0℃以上，再往上，又进入气温在 0℃以下的气层，再继续往上，就达到了凝结高度。在凝结高度以上，是冰晶或雪花。

自然条件下覆冰一般是由过冷却水滴产生的。所谓过冷却水滴是指其本身温度低于 0℃还未冻结成冰晶的悬浮在空气中的小水滴。众所周知，温度低于 0℃时，液态水会发生相态变化，即会冻结形成冰晶。但是，水滴的冻结需要冻结核或依托物。在高空中，由于缺少冻结核，因此存在大量的过冷却水滴。

温度在 0℃以下的过冷却水滴、雪花和冰晶，在下降过程中穿过气温在 0℃以上的暖气层时，过冷却水滴温度将升高，雪花和冰晶或部分融化（如 0℃以上大气层不够高），或完全融化；再继续下降时，又进入气温在 0℃以下的大气层。此时，大的过冷却水滴多半遇到可作为凝结核的尘埃而变成冰粒落至地面（如果负温度层厚度不足以使过冷却水滴冻结，则不发生水滴冻结现象）。较小的过冷却水滴，因直径过小，表面张力很大，难以改变结构，也难遇到可作为凝结核的尘埃，虽然温度在0℃以下，却仍以下降速度缓慢的过冷却冰滴形式落至地面层，即“冻雨”。这种过冷却水滴很不稳定，一旦碰到地面上较冷的物体，如导线或绝缘子，由于碰撞振动可使过冷却的液态水滴立即变成固态水，即“冰”；同时，风力作用下的碰撞使液态过冷却水滴发生形变，水滴表面弯曲程度减小，表面张力也相应减小，而绝缘子表面在碰撞过程中不会发生形变，因此绝缘子本身又可起到类似凝结核的作用，使液态过冷却水滴发生形变后有所依附，于是过冷却水滴便凝结成雨凇、混合凇或雾凇形式的覆冰。

对于很小的过冷却水滴，凝结成雾凇，相对较大的过冷却水滴可凝结成雨凇。一般过冷却水滴愈小愈易结成雾凇。若过冷却水滴较大，在海拔较低的地区，则易结成雨凇。在我国，雨凇多见于湖南、粤北、赣南、湖北、河南及皖南等丘陵地区，而雾凇则多见于云贵高原或海拔高程在1000m以上的高山地区，尤以海拔高程在2000～3000m的高山更甚。

我国北方，由于不在静止峰的影响范围以内，一般来说不会出现冻雨现象，绝缘子和导线覆冰主要以积雪或积覆雾凇的形式出现，如东北、华北、西北等。除了静止峰导致冻雨覆冰现象外，冻雾覆冰，即含过冷却的云雾在绝缘子和导线上的凝聚也是绝缘子和导线覆冰的一种重要成因。如西南高原地区和青海等高海拔地区的初冬和晚春常见这种覆冰现象。此外，云、贵、川的部分山区，冬春季节在寒冷无风的夜间因辐射冷却也可形成晶状雾凇。

输电线路的导线、绝缘子和杆塔覆冰的基本物理过程是：严冬或初春季节，当气温下降至－5℃～0℃，风速为3～15m/s时，如遇大雾或毛毛雨，首先将在导线和绝缘子上形成雨凇；如气温升高，例如天气转晴，雨凇则开始融化；如天气继续转晴，则覆冰过程终止；如天气骤然变冷，气温下降，出现雨雪天气，冻雨和雪则在粘结强度很高的雨凇冰面上迅速增长，形成密度大于0.6g/cm^{3}的较厚的冰层；如温度继续下降至－15℃～－8℃，原有冰层外则会再积覆雾凇。这种过程将导致导线和绝缘子表面形成“雨凇—混合凇—雾凇”的复合冰层。如在这种过程中，天气变化，出现多次“晴—冷”天气，则融化加强了冰的密度，如此往复发展将形成雾凇和雨凇交替重叠的混合冻结物，即“混合凇”。

导线和绝缘子覆冰首先在迎风面上生长，如风向不发生急剧变化，迎风面上覆冰厚度就会继续增加。当迎风面冰达到一定厚度，其重量足以产生导线扭转时，导线发生扭转现象；导线再扭转，覆冰就会继续成长变大，终于在导线上形成圆形或椭圆形的覆冰。通常小导线的覆冰呈圆形，而大导线的覆冰则多呈椭圆形；如果导线不扭转，覆冰呈扁平状，树枝在覆冰过程中不扭转，其覆冰呈扁平松针状。对于绝缘子，一般不会发生扭转，因此绝缘子覆冰一般都是翼形的。如果绝缘子的空气动力特性较差，带有过程却水滴或云滴的气流吹过绝缘子时，在绝缘子背风面和绝缘子下表面的伞裙间隙处产生涡旋气流，绝缘子也会被椭圆形覆冰所覆盖。

(2) 导线和绝缘子覆冰的必要气象条件。导线和绝缘子覆冰的必要气象条件是：①具有足可冻结的气温，即0℃以下；②具有较高的湿度，即空气相对湿度一般在85%以上；③具有可使空气中水滴运动之风速，即大于1m/s。

当空气相对湿度小或无风和风速很小时，即使空气温度在0℃以下，导线上基本不发生覆冰现象。导线覆冰类型受以下因素的影响：①水滴（或雾滴）大小；②水滴的过冷却度；③环境温度，即导线和绝缘子表面或冰面温度；④风速风向；⑤空气中的液水含量。不同条件的组合将在导线和绝缘子上形成不同类型的覆冰。一般水滴直径大，过冷却程度小，周围气温较高，以致水滴潜热散发较慢时，导线和绝缘子容易形成雨凇；反之，水滴直径小，过冷却程度高，周围气温低，以致水滴潜热能迅速散失掉时，导线和绝缘子容易形成雾凇。但实际上，条件是不断变化的，大多数情况下，导线和绝缘子覆冰为混合凇。

二、气象条件对覆冰的影响

影响导线和绝缘子覆冰的气象因素主要有四种，即空气温度，风速风向，空气中或云中过冷却水滴直径，空气中液态水含量。这四种因素的不同组合确定了导线和绝缘子覆冰类型。雨凇覆冰形成时，通常温度较高，一般在－5℃～ 0℃之间，水滴直径大，一般在 10 ～ 40μm 之间；而对于雾凇覆冰，其温度较底，在－8℃以下，一般在－15℃～ －10℃之间，水滴直径在 1～20μm 之间；混合凇通常介于雨凇和雾凇之间，混合凇覆冰时的温度范围为－9～ －3℃，水滴直径在 5～35μm 之间，观测结果具有分散性；对于雨凇覆冰，平均温度为－2℃，中值体积水滴直径在 25μm 左右；对于雾凇，平均温度为－12℃，中值体积水滴直径在 10μm 左右；而对于混合凇，平均温度为－7℃，中值体积水滴直径为 15～18μm。混合凇覆冰到雾凇覆冰转变时的温度在－10℃左右。随着空气温度的升高，雾粒直径变大，相应液水含量增加。例如，在贵州省六盘水地区海拔 2200m 的马落青观冰站观测到的液水含量在有明显雾的情况下为 0.2～0.6g/m^3 之间；无明显雾时，液水含量最低值为 0.03g/m^3。当气温高、风速大时形成雨凇；当温度低、风速小时形成雾凇；混合凇的形成介于雨凇和雾凇之间。严格地说，“雨凇—混合凇”之间以及“混合凇—雾凇”之间没有严格的界限。

图 6-12、图 6-13 分别表示鄂西地区 1953～1974 年 24 年间导线和绝缘子覆冰时温度、风速及覆冰增长率。从图 6-12 可知，覆冰最频繁的温度为 －5.5℃ 和 －1℃。也就是说，如出现雨凇覆冰，则最常见的温度为－1℃；当覆冰为雾凇时，最常见的温度为－5.5℃。对于导线覆冰增长率，由图 6-13 可知，在 0℃时，覆冰增长速度最快。当空气温度很低时，空气中的过冷却水滴在下降到近地面过程中遇冻结核在空气中迅速冻结成冰晶所致。

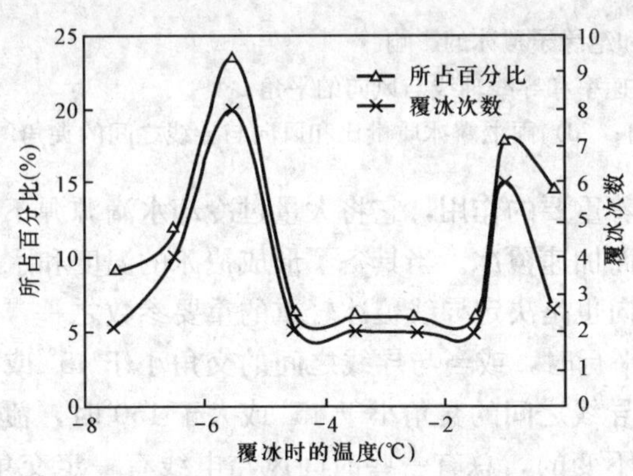

图 6-12　覆冰次数与温度的关系

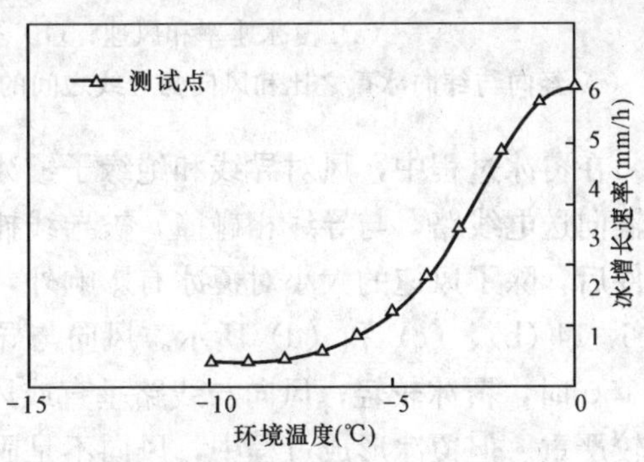

图 6-13　覆冰速度与温度的关系

许多研究者过去认为：风速越大，导线覆冰越快，因为单位时间内输送到导线表面的水滴量越多。现场观测和理论分析结果均表明，导线覆冰增长速度并不与风速完全成正比，无外界加热的覆冰表面平衡温度是风速的函数。鄂西 35 年导线和绝缘子覆冰的统计资料表明：导线和绝缘子覆冰最快时的风速为 3～ 6m/s；如风速小于 3m/s，导线和绝缘子覆冰速度与风速成正比；如风速大于6m/s，则导线和绝缘子覆冰速率与风速成反比，如图6-14(a)所示。这一观测结果与参考文献[2]中理论分析基本一致。

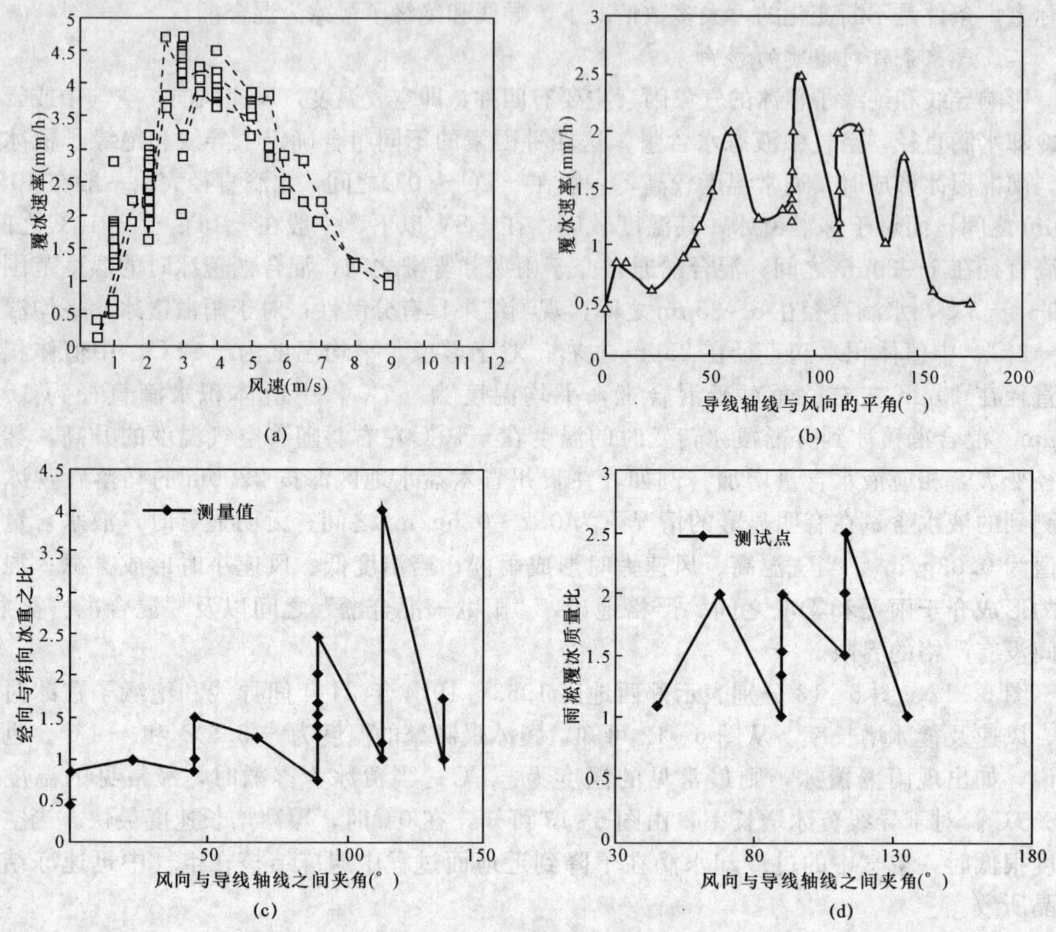

图6-14 风对导线和绝缘子覆冰的影响

(a) 覆冰速率和风速；(b) 覆冰速率和导线轴线与风向的平角；

(c) 经向与纬向冰重之比和风向与导线之间的夹角；(d) 雨凇露冰质量比和风向与导线之间的夹角

在覆冰过程中，风对导线和绝缘子覆冰起着重要的作用，它将大量过冷却水滴源源不断地输向送电线路，与导线相碰撞，被导线捕获而加速覆冰。当具备了形成覆冰的温度和水汽条件后，除了风速的大小对覆冰有影响外，风向也是决定导线覆冰轻重的重要参数之一，如图6-14(b)、(c)和(d)所示。风向与导线平行时，或当与导线之间的交角小于45°或大于150°时，覆冰较轻；风向与线路垂直或风与导线之间的交角小于45°或大于150°时，覆冰比较严重。但覆冰形成过程中，风向不是固定不变的，总有一些时间风与电线有一定交角。特别是雨凇覆冰过程中，水滴运动有垂直分量，与导线总成某些交角。

6.3.2 季节的影响

输电线路导线和绝缘子覆冰主要发生在当年11月～次年3月之间，尤其在入冬和倒春寒时覆冰发生的几率最高。表6-4为湖北省各地区历年1月份平均相对湿度及最大覆冰厚度。1月份和12月份几乎是所有重覆冰地区平均气温最低的月份，但湿度相对较小，线路覆冰相对于 11 月及 2 月、3 月份较轻。因此，在 11 月份、2 月底和 3 月初，由于湿度较高，虽然平均温度相对 1 月和 12 月较高，但导线覆冰较 1 月份更为严重。

表 6-4　湖北省各地区历年 1 月份平均相对湿度及最大覆冰厚度

地区	资料年限	历年平均相对湿度（%）	最大冰厚（mm）	来源	地区	资料年限	历年平均相对湿度（%）	最大冰厚（mm）	来源
宜昌	38	75	25	通信	远安	30	79	40	通信
公安	30	78	40	通信	秭归	25	81	30	通信
监利	34	80	35	通信	兴山	18	79	30	通信
石首	30	80	35	通信	建始	28	77	30	通信
郧县	36	66	25	电力	巴东	37	78	35	通信
荆门	25	86	50	电力					

6.3.3　地形及地理条件的影响

输电线路覆冰的轻重还取决于山脉走向、坡向与分水岭、台地、风口、江湖水体等因素。我国输电线路覆冰具有典型的微地形、小气候特征，见表 6-5。在山区，导线和绝缘子覆冰受地形及地理的影响更为严重，如长江三峡地区一条东西走向的 35kV 线路跨越巫山县海拔 1500～1800m 骡平段，因线路正处于南北走向高山的大风口，且周围无其他屏障，自投运以来，几乎每年都发生大于 35mm 的严重覆冰。又如荆门市西 19km 处"葛～双"Ⅱ回 500kV 线路的 231～237 号杆线段，所跨越的山头海拔高度仅 500m，自 1993 年来发生了两次覆冰倒杆断线事故，也正是因为其特殊的地形及地理条件所决定的。中山口 500kV 大跨越线路自 1989 年投入运行以来发生了 5 次大的导线覆冰舞动事故，也是由于其所处的地形及地理条件所决定的。

表 6-5　输电线路覆冰的典型微地形类型及其特征

类型	定义	典型实例	图示
垭口型	在绵延的山脉所形成的垭口，是气流集中加速之处，当线路处于垭口或横跨垭口时，将导致风速增大或覆冰量增加	江西省井冈山盐山垭口，云南省昭通市庄沟垭口，湖南省拓乡 110kV 线路羊古岭垭口，贵州省 110kV 水盘线黑山垭口，四川省大凉山老林口，云南省 110kV 以东线 53 号杆施布卡垭口，云南省 500kV 大昆线石官坡垭口等	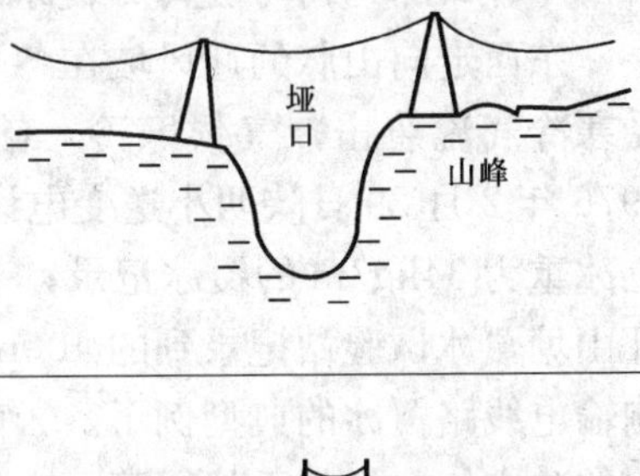 垭口　山峰
高山分水岭型	线路翻越分水岭，空旷开阔，容易出现强风及严重覆冰情况，尤其在山顶及迎风坡侧，含有过冷却水滴的气团在风力作用下，沿山坡强制上升而绝热膨胀，使得过冷却水滴含量增大，导致导线覆冰增加	陕西省秦岭，云南省金沙江与小江的分水岭，河南省南阳地区伏牛山老界岭，浙江省云和县与松阳县交界的方山岭，广东省韶关地区乳源和东昌两县交界的分水岭，湖南衡山祝融峰等	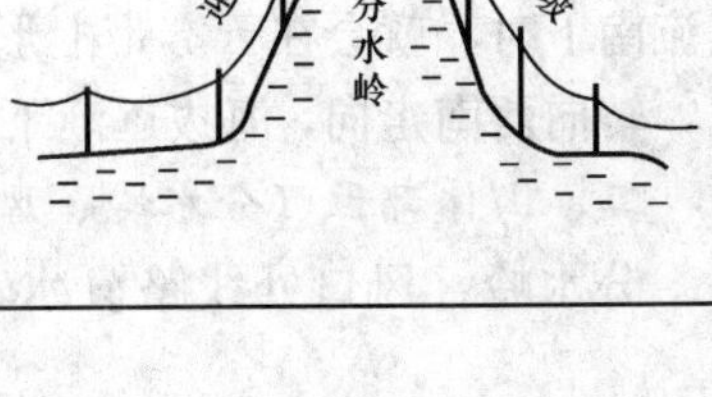 迎风坡　分水岭　背风坡

续表

类型	定义	典型实例	图示
水气增大型	输电线路临近较大的江湖水体，使空气中水汽增大，当寒潮入侵，气温下降至0℃以下时，由于空气湿度大，便容易出现严重覆冰现象	江西梅岭（受鄱阳湖影响），云南昆明太华山（受滇池影响），湖南省沅江市（受洞庭湖影响），湖北省巴东县绿葱坡（受长江影响）。四川会东白龙山及云南东川海子头（受金沙江影响），500kV 大昆线哀牢山地段（受老虎山电站水库影响）等	江湖水体
地形抬升型	平原或丘陵中拔地而起的突峰或盆地中一侧较低另一侧较高的台地及陡崖，因盆地水汽充足，湿度较大的冷空气容易沿山坡上升，在顶部或台地上形成云雾，当冬季寒潮入侵时便会出现严重覆冰现象	云南省会泽县大竹山，贵州省220kV 鸡江Ⅱ回十里长冲，广西省 110kV 蔽桂线金竹坳，滇南蒙自盆地边缘地形抬升的马拉格，贵州东部的万山及 500kV 大昆线易门老吾街后山等	云雾 气流
峡谷风道型	线路横跨峡谷，两岸很高很陡，通过狭管效应产生较大的风速，将导致送电线路风荷载的大幅度增加	云南省 110kV 六平线 36 号杆南盘江峡谷，500kV 大昆线绿汁江跨越点，云南 220kV 以昆线 282—283 号大黑山峡谷风槽，500kV 漫昆线哀牢山 76—77 号兔街山谷风道等	峡谷风道 可能严重覆冰段导线

一、山脉走向与坡向对覆冰的影响

东西走向山脉的迎风坡在冬季覆冰较背风坡严重。如：东西走向的秦岭山脉北坡，冬季受寒冷气流袭击，气候寒冷，输电线路覆冰严重；在秦岭中段海拔 2880m 的光头山顶，1976 年 2 月 29 日陕西小送变电设计队在微波塔拉线上观测到覆冰直径达 550mm，单位长度上冰重为 34kg/m 的覆冰记录；基本呈东西走向的雪峰山，重庆大学于 2009 年 2 月 29 日在坪山塘覆冰试验站记录到的 $400mm^2$ 导线上冰重为 47 kg/m。这些是我国山脉走向和坡向影响输电线路覆冰的典型例子。云南滇东北呈北西—东南走向的牯牛山、梁王山是阻挡来自四川的冷空气入侵的天然屏障，它的迎风坡正处在昆明静止锋控制地段，如“以东”线拖布至海子头一段，其海拔为 2500～3200m，线路由北而南，因北面无高山屏障，每当四川有寒冷气流南下时，就会在云雾带上形成严重覆冰，而处于背风坡上的海因线，由海子头变电站出线，转向西南走向，海拔逐渐下降，北部又有高山屏障，故覆冰比“以东”线轻。

二、山体部位（分水岭、风口等）对导线覆冰的影响

分水岭、风口处线路覆冰较其他地形严重。这种现象在四川、湖南、云南和贵州山

区很普遍。如云南昭通市东北约 7km 的庄沟丫口，为西伯利亚南下寒流从四川侵入云南的前沿地带，每年冬季云深雾重，输电线路覆冰十分严重。昭通至彝良的 35kV 送电线路，全长 32.7km，海拔高程为 1500～2340m，重冰段沿垭口通过，LGJ-120 导线最大覆冰直径曾达到 300mm，自 1972 年 4 月投入运行至今，先后发生覆冰倒杆、断线及覆冰闪络跳闸事故共计 12 次，由于脱冰跳跃产生强大的冲击力使 15 基铁塔塔身及横担严重变形。

位于云贵交界的贡土坡 110kV 羊盘线 98 ～ 99 号杆，海拔 2260m，线路翻越分水岭，风、冰荷载较重，1967 年 1 月 3 日导线覆冰直径达 250mm，使 99 号杆偏歪变形约 400mm；1971 年 1 月 3 日及 1976 年 2 月 16 日，又发生覆冰断线及线夹在船体处折断等事故。110kV “以东”线 14～45 号杆段，位于金沙江和小江分水岭上，海拔 2500～3100m，1960 年投入运行以来，先后发生冰害事故 12 次，是云南典型的严重覆冰地区之一。以上实例说明，山区送电线路的路径选择应注意避开覆冰严重的分水岭、垭口、风道等“微气候”点，无法避让时采用抗冰措施。

6.3.4　江湖水体的影响

江湖水体对输电线路覆冰影响也十分明显。水汽充足，导线和绝缘子覆冰严重；附近无水源，导线和绝缘子覆冰较轻。覆冰受水汽影响的典型地区有江西省梅岭山区，海拔 500～700m，山岭东北面是著名的鄱阳湖，有充足的水汽来源，山峰常被云雾覆盖，冬季常有覆冰现象出现，1975 年 12 月江西省电力设计院在该地区送电线路上测得导线覆冰直径达 300mm，冰重 19.2kg/m；矗立在长江与鄱阳湖之间的庐山，其海拔 1474m，由于水汽蒸腾、云深雾重，冬季在山顶经常出现覆冰现象。安徽的芜湖、黄山和大别山等冰凌严重地区，均处在水汽充足的长江以南，覆冰现象也经常发生。在云南中部湖泊附近的山区，东北河流两岸的山岭及水库附近的山地的严重覆冰现象，均与水体有密切的关系，如昆明东南海拔 2765m 的梁王山，两面临湖，水汽充足，每年冬季水汽上升在山顶形成浓雾，以致发生严重覆冰；又如昆明东郊海拔 2448m 的老鹰山，山脚为海拔 1773m 的阳宗海，临湖面一侧山坡陡峻，水汽在此受阻，被迫上升，在山顶形成雾团，产生严重覆冰现象，110kV 阳昆线经过此地，1961 年 1 月 13 日导线覆冰直径达 200mm，造成断线及横担折断事故。鄂西及渝东也是典型的水系丰富地区，导线覆冰受水体的影响也十分明显。

6.3.5　海拔高程的影响

一、海拔高程的影响

就一个条件相同的地区来说，一般海拔愈高愈易覆冰，覆冰也越厚，且多为雾凇；海拔较低处，其冰厚虽较小，但多为雨凇或混合冻结。每一个地区都有一个起始结冰的海拔高程，即凝结高度。我国输电线路覆冰凝结高度的分布特点是西高东低，北高南低。在凝结高度以上，随着海拔升高，覆冰厚度也随之增大。

我国输电线路覆冰受海拔高度的影响较为明显，表 6-6 给出南北向布置的导线覆冰厚度和直径与海拔高度的关系。由表 6-6 可知，鄂西恩施的绿葱坡观冰站观测到的典型积冰径向尺寸为 155mm，该观冰站的海拔高度 1820m，这是鄂西山区覆冰的普遍特点。重庆市巫山县西北 15km 处海拔高度 800～1100m 的骡平大风口，半径 1.5km 范围内导线覆冰厚度超过 35mm，海拔 500m 以下地区覆冰厚度不到 25mm。

表 6-6　　南北向布置的导线覆冰厚度和直径与海拔高度的关系

调查地点	海拔（m）	高度比	积冰直径（mm）	调查地点	海拔（m）	高度比	积冰直径（mm）
绿葱坡站	1820	1.916	155	利川	1680	1.768	110
巴东三尖观	1430	1.505	55	利川站	1080	1.000	10
巴东茶店子	950	1.000	15	恩施大坝	1650	1.528	55
巴东石马岭	1360	1.2593	30	利川谋道	1370	1.442	40

注　以巴东茶店子的海拔高度为基础，所调查地点的海拔高度与其之比称为高度比。

又如前苏联顿巴斯地区，当海拔高程在 62～336m 之间时，覆冰日数和覆冰厚度随海拔高程呈非线性增加关系。雨凇日数和雨凇平均直径与海拔高程的相关比分别为 0.98 和 0.95。雾凇的这个相关比是 0.83 和 0.96。布琴斯基求出这一地区覆冰平均直径 D_i（mm）和海拔高程 H（m）的经验公式是

$$D_i = A_i e^{B_i H} \tag{6-5}$$

式中：e 是自然对数的底；A_i、B_i 是随覆冰种类和地区而变化的系数。该地区雾凇覆冰时 $A_i=7.76$，$B_i=0.032$；雨凇覆冰时 $A_i=4.47$，$B_i=0.0039$。

海拔越高，如果湿度条件适宜，过冷却雾滴出现的机会增多，雾凇日数也随之增加，这只是就一般情况而言。对于一次具体的结冰过程，就不一定是结冰随海拔高程增加。例如，1964 年 3 月，云南东北部东川地区一条 35kV 线路，在海拔 2201～2700m 地段导线覆冰直径为 50mm，冰体坚硬；而海拔 2701m 以上及 2200m 以下地段，导线和绝缘子覆冰较轻或没有覆冰。这是因为当时只在山腰有雾，山顶和山脚的雾很轻或无雾。鄂西及渝东南的这种“腰凌”现象十分普遍。前苏联在不同海拔高程下对雨凇及雾凇出现频率的影响进行了观测，结果见表 6-7。

在相同的地理环境下，海拔越高，覆冰越重。云南省电力设计院在 1962 年 1 月 20 日实际观察到昆明西郊筇竹寺后山的覆冰情况：海拔约 1900m 的山脚有轻微覆冰，树枝上有白色薄冰；海拔约 1950m 的半山腰，松树枝上冰凌有 2.5mm 粗、200mm 长；海拔约 2000m 的山腰，松树枝上的冰凌有 5mm 粗、250mm 长，海拔 2100mm 的山顶，松树上的冰凌有 8mm 粗、300mm 长。

表 6-7　　海拔高程对雨凇及雾凇出现频率的影响

观测点	海拔高程（m）	冻结物的频率（日/年）	观测点	海拔高程（m）	冻结物的频率（日/年）
1	80	7	4	1150	138
2	550	68	5	1200	140
3	900	88	6	1600	146

二、覆冰发生的凝结高度和温度

大气绝热上升时，当水汽达到饱和则凝结成云，这个高度称为凝结高度，凝结高度是随着不同的地面温度和露点而变化，常用海宁（Hening）公式计算，即

$$H_b = 124(T-\tau) \tag{6-6}$$

式中：H_b 为凝结高度，m；T 为地面气温，℃；τ 为地面露点，即空气达到饱和时之温度，℃。凝结高度是以地面为基准的起始高度。我国的地域广阔，山地气候非常复杂。因此，凝结高度随气压变化而变化。表 6-8 为我国部分地区凝结高度与严重覆冰的海拔高程关系。

表 6-8　**部分地区凝结高度与发生严重覆冰的海拔高程**　(m)

地区范围	H_b	严重覆冰海拔高程	备注
云南西北地区	2400	3000～3700	中甸县
云南南部地区	1600	2200～2300	个旧市
贵州六盘水	1500	2000～2800	六盘水市
湖北荆门	300	300～800	—
湖南西部	500	500～1000	雪峰山
青海西宁	2400	3000～3700	日月山
四川省美姑县	1500	2200～2600	大小凉山

在凝结高度上的水滴虽继续上升到温度0℃以下空间，若凝结核欠缺时，就有可能形成过冷却水滴。一般过冷却水滴很少在－15℃以下形成覆冰，但在高空也存在－70℃未冻结的过冷却水滴。当气温在－15～0℃时，在云雾地区容易形成覆冰；在降雪时，由于过冷却水滴减少，覆冰就很难生成。因此，凝结高度是与导线和绝缘子覆冰有关的一个特征参数，是影响导线覆冰的重要因素之一。

大气绝热膨胀上升达到凝结高度 H_b 时，温度是按干绝热递减率下降的。在凝结高度 H_b 以上，温度按湿绝热递减率下降，故在山区，高度 h 处的气温为

$$T_h = T + 124(T-\tau)r_d + \int_{124(T-\tau)}^{h} r_m \mathrm{d}h \ (h > H_b) \tag{6-7}$$

式中：T_h 为高度 h 处的气温，℃；r_d 为干绝热递减率，取－0.198℃/100m；r_m 为湿绝热递减率，数值见表 6-9。

表 6-9　**饱和空气的湿绝热温度递减率（℃/100m）**

气压（mmHg）	气温（℃）				
	－15	－10	－5	0	5
760	0.81	0.76	0.69	0.63	0.66
700	0.80	0.74	0.68	0.62	0.59
600	0.77	0.71	0.65	0.58	0.55

6.3.6　林带及其他地物对导线覆冰的影响

林带会削弱风速，使过冷却水滴输送率减小，从而减轻了导线和绝缘子覆冰。林带的防护效能与林木种类、密度、高度和面积有关。通过三年的观测，结果表明，林带对覆冰具有明显的防护效能，如表 6-10 所示。如以开阔地带覆冰质量作为 1，则离地高度 4.25m 的导线距离宽 50m、平均高度 8m 林带边缘 4m 远时，受林带屏障后覆冰约为 0.75。现场观测结果可知：在林前 200m，即林高的 25 倍处，覆冰就开始微微减小；在林前 56m，即林高的 7 倍处，至林前 160m，即林高 20 倍之间覆冰比开阔地带降低 20%；导线和绝缘子在林带近傍防护效能最为显著；林带对覆冰的防护效应可延伸到林后 300m，即林高的 38 倍处。

表 6-10 **林带对覆冰的防护效能[①]**

覆冰种类	风与林带交角（°）	冰重（g/m）		防护效能（%）
		开阔地方	防护地段	
雨凇	90	40	20	50
	60	130	90	31
	20	17	15	12
雾凇	90	120	30	75
	45	100	60	40
	0	57	55	4

① 防护效能＝（开阔地方冰重－屏障地段冰重）/开阔地方冰重。

西南电力设计院于1964年12月～1969年3月31日在四川会东县海拔3118m的白龙山进行了导线覆冰与地面的树枝、树皮（杆）、树叶（松毛）、草杆覆冰的对比观测，结果表明：

（1）导线与树枝覆冰、导线冰厚（南北向）与树枝冰厚关系比较规则。经相关计算，得相关系数0.95，回归系数1.19，即在与地面几乎同高，相同地形环境时4mm粗的导线覆冰厚度比树枝（直径4～22mm）的覆冰厚度约大1/5；

（2）从观测的平均情况看，导线覆冰厚度比树皮（杆）迎风面覆冰厚度要小，约为1/4；在贵州和云南的实际观测和调查中，也发现直立的木杆迎面冰厚，比导线覆冰厚度大；

（3）导线冰厚与松毛（指一根）和草杆（指一根）覆冰的关系也有一定的趋势，松毛的覆冰比电线冰厚约大1/3，直草覆冰与树皮冰厚接近，也比导线冰厚约大1/5。

第7章　覆冰绝缘子试验方法

目前IEC和国家标准尚未对绝缘子覆冰的试验方法做出规定，CIGRE33.02.9工作组汇总了现有资料，推荐了覆冰（雪）绝缘子的一些试验方法，根据CIGRE的建议，IEEE工作组系统的提出了绝缘子覆冰试验方法和覆冰试验流程，本章根据国内外多年的探讨和研究，细述了覆冰绝缘子的试验方法。

7.1　覆冰绝缘子特征参数与人工覆冰方法

7.1.1　覆冰绝缘子特征参数

用何种特征参数表征绝缘子的覆冰国内外至今尚无统一的认识，国内外不同学者采用的表征绝缘子覆冰特征的参数也各不相同。目前对输电线路绝缘子覆冰的测量采用的主要是覆冰厚度，该方法借鉴于输电线路导线覆冰的测量。而人工模拟覆冰试验中可以采用以下几种参量表征绝缘子的覆冰状态：

（1）监测圆柱导体上的覆冰厚度。相同覆冰环境中监测圆柱导体的覆冰厚度与绝缘子覆冰厚度存在对应关系，因此绝缘子冰闪电压与监测导体覆冰厚度也存在对应关系，如图7-1所示。

（2）绝缘子（串）上的覆冰重量。绝缘子覆冰在未饱和前，其覆冰量与监测导线的厚度存在对应关系，如图7-2所示）。

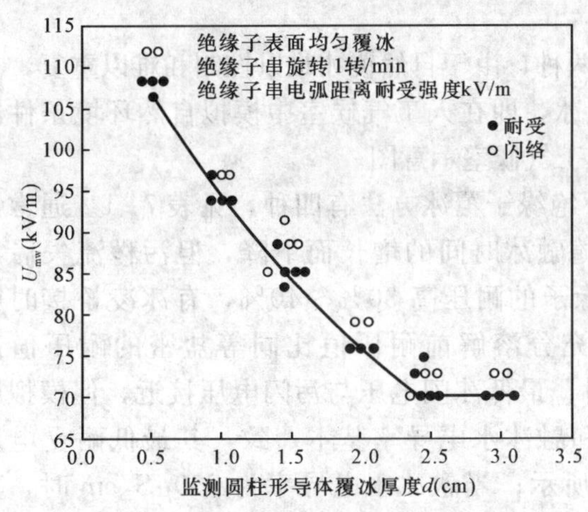

图7-1　6片IEEE标准绝缘子串最大耐受电压梯度与冰量的关系

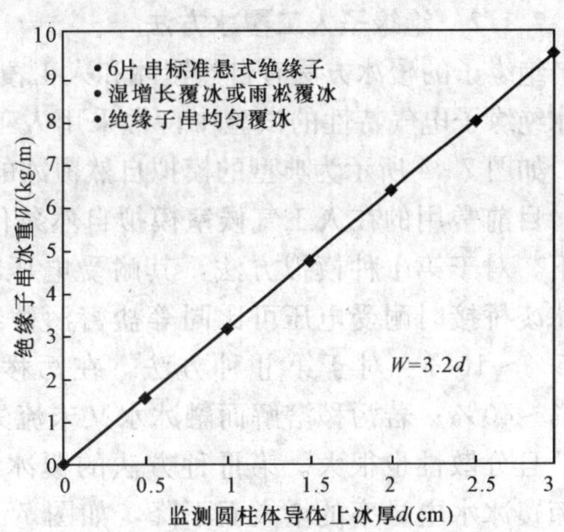

图7-2　监测导体上的冰厚与绝缘子串上覆冰重量的关系

（3）覆冰水或融冰水电导率、泄漏电流、伞裙间隙或边缘冰凌根数及其桥接绝缘子串间气隙状态也可作为特征参数。

综合国内外的经验，笔者认为采用覆冰重量或监测圆柱导体覆冰厚度的方法较为适宜。参考美国国家标准ANSI C37.34－1995对高压空气开关覆冰机械试验的要求，绝缘子上的覆冰厚度可通过约直径25.4mm・长608.6mm的金属棒或金属管间接测得，该方法推荐金属棒或管的纵轴水平放置在试品末端，这样可以尽可能的与试验状况一致。

由于绝缘子结构、形状复杂，在自然环境条件下的风向、风速及湿沉降水种类等的作用下，绝缘子的覆冰形状千姿百态。因此，国外主要采用监测匀速转动圆柱导体的覆冰量及厚度作为覆冰试验绝缘子的特征量。显然，监测导体的覆冰状态并不能反映绝缘子覆冰的真实状态，但可间接反映绝缘子覆冰环境的特征，具有等效性。国内外出现过分别采用表征冰本身性质的0℃时的覆冰水或融冰水电导率、含盐量或等值附盐密度、泄漏电流、实际运行绝缘子串的每片平均覆冰量及平均覆冰厚度、绝缘子伞裙间隙间冰凌桥接根数、最小片间空气间隙大小等参数作为覆冰绝缘子特征量。目前许多研究者认为，采用每片平均覆冰量、0℃时的覆冰水或融冰水电导率、等值附盐密度等静态参数和泄漏电流等动态参数作为特征量能较为客观地反映真实情况。我国倾向于用0℃融冰水电导率及覆冰量来表征绝缘子覆冰特征。图7-3表示覆冰绝缘子交流耐受电压与融冰水电导率的关系。

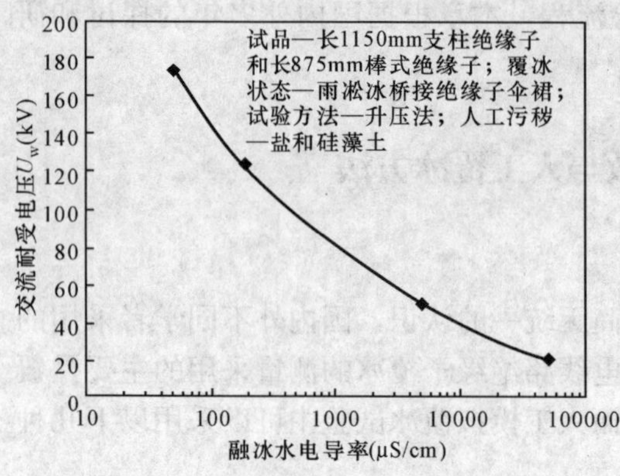

图7-3 覆冰绝缘子交流耐受电压与融冰水电导率关系

无论采取哪种参量作为绝缘子覆冰的特征量，绝缘子覆冰的模拟试验仍十分复杂和困难。试验室模拟绝缘子覆冰应在人工气候室内进行。为达到模拟覆冰的目的，人工气候室应达到可控制温度、风速风向、过冷却水滴直径以及绝缘子覆自然冰前积污和覆冰过程中积污等过程，使绝缘子覆冰尽可能接近输电线路实际运行条件。

7.1.2 绝缘子人工覆冰方法

绝缘子的覆冰方法有自然覆冰和人工覆冰两种，由于自然覆冰难以控制和难以重复，在覆冰绝缘子电气特性的试验中，常采用人工覆冰，即在人工气候室中模拟自然环境条件覆冰。如图7-4所示为典型的模拟自然覆冰的人工气候室示意图。

目前常用的在人工气候室模拟自然条件下绝缘子覆冰方法有四种，见表7-1。通常情况下，对于第Ⅰ种模拟方法，其耐受电压将随融冰时间的增长而下降，但污秽流失后在无冰凌桥接时耐受电压可比同等盐密污秽绝缘子的耐压高30%～40%，有冰凌桥接时则高5%～10%。对于第Ⅱ种方法，在污秽未充分溶解前耐压值比同等盐密的耐压值高30%～40%；若污秽溶解而融冰水又未流失时，最低冰闪电压与污闪电压接近，但模拟困难，且分散性也很大。第Ⅲ种方法的覆冰水和融冰水电导率基本一致，其最低耐受电压值随覆冰水电导率的增大而下降，如图7-3所示；当融冰水电导率为500μS/cm时，其交流耐受电压约为清洁绝缘子湿闪电压的25%，约等于盐密为0.06mg/cm^{2}时污耐受电压值。第Ⅳ种情况的典型例子在我国辽宁本溪地区曾发生过，一场降雨后220kV线路绝缘子串结成冰柱，环境温度回升时铁塔横担上脏污的融冰水沿着铁帽往桥接伞群的冰凌下流，导致5条线路跳闸。一般来说，滴流下来的冰水电导率越高，最低交流冰闪电压也越低，在冰水电导率为1000μS/cm时，其最低耐受电压比没有这种赃污流水时覆冰绝缘子的最低耐受值低30%～40%。

表7-1 试验室模拟绝缘子覆冰方法

分类	自然覆冰	试验室模拟方法
Ⅰ	绝缘子污秽层在空气中受潮并冻结	以规定的盐密污染后立即予以冰冻
Ⅱ	绝缘子覆雪及污染后再覆冰	以规定的盐密污染后，再用洁净水间歇喷雾使其覆冰至所需规定值
Ⅲ	脏污的水和雪粘附于绝缘子后结冰	以含规定盐分的水间歇喷洒到绝缘子上使其覆冰达到规定值为止
Ⅳ	污水从杆塔、横担上沿覆冰绝缘子下落	以洁净水喷洒到清洁绝缘子上覆冰至预定值，再经含规定盐分水从上而下流到绝缘子上

在人工气候室模拟自然环境覆冰的过程中，气候室的气温、风速和喷头的喷雾量应可控且能维持稳定；喷头的喷水量为（60±2）$L/h/m^2$；小于100μm的过冷却水滴覆冰过程中风速应<3m/s，对于较大的水滴，可适当加大风速，但应保证过冷却水滴碰撞覆冰表面且温度<0℃；风与覆冰表面的法向方向宜取约45℃。在人工覆冰过程中对覆冰的测量采用临近试品的金属棒或管（直径20～30mm，长约600mm，转速为每分钟1转）。

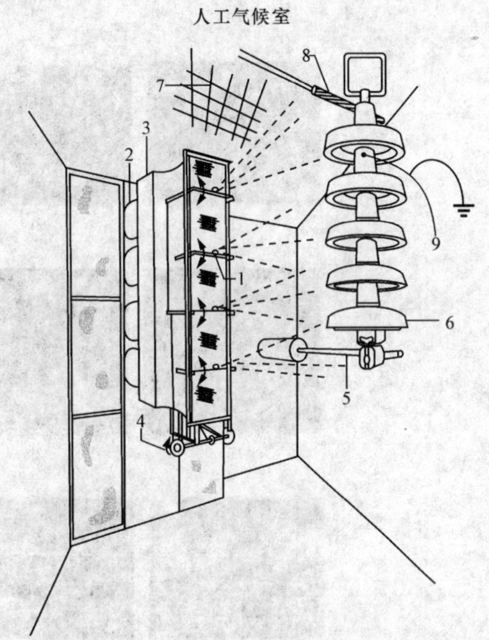

图7-4 人工气候室模拟绝缘子覆冰试验示意图
1—喷嘴；2—风扇；3—喷管箱；4—振动驱动系统；5—高压连接端；6—绝缘子串；7—顶端网格；8—监控圆柱导线；9—测量装置

覆冰水在喷雾前应进行预冷却，在人工模拟条件下，可预冷却至3～4℃。

绝缘子人工覆冰有带电覆冰和不带电覆冰两种。实际输电线路绝缘子覆冰大多带电生成，线路电场对绝缘子覆冰的增长速度、质量和密度、空气间隙冰凌的生长等均有较大影响，因此带电人工覆冰更接近实际运行条件。根据试验结果，绝缘子带电时覆冰的密度比不带电时低，从外观上讲，带电覆冰绝缘子上冰层疏松呈现毛绒状（如图7-5所示），且密度的差异与覆冰水电导率有关，即覆冰水电导率越小，差异越明显，在覆冰水电导率较高时，覆冰过程中泄漏电流较大，其焦耳热可融化冰层，使其密度增加，从而更接近不带电时的覆冰密度；带电情况下高压端绝缘子不易被冰棱桥接，但低压端绝缘子会被桥接，其原因是绝缘子串覆冰后其电压分布发生严重畸变，串中其他绝缘子被冰棱桥接后，高压端绝缘子承受的电压占施加电压的60%以上，因此，在冰棱增长过程中，冰棱尖端的强电场导致冰尖产生局部放电，从而熔化冰棱，阻碍了冰棱的生长；带电覆冰绝缘子的闪络电压高于不带电覆冰绝缘子。然而带电覆冰试验实施困难、危险，除特殊目的以外，目前很少采用。为此，用较低电压覆冰，达到覆冰要求后再升高电压进行闪络试验。此法危险性相对较低，虽不能完全反映运行线路绝缘子的实际覆冰的情况，但一定程度上考虑了电场及覆冰过程中泄漏电流的影响。

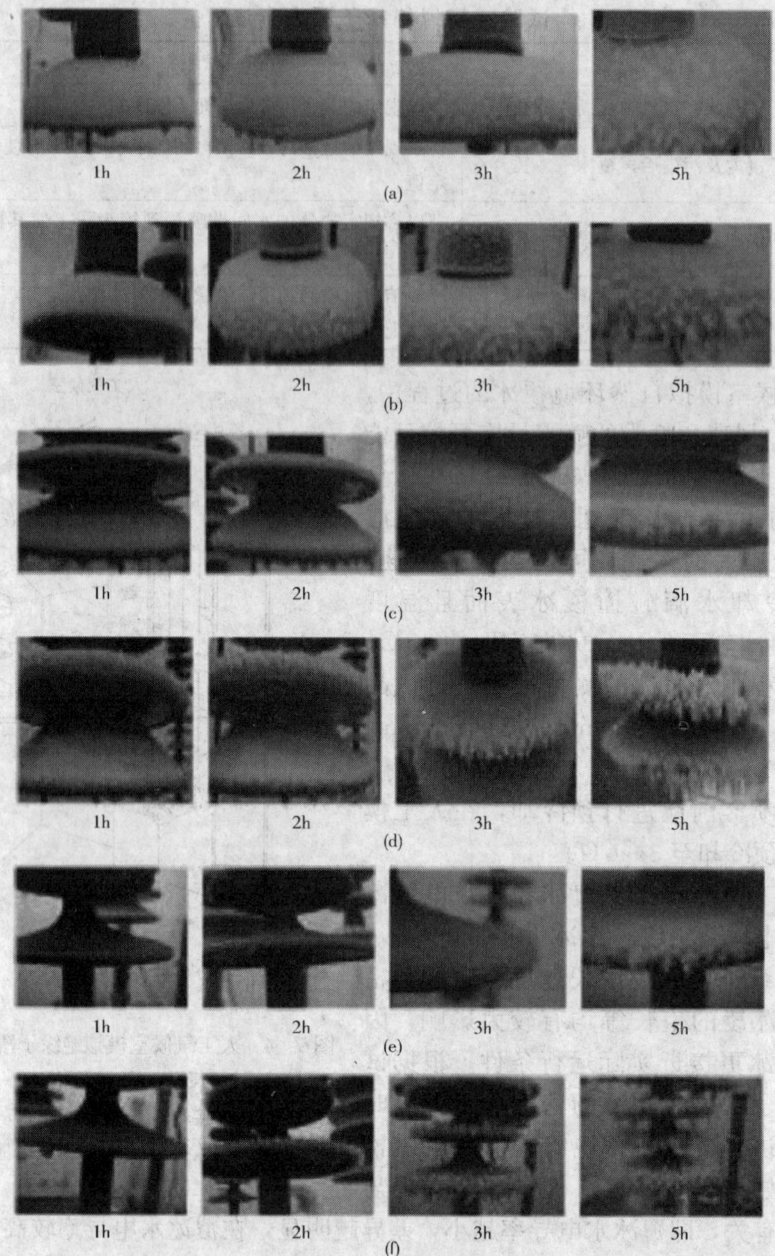

图 7-5 绝缘子带电与不带电覆冰的差异

(a) 7 片 XP-70 绝缘子串不带电覆冰过程；(b) 7 片 XP-70 绝缘子串带 64kV 电压覆冰过程；(c) 7 片 XWP-160 绝缘子串不带电覆冰过程；(d) 7 片 XWP-160 绝缘子串带 64kV 电压覆冰过程；(e) 复合绝缘子 FXBW4-110/100 不带电覆冰过程；(f) 复合绝缘子 FXBW4-110/100 带 64kV 电压覆冰过程

7.2 覆冰绝缘子电气特性试验方法

覆冰绝缘子的电气特性的评估需要采用合适的方法，覆冰绝缘子的电气特性试验方法可以分为覆冰期试验和融冰期试验。

覆冰期试验模拟覆冰过程中绝缘子的电压耐受特性或闪络特性，要求不改变原来覆冰的各种条件（包括温度和冻雨）。对覆冰期试验，其原则是使绝缘子的试验尽可能接近现场的冻雨条件，是在覆冰刚刚完成，绝缘子表面还有水膜时就进行试验，因此在施加电压前只需要2～3min 的准备，在此时间内完成移除测量试品冰厚的设备、拍照等准备工作。

融冰期试验模拟覆冰绝缘子融冰过程（是多数闪络事故的发生期）中的电气特性，该特性是工程设计的重要参考依据。对融冰期试验，融冰之前要用 15min 的时间首先进行冷冻，以确保完成冰的硬化和使绝缘子和冰的温度达到一致。冷冻完成后开始融冰，气候室内的温度从零下逐渐升到融化温度，－2℃之前可快速上升，之后上升速度要控制在 2～3℃/h，以免冰过早脱落。

从以往的研究来看，绝缘子覆冰后更容易在融冰期发生闪络，因此，研究在融冰期的覆冰绝缘子电气特性可以满足工程设计的要求。

覆冰期和融冰期绝缘子的电气特性均可用耐受特性和闪络特性来表征，表 7-2 为加拿大魁北克大学西库迪米分校推荐的三种方法。

表 7-2　覆冰绝缘子电气特性试验方法

<table>
<tr><th rowspan="2">试验步骤</th><th colspan="3">试验方法</th></tr>
<tr><th>覆冰期电气特性试验方法</th><th>融冰期电气特性试验方法</th><th>IPS 方法</th></tr>
<tr><td>试品准备</td><td colspan="3">清洗绝缘子，染污，干燥（温度 t=20℃），冷却至覆冰温度（0℃以下）</td></tr>
<tr><td>覆冰</td><td colspan="3">喷水量：60±2 l/h/m²；覆冰水电导率：100 μS/cm（20℃）；风速：3～10 m/s；控制温度产生过冷却水滴</td></tr>
<tr><td rowspan="2">测量</td><td colspan="3">覆冰绝缘子附近悬挂的两根圆柱管（直径 25～30 mm，长度 600 mm）上的覆冰厚度；施加电压值；泄漏电流大小；绝缘子的表面覆冰状态；冰凌桥接状态</td></tr>
<tr><td>用 2～3min 进行拍照及其他参数测量</td><td>使绝缘子表面的冰继续冷冻 15 min；而后，温度以 2－3℃/h 的速度上升至 0℃以上</td><td>施加电压，直至产生的泄漏电流与覆冰过程中产生的泄漏电流相等</td></tr>
<tr><td>电气性能评估</td><td colspan="2">根据标准 IEC60507/IEEE Std4，进行 5 次耐受试验得到最大耐受电压；或进行 10 次耐受试验，得到 50%耐受电压</td><td>进行 3 次闪络试验，得到平均闪络电压</td></tr>
</table>

对于覆冰期试验和融冰期试验，最大耐受电压法、50%耐受电压法、50%闪络电压法都是适用的，但 U 形曲线法只适用于融冰期试验。IEEE 工作组推荐使用的试验方法为最大耐受电压法和 50%耐受电压法。

绝缘子覆冰是一种特殊的污秽形式，这不仅因为冰闪是由于冰中含有污秽等导电杂质造成的，而且从污秽绝缘子和覆冰绝缘子的耐受电压和闪络机理也可发现其相似性。图 7-6 为覆冰绝缘子交流耐受电压和污秽绝缘子交流耐受电压的比较。由图可知，除了二者耐受电压的数值有差异外，覆冰绝缘子与污秽绝缘子的耐受电压随等值附盐密度的变化趋势基本一致。

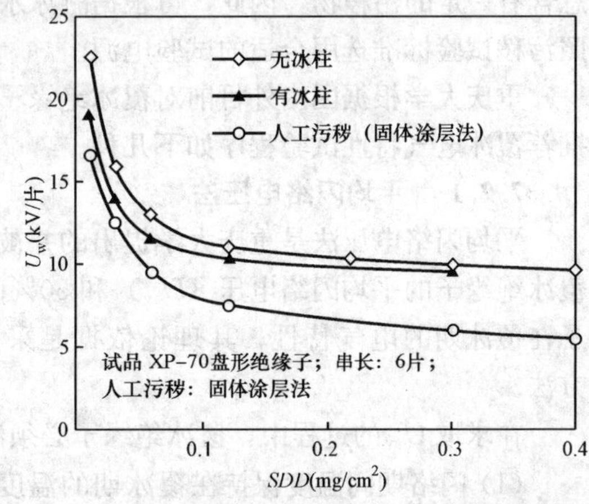

图 7-6　覆冰期覆冰绝缘子与污秽绝缘子交流耐受电压的比较

与污秽绝缘子电气特性试验相似，覆冰绝缘子电气特性试验也分为人工覆冰试验和自然覆冰试验。对于人工覆冰绝缘子的电气特性，国内外现有试验方法主要分为四种，即静态法、动态法、静动态结合法及U形曲线法四种，见表7-3。

由于覆冰期间温度较低，冰不易融化，冰与绝缘子表面难以存在溶解导电杂质的水膜，因此，覆冰期间冰对绝缘子放电电压的影响一般不会严重危及电力系统的安全运行。运行经验表明，输电线路覆冰绝缘子闪络事故大多数发生在融冰期，因此，较为合理的覆冰绝缘子闪络特性试验方法是动静态结合法和U形曲线法。在实际试验中还发现，动静态结合法试验程序复杂、试验时间长且随机性大，因此，重庆大学推荐采用U形曲线方法，这种方法简便，且可在短期内获得一些比较合乎实际的规律性结果，特别适用于研究性试验，但它也存在缺陷，如覆冰期间不带电，与绝缘子运行状态不一致等。

表7-3　　覆冰绝缘子闪络特性试验方法

序号	方法	试验过程
1	静态法	绝缘子串在不带电时由人工冻雨或喷雾覆冰，然后施加电压求取覆冰期绝缘子平均闪络电压或耐受电压
2	动态法	绝缘子串覆冰的同时施加电压，一般根据运行条件确定施加电压值，若在覆冰过程中发生闪络，则降低施加电压，直至不发生闪络为止，求得覆冰期的最低闪络电压
3	静动态结合法	在覆冰过程中施加较低电压，覆冰结束后每隔5min外施电压增加5kV，直至闪络，然后在此闪络电压上逐次递减5kV，每次加压30min中，直至30min内不发生闪络为止。这实际上是求取融冰期的最低闪络电压
4	U形曲线法	在绝缘子覆冰后且环境温度升高时，每隔5min进行一次闪络试验，直至得到闪络电压与融冰时间或闪络次数的U形曲线为止，由此可得到融冰期的最低闪络电压

既然覆冰是一种特殊的污秽形式，对冰闪试验电源也应有相应要求，但到目前为止，对交、直流绝缘子冰闪试验电源容量的要求至今尚无标准可循。考虑到实际运行中绝缘子覆冰总含有一定的污秽物，因此，可根据融冰水或覆冰水电导率的大小、覆冰前预染污的程度参照污秽试验标准选用合适的试验电源。

重庆大学根据国内外目前对覆冰绝缘子电气特性的试验方法，通过长期的试验和总结，推荐覆冰电气特性试验程序如下几种。

7.2.1　平均闪络电压法

平均闪络电压法是重庆大学提出的并被IEEE标准推荐的方法之一。通过本方法可求取覆冰绝缘子的平均闪络电压（U_{av}）和50%闪络电压及其标准偏差（σ%）。U_{av}反映覆冰绝缘子在覆冰期的电气特性，其理论依据是采用均匀升压法求取污秽绝缘子污闪电压的试验方法。

在求取U_{av}的过程中，覆冰绝缘子必须满足如下基本条件。

(1) 闪络期间温度保持在覆冰期的温度，也就是说，U_{av}是反映覆冰过程中绝缘子的电气特性；

(2) 试验过程中覆冰状态应不发生变化，如果发生变化应重新使绝缘子覆冰；

（3）相邻二次闪络之间应有足够的时间间隔，以使上次闪络过程中电弧的热融化作用使表面形成的水膜有足够的时间冻结。根据重庆大学的经验，一般来说二次闪络之间的时间间隔为 3～5min，具体情况应视人工气候室的尺寸和制冷条件确定。

参照采用均匀升压法求取污秽绝缘子闪络电压的试验方法，为了得到覆冰绝缘子在覆冰期的平均闪络电压 U_{av}，采取如下试验方法，即一串绝缘子覆冰达到预定要求后，停止喷雾，环境温度保持与覆冰时一致，然后先施加约为预计闪络电压 U_y 的 75%，再以 $2\%U_y/s$ 的速率均匀上升直至闪络。参照《高压输变电设备的外绝缘配合》（GB311.1—1997）和《高电压试验技术》（GB/T 16927.1—1997）的有关规定，采用 5 个连续闪络试验测定的闪络电压的算术平均值作为覆冰绝缘子的 U_{av}，即

$$U_{av}=\frac{\sum_{i=1}^{m}U_f(i)}{m} \tag{7-1}$$

式中：$U_f(i)$ 为第 i 次闪络试验的电压；m 为该试品绝缘子（串）闪络试验的次数。

参照污秽绝缘子闪络电压的试验方法，其要求是 $U_f(i)$ 与 U_{av} 之间的误差不超过 15%，如果超过 15%则认为该 U_{av} 为无效。

由平均闪络电压法对相同覆冰状态的多串绝缘子进行试验可以得到覆冰期绝缘子的 50%闪络电压，即至少在相同覆冰条件下得到至少 10 个有效的 U_{av}，通过至少 10 次试验得到的 U_{av} 可得 50%闪络电压和标准偏差如下：

$$\begin{cases} U_{50}=\dfrac{\sum_{j=1}^{N}U_{av}(j)}{N} \\ \sigma=\sqrt{\dfrac{\sum_{j=1}^{N}\left[U_{av}(j)-U_{50}\right]^2}{N-1}} \end{cases} \tag{7-2}$$

式中：$U_{av}(j)$ 为对第 j 串覆冰绝缘子试验得到的平均闪络电压，kV；N 为试验的绝缘子串数，$N\geqslant10$；σ 为试验结果的标准偏差。

7.2.2　最低闪络电压法或 U 形曲线法

加拿大和芬兰定义的最低闪络电压是：绝缘子覆冰后，调节人工气候室的温度至预定值，然后采用均匀升压法对试验绝缘子施加电压直至试品绝缘子发生闪络，得到 U_f，多次试验取其最低值为最小闪络电压。

最低交流闪络电压 U_{fm} 反映了覆冰绝缘子在融冰期的交流电气特性，最低交流闪络电压接近最大耐受电压。重庆大学根据长期对覆冰绝缘子交、直流闪络特性研究的经验，为获得覆冰绝缘子在融冰期的最低交流闪络电压，采用 U 形曲线法进行试验的程序为：

（1）当绝缘子覆冰达到预定要求时，停止喷雾并继续冷冻约 15min，然后打开人工气候室的密封门，放进暖空气或采用加热方式使冰层按要求的速度逐渐融化；

（2）当覆冰层开始融化和气压达到要求（如进行高海拔试验）时，采用均匀升压法对覆冰绝缘子不断地进行重复闪络试验，每次试验测量闪络电压及电流，并观察闪络现象。为使每次闪络事件具有独立性，每相邻两次闪络试验之间的时间间隔约为 3～5min。

由以上步骤得到的覆冰绝缘子的交流闪络电压 U_f 与闪络次数 x 或融冰时间的关系呈 U 形曲线，U 形曲线的最低点则为最低闪络电压，因此覆冰绝缘子最低交流闪络电压 U_{fm} 可表

示为

$$U_{fm}= \mathrm{Min}(U_{f_1}，U_{f_2},\cdots U_{fi}，\cdots，U_{f_x}) \tag{7-3}$$

利用U形曲线法求取覆冰绝缘子在融冰期的最低闪络电压应注意的事项有：

(1) 必须严格控制环境温度升高的速度。温度升高太快，覆冰绝缘子的表面冰层容易脱落，绝缘子表面的污秽物质和冰层表面的导电物质容易随着水膜流失，难以得到实际的最低闪络电压。实际线路上环境温度的变化较缓慢，试验室很难以实际温度升高的速度进行试验，重庆大学在试验中通过大量的试验摸索和分析，提出环境温度升高的速度在0.5～1.0℃/5min。

(2) 必须严格控制闪络时的最高环境温度。环境温度太高，冰层早已融化，环境温度太低，冰层达不到自行融化的目的。通过覆冰闪络事故的分析和试验室大量的试验研究分析，U形曲线法试验融冰期最低闪络电压时的最高环境温度应控制在0～5℃之间。

(3) 相邻二次闪络的时间间隔应控制在3～5min之间。时间间隔太长，水膜以及污秽物质流失过多，难以得到实际的最低闪络电压，时间太短，上次放电产生的离子没有足够的扩散时间，影响下次放电电压。

(4) U形曲线法的试验终止是以绝缘子表面冰层是否完全融化和脱落为参考。

通过最低闪络电压法或U形曲线法还可以得到融冰期绝缘子的50%闪络电压，即至少在相同覆冰条件下得到至少10串绝缘子的有效U_{fm}，通过至少10串覆冰绝缘子的试验得到的U_{fm}可得50%闪络电压及其标准偏差为

$$\begin{cases} U_{50}=\dfrac{\sum\limits_{j=1}^{N}U_{fm}\ (j)}{N} \\ \sigma=\sqrt{\dfrac{\sum\limits_{j=1}^{N}[U_{fm}\ (j)\ -U_{50}]^2}{N-1}} \end{cases} \tag{7-4}$$

式中：U_{fm} (j) 为采用U形曲线法对第j串覆冰绝缘子进行试验得到的最低闪络电压，kV；N为有效试验的总次数，$N\geqslant 10$。

大量试验结果分析表明，由最低闪络电压法得到的50%闪络电压约为恒压升降法得到的50%闪络电压的91.5%。

7.2.3 最大耐受电压法

覆冰绝缘子的耐受试验与污秽绝缘子具有相似的试验过程，即将覆有一定量冰的绝缘子布置于人工气候室中，然后加上规定的试验电压并维持至闪络，如不闪络，则维持15min。每只试品在同一覆冰状态只进行一次试验，该试验进行三次（试品数量应为3只），如三次试验未闪络，则该状态下覆冰绝缘子的试验通过；如仅出现一次闪络，应进行第四次试验，如该次试验不发生闪络，则耐受通过。最大耐受电压的试验程序见表7-4。

表7-4 最大耐受电压试验方法

试验电压	第一次	第二次	第三次	第四次
$U_1=0.95U_2$	○	○	○	
U_2	○	●	○	○

续表

试验电压	第一次	第二次	第三次	第四次
$U_3=1.05U_2$	●	●		

注　○—耐受；　●—闪络；U_2—该试验方法得到的最大耐受电压 U_{mw}。

表7-4中的 U_2 即为最大耐受电压 U_{mw}，最大耐压电压法具有以下特点：

(1) 耐压法能较近似地模拟线路运行时工作状况，因而其试验结果具有可靠性，能满足工程实际应用。

(2) 覆冰绝缘子因击穿而闪络的次数少，不易损坏试品。一般而言，通过耐压法进行试验时，覆冰绝缘子串在整个试验过程中的闪络次数一般只有几次，少数情况下发生多次闪络现象，如在温度较高，放电后覆冰绝缘子状态不能恢复时，就可能发生多次放电现象。

(3) 试验时间长。由于每只试品在同一覆冰状态只进行一次试验，每次耐压时间有15min，要得出一个有效数据点有时需要几个小时，因而要完成某一课题的研究通常要花上几个月甚至更长的时间。

(4) 最大耐压电压 U_{mw} 约为50%耐受电压或50%闪络电压的87%。

与污秽绝缘子的最大耐受电压试验一致，采用耐受法进行试验时，如果试验三次，至少2次闪络。

按照耐受程序可以得到最大耐受电压，采用均匀升压法可以得到最低闪络电压，但两者之间存在内在关系，大量试验结果表明，根据均匀升压法得到的最低闪络电压比最大耐受法得到的最大耐受电压高5.0%左右。重庆大学提出，覆冰绝缘子闪络电压的分散性小于污秽绝缘子，试验结果的标准偏差一般在5%左右，这与瑞典STRI的结果一致，即按照升压法得到的最低闪络电压与按照耐受法得到的最大耐受电压之间约相差一个标准偏差（5%）。

由式（4-8）可知，最大耐受电压大概相同于闪络概率为10%的耐受电压，即最大耐受电压是50%闪络电压或50%耐受电压的约87%。

7.2.4　覆冰绝缘子50%耐受电压

50%耐受电压法或50%闪络电压法适用于试验测定给定污秽程度和覆冰程度下的绝缘子的电气特性。采用恒压升降法进行试验，共进行至少10串覆冰绝缘子的有效试验，50%耐受电压及其标准偏差由下式求出，即

$$\begin{cases} U_{50}=\dfrac{\sum(n_i U_i)}{N} \\ \sigma=\sqrt{\dfrac{\sum\limits_{i=1}^{N}(U_i-U_{50})^2}{N-1}} \end{cases} \tag{7-5}$$

式中：U_i 为施加电压水平，kV；n_i 在 U_i 电压下试验的次数，次；N 总的有效试验次数，次。

7.3　绝缘子覆冰过程中污秽模拟方法

污秽对覆冰绝缘子串的电气特性影响很大，即使轻微的污秽，也将使覆冰绝缘子串的闪络电压显著下降，研究污秽对覆冰绝缘子串闪络特性的影响有着十分重要的意义。覆冰绝缘

子人工染污的方法主要有两种，一是覆冰前染污，二是覆冰过程中染污。覆冰前染污的方法是覆冰前先在绝缘子表面以一定的盐密进行染污，然后根据环境条件再用一定电导率的覆冰水对绝缘子进行覆冰，覆冰前染污是模拟覆冰前绝缘子的污秽情况。覆冰过程中染污的方法则是直接改变覆冰水电导率以模拟不同的污秽程度，而覆冰前绝缘子表面是洁净的。实际上，前者更符合实际运行状况，但由于试验中污秽的流失，试验的分散性较大。试验研究表明，采用固体层法染污更接近实际，但人工模拟试验中，预染污的污秽易被覆冰水冲洗，导致试验结果存在较大分散性，因此在试验研究中采取人工喷雾的方式控制污秽的流失，这种方法复杂而麻烦。覆冰水电导率法虽不能直接表征覆冰前污秽的状况，但其实际仍反映了污秽的影响，因此这种方法是国内外广泛应用的模拟污秽的方法。

7.3.1 覆冰前染污方法

覆冰前染污采用固体层法。固体层法有两种染污方式，即刷涂方式和浸污方式。

(1) 刷涂方式。参照国家标准《高电压试验技术》(GB/T16927.1—1997)，即由污秽程度决定的盐密和绝缘子表面积计算出所需 NaCl 和硅澡土的量，将 NaCl 和硅澡土加入一定量的电导率小于 10μS/cm（20℃）的去离子水中，充分调拌后均匀刷涂在试品绝缘子表面，待其污层自然干燥后，用电导率为 100～120μS/cm（20℃）的覆冰水喷雾进行覆冰。

(2) 浸污方式。试验时还可采用浸污方式对绝缘子表面进行预染污，即根据试验要求的盐密、灰密及污液的体积，得到所需的硅藻土、NaCl 及去离子水的量，在一个浸污槽内配成污液并搅拌均匀（浸污槽的尺寸及污液的量可保证试品全部浸没于污液中）；将清洁的试品小心的浸入，转动一两周后拿出，在试验室的自然环境下干燥，伞裙边缘聚集的污液予以清除。在试品浸污过程中，应不断搅拌以保证污液均匀。

由于复合绝缘子表面具有憎水性，因此在对复合绝缘子涂污处理时，首先要用干燥的棉团，在绝缘子表面轻轻涂上一层干燥的硅藻土，并用洗耳球吹掉多余的硅藻土，使试品表面附着一层亲水性物质。由于这层硅藻土极薄，因此并不影响试品的灰密，但涂污应在处理一小时内完成。

当覆冰绝缘子采用固体图层法染污时，由于冰层的融化为导电物质的融解提供了充分的水分，因此灰密对预染污覆冰绝缘子闪络电压的影响并不明显。

7.3.2 以覆冰水电导率模拟试品染污法

覆冰前染污中，采用固体涂层法染污的绝缘子表面污秽涂层在利用覆冰水进行覆冰过程中可能会被所喷洒的过冷却水滴冲刷掉，在闪络试验过程中由电弧融化冰层所形成的融冰水也会带走一些污秽涂物，闪络电压与融冰状态及污秽物流失有很大关系，虽然与实际情况较吻合，但其试验结果的分散性较大。重庆大学通过大量试验研究，同时参照国外的研究情况，摸索出采用改变覆冰水电导率的方法来模拟覆冰过程中的染污过程，所得到的试验结果不仅分散性较小，而且易于控制污秽的均匀性，虽然这种方法仍与实际情况有一定差异，但在目前没有找到更好的方法情况下，采用这种方法既方便，又简单，且可行。

需要指出的是，采用这种方法虽然与实际情况有差异，但通过大量试验和观察得知，覆冰绝缘子闪络路径一般只有两种情况：一是沿着冰层的内表面，既与绝缘子接触的表面；二是沿着冰层的外表面，即使冰层逐渐融化，闪络路径仍是只有这两种情况。由于冰闪的过程始终是在这种覆冰水电导率下进行，冰层的厚度不会明显影响闪络过程。

重庆大学经过大量的试验，得到了覆冰水电导率与预染污盐密之间的对应关系。

7.3.3　覆冰绝缘子两种染污方法的等价性

重庆大学选择FXBW-±800/530型±800kV特高压直流复合绝缘子短样（A型、“大—中—小”伞型结构）、FXBW4-110/100型110kV复合绝缘子（B型、“大—小”伞结构）、7片串XZP-210型瓷绝缘子和7片串LXZY-210型玻璃绝缘子为试品（其结构和技术参数如附图Ⅲ-3），研究两者的等价性问题。

采用两种模拟污秽的方式试验得到的复合、瓷和玻璃绝缘子负极性直流冰闪电压见表7-5和表7-6。

表7-5　复合绝缘子试验结果

染污方法		固体涂层法预染污的盐密（mg/cm²）					模拟污秽的覆冰水电导率 γ_{20}（μS/cm）				
绝缘子	参数	0.03	0.05	0.08	0.12	0.15	80	200	340	640	1000
A型	U_{50}（kV）	143.2	126.7	113.9	103.7	97.9	187.3	157.0	130.7	113.0	98.0
	σ%	4.4	5.8	6.4	7.4	8.1	4.9	5.9	5.4	4.3	2.1
B型	U_{50}（kV）	130.9	115.4	107.4	93.4	88.9	172.3	146.2	121.8	104.9	87.9
	σ%	3.9	5.6	6.5	7.3	7.6	3.3	4.5	5.7	4.2	3.8

表7-6　瓷和玻璃绝缘子试验结果

染污方法		固体涂层法预染污的盐密（mg/cm²）				模拟污秽的覆冰水电导率 γ_{20}（μS/cm）			
绝缘子	参数	0.03	0.05	0.08	0.12	200	360	630	1000
XZP-210	U_{50}（kV）	109.7	102.2	93.8	85.8	130.2	113.1	98	82.6
	σ%	6.6	7.2	6.8	7.1	3.1	3.7	4	3.5
LXZY-210	U_{50}（kV）	116.9	112.6	99.7	90.9	135.3	122.4	104.1	87.6
	σ%	7.3	6.1	6.4	6.8	4.3	3.8	3.2	4.1

大量试验结果表明，在绝缘子覆冰状态基本一致的情况下，即覆冰厚度或覆冰量不发生明显变化时，污秽绝缘子的50%冰闪电压与覆冰前预染污程度的关系可表示为

$$U_{50}=A'(w\sigma_{20}S)^{-a}=A'(w\sigma_{20})^{-a}S^{-a}=AS^{-a} \tag{7-6}$$

式中：w为单位电弧距离覆冰量，g/cm；σ_{20}为预染污方式下覆冰水电导率（换算至20℃时），μS/cm，根据我国的实际情况，一般取100～120μS/cm；S为覆冰绝缘子预染污的盐密，mg/cm²；$A'A$为与覆冰状态、覆冰量、绝缘子结构等有关的常数；a为盐密对覆冰绝缘子冰闪电压影响的特征指数。

而绝缘子冰闪电压与覆冰水电导率γ_{20}（换算至20℃时）的关系可表示为

$$U_{50}=B'(w\cdot\gamma_{20})^{-b}=B'w^{-b}\gamma_{20}^{-b}=B\gamma_{20}^{-b} \tag{7-7}$$

式中：B'、B为与覆冰状态、绝缘子结构等有关的常数；b为γ_{20}对绝缘子冰闪电压影响的特征指数。

分别将表7-5和表7-6所示的试验结果按式（7-6）、式（7-7）拟合，得到复合绝缘子、瓷和玻璃绝缘子的50%冰闪电压（U_{50}）与SDD和γ_{20}的关系如图7-7～图7-10所示，

拟合得到的系数和指数 A、a 和 B、b 值见表 7-7。

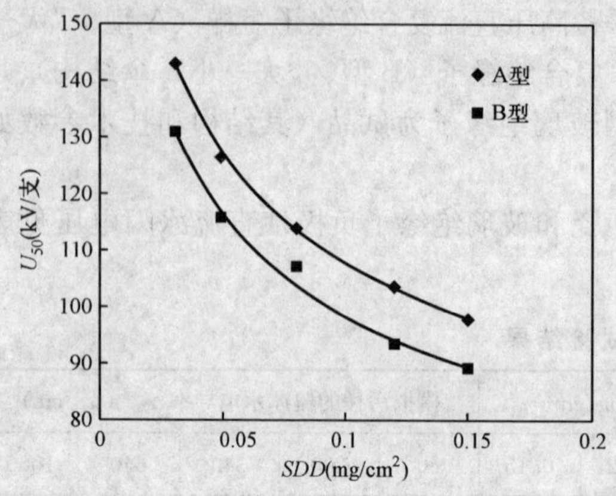

图 7-7 50%冰闪电压 U_{50} 与预染污盐密的关系

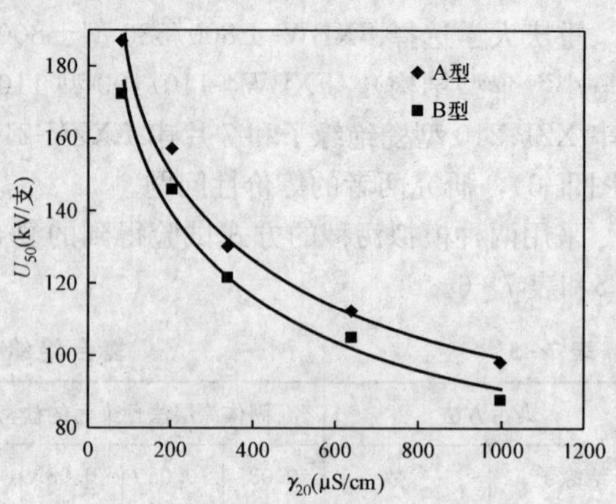

图 7-8 50%冰闪电压 U_{50} 与覆冰水电导率 γ_{20} 的关系

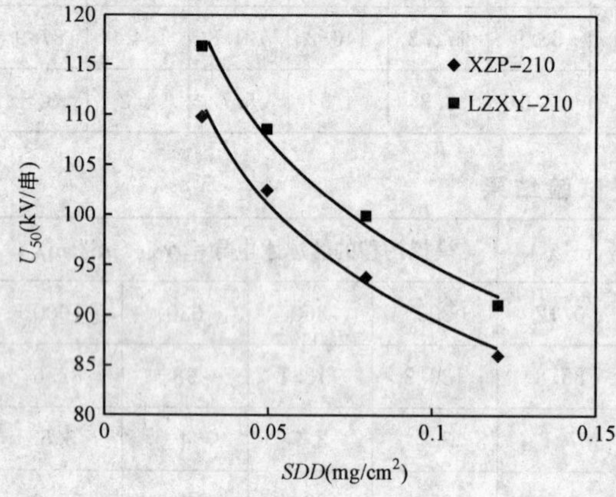

图 7-9 50%冰闪电压 U_{50} 与预染污盐密的关系

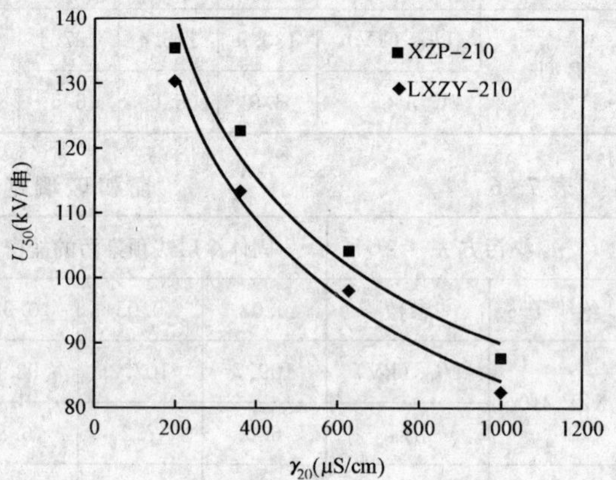

图 7-10 50%冰闪电压 U_{50} 与覆冰水电导率 γ_{20} 的关系

表 7-7 试品绝缘子的 A、a 及 B、b 值

试品型号	复合绝缘子				试品型式	瓷和玻璃绝缘子			
	A	a	B	b		A	a	B	b
A型	62.92	0.2344	594.7	0.2585	XZP-210	59.53	0.1769	576.67	0.2785
B型	56.89	0.239	570.7	0.2656	LXZY-210	62.61	0.1806	580.45	0.2699

覆冰是一种特殊形式的污秽，无论采取何种方式染污，对冰闪电压影响的效果是一致的。为找出固体涂层法和覆冰水电导率法之间的关系，定义在相同覆冰条件下采用一致的电气特性试验方法得到的闪络电压相等时，表面盐密和覆冰水电导率对冰闪电压的影响相同，则由式（7-6）、式（7-7）和表 7-7 可得覆冰前的盐密与覆冰水电导率的关系可表示为

$$\gamma_{20}=C\times S^{c}=\left(\frac{B}{A}\right)^{1/b}\times S^{a/b}=\begin{cases}5939.23S^{0.9068} & \text{(A 型)}\\ 5891.5S^{0.90} & \text{(B 型)}\\ 3476.0S^{0.6352} & \text{(XZP-210 型)}\\ 3818.83S^{0.669} & \text{(LXZY-210 型)}\end{cases} \tag{7-8}$$

由式（7-8）可知，γ_{20}与 S（盐密）之间满足幂函数关系，其系数 C 和指数 c 均与绝缘子的型式、覆冰量以及电弧距离没有明显关系，因此由式（7-8）可得 γ_{20} 与盐密的关系如图 7-11 所示。根据图 7-11 可采用相应的方法模拟污秽程度。

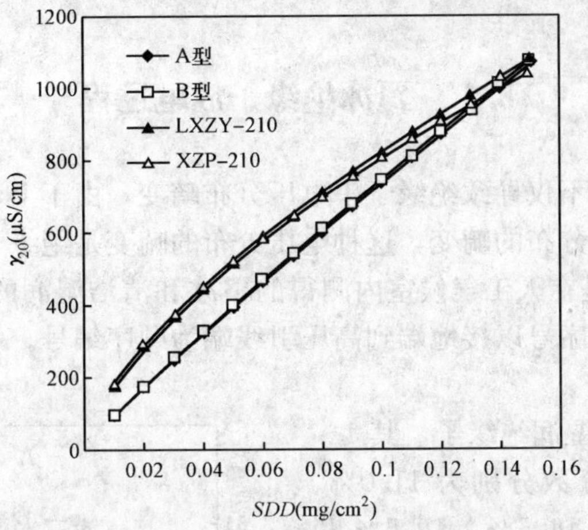

图 7-11　覆冰水电导率（γ_{20}）与盐密的关系

第8章　覆冰绝缘子放电过程和闪络特性

8.1　覆冰绝缘子放电过程

试验结果表明，覆冰不仅导致绝缘子串电压分布畸变，由于上、下表面覆冰不均匀还会引起单片绝缘子表面电压分布的畸变，这种电压分布的畸变是绝缘子（串）冰闪电压降低的主要原因之一。图8-1是在人工气候室内测得的覆冰和清洁湿润的7片串XP-70绝缘子交流电压分布曲线，各片的序号以接地端到高压引线端为顺序编号。

由图8-1可知：

(1) 对于7片串清洁湿润绝缘子，其1～7号绝缘子承受电压百分数分别为11.0%、9.2%、9.7%、11.9%、14.5%、19.5%和24.2%，符合正常的电压分布规律；

(2) 在7片串绝缘子覆冰1050g时，各绝缘子伞群全部未被冰凌桥接，1～7号绝缘子承受电压百分数分别为9.6%、10%、11%、10%、13.4%、19%和27%，与未覆冰情况相比，电压分布没有明显变化，但高压端7号绝缘子仍比未覆冰时高约3%；

(3) 在7片串绝缘子覆冰7500g时，2～6号绝缘子伞群被冰凌桥接，承受电压百分数分别为6.5%、4.4%、4.7%、6.6%和7.2%，1号及7号伞群未被冰凌桥接，承受电压百分数分别为29.4%和41.2%；

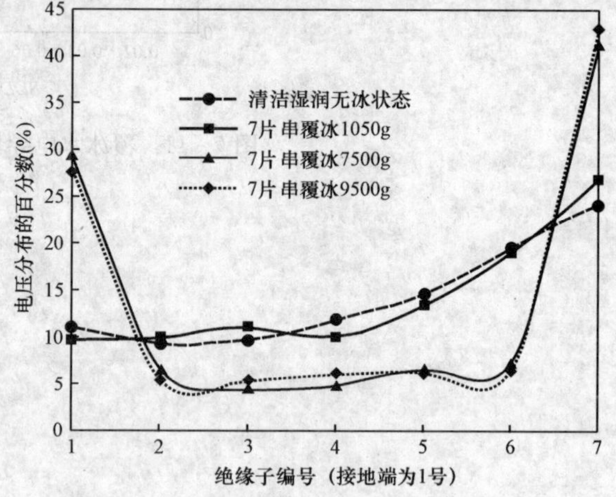

图8-1　7×P-70覆冰绝缘子串电压分布

(4) 在7片串绝缘子覆冰9500g时，各绝缘子伞群全部被冰凌桥接，绝缘子串几乎形成冰柱，1～7号绝缘子承受电压百分数分别为27.6%、5.3%、5.4%、6.2%、6.1%、6.4%和43%。

由此可见，无论覆冰轻重如何，覆冰对绝缘子串电压分布都有畸变作用；覆冰越重、电压分布畸变越严重，绝缘子串两端特别是高压引线端绝缘子承受电压百分数越高，导致这些部位首先产生放电，局部冰层开始融化。

融冰过程中，绝缘子表面将形成导电水膜，因此覆冰绝缘子放电与污秽绝缘子放电相似，其放电过程也是由表面泄漏电流引起的，所以覆冰是一种特殊形式的污秽。根据人工覆冰闪络试验可知：当绝缘子覆冰后施加电压时，便产生泄漏电流。当泄漏电流小于5mA时，外观上观测不到放电现象，泄漏电流波形平稳；随着电压的升高，泄漏电流增大，当泄漏电流超过5mA时，高压端绝缘子钢脚出现蓝紫色局部电晕放电，逐渐发展并加剧；随着电压继续升高，伞裙间冰凌尖端空气间隙的流注放电特别明显，融冰现象也逐渐加剧。当泄漏电流超过20mA时，蓝紫色的火花放电变成粉红色电弧放电，随后将突变成间歇性白弧，此时电源供给的能量一部分维持电弧燃烧，一部分用于融化冰层，当两部分能量达到平衡时，电弧熄灭。冰层在泄漏电流焦耳热作用下进一步融化时，融冰所需的能量减少，导电水膜增长，电弧再次燃烧。当泄漏电流达到 250mA 时，其白弧电流的焦耳热不仅可以使冰层充分融化，而且足以保证间歇性白弧稳定燃烧并在导电水膜表面空气中发展；此时绝缘子串各片间都已出现白弧，各段白弧迅速连通，跨接串长的 40%～70%左右，当泄漏电流达到 400mA 时，白弧与接地端的小弧连通而完成全面闪络。

在覆冰不均匀时，闪络前的白弧电流波形存在“零休”，即存在电弧的熄灭和重燃现象，相应的电流波形产生畸变，电流过零持续一段时间。覆冰越不均匀，“零休”现象越明显。

覆冰绝缘子串电压分布的畸变导致冰闪电压比湿闪电压还低。绝缘子串的两端，特别是高压引线端电压分布增高是导致覆冰放电比湿放电早的最基本原因。覆冰表面水膜导电率的高低以及冰凌尖端流注式电晕脉冲频率和强度决定放电发展的速度，间歇性白弧能否发展成稳定白弧是闪络的主要条件。整个放电过程按泄漏电流的变化规律可定性分为基本电流、电晕流注电流、白弧电流和闪络电流四个发展阶段，参照污秽放电过程可把闪络前半周的白弧泄漏电流最大幅值定义为交流冰闪的临界闪络电流。

如图 8-2 所示为由高速摄像机在 1000 帧/s 速度下拍摄的 9 片普通悬式瓷绝缘子串雾凇覆冰的完整闪络过程。由于绝缘子严重覆冰，除图 8-2 中 G1、G2、G3 三处空气间隙外，绝缘子串伞裙间隙完全被翼形雾凇覆冰桥接。由于覆冰导致的电场分布不均匀，从图 8-2 中可看出，局部电弧首先在电场最强的、未被冰凌桥接的高压端空气间隙 G1 处产生，随着电压的升高，G1、G2 先后产生局部电弧，电压继续升高，局部电弧逐渐发展，直到最后发展成完全闪络，整个放电发展过程持续时间为 10.2s，由于试验是采用均匀升压法，从产生局部电弧到完全闪络，电压升高约 30kV。在整个电弧发展直到闪络的过程中，发生多次局部电弧的“建立、发展、熄灭”，在污秽放电中称为“零休”的现象，图 8-3 给出了局部电弧的一次“建立、发展、熄灭”过程。对于覆冰绝缘子串，电弧的“建立、发展、熄灭”过程一方面与交流电流过零有关，另一方面则于覆冰的融化，产生融冰水对电弧的熄灭作用以及冰层的脱落改变放电路径和电场分布重新发生变化有关。事实上，在覆冰闪络过程中，后者往往更为主要。这是覆冰绝缘子闪络过程中电弧发展的特点，也是建立覆冰绝缘子放电模型所面临的难点。

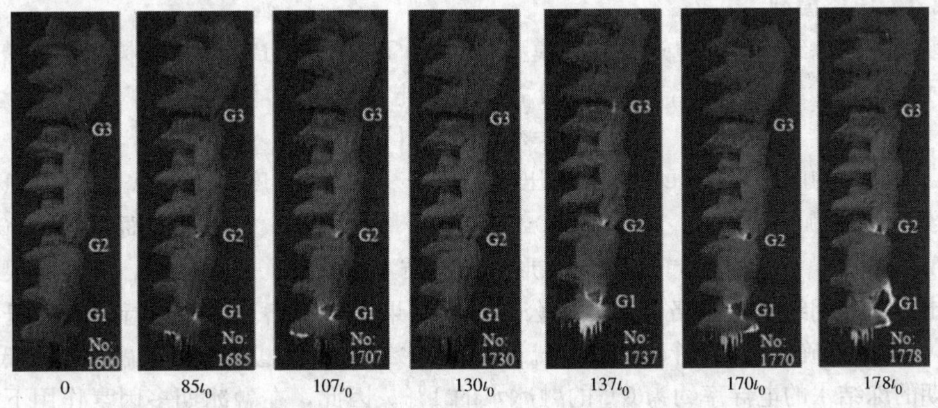

图 8-2　9 片串普通悬式绝缘子严重覆冰时的闪络过程（一）

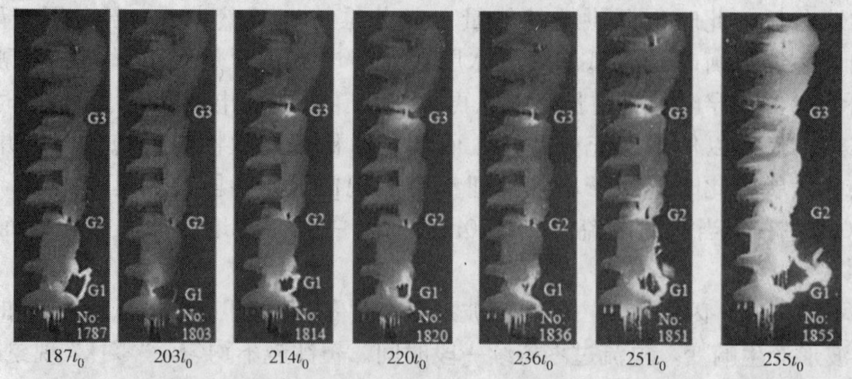

图 8-2 9 片串普通悬式绝缘子严重覆冰时的闪络过程（t_0=0.04s）（二）

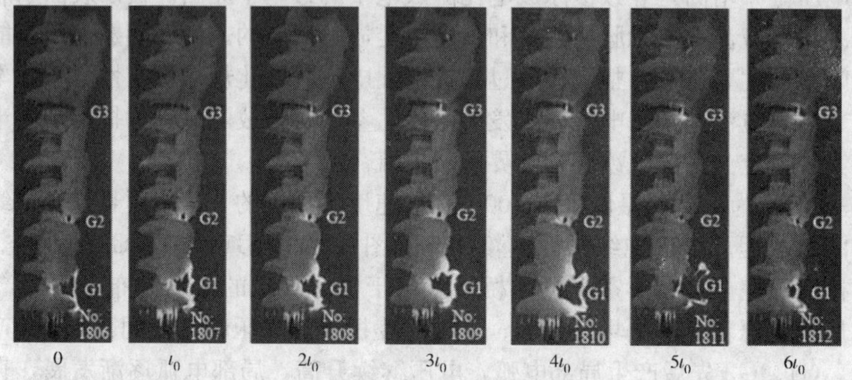

图 8-3 9 片串普通悬式绝缘子严重覆冰时的局部电弧建立、发展和熄灭过程（t_0=0.04s）

8.2 覆冰绝缘子放电模型

影响覆冰绝缘子闪络过程的因素甚多，至今尚未见有比较公认的描述覆冰绝缘子放电过程的物理数学模型，研究中应用较多的仍是基于 Obenaus 于 1958 年提出的污秽放电物理模型发展起来的模型。

8.2.1 电路模型

早期研究覆冰绝缘子放电过程物理模型时，H. T. BuJ 和 Bui 等根据树脂玻璃槽（如图 8-4 所示）的试验结果，提出覆冰状态下冰面电弧电压公式为

$$U=A_a x I^{-n_a}+U_E \tag{8-1}$$

式中：U 为施加的电压，V；U_E 为电极压降，V；x 为电弧长度，cm；A_a、n_a 为静态电弧特征常数；I 为电弧电流，A；当 U_E=900±50V 时，A_a=166、n_a=0.56；而 U_E=（400±20）V 时，A_a=380、n_a=0.39。式（8-1）在形式和本质上与式（3-1）相似，且仅为根据试验结果得出的覆冰期绝缘子闪络电压经验公式，其结果十分粗略。对于运行线路的覆冰绝缘子，A、n 常数的确定尚需进行研究确定。由于覆冰绝缘子放电最常见于融冰期，低于 0℃ 的覆冰期的冻结水的电导率约为 0℃的融冰水的 1%。因此，在融冰期多因素作用下的放电过程中，式（8-1）并不适用，需做进一步校正和修改。

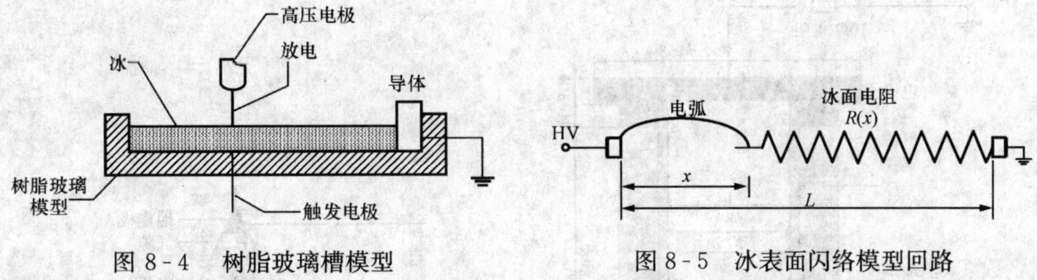

图 8-4　树脂玻璃槽模型　　图 8-5　冰表面闪络模型回路

参照图 3-2 的分析方法，对式（8-1）拓展，增加未被电弧桥接部分冰面上的电阻电压，基于污秽放电的 Obenaus 模型（见图 8-5）的覆冰闪络数学模型的基本方程、电弧重燃方程则为

$$U=U_E+A_a x I^{-n_a}+IR_r(x) \tag{8-2}$$

$$I=\left(\frac{k_a x}{U}\right)^{\frac{1}{n_a}} \tag{8-3}$$

式中：k_a、n_a 为电弧的重燃常数。

当考虑实际绝缘子串的覆冰是一个半圆柱状的冰体，因此剩余冰层电阻为

$$R_r(x)=\frac{1}{2\pi\gamma_e}\left[\frac{4(L-x)}{D+2d}+\ln\left(\frac{D+2d}{4r_0}\right)\right] \tag{8-4}$$

γ_e 为冰层表面电导率，S/cm；L、D 分别为绝缘子的长度和等效直径，cm；d 为冰层厚度，cm；r_0 为电弧根部半径，cm。

r_0 同电压极性等因素有关，通常用可表示为

$$r_0=\sqrt{\frac{I}{\pi k r_0}} \tag{8-5}$$

式中：kr_0 为电弧根部半径系数，不同的电压类型和极性下有不同的值。

现有的覆冰闪络数学模型基本上是以此为基础，对其中的参数进行研究，且重点集中在冰面电弧的研究上，也就是在各种情况下的 A_a、n_a、U_E 及 $R_r(x)$ 等参数值。

加拿大的 X. Chen 以圆柱形覆冰物理模型（图 8-6）为研究对象，研究了交、直流电压下电弧的 U-I 特性和 U_E。对于圆柱状的覆冰物理模型，冰表面起弧后的剩余冰面电阻为

$$R_r(x)=\frac{1}{\pi\gamma_e}\left[\frac{\pi(L-x)}{d_w}+\ln\left(\frac{d_w}{2\pi r_0}\right)\right] \tag{8-6}$$

式中：γ_e 为未被电弧跨接部分的冰层表面电导率，同覆冰水电导率、温度和电压极性密切相关，S/cm；d_w 为冰面宽度，cm。

将 r_0 代入式（8-4），再代入式（8-2），求解 $dU/dI=0$ 和 $dU/dx=0$，就可以得到临界闪络的电压 U_c、电流 I_c 和临界闪络电弧长度 x_c。使用此数学模型计算的闪络电压同 5 片串的 IEEE 标准绝缘子串的试验结果进行比较，结果比较吻合。然而由于受到试验条件的限制，该模型没有也无法对长绝缘子串进行试验验证。

加拿大 M. Farzaneh 等以图 8-7 所示的三角形平板冰物理模型为对象，研究了交、直流电压下的冰面电弧的模型。对于直流，引入系数 $k_x \geqslant 1$，式（8-2）改写为

$$U=A_a k_x x I^{-n_a}+U_E+IR_r(x) \tag{8-7}$$

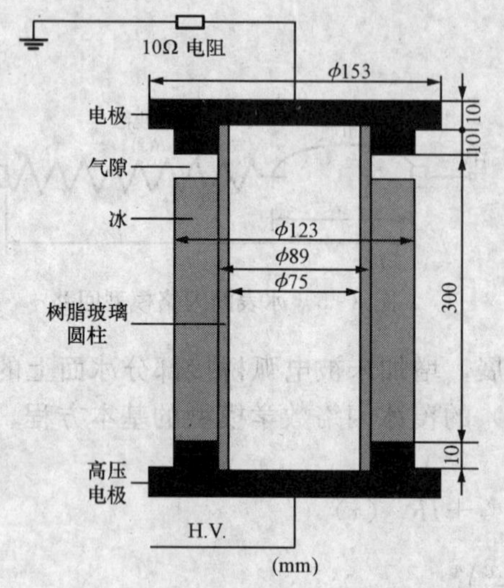

图 8-6 圆柱形冰物理模型

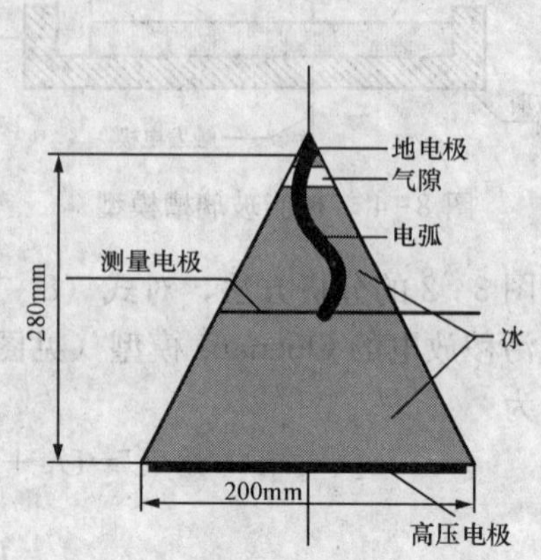

图 8-7 三角形平板冰物理模型

加入式（8-4），令 $\partial U/\partial I=0$ 和 $\partial U/\partial x=0$，当确定了 A_a、k_x、n_a、U_E、γ_e、r_0 后，可得在直流条件下绝缘子串的临界闪络电流和电压值。

在交流条件下，电极压降 U_E 可忽略或是包含在 A_a 中，以峰值计算，式（8-2）改写为

$$U_m=A_a x I_m^{-n_a}+I_m R_r(x) \tag{8-8}$$

加入电弧重燃的条件，即

$$I_m=\left(\frac{k_a x_m}{U_m}\right)^{\frac{1}{n_a}} \tag{8-9}$$

将式（8-7）、式（8-8）和式（8-9）结合，可得交流临界闪络电压，而临界闪络电流为

$$I_c=\left(\frac{k_a x_c}{U_c}\right)^{\frac{1}{n_a}} \tag{8-10}$$

在此基础上，又深入研究了气压、污秽对冰表面的电弧行为、闪络电压的影响，确定各种情况下的 A_a、n_a、U_E 和 $R_r(x)$ 参数值，对不同情况下覆冰模型闪络的特性和机理有了初步的认识。

三角形冰物理试品对于研究冰表面的闪络有很大的帮助，其建立在式（8-2）基础上，对式（8-2）的参数进行探讨，在对短支柱绝缘子覆冰进行验证，也得到了比较好的结果，但是依然没有对长支柱绝缘子或长绝缘子串进行验证。

建立在污秽模型基础上的覆冰闪络模型，在覆冰比较轻的情况下，可能是适用的。但是在覆冰比较重的情况下，是否适用，还存在着争论。对冰表面电弧发展的速度，有人提出冰面电弧发展速度的数学模型为

$$v(t)=K_u\left(\frac{\mathrm{d}I(t)}{\mathrm{d}t}\right)^{n_u} \tag{8-11}$$

式中：K_u、n_u 为参数，与电压极性有关，负极性，$K_u=2.22$，$n_u=0.32$；正极性，$K_u=1.14$，$n_u=0.60$。

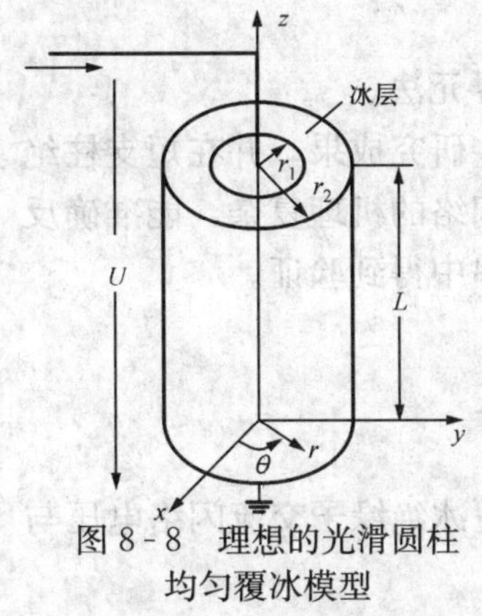

图 8-8　理想的光滑圆柱均匀覆冰模型

8.2.2　热力学模型

覆冰闪络的主要因素之一是冰层的融化，与热平衡有关。因此可以从热力学角度对覆冰表面闪络的模型进行分析。以一个理想的均匀覆冰的圆柱绝缘子（见图 8-8）作为研究对象，从理论分析和试验得到最低闪络电压和冰表面最小表面电阻是相对应的，进而得出覆冰绝缘子最低闪络电压的必要条件，即在冰表面冰融化的速率大于等于水结冰的速率。

由电弧弧柱电场强度小于未被电弧跨接部分冰面电场强度，根据热平衡方程可得到圆柱形绝缘子稳态下的临界闪络的电流和电压分别为

$$I_c = A_a^{\frac{1}{n_a}}\left\{\frac{\rho_{ic}}{\dfrac{\pi(r_2^2-r_1^2)}{2\ln(r_2/r_1)}-\pi r_2^2-2a_c\pi r_2\delta\dfrac{\rho_{ic}}{\rho_w}\left[\dfrac{2\pi k_c t_1}{\ln(r_2/r_1)}+\beta t_3+Fr\right]}\right\}^{-\frac{1}{2n_a}} \tag{8-12}$$

$$U_c = \frac{LA_a^{\frac{1}{n_a}}\rho_{ic}^{1-\frac{1}{2n_c}}}{\pi(r_2^2-r_1^2)+2\pi r_2\delta\dfrac{\rho_{ic}}{\rho_w}}\left\{\frac{1}{\dfrac{\pi(r_2^2-r_1^2)}{2\ln(r_2/r_1)}-\pi r_2^2-2\alpha_c\pi r_2\delta\dfrac{\rho_{ic}}{\rho_w}\left[\dfrac{2\pi k t_1}{\ln(r_2/r_1)}+\beta t_3+F_r\right]}\right\}^{-\frac{1}{2n}} \tag{8-13}$$

式中：ρ_{ic}、ρ_w 为冰体的电阻率和冰面水膜的电阻率，Ω/m；r_1、r_2、δ 分别为绝缘子直径、覆冰后外径、冰层厚度，m；L 为绝缘子长度，m；t_1、t_2、t_3 分别为绝缘子表面、冰表面和空气温度，℃，为简便起见，可以认为 $t_2=t_1$；k_c 为冰的热传导系数；a_c 为无量纲系数，与冰表面积，外界与冰体温度，周围空气温度、密度有关；βt_3 为由于冰表面和周围空气温差单位长度上从外界传入绝缘子内部的热量，J/m；F_r 为绝缘子单位长度上传入的外界辐射热，J/m。

该模型从热力学和功率平衡方面开拓了研究的视野和思路，但模型较粗糙，临界闪络电流和电压公式中的参数也未确定，不能做定量的分析。且电弧弧柱电场强度小于未被电弧跨接部分冰面电场强度，实质上讲也就是电弧单位长度电阻小于未被电弧跨接部分冰面的单位长度电阻，也就是说其基本理论与 Obenaus 概念的观点一致。

8.2.3　电磁场模型

利用计算机软件对覆冰绝缘子的电场分布进行计算以研究覆冰绝缘子闪络的特性和机理。对图 8-9 所示的支柱绝缘子不同的覆冰形式，使用边界元法对其电场分布进行计算，结果显示覆冰改变了沿绝缘子表面的电场分布，这主要是由于沿泄漏表面的空气间隙的存在而导致的。这些空气间隙上承担的电压相当高的，足以导致局部电弧的发生，如果整个绝缘子上的电压足够高，闪络

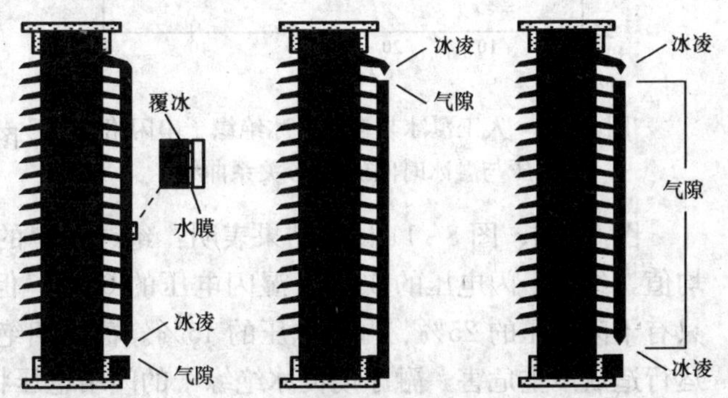

图 8-9 支柱绝缘子的不同覆冰形式

就有可能发生。

对覆冰绝缘子电场的模拟可以采用有限元法，也可以采用边界元法。

国内外对覆冰闪络模型的研究进行了大量的工作，取得了一些研究成果，并在短支柱绝缘子和短绝缘子串得到了验证。但因覆冰闪络的影响因素太多，闪络的机理复杂，能准确反映覆冰的闪络特性及机理的模型仍有争论，已有的模型没有在长串中得到验证。

8.3 悬式绝缘子交流覆冰闪络特性

利用均匀升压法试验研究覆冰绝缘子的闪络特性，分别得出覆冰绝缘子交流闪络电压与融冰时间、绝缘子覆冰量、融冰水电导率及绝缘子串长等的关系。

在工程应用中，科研、设计、运行及维护人员最关心的是可能危及电力系统安全运行的最低闪络电压，不同覆冰状态下其最低闪络电压也不同。既然覆冰是一种特殊的污秽形式，考虑最低闪络电压时应针对不同的污秽形式和程度。这里将讨论覆冰量、污秽程度及高海拔的低气压等对最低冰闪电压的影响。

8.3.1 闪络电压与融冰时间关系

如图 8-10、图 8-11 所示为采用 U 形曲线法得到的冰闪电压（U_f）与融冰时间（T_0）的关系。由图 8-10、图 8-11 试验结果可知，人工覆冰绝缘子和自然覆冰绝缘子的闪络电压在数值关系上存在较大差异，但覆冰绝缘子的闪络电压与融冰时间或闪络次数之间的 U 形关系曲线是一致的。实际上覆冰绝缘子的第一次闪络或融冰开始时的闪络电压可以认为是覆冰绝缘子在结冰期的闪络电压。随着融冰时间的增加，覆冰绝缘子的闪络电压趋于下降，降至某一闪络电压即最低闪络电压时又逐渐回升。

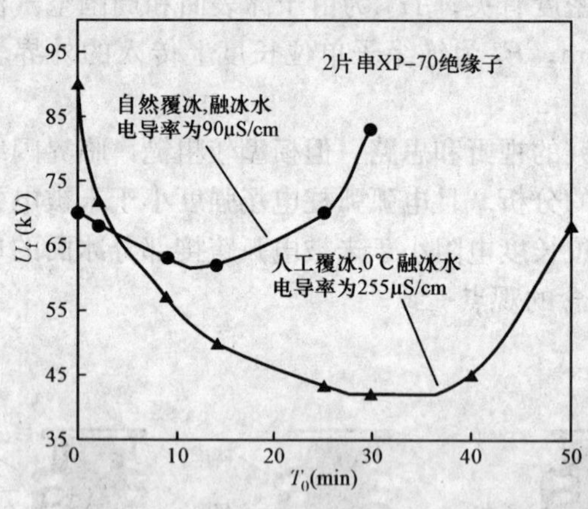

图 8-10　人工覆冰与自然覆冰绝缘子串闪络电压与融冰时间的 U 形关系曲线

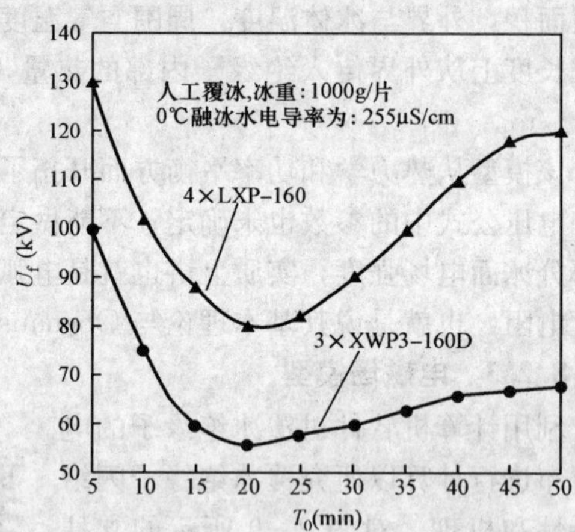

图 8-11　不同型式绝缘子串冰闪电压与融冰时间关系对比

图 8-10、图 8-11 试验结果表明：绝缘子串的平均交流闪络电压，即总放电次数的平均值，约为干闪电压的 39%、湿闪电压的 65%；但最低冰闪电压，即 U 形曲线的最低点，只有干闪电压的 25%、湿闪电压的 45%。覆冰期绝缘子串的覆冰并不会对电力系统的安全运行造成严重危害，融冰期覆冰绝缘子的闪络电压将明显降低。因此，覆冰绝缘子串在融冰期的最低闪络电压可作为重覆冰区线路绝缘选择的依据。

8.3.2　绝缘子冰闪电压与覆冰量的关系

表征最低闪络电压的特征参数是什么？泄漏电流是反映放电过程的动态参量，它与覆冰的均匀性、冰量及污秽程度等多种因素有关，很难确定覆冰绝缘子串最低闪络电压与泄漏电流的定量关系；而覆冰厚度与绝缘子的形状、结构及覆冰过程中风速、风向的变化有关，不可能利用绝缘子本身的覆冰厚度作为表征最低闪络电压的特征量；冰凌（柱）长度和形状虽对放电从流注式电晕放电向白弧放电的发展起着重要作用，但在火花放电的发展过程中冰凌基本被融化和烧断，最终起决定作用的并不是冰凌的影响。大量试验结果显示，覆冰绝缘子串总是存在最低闪络电压。根据不同形式绝缘子和不同试验方法的覆冰试验结果可知，利用绝缘子串的总覆冰量或单位覆冰量和换算到0℃时融冰水或覆冰水电导率可反映覆冰绝缘子的特征。覆冰是一种特殊污秽形式，覆冰量或融冰水电导率正是反映了这种特殊污秽形式的本质，泄漏电流是这种特殊污秽形式的动态表征。

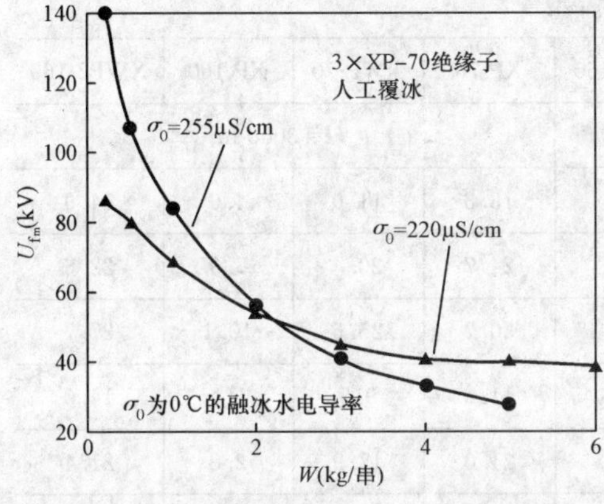

图 8-12　最低冰闪电压与覆冰量关系

当0℃时融冰水电导率一定时，覆冰绝缘子的交流最低闪络电压随绝缘子串的覆冰量的增加而下降，如图 8-12 所示。图 8-12 可知如下几点。

（1）当覆冰较轻时，绝缘子表面冰层薄，裙边无冰凌或冰凌很短，“冰凌—伞裙”之间空气间隙及绝缘子表面电阻并未因覆冰而明显变化，最低闪络电压（U_{fm}）与未覆冰时没有明显差异。

（2）当覆冰量增加时，表面冰层也加厚，泄漏电流因表面电阻降低而增大；同时，冰凌增长使“冰凌—伞裙”间空气间隙缩短，为电弧桥接空气间隙提供了条件，最低闪络电压随之降低。如果覆冰量增加并造成“冰凌—伞裙”间空气间隙的放电电压小于沿爬电路径的放电电压时，最低闪络电压将明显降低。

(3) 当覆冰量增加导致冰凌桥接绝缘子串部分伞裙或全部伞裙时，放电路径将会沿冰凌湿润表面，最低冰闪电压趋于稳定。在这种情况下，即使覆冰继续加剧，仅增加表面覆冰厚度或桥接伞裙的冰凌数量，为电弧提供更多的放电通道，在这种覆冰程度饱和状态下，最低闪络电压几乎保持一致。

覆冰量是基本特征参数，下面根据试验结果分析各因素影响下最低冰闪电压与覆冰量的关系。

一、瓷和玻璃绝缘子最低冰闪电压与覆冰量的关系

如图 8-13 所示为不同海拔高度（H=1000m 和 H=3000m）的气压、不同盐密（SDD=0.015、0.03、0.05mg/cm^2 和 0.10mg/cm^2）及不同型式 3 片串绝缘子（XP-70、XWP-70、XP-160和 XWP2-160）的最低交流闪络电压与覆冰量的关系曲线。

从图 8-13 中曲线可见，不同盐密下，U_{fm} 与 W 之间满足幂函数的规律，当覆冰量较小时，绝缘子的最低闪络电压仍然较高，这是因为在覆冰量较小时，伞裙上的冰凌不足以短接伞裙间的空气间隙，即在冰凌尖端与下一片绝缘子伞裙上表面之间仍有较大的空气隙，因此最低闪络电压较高。随着覆冰量增加，冰凌尖端与伞裙间的空气隙逐渐减小，因此使最低闪络电压也逐渐下降。当覆冰量达到一定程度时，冰凌将桥接伞裙间的空气隙，此时若进一步增加覆冰量，则只是增加桥接冰凌的数目及绝缘子上的冰厚，而放电路径几乎不变，因此最

低闪络电压下降变缓。覆冰绝缘子最低闪络电压不仅与覆冰量有关，还与覆冰的形状和密度等因素有关，因此其分散性较大。

表 8-1 为覆冰、高海拔低气压和污秽综合作用下四种绝缘子最低闪络电压 U_{fm} 随覆冰量 W 的变化情况，可以表示为

$$\Delta U_{fm}=\frac{U_{fm,0.5}-U_{fm,W}}{U_{fm,0.5}}\times 100\% \tag{8-14}$$

式中：$U_{fm,0.5}$ 为覆冰量为 0.5kg 时最低冰闪电压，kV；$U_{fm,W}$ 为覆冰量为 W（kg）时最低冰闪电压，kV；ΔU_{fm} 为覆冰量为 W（kg）时冰闪电压对于 0.5kg 时下降的百分数。

表 8-1　不同型式、海拔及盐密下绝缘子最低闪络电压与覆冰量为 0.5kg 相比的变化率 ΔU_{fm}（%）与覆冰量的关系

SDD (mg/cm²)	冰量 (*W*/kg)	试品型号							
		XP-70	XWP-70	XP-160	XWP2-160	XP-70	XWP-70	XP-160	XWP2-160
		H=1000 m				*H*=3000 m			
0.015	1	9.3	6.9	6.5	11.5	13.3	11.0	4.0	14.9
	2	17.6	13.2	12.5	17.6	24.7	20.4	7.9	22.6
	3	22.1	16.6	16.0	21.7	30.7	25.6	10.1	27.7
0.03	1	10.3	8.6	3.2	16.1	11.0	9.5	1.4	14.0
	2	19.4	16.4	6.2	24.3	21.0	17.9	2.8	21.4
	3	24.3	20.7	8.0	29.6	26.3	22.7	3.5	26.1
0.05	1	8.3	8.9	4.9	15.9	15.8	7.3	4.9	14.3
	2	15.9	17.0	9.4	24.0	29.1	13.8	9.3	21.8
	3	20.1	21.4	12.1	29.4	36.0	17.4	11.8	26.5
0.10	1	10.0	8.7	5.5	16.9	14.9	10.4	5.6	13.6
	2	19.1	16.6	11.1	25.5	27.7	19.4	10.9	20.7
	3	23.9	21.0	14.1	31.0	34.2	24.2	14.1	25.4

从图 8-13 曲线还可见，在不同盐密和海拔高度下，随着覆冰量的变化，XP-70 普通型悬式绝缘子的最低闪络电压高于 XWP-70 双伞耐污型绝缘子；但是，在相同盐密和海拔高度下，随着覆冰量的增加，XP-70 绝缘子最低闪络电压的下降速度普遍高于 XWP-70 绝缘子；并且海拔越高（气压越低），这两种绝缘子的最低闪络电压随覆冰量的增加而下降的速度也明显加快。此外还可见，在不同盐密和海拔高度下，随着覆冰量的变化，XP-160 普通型悬式绝缘子的最低闪络电压低于 XWP2-160 双伞耐污型绝缘子；在相同盐密和海拔高度下，随着覆冰量的增加，XP-160 绝缘子最低闪络电压的下降速度普遍低于 XWP2-160 绝缘子；并且海拔越高（气压越低），这两种绝缘子的最低闪络电压随覆冰量的增加而下降的速度加快不显著。

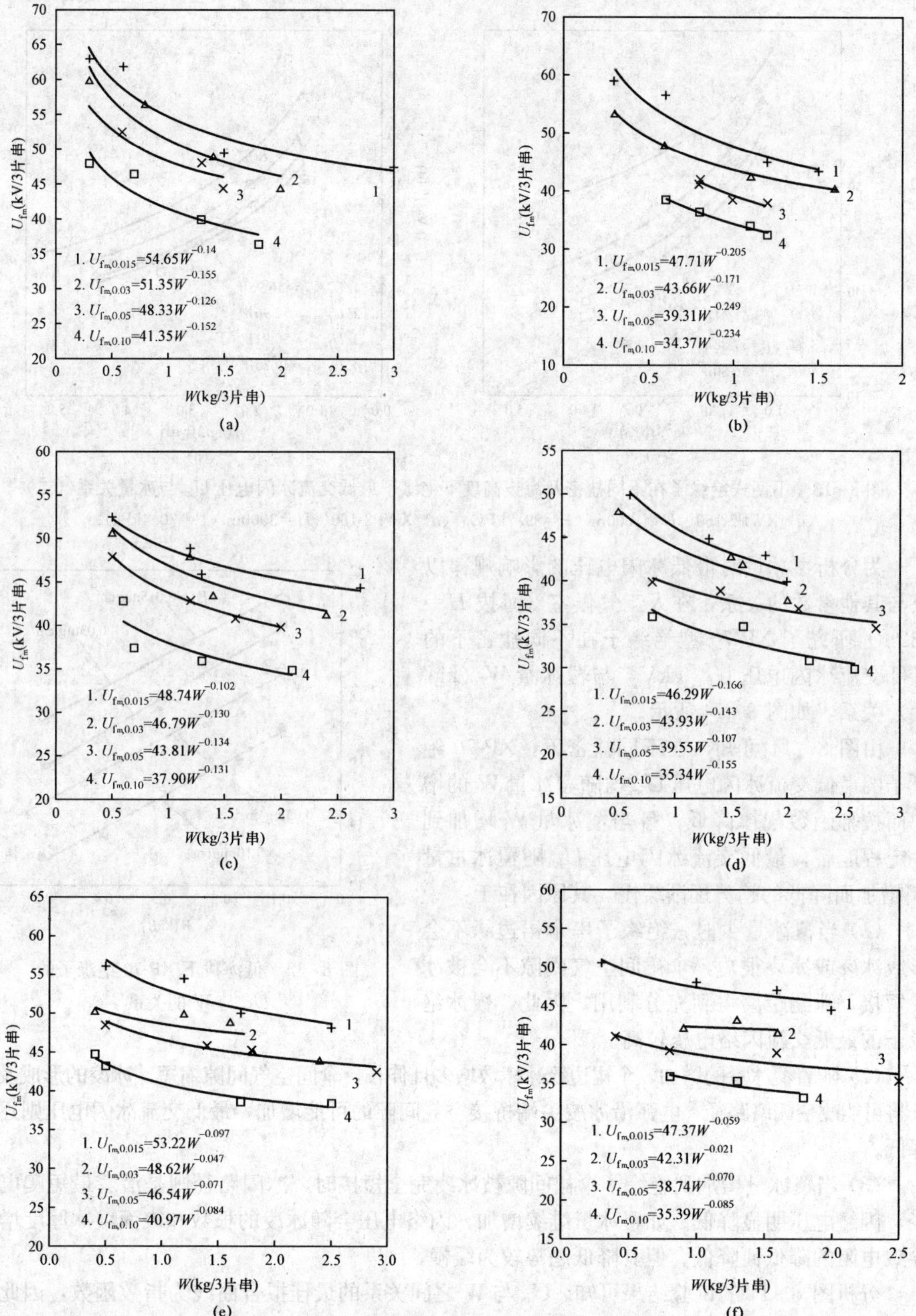

图 8-13　不型式绝缘子在不同盐密及海拔高度的气压下绝缘子最低交流冰闪电压与冰量关系（一）
(a) XP-70、H=1000m（P=89.7kPa）；(b) XP-70、H=3000m（P=70.4kPa）；(c) XWP-70、H=1000m（P=89.7kPa）；(d) XWP-70、H=3000m（P=70.4kPa）；(e) XP-160、H=1000m（P=89.7kPa）；(f) XP-160、H=3000m（P=70.4kPa）

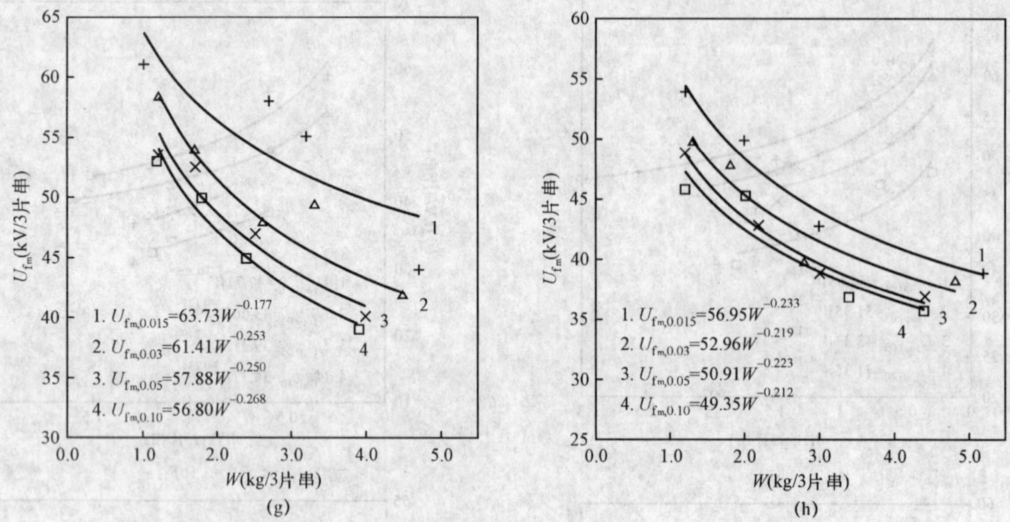

图 8-13　不型式绝缘子在不同盐密及海拔高度下绝缘子最低交流冰闪电压 U_{fm} 与冰量关系（二）
(g) XWP2-160、H=1000m（P=89.7kPa）；(h) XWP2-160、H=3000m（P=70.4kPa）；

为分析覆冰量对最低冰闪电压的影响规律以及与其他参数的关系，在人工气候室（海拔 H=232m）研究了 XP-70 型绝缘子在不同盐密下的最低交流冰闪电压 U_{fm}（kV）与覆冰量 W（kg/片）关系，如图 8-14 所示。

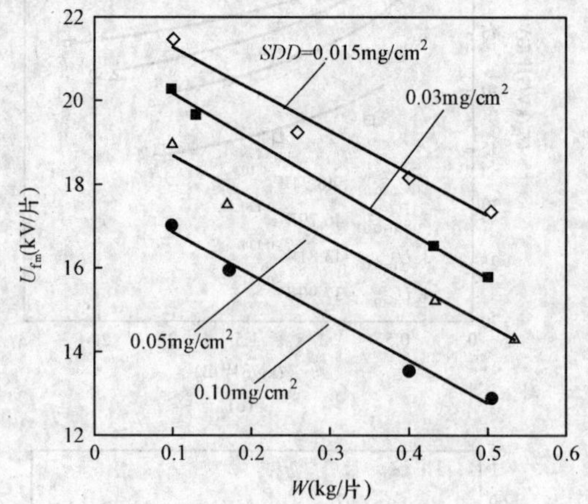

图 8-14　低海拔下 XP-70 绝缘子的 U_{fm} 与 W 的关系

由图 8-14 可知，在不同盐密下，XP-70 绝缘子的最低交流冰闪电压 U_{fm} 均随覆冰量 W 的增加而按幂函数规律降低，且当覆冰量 W 增加到一定程度后，最低交流冰闪电压 U_{fm} 随覆冰重量 W 增加而降低的趋势逐渐缓慢。其原因在于：

（1）当覆冰量少时，绝缘子串伞裙边缘不会形成冰凌或冰凌很短，伞裙间空气间隙不会被冰凌短接，泄漏距离得到充分利用。因此，覆冰绝缘子的最低交流闪络电压较高。

（2）随着覆冰量的增加，伞裙边缘冰棱数增多且伸长，伞间空气间隙缩短，冰凌的形成及增长将可能改变闪络路径，电弧沿冰凌尖端桥接空气间隙的可能增加，最低交流冰闪电压则逐渐降低。

（3）当覆冰量增加到绝缘子伞裙间隙被冰凌完全短接时，冰闪路径则是沿着最短爬电路径，闪络电压明显降低。如覆冰量继续增加，闪络电压会随冰凌的根数和表面覆冰厚度增加导致电阻的降低而降低，但其降低趋势较为缓慢。

分析图 8-14 的试验结果可知，U_{fm} 与 W 之间关系的最佳拟合曲线为指数函数，因此可得绝缘子的最低交流冰闪电压的一般关系可表示为

$$U_{fm}(H, W, S) = U_{fm}(H, 0, S) \times e^{-mW} \tag{8-15}$$

式中：U_{fm}（H，W，S）为海拔 H（km）、覆冰量 W（kg/片）、盐密（SDD）为 S 时的最低

冰闪电压，kV/片；m 为覆冰量影响的特征指数；W 为覆冰量，kg/片；U_{fm}（H，0，S）为海拔 H（km）的气压下，绝缘子覆冰为零、表面盐密为 S 且表面饱和湿润时的闪络电压，kV。用式(8-15)对图 8-14 中 XP-70 绝缘子的试验结果进行曲线拟合可得相关系数和指数见表 8-2。

表 8-2　图 8-14 试验结果按式（8-15）拟合的 $U_{fm}(0, 0, S)$、m 和 R^2

SDD（mg/cm²）	0.015	0.03	0.05	0.10
U_{fm}（H，0，SDD）(kV)	22.7	21.5	20.0	18.0
m	0.54	0.61	0.61	0.64
R^2	0.86	0.93	0.95	0.91

由图 8-14 可知，不同盐密下，覆冰量影响特征指数 m 在 0.54～0.64 之间，其平均值为 0.60，盐密对 m 有一定的影响，但不十分明显，其基本趋势是盐密越高，m 值越大。但总的来说，这种差异并不十分明显，可以忽略其影响，取其平均值分析覆冰量的影响。因此可认为覆冰量的影响是独立的。

二、*覆冰量对复合绝缘子的交流冰闪特性的影响*

同瓷和玻璃绝缘子相比，复合绝缘子由于其材料表面的憎水性，覆冰过程中过冷却水滴趋向于滑动到伞裙边缘冻结并形成冰柱；由于其较小的伞裙间距，伞裙间隙容易被冰凌桥接，因此在较小的覆冰量时，绝缘子伞裙即可被伞裙桥接。形成冰柱和桥接是复合绝缘子冰闪电压下降的主要原因。图 8-15 为不同海拔高度下，覆冰 FXBW-10/70 型绝缘子的最低交流冰闪电压 U_{fm} 与覆冰量的关系，其覆冰水电导率为 300μS/cm（20℃），该关系同覆冰量对瓷或玻璃绝缘子冰闪电压影响的趋势一致，仍满足式（8-15）的指数函数关系。

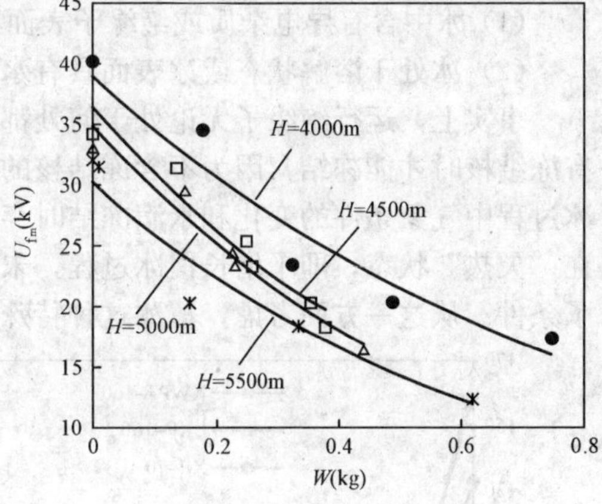

图 8-15　覆冰 FXBW-10/70 复合绝缘子最低交流冰闪电压与覆冰量的关系

由图 8-15 可知，在不同海拔高度下，复合绝缘子的最低交流冰闪电压 U_{fm} 均随覆冰量的增加而呈指数关系降低，但在不同海拔高度下 U_{fm} 随 W 降低的趋势并不一致，即在不同的海拔高度下，W 影响的特征指数 m 有差异，FXBW-10/70 复合绝缘子覆冰量影响的特征参数 m 如表 8-3 所示。

由图 8-15 还可知，当覆冰量增加到一定程度后，U_{fm} 随 W 增加而降低的趋势逐渐缓慢，这与 XP-70 绝缘子的现象类似。复合绝缘子也存在饱和覆冰量。

表 8-3　FXBW-10/70 复合绝缘子覆冰量影响特征参数 m

H（km）	U_0（H，0）(kV)	m	R^2
4.0	39.9	1.16	0.97
4.5	34.7	1.50	0.94
5.0	33.8	1.61	0.96
5.5	31.5	1.56	0.98

表 8-4 不同复合绝缘子的平均饱和覆冰量 W_s

绝缘子	FXBW-10/70	FXBW-35/100	FXBW-110/100
W_s (kg)	0.45	1.4	3.5

不同型式复合绝缘子的饱和覆冰量有差异，FXBW-10/70、FXBW-35/100 和 FXBW-110/100 的饱和覆冰量 W_s 如表 8-4 所示。

8.3.3 最低闪络电压与污秽程度的关系

覆冰地区在覆冰季节大气中的污秽物积聚于绝缘子表面有两种方式：一是在覆冰前污秽物已沉积在运行绝缘子表面；二是在冻结前悬浮水汽已溶解或捕获空气中的微小导电粒子，即过冷却水滴冻结前被污染，具有较高导电率。对于后一种情况，水滴在冻结过程中已经捕获或溶解的导电杂质具有“晶释效应”，即冻结时水中杂质被排释在冰晶体外表面。因此，无论属于何种积污方式，在融冰过程中冰体表面或冰晶体表面的水膜很快溶解污秽物中的电解质并提高融冰水或冰面水膜的导电率，从而降低覆冰绝缘子串的闪络电压。

一、与融冰水电导率的关系

覆冰绝缘子串的最低冰闪电压（U_{fm}）和平均闪络电压（U_{av}）随融冰水电导率的增大而降低，如图 8-16、图 8-17 所示。这从本质上证明了覆冰是一种特殊的污秽形式。冰闪电压的降低必须伴随污秽的存在。研究已经证明，理论上的纯冰是一种良好的电介质。覆冰绝缘子外绝缘特性下降必须具有两个必要条件：

(1) 冰中含有导电杂质或绝缘子表面在覆冰前已积污；

(2) 冰处于溶解状态或冰表面具有水膜。

事实上，运行绝缘子无论处于何处都会不同程度地积污，空气中过冷却水滴也只有在含有冻结核时才能冻结，因为不含冻结核的过冷却水滴在－70℃时也不会冻结。由于绝缘子覆冰过程中气象条件的变化和水滴冻结时存在热量释放，覆冰表面的热平衡状态不会始终保持在“欠热”状态，即干增长覆冰过程，未冻结过冷却水滴或融冰水等为导电杂质的溶解提供了条件。从这一方面考虑，覆冰这种特殊的污秽形式危害性更大。

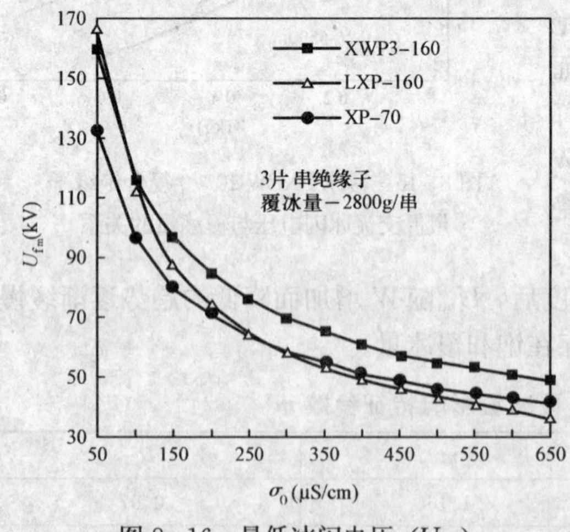

图 8-16 最低冰闪电压（U_{fm}）与 0℃融冰水电导率（σ_0）的关系

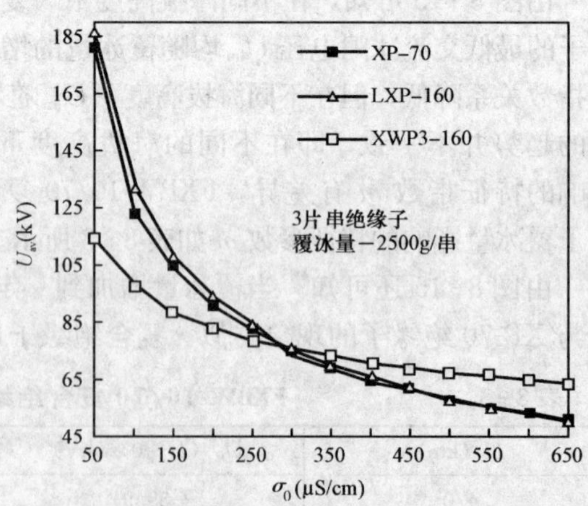

图 8-17 平均冰闪电压（U_{av}）与 0℃融冰水电导率（σ_0）的关系

融冰水电导率与绝缘子污秽程度不存在线性关系。其原因是：一是覆冰这种特殊污秽形式积污方式有两种，即冰污染和绝缘子表面积污；二是污秽物存在于绝缘子表面和冰晶体二者表面。如果冰层很薄，虽污秽中导电质可充分溶解，但过饱和湿润的水膜可使溶解液随冰水的滴落而流失；如果冰层较厚，导电质不会充分溶解，并且由于污秽物的表面积聚效应，不同融冰时间的融冰水电导率差异很大。因此，测试中的融冰水电导率是一随机参量。

二、污秽绝缘子最低冰闪电压与盐密的关系

大气中的污秽微粒沉积在绝缘子上或作为凝聚核包含在雾中，将会使绝缘子覆冰融化时冰水电导率大大增加。因此，在不同海拔高度（或气压）下，覆冰绝缘子的最低闪络电压不仅与覆冰量有关，而且与绝缘子表面沉积污秽的等值盐密有关。

图 8-18 是根据人工气候室模拟试验结果得到的在不同海拔高度和不同覆冰量下四种绝缘子的最低交流闪络电压与绝缘子表面污秽等值盐密的关系曲线。从图 8-18 中可见，覆冰、气压和污秽综合作用下，在不同海拔高度和覆冰量下，随着等值盐密的增大，XP-70 和 XP-160 普通型悬式绝缘子最低闪络电压的下降程度普遍高于相应的 XWP-70 和 XWP2-160 双伞耐污型绝缘子，且均满足式（5-1）的幂函数规律。

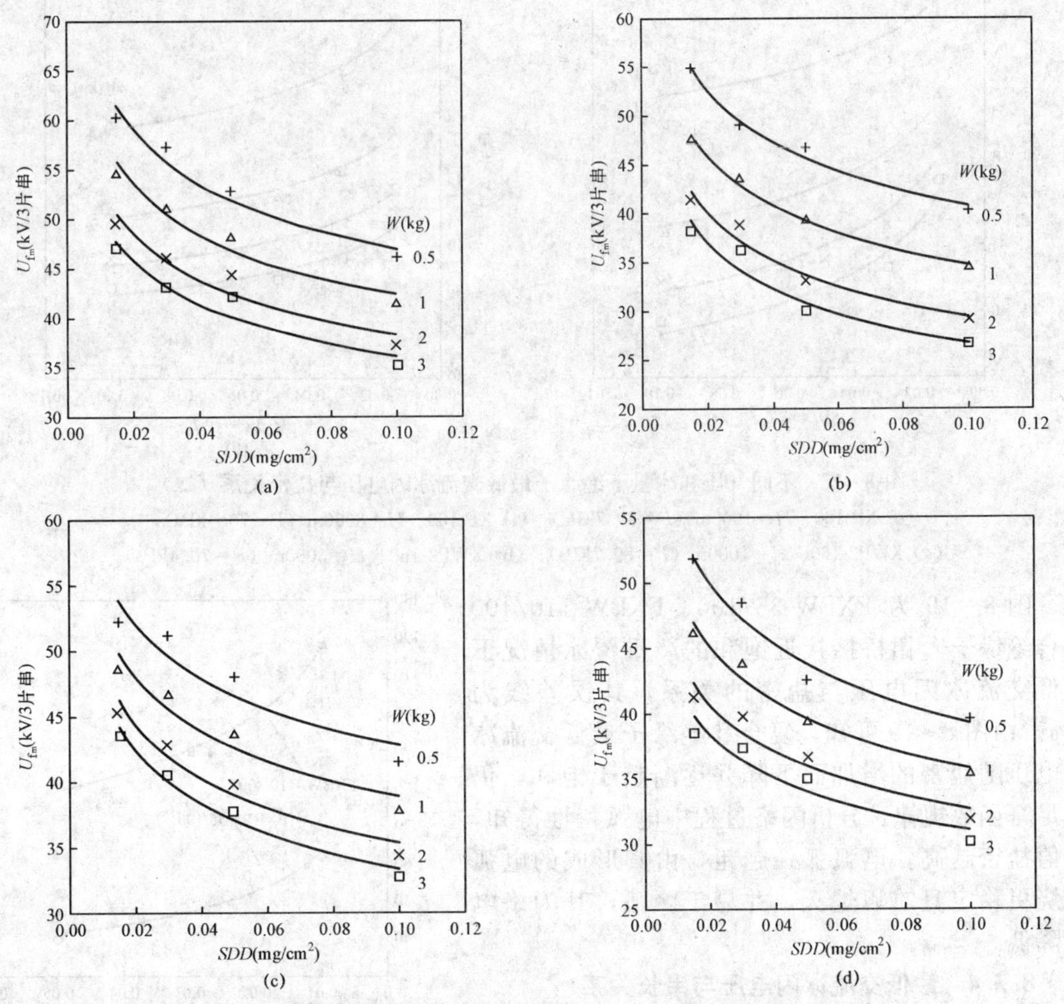

图 8-18　不同气压和冰量下绝缘子最低交流冰闪电压与盐密关系（一）

(a) XP-70、$H=1000$m（$P=89.7$kPa）；(b) XP-70、$H=3000$m（$P=70.4$kPa）；

(c) XWP-70、$H=1000$m（$P=89.7$kPa）；(d) XWP-70、$H=3000$m（$P=70.4$kPa）；

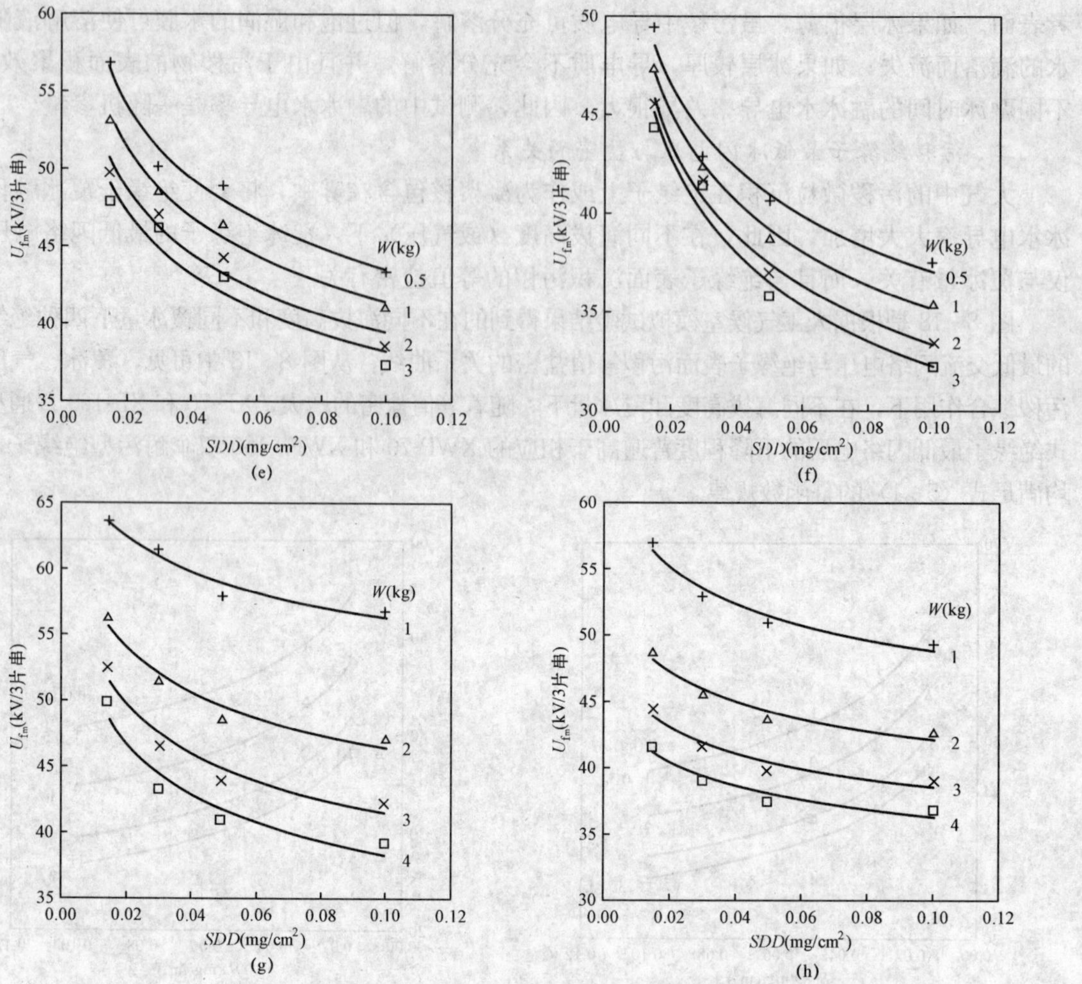

图 8-18 不同气压和冰量下绝缘子最低交流冰闪电压与盐密关系（二）
(e) XP-160、H=1000m（P=89.7kPa）；(f) XP-160、H=3000m（P=70.4kPa）；
(g) XWP2-160、H=1000m（P=89.7kPa）；(h) XWP2-160、H=3000m（P=70.4kPa）

图 8-19 为 FXBW-35/100、FXBW-110/100 复合绝缘子伞裙桥接接近饱和的严重覆冰情况下最低交流冰闪电压与盐密的关系，其误差线为 3%。由图 8-19 可知，复合和绝缘子最低交流冰闪电压随盐密的增加而下降并逐渐趋于饱和，仍满足幂函数规律。分析闪络过程中电弧特性得知，等值盐密越高，电弧弧径越粗，由其形成的电弧燃烧更稳定且难以熄灭，并易于飘弧，其闪络电压降低。

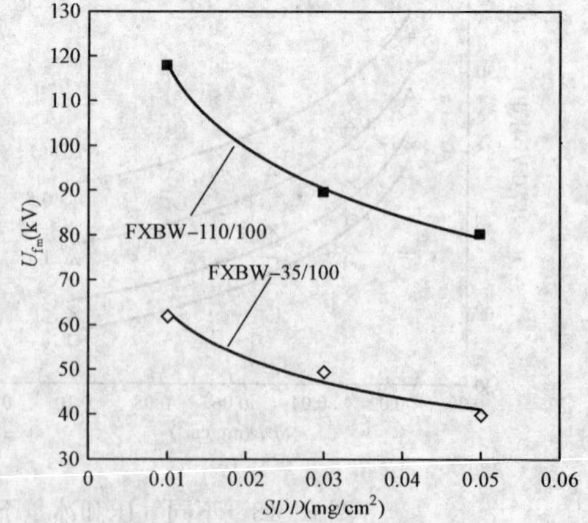

图 8-19 盐密对复合绝缘子最低交流冰闪电压的影响

8.3.4 最低交流冰闪电压与串长关系

虽然覆冰绝缘子串的最低交流闪络电压随串长或绝缘子片数增加而增大，但并不一定存在线性关系，如图 8-20 是覆冰较轻时最低交流冰闪电压与串长呈一定的非线性。由于目前国内外对长串的试验结果不多，在设计时仍按无冰情况考虑。由图 8-20 还可知，由于覆冰后双串相互电场分布的影响，导致串间空气间隙电场畸变使其最低闪络电压比单串低，且最低交流冰闪电压与串长的非线性关系更明显。当双串之间的净空气间隙大于 60cm 时，单双串的放电电压基本一致。

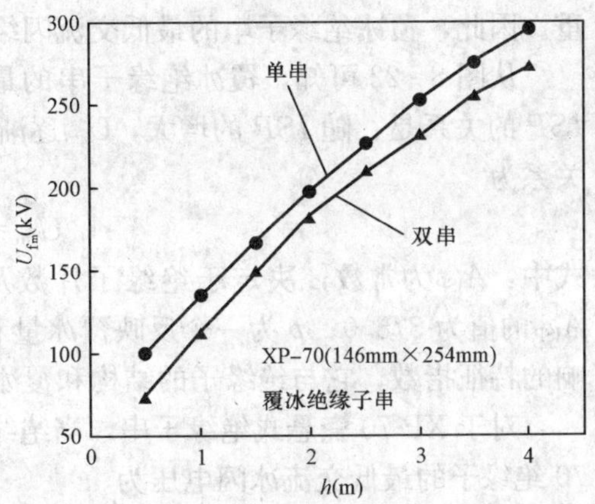

图 8-20　最低冰闪电压与串长（h）的关系

从绝缘子串布置方式分析，耐张串（水平布置）冰凌不易桥接裙间间隙，泄漏距离利用充分，其交流冰闪电压比悬垂串约高 20%，V 形串交流冰闪电压则介于二者之间。

在覆冰不太严重，冰凌未桥接伞裙间空气间隙时，耐污型绝缘子串的最低交流冰闪电压比普通绝缘子高；但当冰凌完全桥接伞裙空气间隙时，耐污型绝缘子的伞裙被冰凌短接。因此，从防冰角度考虑，耐污型绝缘子对覆冰这种特殊污秽形式并不能体现其优越性。棒形悬式和支柱绝缘子及变电站用高压设备套管因其裙间空气间隙比悬式绝缘子小，特别是耐污型绝缘子的伞裙结构，其在重覆冰区的电气强度将会降低。因此，重覆冰地区应选用伞裙间距大、结构高的绝缘子。

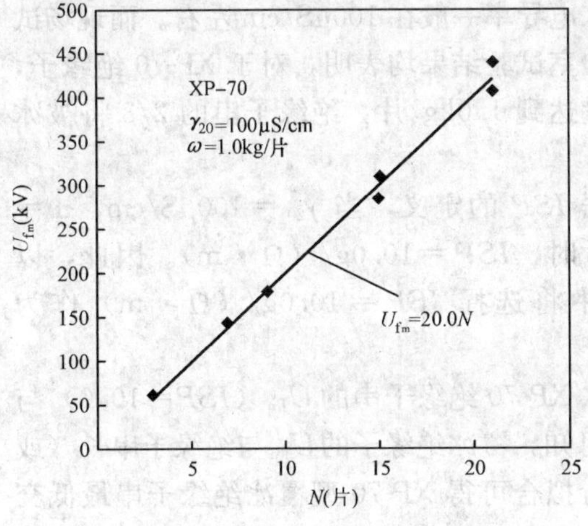

图 8-21　串的片数（N）与最低交流闪络电压的关系

如图 8-21 所示为严重覆冰时 XP-70 绝缘子串的最低交流冰闪电压与串长的关系，即在严重覆冰时，冰闪电压与串长呈线性关系，其原因是严重覆冰情况下电压分布基本是按照冰层的电阻呈阻性分布。

此外，由于自然覆冰与人工覆冰在形成机理和条件上存在差异，其实际冰闪电压并不一致。试验结果表明，在融冰水电导率一致时，自然覆冰绝缘子的最低冰闪电压比人工覆冰绝缘子约高 10%。实际上，与污秽试验相似，由于影响因素更多，人工覆冰与自然覆冰的等价性存在差异。

8.3.5　表征污秽覆冰绝缘子闪络特性的特征参数 *ISP*

当采用覆冰水电导率模拟污秽时，覆冰绝缘子的闪络电压不仅随覆冰量增加而降低，而且随覆冰水电导率的增加而下降。覆冰绝缘子电气强度的降低是二者共同作用的结果。通过大量的试验摸索和分析得到，将转换为 20℃的覆冰水电导率（γ_{20}）与每片绝缘子平均覆冰量 w 的积 $\gamma_{20}w$ 作为新的特征参量来表征覆冰和污秽对绝缘子串闪络电压的影响较为合理，并为分析覆冰绝缘子闪络特性带来了很大方便，且易于被工程应用所采纳。为分析方便，用污冰参数（*ISP*）表示新的特征参量，即 $ISP=\gamma_{20}w$，其量纲为 g/（Ω·m）。

如图 8-22 所示为污冰参数 *ISP* 与覆冰绝缘子最低交流冰闪电压的关系。由于大气中的污秽物沉积在运行中的绝缘子表面上，虽然覆冰后被冰层覆盖，但在融冰过程中，污秽物中的强电解质会很快溶解于水中，使融冰水电导率增大，同时，覆冰量越多，对应的污秽越重。因此，覆冰绝缘子串的最低交流闪络电压随 ISP 的增大而降低。

从图 8-22 可知，覆冰绝缘子串的最低交流冰闪电压与覆冰量及覆冰水电导率的积即 ISP 的关系是：随 ISP 的增大，U_{fm}逐渐下降。覆冰绝缘子串的最低交流冰闪电压与 ISP 的关系为

$$U_{fm}=A_{ISP}\ (ISP)^{-p} \tag{8-16}$$

式中：A_{ISP}为常数，决定于绝缘子片数及绝缘子结构，对于 9 片串 XP-70 型覆冰绝缘子，A_{ISP}的值为 378.0；p 为一个反映覆冰量和覆冰水电导率综合作用时对最低交流冰闪电压影响的特征指数，它与绝缘子的结构和覆冰的状态有关。

对于 XP-70 瓷悬式绝缘子串，当绝缘子 2/3 被冰棱桥接时，p 为 0.32，即 9 片串的 XP-70 绝缘子的最低交流冰闪电压为

$$U_{fm}=378.0\ (ISP)^{-0.32} \tag{8-17}$$

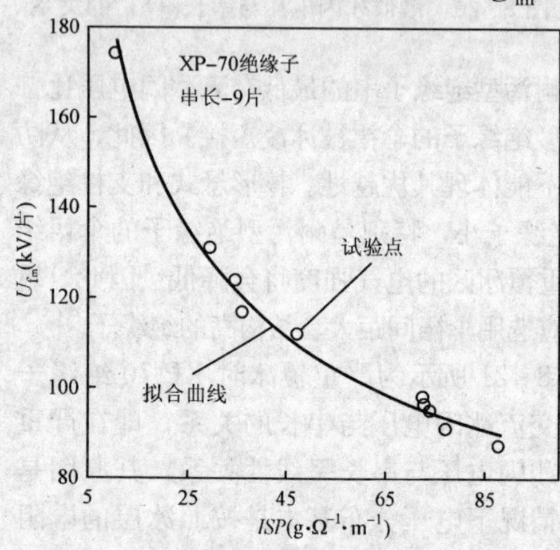

图 8-22　9 片串 XP-70 覆冰绝缘子的 U_{fm}与 ISP 关系

利用式（8-17）可预测 9 片串 XP-70 绝缘子串在不同 ISP（g·Ω^{-1}·m^{-1}）时的最低交流冰闪电压值。在这里必须说明，ISP 是一引入的新的特征参量，是覆冰量和覆冰水电导率的综合反映。对于高海拔覆冰地区，空气一般比较洁净，其覆冰水电导率一般在 100μS/cm 左右。而现场试验和试验室试验结果均表明，对于 XP-70 绝缘子，当覆冰量达到 1.0kg/片，绝缘子串的 2/3 将被冰凌短接。

根据 ISP 的定义，当 $\gamma_{20}=100\mu S/cm$，$w=1.0kg/片$时，$ISP=10.0g/(\Omega\cdot m)$。因此，以下研究中将选择 $ISP=10.0g/(\Omega\cdot m)$ 作为参考。

覆冰 XP-70 绝缘子串的 U_{fm}（ISP=10.0）与绝缘子串长的关系如图 8-21 所示，由图 8-21 中可知，覆冰绝缘子的U_{fm}与绝缘子串长（或片数）基本呈线性关系。因此，按照线性关系进行拟合可得 XP-70 型覆冰绝缘子串最低交流冰闪电压与绝缘子串片数的关系可表示为

$$U_{fm}\ (ISP=10)\ =20N \tag{8-18}$$

式中：U_{fm}（ISP=10.0）为 ISP =10.0 时的最低闪络电压。用拟合式（8-18）计算的结果与表图 8-21 中试验的结果之间的相对误差小于 1%。因此，可以认为拟合式（8-18）是合理的。由此可知，在绝缘子串长达 21 片标准悬式绝缘子时，覆冰绝缘子串在融冰期的最低交流冰闪电压与绝缘子串长之间满足线性关系。

由式（8-18）可知，覆冰绝缘子串的最低交流冰闪电压与绝缘子片数之间呈线性关系。而根据式（8-16），绝缘子串的最低交流冰闪电压与特征参数 ISP 之间满足负指数的幂函数关系。因此，根据式（8-16）和式（8-17），可得每片覆冰 XP-70 绝缘子的最低闪络电压 U_{fm}为

$$U_{fm,片}=42.0\ (ISP)^{-0.32} \tag{8-19}$$

式中：$U_{fm,片}$（1）为平均每片 XP-70 型覆冰绝缘子串的最低交流冰闪电压（kV）。若 ISP=

10.0（$g \cdot \Omega^{-1} \cdot m^{-1}$），由式（8-19）则可得 U_{fm}（1）=20，这与式（8-18）的结果一致。因此，由式（8-18）和式（8-19）可得串长为 N 片的 XP-70 型覆冰绝缘子的交流冰闪电压为

$$U_{fm}(ISP, N) = 42.0N(ISP)^{-0.32} \quad (8-20)$$

式（8-20）表示 XP-70 绝缘子串覆冰的最低闪络电压与绝缘子片数 N 及 ISP 的关系。由式（8-20）可以估算 XP-70 绝缘子在不同覆冰水电导率条件下，即不同污秽程度下，不同覆冰量的最低闪络电压。由式（8-20）可绘出图 8-23 的覆冰绝缘子的 U_{fm} 与 N 及 ISP 三者之间的关系，图 8-23 可为重冰区超、特高压输电线路外绝缘的设计提供参考。

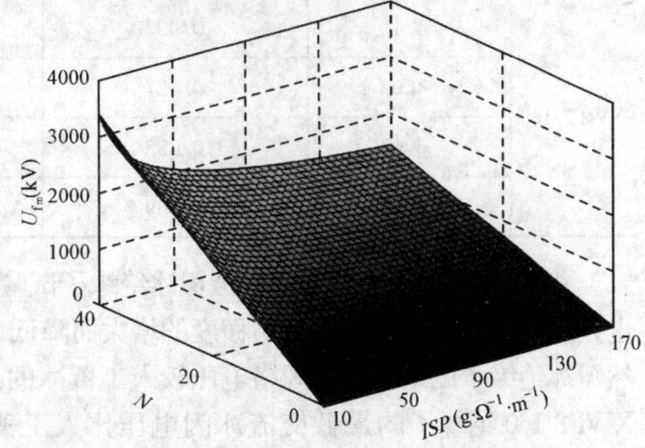

图 8-23　覆冰 XP-70 绝缘子串的最低闪络电压

由式（8-20）还可知，当 $ISP = 10.0$ 时，21 片 XP-70 绝缘子的最低闪络电压为 420kV。即在空气洁净的覆冰地区，即使 2/3 以上被雨凇冰凌桥接，绝缘子串仍具有很高的电气强度。但当污秽比较严重时，其闪络电压将急剧降低。因此，从这个意义上说，覆冰绝缘子串的闪络始终是与污秽相联系的，覆冰是一种特殊的污秽形式。在覆冰地区进行外绝缘设计时，在考虑覆冰程度的同时，必须考虑污秽的影响。

8.3.6　人工覆冰绝缘子和自然覆冰绝缘子电气特性比较

自然覆冰与人工覆冰之间在外形和性质上均存在一定的差异，且两者之间的闪络电压也有差异，因此，与人工污秽试验类似，人工覆冰与自然覆冰试验也存在等价性问题，且影响因素更多。

重庆大学连续四年在海拔 1800m 的贵州省六盘水市马落青观冰站所进行的自然覆冰试验发现：自然条件下绝缘子上的覆冰密度可达 0.90g/cm³，即高海拔地区也有雨凇覆冰。自然覆冰绝缘子交流冰闪电压试验结果见表 8-5。

表 8-5　3 片串自然污秽、覆冰 XP-160 绝缘子在海拔 1800m 现场进行试验的交流闪络

绝缘子型式	W（kg/串）	SDD（mg/cm²）	U_{fm}（kV/3 片串）	与人工模拟试验结果相比提高（%）
XP-70	4.0	0.042	37.5	17.2
	4.1	0.036	40.0	20.8
	3.6	0.032	42.5	22.4
	3.8	0.027	45.0	25.2
XP-160	4.2	0.023	53.0	28.6
	3.6	0.027	48.8	22.0
	3.8	0.032	45.0	18.0
	3.5	0.042	40.5	13.4
	3.2	0.027	52.0	28.9

续表

绝缘子型式	W（kg/串）	SDD（mg/cm²）	U_{fm}（kV/3片串）	与人工模拟试验结果相比提高（%）
XWP2-160	4.1	0.023	46.0	7.1
	4.0	0.027	44.0	5.9
	5.0	0.035	40.4	6.1
	4.3	0.039	39.0	2.3

由表8-5可知，与人工模拟覆冰绝缘子试验结果相似，自然覆冰绝缘子的最低交流冰闪电压也是随着覆冰量的增加或者污秽度的增大而降低，绝缘子的最低闪络电压仍出现在融冰期，但自然覆冰绝缘子的最低交流闪络电压较人工覆冰的高，自然覆冰条件下，3片串XP-70、XP-160和XWP2-160绝缘子的最低交流冰闪电压比人工覆冰分别高17.2%～25.2%、13.4%～28.9%和2.3%～7.1%。

自然覆冰条件下，冰中导电杂质的成分复杂，对冰闪电压的影响也有差异。六盘水市马落青观冰站自然覆冰水的导电率在80μS/cm左右，表8-6为六盘水市马落青观冰站自然冰中导电物质的成分构成。

表8-6　六盘水市海拔1800 m马落青观冰站的自然覆冰中导电物质的化学成分

离子种类	K^+	Na^+	Ca^{2+}	Mg^{2+}	Mn^{2+}	MnO_4^{2-}	NaCl	$CaSO_4$
离子含量（mg/l）	0.20	1.01	10.60	0.28	0.01	0.01	2.57	36.00

从六盘水市马落青观冰站取回自然积冰，融化成水，其导电率在20℃时为80μS/cm左右，用该导电率的水在人工气候室对3片串清洁XP-160绝缘子进行覆冰（覆冰类型为雨凇），然后在不同气压下进行交流闪络试验，试验结果见表8-7。

表8-7　3片串清洁XP-160绝缘子雨凇覆冰在不同气压下的交流闪络试验结果

覆冰水电导率 γ_{20}（μS/cm）	P（kPa）	w/（kg/3片串）	清洁绝缘子最低交流冰闪电压（kV/3片串）
80	79.5	1.1	86.0
		2.4	80.5
		4.0	65.0
	70.4	2.6	72.0
		4.0	52.0
	62.4	1.5	76.5
		3.4	47.5

用自然观冰站取回的雪水（电导率40μS/cm）对3片串自然污秽XP-160绝缘子（SDD=0.018mg/cm²）进行雾凇覆冰，在不同气压下的交流闪络试验结果如表8-8所示。

表 8-8　3 片串自然污秽 XP-160 绝缘子雾凇覆冰在不同气压下的交流闪络试验结果

覆冰水电导率 γ_{20}（μS/cm）	P（kPa）	w/（kg/3 片串）	自然污秽（SDD=0.018 mg/cm²）绝缘子最低闪络电压（kV/3 片串）
40	89.7	5.4	75.0
		8.0	72.0
	79.5	2.7	80.5
		3.8	75.0
		6.8	71.5
	70.4	2.7	77.5
		5.3	69.0
		7.2	62.0

由表 8-7、表 8-8 可知：自然观冰站雪水覆冰绝缘子闪络试验与实验室人工模拟覆冰闪络试验结果相似，绝缘子的最低交流闪络电压仍然是随着覆冰量的增加、污秽度的增大或气压的降低（即海拔高度的增加）而降低；覆冰绝缘子的闪络电压总是出现在融冰期；自然观冰站雪水覆冰绝缘子闪络电压的分散性比实验室人工覆冰模拟试验结果大；人工覆冰水覆冰绝缘子的闪络电压与自然观冰站雪水覆冰绝缘子的闪络电压之间存在差异，实验室人工覆冰水覆冰绝缘子闪络电压比自然观冰站雪水覆冰绝缘子闪络电压低 5.4%～11.2%。

8.4　悬式绝缘子覆冰直流闪络特性

与覆冰绝缘子的交流冰闪特性一致，覆冰绝缘子的直流冰闪电压也与绝缘子型式、污秽程度、气压和串长等有关，并存在极性的效应。

8.4.1　直流冰闪电压的极性效应

一、瓷和玻璃绝缘子

污秽绝缘子闪络电压存在极性效应的原因也可以用于解析覆冰绝缘子的极性效应，但因覆冰改变了绝缘子（串）的沿面电场分布并且改变了绝缘子金具的对称性，因此，造成覆冰绝缘子闪络电压的极性效应更为复杂。Renner、Hill 和 Ratz 对悬式绝缘子长串的研究结果认为，在重冰情况下的极性效应不明显；Sugawara 和 Hokari 在冰凌尖端的放电试验表明，正极性放电电压低于负极性。加拿大魁北克大学的试验研究发现，有机玻璃圆柱覆冰的正极性最大耐受电压比负极性的高 6%～9%；三角形平板冰模型常压下正极性最低闪络电压比负极性的高 13%，而在 30kPa 低气压下正、负极性的最低闪络电压基本一致；短支柱绝缘子的正极性的最低闪络电压比负极性低，两者差异随着气压的降低更大。从目前国内外试验研究结果看：短串绝缘子的直流负极性冰闪电压略低于正极性，但不同形式的悬式绝缘子二者可能很接近，一般认为负极性直流冰闪电压（或耐受电压）比正极性约低 10%～20%；绝缘子长串的直流冰闪电压极性效应与覆冰量、串长等有关。

图 8-24 和图 8-25 分别是为不同串长的 XZP-160 瓷绝缘子串和 LXZP-160 玻璃绝缘子串的最低直流冰闪电压与气压的关系。由图可知，绝缘子串的最低直流冰闪电压存在明显的极性效应，即正极性冰闪电压高于负极性。

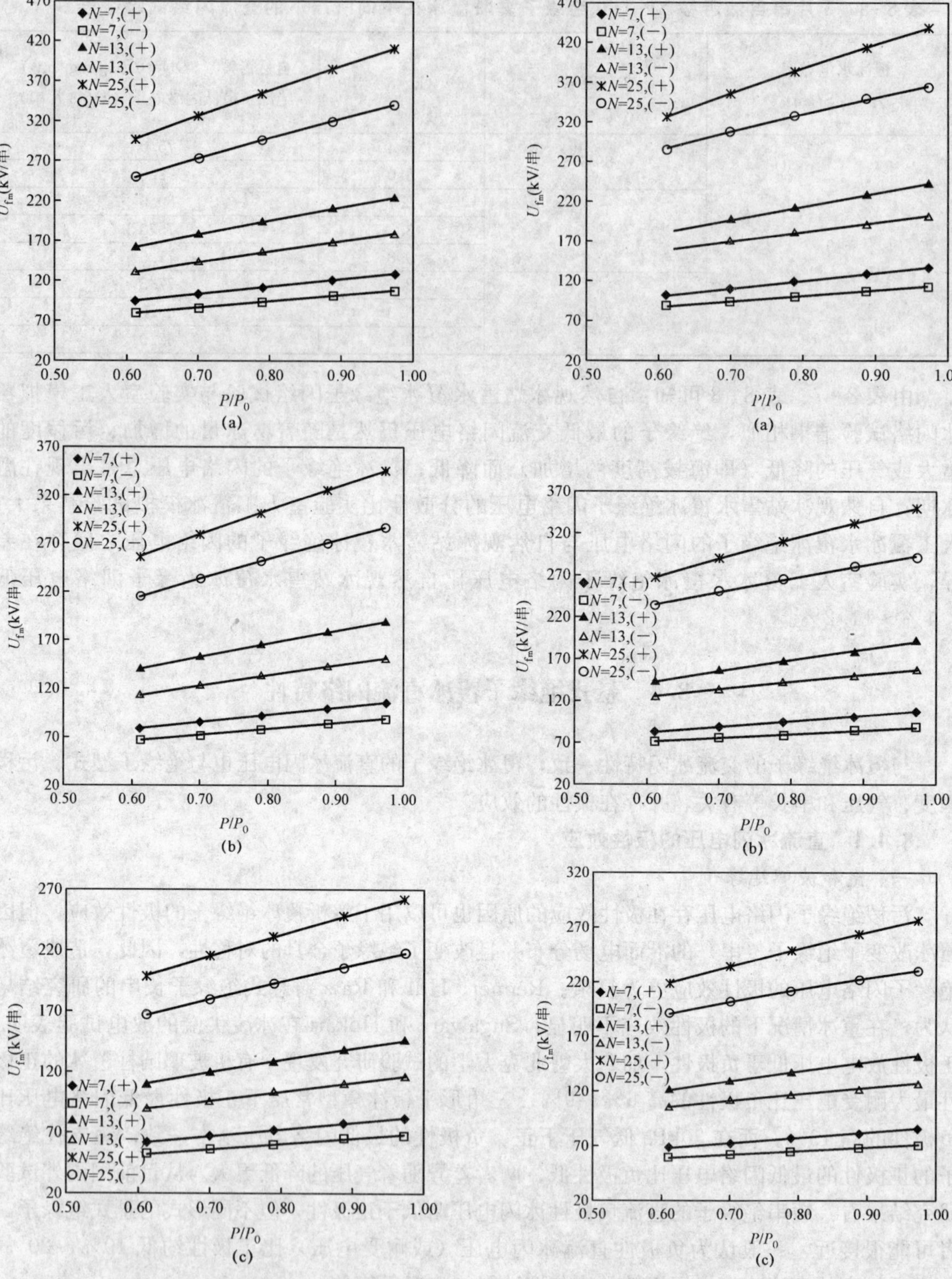

图 8-24 XZP-160 绝缘子串正、负极性最低直流冰闪电压与 P/P_0 的关系

(a) SDD=0.03mg/cm²；(b) SDD=0.05mg/cm²；(c) SDD=0.10mg/cm²

图 8-25 LXP-160 绝缘子串正、负极性最低直流冰闪电压与 P/P_0 的关系

(a) SDD=0.03mg/cm²；(b) SDD=0.05mg/cm²；(c) SDD=0.10mg/cm²

极性效应与串长、污秽度和气压等因素有关，且正、负极性直流冰闪电压与气压之间满足是式（5-33）的幂函数规律。由图 8-24 和图 8-25 可知，对于 XZP-160 直流绝缘子串：

（1）在串长 N 分别为 7、13 片和 25 片，且盐密为 0.03mg/cm^2 时，$U_{fm,0}$（+）比 $U_{fm,0}$（−）分别高 19.8%、25.3%、20.9%，当盐密为 0.05mg/cm^2 时，$U_{fm,0}$（+）比 $U_{fm,0}$（−）分别高 19.8%、25.5%、21.0%，而在当盐密为 0.10mg/cm^2 时，$U_{fm,0}$（+）比 $U_{fmin,0}$（−）分别高 19.9%、25.4%、20.7%，可见极性效应与串长有关，但与串长增加没有明显的关系，并不是串长越长，极性效应越明显；

（2）串长 N 为 7 片，且盐密分别为 0.03、0.05、0.10mg/cm^2 时，$U_{fm,0}$（+）比 $U_{fm,0}$（−）分别高 19.8%、19.8%、19.9%，N 为 13 片时，分别为 25.3%、25.5%、25.4%，N 为 25 时，则分别为 20.9%、21.0%、20.7%，即污秽程度对极性效应的影响不明显；

（3）正极性的气压影响特征指数 n 大于负极性（见表 8-9），如 $N=7$ 和 $SDD=0.03$、0.05、0.10mg/cm^2 时，$n_{(+)}$ 比 $n_{(-)}$ 分别大 3.8%、5.1%、5.2%；$N=13$ 和 $SDD=0.03$、0.05、0.10mg/cm^2 时，$n_{(+)}$ 比 $n_{(-)}$ 分别大 3.7%、6.0%、6.4%；而 $N=25$ 和 $SDD=0.03$、0.05、0.10mg/cm^2 时，$n_{(+)}$ 比 $n_{(-)}$ 分别大 4.8%、4.8%、4.6%，由此可知，正极性冰闪电压的气压影响特征指数 n 大于负极性 n 的百分比也与污秽程度和绝缘子串长有关，这意味着随着气压的降低，正、负极性冰闪电压差异减小。

表 8-9　由图 8-24 试验结果按式（5-33）拟合得到的 XZP-160 直流绝缘子的极性效应对 $U_{fm,0}$ 和 n 的影响

SDD (mg/cm^2)	串长 N/片	7		13		25	
	电压极性	$U_{fm,0}$/kV	n	$U_{fm,0}$/kV	n	$U_{fm,0}$/kV	n
0.03	(+)	130.5	0.686	228.4	0.697	419.2	0.699
	(−)	108.9	0.661	182.3	0.672	346.8	0.667
0.05	(+)	107.8	0.634	191.5	0.633	352.0	0.635
	(−)	90.0	0.603	152.6	0.597	291.6	0.606
0.10	(+)	83.45	0.596	149.1	0.600	268.0	0.595
	(−)	69.63	0.567	118.9	0.564	222.0	0.569

二、复合绝缘子

图 8-26 为 FXBW-10/70 型复合绝缘子在轻度覆冰和严重覆冰两种情况下的正、负极性冰闪电压随气压变化的曲线。当覆冰较轻时［见图 8-26（a）］，伞裙边沿无冰凌时，冰闪电压的极性效应不明显；而当严重覆冰时［见图 8-26（b）］，伞裙被冰凌完全桥接，冰闪电压有明显的极性效应。

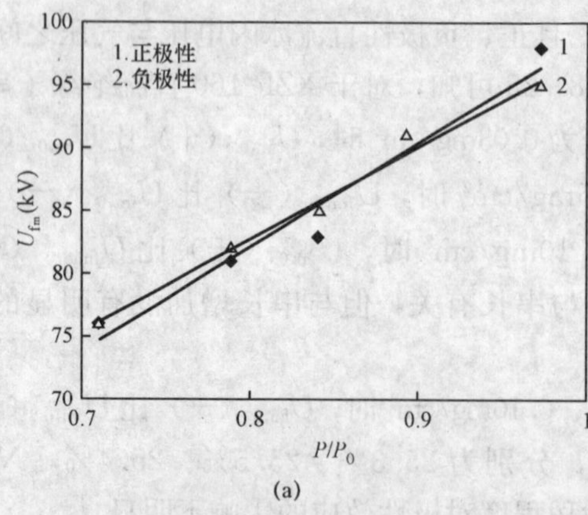

(a)

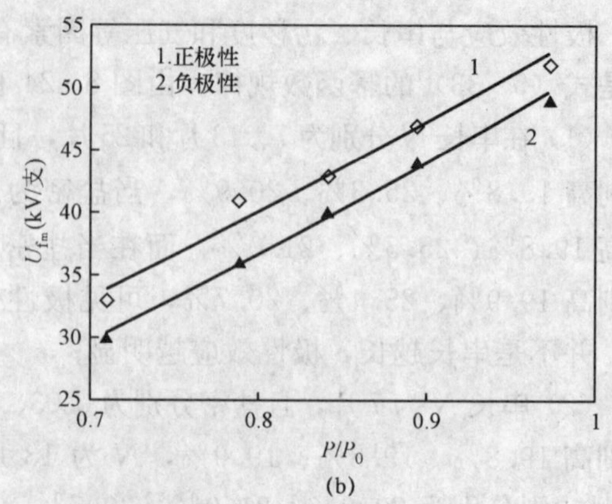

(b)

图 8-26 FXBW-10/70 复合绝缘子正、负极性冰闪电压与气压的关系

(a) 伞裙没有冰凌；(b) 伞裙被冰凌完全桥接

图 8-27 FXBW-10/70 复合绝缘子严重覆冰时起弧照片

图 8-28 FXBW-10/70 复合绝缘子严重覆冰时完全闪络照片

当覆冰量较多，伞裙被冰凌完全桥接时，放电路径将沿着冰凌发展，此时电位分布很不均匀，冰凌上仅分担很小的电压，大部分电压都集中在最下面伞裙和高压电极之间，这与单片瓷绝缘子和玻璃绝缘子覆冰情况相似。图 8-27 为复合绝缘子严重覆冰，即其伞裙完全被冰凌桥接时局部电弧产生的情况。由图 8-27 可知：电弧只在高压侧的伞裙下边缘出现，而在伞裙间没有出现电弧，这和玻璃绝缘子及瓷绝缘子相同，是单电弧引起的闪络。图 8-28 是复合绝缘子在覆冰量较多、伞裙完全被冰凌桥接时复合绝缘子完全闪络的情况。这和瓷绝缘子和玻璃绝缘子闪络情况相同，闪络沿着冰柱而不是沿伞裙边缘进行。负极性电弧金属阴极的强电子发射能力，是造成较低的负极性冰闪电压的主要原因。

当覆冰量很少而伞裙边沿没有冰凌时，整个复合绝缘子的爬电距离没有改变，最下面伞裙和高压电极间的分布电压并不高，闪络按泄漏路径发展；另外由于复合绝缘子长度较长，因此在其闪络路径上，形成的局部电弧数量较多。图 8-29 是复合绝缘子在覆冰较少、伞裙未被冰凌桥接时复合绝缘子起弧阶段的情况。从图 8-29 中可以看出，这与复合绝缘子被冰凌完全桥接的情况（如图 8-27 所示）明显不同，在其伞裙间出现了明显的局部电弧，由于复合绝缘子只有上下两个金具，因此除上、下两个电弧为具有金属电极的极性电弧外，其他所有电弧均为非极性电弧，这些无金属电极的非极性电弧决定了复合绝缘子覆冰量很少的条件下不具有极性效应。如图 8-30 所示是在复合绝缘子覆冰量较少、伞裙未被冰凌桥接时复合绝缘子闪络的情况。从图 8-30 可以看出，此时闪络沿着伞裙边缘进行，闪络基本按泄漏路径发展，这也和伞裙被冰凌桥接的情况（如图 8-28 所示）不同。

图 8-29　FXBW-10/70 复合绝缘子覆冰较轻时起弧照片

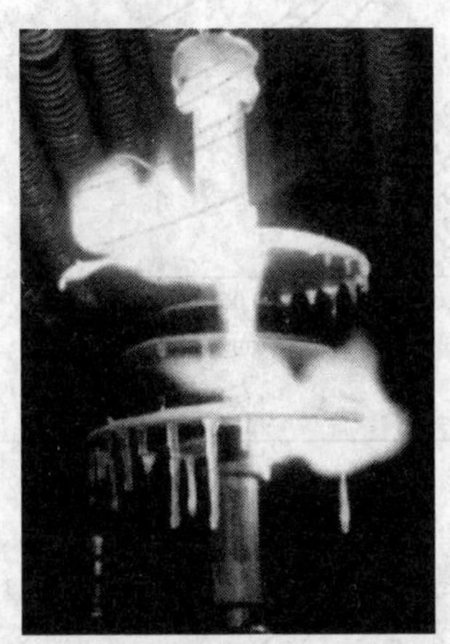

图 8-30　FXBW-10/70 复合绝缘子覆冰较轻时完全闪络照片

对伞裙边缘无冰凌形成的 FXBW-110/100 复合绝缘子进行冰闪试验的试验结果列入表 8-10。由表 8-10 可知，在伞裙边缘无冰凌的情况下，FXBW-110/100 复合绝缘子与 FXBW-10/70 绝缘子一致，即其冰闪电压不存在明显的极性效应。

表 8-10　FXBW-110/100 冰闪极性效应的试验结果

SDD（mg/cm²）		0.03		0.05		0.10	
电压极性		U_{fm}（kV/支）		U_{fm}（kV/支）		U_{fm}（kV/支）	
		（+）	（−）	（+）	（−）	（+）	（−）
P（kPa）	98.6	148.4	147.9	129.9	130.1	115.0	114.8
	89.9	140.0	140.5	122.5	121.9	109.0	109.6
	79.9	129.2	128.5	113.8	114.1	102.0	101.8
	70.9	119.0	119.8	106.0	105.6	96.0	95.4
	61.9	110.0	109.6	98.0	98.3	89.0	89.5

8.4.2　污秽程度对绝缘子串直流冰闪电压的影响

覆冰绝缘子的直流冰闪电压与污秽程度（即盐密）之间仍满足式（5-1）的幂函数关系，其污秽影响特征指数 a 与电压极性有关系，但不明显（如图 8-31、图 8-32 所示，见表 8-11、表 8-12），如 P=98.6kPa 情况下：当 N=7、13、25 片时，$a_{(+)}$ 比 $a_{(-)}$ 分别高 0.5%、−0.56%、0.54%；而当气压为 79.9、61.9kPa 时，存在同样的趋势，也就是说，在不同串长，电压极性对污秽影响特征指数没有明显影响。

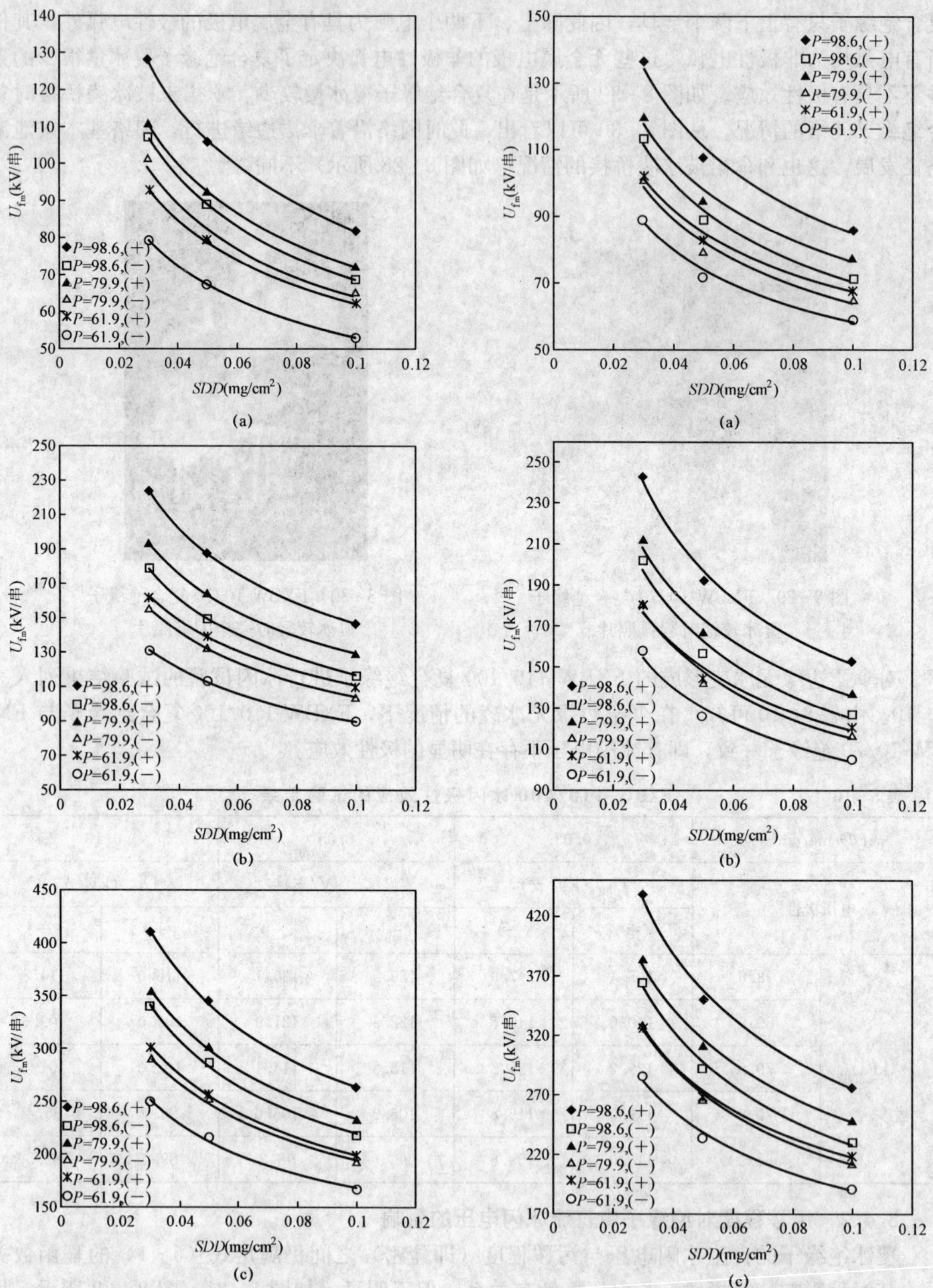

图 8-31 不同气压下 XZP-160 绝缘子串正、负极性最低冰闪电压与 *SDD* 的关系

(a) $N=7$ 片；(b) $N=13$ 片；(c) $N=25$ 片

图 8-32 不同气压下 LXP-160 绝缘子串正、负极性最低冰闪电压与 *SDD* 的关系

(a) $N=7$ 片；(b) $N=13$ 片；(c) $N=25$ 片

表 8-11　与图 8-31 中 XZP-160 绝缘子串的试验结果按式（5-1）拟合得到的 A 和 a 值

P (kPa)	N（片）	7		13		25	
	电压极性	A	a	A	a	A	a
98.6	(+)	35.0	0.370	65.4	0.352	113	0.371
	(−)	29.5	0.368	51.9	0.354	94.1	0.369
79.9	(+)	31.8	0.356	59.4	0.338	104	0.353
	(−)	27.9	0.362	47.9	0.338	86.6	0.353
61.9	(+)	28.8	0.335	53.9	0.315	93.8	0.331
	(−)	24.7	0.332	44.0	0.313	78.6	0.333

表 8-12　与图 8-32 的 LXP-160 绝缘子串的试验结果按式（5-1）拟合得到的 A 和 a 值

P (kPa)	N（片）	7		13		25	
	电压极性	A	a	A	a	A	a
98.6	(+)	35.3	0.382	62.9	0.381	113	0.382
	(−)	29.2	0.382	52.0	0.381	95.4	0.379
79.9	(+)	33.3	0.360	59.8	0.355	108	0.359
	(−)	27.9	0.361	50.4	0.359	91.7	0.361
61.9	(+)	31.1	0.336	56.2	0.327	102	0.329
	(−)	26.8	0.338	48.5	0.331	88.6	0.330

图 8-33 为具有相同结构高度的 3 片串 XZP-210、LXZP-210 和 XZWP4-160 绝缘子的平均直流冰闪电压与气压的关系及回归分析的拟合曲线，覆冰前为清洁状态时，三种绝缘子的爬电距离基本一致，采用污液电导率法得到的覆冰水电导率分别为 420、640、840、1120μS/cm。同污秽绝缘子闪络电压与气压之间的关系相似，冰闪电压与气压之间也满足幂函数关系。试验结果按式（5-33）进行拟合分析得到 U_0 和 n 见表 8-13。由图 8-33 和表 8-13 可知：

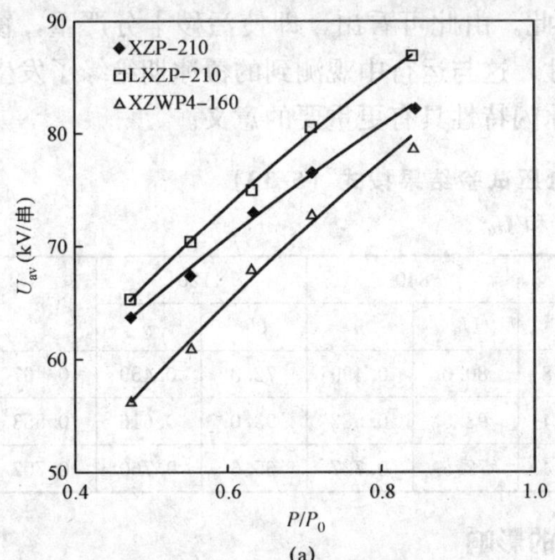

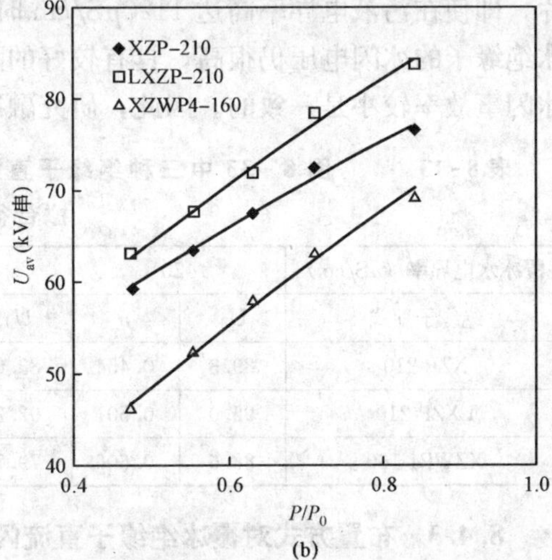

图 8-33　不同型式 3 片串直流绝缘子覆冰期直流 U_{av} 与 P/P_0 的关系（一）

(a) $\gamma_{20}=420\mu$S/cm；(b) $\gamma_{20}=640\mu$S/cm；

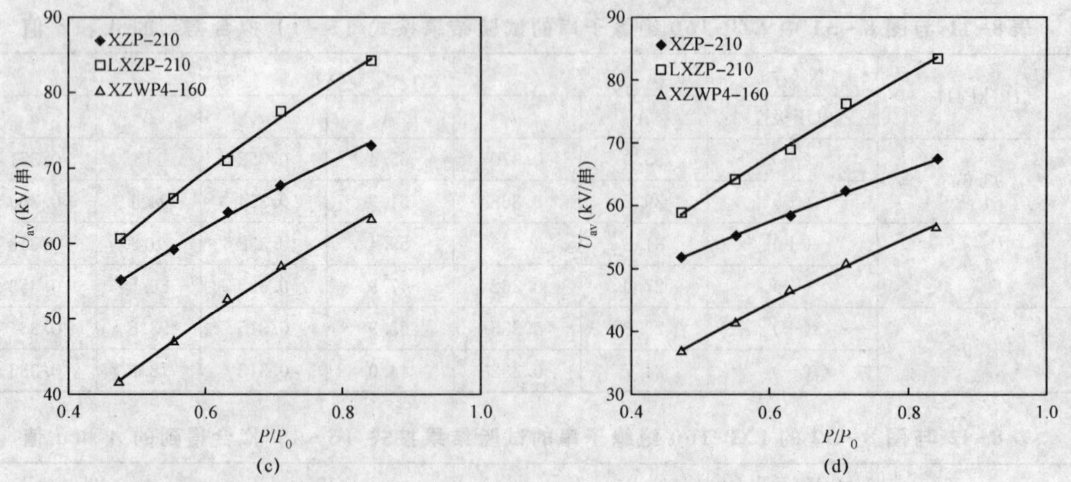

图 8-33 不同型式 3 片串直流绝缘子覆冰期直流 U_{av} 与 P/P_0 的关系（二）
(c) $\gamma_{20}=840\mu S/cm$；(d) $\gamma_{20}=1120\mu S/cm$

(1) 绝缘子的结构型式对直流冰闪电压的影响较为明显，其中，三伞型 XZWP4-160 绝缘子的直流冰闪电压随着气压下降而下降的趋势比钟罩型 XZP-210 和 LXZP-210 绝缘子更为明显。

(2) 绝缘子冰闪电压的气压特征指数 n 随覆冰水电导率的变化而有一定差异，但其变化趋势并不明显，即认为覆冰期冰闪电压的气压影响特征指数 n 与覆冰水电导率的关系并不明显，因此可以认为将不同覆冰水电导率下的冰闪电压的气压影响特征指数的平均值作为该绝缘子的气压影响特征指数，用 $\bar{n}$ 来表示。由表 8-13 可知，XZP-210、LXZP-210 及 XZWP4-160 的 $\bar{n}$ 分别为 0.467、0.553、0.702。由 $\bar{n}$ 可知，三伞型绝缘子 XZWP4-160 的冰闪电压受气压的影响比钟罩型绝缘子明显，而 XZP-210 和 LXZP-210 绝缘子冰闪电压的气压影响特性指数基本一致。

(3) 由图 8-33 可知，在覆冰期，平均每片 XZP-210 绝缘子的直流冰闪电压大于 20kV/片，即使在污液电导率高达 1120μS/cm 时也是如此。由此可看出，即使污秽十分严重，覆冰绝缘子的冰闪电压仍很高，具有较好的耐受特性，这与运行中观测到的覆冰期绝缘子发生冰闪事故率较小是一致的。因此，研究融冰期的冰闪特性具有更重要的意义。

表 8-13 图 8-33 中三种绝缘子直流冰闪电压试验结果按式 (5-33) 拟合得到的 n 和 U_0

覆冰水电导率 (μS/cm)	420		640		840		1120		$\bar{n}$
绝缘子型式	U_0	n	U_0	n	U_0	n	U_0	n	
XZP-210	89.3	0.454	83.6	0.458	80.0	0.499	72.8	0.459	0.467
LXZP-210	95.0	0.501	92.2	0.514	93.5	0.582	93.0	0.616	0.553
XZWP4-160	88.6	0.606	79.7	0.714	72.5	0.727	65.6	0.760	0.702

8.4.3 布置方式对覆冰绝缘子直流闪络电压的影响

与污秽绝缘子串一样，绝缘子串的布置方式对其冰闪电压也有影响。Khalifa 和 Morris 对瓷、玻璃和复合绝缘子交流冰闪特性的研究认为，单串绝缘子的交流冰闪电压比双串的高，Cherney 对单串 IEEE 标准绝缘子串的研究表明：当覆冰较轻时，单串绝缘子的交流冰闪电压比双串绝缘子的覆冰闪络电压高；当覆冰量严重，单串和双串覆冰绝缘子闪络电压接近，Lee，Nellis 和 Brown 通过对不同布置方式的绝缘子串交流冰闪特性进行研究得出：由于不同布置方式下覆冰的差异和伞裙间距增加而改变了绝缘子的覆冰特性，使得绝缘子串的布置方式对其交流冰闪特性影响很大，因此 V 形串的交流冰闪电压比相同长度的悬垂串高，而水平布置的冰闪电压又比 V 型布置高。

图 8-34 为不同布置方式下的绝缘子串的直流冰闪电压。

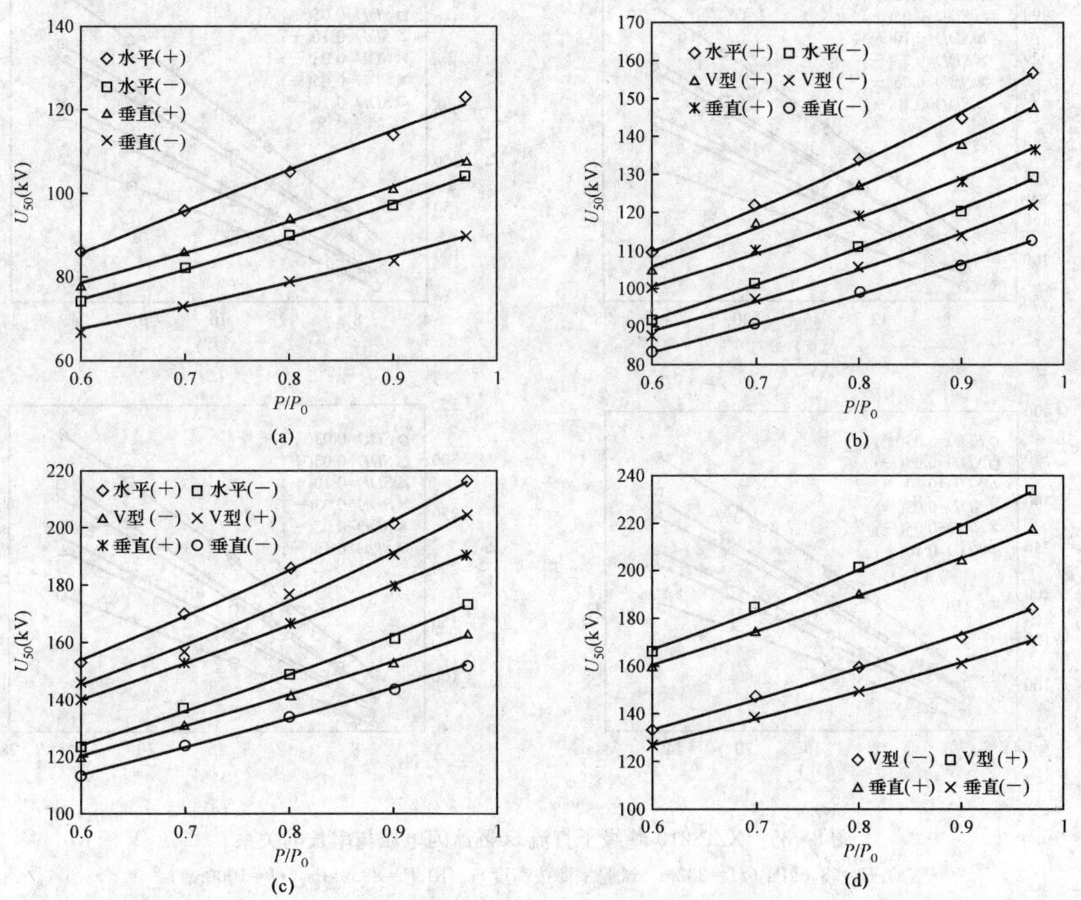

图 8-34　不同布置方式时 XZP-210 绝缘子的直流 U_{50} 与 P/P_0 的关系（SDD =0.05mg/cm²）

(a) N=7 片；(b) N=9 片；(c) N=13 片；(d) N=15 片

从图 8-34 中可知，在垂直、V 型和水平三种布置方式下，XZP-210 绝缘子串的 50%直流冰闪电压 U_{50} 存在明显的差异，其中，水平布置 U_{50} 最高，V 型次之，垂直布置的最低，这与污秽绝缘子类似。以串长 N 为 9 片串为例，在 98.6、89.9、79.9、70.9、61.9kPa 五个不同气压下，水平布置的 XZP-210 绝缘子串的正极性 50%直流冰闪电压 U_{50}（t）比垂直布置的分别高 14.1%、13.1%、11.9%、10.5%、10.0%，水平布置的 XZP-210 绝缘子串的负极性 50%直流冰闪电压 U_{50}（−）比垂直布置的则分别高 14.0%、13.3%、12.2%、11.0%、9.9%；V 型布置的 U_{50}（t）比垂直布置的分别高 7.8%、7.2%、6.8%、5.9%、6.0%，而 V 型布置的 XZP-210 直流绝缘子串的 U_{50}（−）比垂直布置的则分别高 7.7%、

7.6%、6.6%、6.6%、5.7%。也就是说，水平布置的 XZP-210 绝缘子串的 U_{50} 比垂直布置的高 9.9%～14.1%，V 型布置比垂直布置高 5.7%～7.8%，这与污秽情况下有一定的差异。因此，在覆冰地区进行线路外绝缘选择时，必须考虑不同布置方式的差异，且在采取防冰措施时，也可考虑采用 V 型串或水平串提高冰闪电压。

8.4.4 污秽覆冰绝缘子直流冰闪特性与串长的关系

图 8-35 为不同污秽度、气压下 XZP-210 型绝缘子串 50%直流冰闪电压与串长的关系。

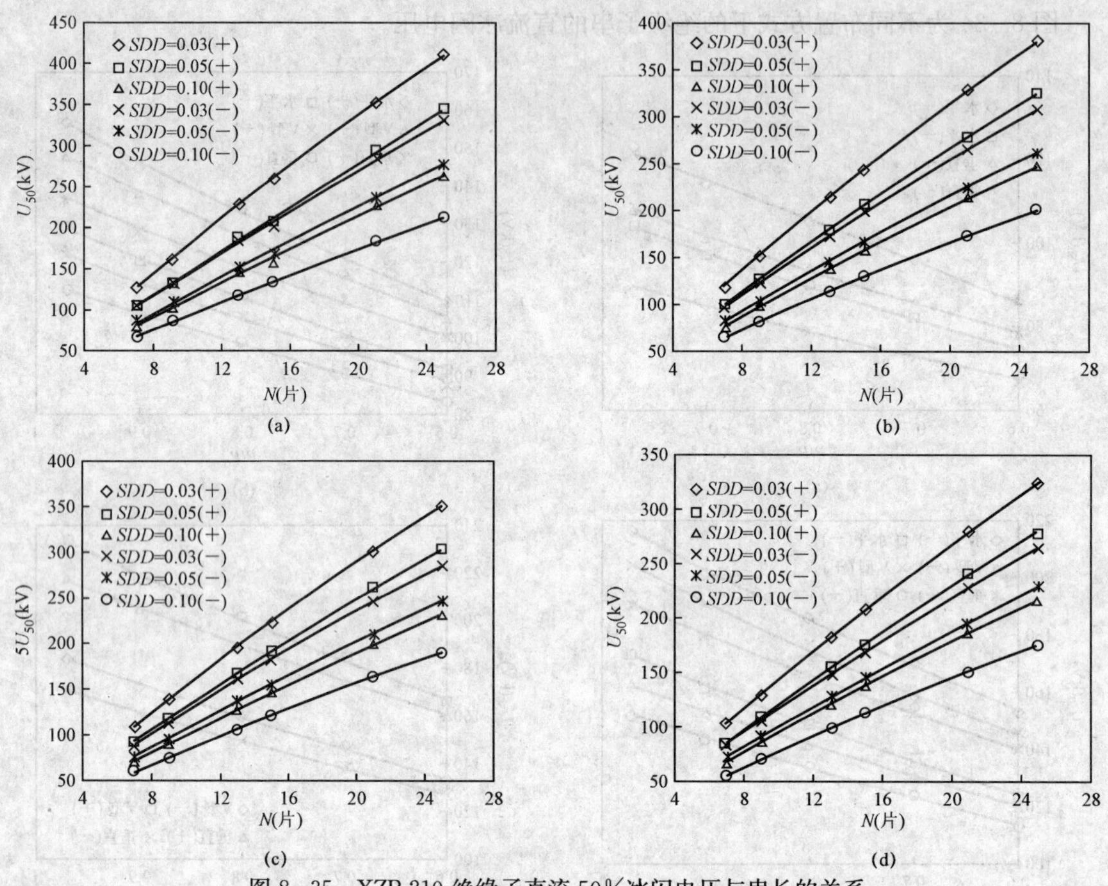

图 8-35 XZP-210 绝缘子直流 50%冰闪电压与串长的关系

(a) P=98.6kPa (H=232m，试验室海拔高度)；(b) P=89.9kPa (H=1000m)；(c) P=79.9kPa (H=2000m)；(d) P=70.9kPa (H=3000m)

分析图 8-35 的试验结果，可知 50%直流冰闪电压 U_{50} 和绝缘子片数 N 之间的关系可表示为

$$U_{50}=(A_N-\nabla uN)N \tag{8-21}$$

式中：∇u 和 A 为常数，不同盐密和气压下的 ∇u 和 A_N 见表 8.14。

表 8-14 不同盐密和气压下的 ∇u 和 A_N 值

SDD (mg/cm²)		0.030		0.050		0.100	
P (kPa)		(+)	(−)	(+)	(−)	(+)	(−)
98.6	A_N	18.90	15.400	15.500	12.700	12.100	9.900
	∇u	0.100	0.087	0.070	0.064	0.060	0.055

续表

SDD (mg/cm²)		0.030		0.050		0.100	
P (kPa)		(+)	(−)	(+)	(−)	(+)	(−)
89.9	A_N	17.600	14.500	14.700	12.100	11.500	9.500
	∇u	0.090	0.084	0.066	0.063	0.062	0.056
79.9	A_N	16.200	13.400	13.600	11.2	10.6	8.8
	∇u	0.086	0.079	0.059	0.053	0.053	0.048
70.9	A_N	15.000	12.300	12.600	10.400	10.000	8.2
	∇u	0.080	0.068	0.057	0.050	0.053	0.046

由表 8-14 可知以下几点。

(1) 随着 N 值的增加，XZP-210 绝缘子串的 U_{50} 逐渐升高，其升高的变化趋势虽然呈一定的线性关系，但在污秽度较轻时，其线性关系并不明显。如 $P=98.6$kPa、$SDD=0.03$mg/cm² 时，U_{50} 是 N 的（$18.9-0.1N$）倍关系，如 $N=7$，平均每片绝缘子的 50%直流冰闪电压 $U_{50.1}$（$N=7$）为 18.2kV，而当 $N=20$ 时，$U_{50.1}$（$N=20$）则只有 16.6kV，即随着绝缘子串长的增加，$U_{50.1}$ 逐渐降低。这主要是覆冰和污秽度较轻。较轻的覆冰使得绝缘子串上冰凌很少，且冰凌未桥接绝缘子伞裙，且由于冰层较薄，融冰期易形成冰层不连续的区域，在冰层表面不易形成连续水膜；加之污秽度轻，融冰水电导率小，这些因素使得整个绝缘子串融冰期的电阻比严重覆冰（冰凌有 2/3 以上桥接）和污秽度较大时高的多，绝缘子串上的电压分布受杂散电容影响较大，呈较明显的电容性分布，电压分布不均匀（两端高，中间低）。随着串长的增长，绝缘子串上电压分布不均匀程度进一步增大，起弧电压降低，闪络电压随之降低，使得 $U_{50,1}$ 降低，闪络电压与串长的线性关系不明显。但随着污秽度的增加，融冰水电导率增大，绝缘子串表面电阻减小，杂散电容对绝缘子串电压分布的影响减弱，冰闪电压的非线性度降低，每增加一片绝缘子时 $U_{50.1}$ 降低的趋势也逐渐减小。如在 $P=98.6$kPa 的情况下，当 $SDD=0.03$、0.05、0.1mg/cm² 时，∇u 分别为 0.1、0.07、0.06kV，即污秽度增大，XZP-210 绝缘子 50%直流冰闪电压与串长关系越接近线性。

(2) 随着气压的降低，绝缘子串中每增加一片绝缘子时 $U_{50.1}$ 降低的趋势逐渐减小。如 $SDD=0.03$mg/cm²、电压为正极性时，当 $P=98.6$、89.9、79.9、70.9kPa 时，∇u 分别为 0.1、0.09、0.086、0.80kV，即气压越低，XZP-210 绝缘子的 U_{50} 与串长的关系越接近线性。

(3) 不同极性下，当绝缘子串中每增加一片绝缘子，负极性的 $U_{50.1}$（−）比正极性的 $U_{50.1}$（+）低。如 $P=98.6$kPa、$SDD=0.03$mg/cm² 的情况下，∇u（−）为 0.087kV，而 ∇u（+）则为 0.10kV，即负极性时，XZP-210 绝缘子串 U_{50} 与串长的线性关系比正极性更接近。

(4) 不同盐密（0.03、0.05、0.1mg/cm²）和气压 P（98.6、89.9、79.9、70.9kPa）下，∇u 最大值为 0.10，即，绝缘子每增加 1 片，$U_{50,1}$ 最多降低 0.1kV，其降低的趋势是比较微弱的；并且随着气压 P 的降低、污秽度的增大和电压极性的变化，∇u 都有明显的降低趋势，XZP-210 绝缘子 U_{50} 与串长的关系越接近线性。因此，在工程容许的误差范围内，可认为绝缘子串的 50%冰闪电压与串长基本呈线性关系。

覆冰绝缘子串直流闪络电压与串长基本呈线性关系，但存在一定的非线性度，因此，为表示这种非线性关系，假设50％直流冰闪电压与串长之间满足幂函数关系，即可将式（8-21）表示的绝缘子直流50％冰闪电压与串长的关系改写为

$$U_{50}=C\times N^{e} \tag{8-22}$$

式中：C为与覆冰程度、绝缘子结构型式、污秽程度等有关的常数；e为冰闪电压与串长之间非线性关系的系数，$e=1$，则为线性关系，$0<e<1$则为非线性关系。

在研究串长的影响时，盐密取0.05mg/cm^2，盐密与灰密之比为1∶6，覆冰水电导率为80μS/cm，监测导体上的覆冰厚度在5～25之间。试验采用最低闪络电压法，求取覆冰绝缘子的直流50％冰闪电压及其标准偏差。并将试验结果按式（8-22）进行拟合，可得相应的系数和指数见表8-15。

表8-15　试验结果按式（8-22）拟合得到的C、e和R^2

绝缘子型式	冰厚（mm）	5	10	15	20	25
LXZP-210	C	25.6	20.7	16.4	15.6	15.3
	e	0.919	0.917	0.957	0.938	0.906
	R^2	0.949	0.989	0.978	0.965	0.976
XZP-210	C	26.6	19.4	17.3	16.3	14.9
	e	0.930	0.941	0.932	0.917	0.917
	R^2	0.957	0.949	0.989	0.979	0.977
LXZP-300	C	29.0	24.4	19.3	19.3	16.6
	e	0.928	0.909	0.951	0.917	0.946
	R^2	0.978	0.959	0.969	0.989	0.972
XZP-300（涂刷PRTV）	C	27.1	21.7	18.1	16.8	14.9
	e	0.935	0.923	0.950	0.931	0.952
	R^2	0.978	0.969	0.969	0.989	0.989
XZP-300	C	28.3	23.0	19.3	17.8	16.5
	e	0.936	0.932	0.950	0.943	0.938
	R^2	0.9898	0.979	0.969	0.969	0.989

8.4.5　典型直流悬式绝缘子覆冰污秽耐受梯度

现有试验结果表明，覆冰绝缘子直流冰闪电压与监测导体覆冰厚度、覆冰前染污程度、绝缘子型式以及覆冰水电导率等均有关。在实际运行线路所处的自然环境下，覆冰水电导率变化一般并不明显，绝缘子型式也是确定的，但覆冰厚度和覆冰前的污秽程度则是随机参量，因此，对于具体的输电线路，要确定的是覆冰前污秽程度和覆冰厚度综合作用下直流输电线路绝缘子串的冰闪特性。综合冰闪电压与覆冰厚度、覆冰前预染污以及与串长的关系，可得绝缘子（串）的50％直流冰闪电压的一般关系式可表示为

$$U_{50}=\begin{cases}A_{\rm d}\times d^{-m_{\rm d}}\times S^{-a}\\ A'_{\rm d}\times N^{e}\times d^{-m_{\rm d}}\times S^{-a}\end{cases} \tag{8-23}$$

式中：$A_{\rm d}$、$A'_{\rm d}$为系数，与绝缘子型式、覆冰水电导率和气压等有关；a为冰闪电压的盐密影响特征指数；$m_{\rm d}$为监测导体覆冰厚度对冰闪电压影响的特征指数；e为线性关系程度的

特征指数，$e \leqslant 1$。

式（8－24）是多元非线性函数关系，可以根据试验结果采用数学优化方法和多元非线性拟合方法得到相应的系数和指数。将重庆大学试验结果按照式（8－23）进行多元非线性分析可得，覆冰前染污的污秽绝缘子的 50％直流冰闪电压与监测导体上的覆冰厚度以及覆冰前染污程度的关系可以表示为：

（1）当瓷和玻璃绝缘子串长为 11 片，复合绝缘子的干弧距离为 3630mm 时的直流 50％冰闪电压（U_{50}）与覆冰前的染污程度、监测导体上的覆冰厚度的关系如下：

$$U_{50}=\begin{cases}111.1S^{-0.4656}d^{-0.3263} & (\text{XZP-300})\\ 104.46S^{-0.474}d^{-0.3482} & [\text{XZP-300 (PRTV)}]\\ 110.86S^{-0.4614}d^{-0.3221} & (\text{LXZP-300})\\ 79.83S^{-0.5175}d^{-0.3205} & (\text{XZP-210})\\ 83.18S^{-0.5022}d^{-0.3118} & (\text{LXZP-210})\\ 223.14S^{-0.3991}d^{-0.3508} & (\text{FXBW-500})\end{cases} \tag{8-24}$$

（2）根据试品绝缘子的技术参数以及试品的串长，将重庆大学试验结果按照线性关系处理得到的瓷、玻璃和复合绝缘子的干弧距离的直流 50％冰闪电压梯度（E_{50}）可表示为：

$$E_{50}=\begin{cases}51.8S^{-0.466}d^{-0.3262} & (\text{XZP-300})\\ 48.7S^{-0.474}d^{-0.3482} & [\text{XZP-300 (PRTV)}]\\ 51.7S^{-0.4613}d^{-0.3221} & (\text{LXZP-300})\\ 42.7S^{-0.5177}d^{-0.3204} & (\text{XZP-210})\\ 44.5S^{-0.5022}d^{-0.3119} & (\text{LXZP-210})\\ 61.4S^{-0.3997}d^{-0.3512} & (\text{FXBZ-500})\end{cases} \quad (\text{kV/m}) \tag{8-25}$$

由式（8－25）可知如下几点。

1）E_{50}与覆冰前污秽程度有关，其污秽影响的特征指数在 0.40～0.52 之间，不同型式绝缘子的 E_{50}受覆冰前污秽程度的影响有差异，其中复合绝缘子受污秽的影响较小，污秽影响特征指数约为 0.40，而瓷绝缘子和玻璃绝缘子的污秽影响特征指数在 0.46～0.52 之间，明显大于复合绝缘子。

2）E_{50}与监测导体上覆冰厚度有关，其覆冰厚度影响的特征指数在 0.31～0.36 之间，不同型式绝缘子受覆冰的影响有差异，其中复合绝缘子受覆冰厚度的影响最明显，其覆冰厚度影响特征指数为 0.35，而刷涂 PRTV 的 XZP-300 绝缘子的覆冰厚度影响特征指数也较高，为 0.35，瓷绝缘子和玻璃绝缘子的污秽影响特征指数在 0.31～0.33 之间，明显小于复合绝缘子及刷涂 PRTV 的 XZP-300 绝缘子。

3）由式（8－25）计算得到的各种型式绝缘子在不同覆冰条件下的直流 E_{50}如表 8－16 所示。由表 8－16 可知，E_{50}与覆冰前染污程度以及覆冰程度有关。在严重覆冰和严重污秽条件下，覆冰后其 E_{50}很低。

4）比较表 8－16 的结果可知，所试验研究的各种型式的直流绝缘子的 E_{50}没有明显差异，如在盐密为 0.05mg/cm² 且监测导体的覆冰厚度为 20mm 时，XZP-300、XZP-300（PRTV）、LXZP-300、XZP-210、LXZP-210 绝缘子和 FXBW-500 复合绝缘子六种情况下的 E_{50}分别为：78.6、71.0、78.7、77.0、79.7 和 71.0kV，平均值为 76kV，最大值和最小值与平均值的误差分别为 4.9％和－6.6％，其误差在±5.0％左右。

特别是对于 XZP-300、XZP-210、LXZP-300 和 LXZP-210 四种绝缘子，E_{50} 的平均值为 78.5kV，最大值和最小值与平均值的误差分别为 1.4%和−2.0%，即在严重覆冰条件下，对于瓷和玻璃绝缘子，其覆冰后的 E_{50} 与绝缘子型式没有明显关系。

由此可知：在选择防止输电线路发生冰闪事故的技术措施时，应特别注意以下主要问题。

1）针对复合绝缘子的冰闪特性，应注意选择复合绝缘子的结构，对于雨凇覆冰严重的地区，建议慎重采用复合绝缘子，特别是伞裙间隙小，相邻伞径差异小的复合绝缘子。

2）由于绝缘子刷涂 PRTV 涂料后其冰闪特性没有改善的足够证据，因此，如果以提高冰闪电压为目的或防止冰闪事故作为目标，应慎重采用 PRTV 涂料。

3）提高冰闪电压的基本技术措施是在允许的情况下尽可能增加绝缘子串的干弧距离。

4）防止或减少绝缘子在覆冰前的积污程度。

5）防止或降低绝缘子的覆冰程度。

表 8-16　　由式（8-25）计算得到的典型直流绝缘子的 E_{50}　　(kV/m)

SDD（mg/cm²）	绝缘子型式	监测导体覆冰厚度（d/mm）				
		5.0	10.0	15.0	20.0	25.0
0.03	XZP-300	156.8	125.1	109.6	99.7	92.7
	XZP-300（PRTV）	146.5	115.1	100.6	90.4	83.7
	LXZP-300	155.2	124.1	108.9	99.3	92.4
	XZP-210	156.4	125.3	110.0	100.3	93.4
	LXZP-210	156.7	126.2	111.2	101.7	94.8
	FXBW-500	141.7	111.1	96.4	87.1	80.5
0.05	XZP-300	123.6	98.6	86.4	78.6	73.1
	XZP-300（PRTV）	115.0	90.4	78.5	71.0	65.7
	LXZP-300	121.2	97.7	86.1	78.7	73.4
	XZP-210	120.1	96.2	84.5	77.0	71.7
	LXZP-210	125.1	100.0	87.0	79.7	72.4
	FXBW-500	115.6	90.6	78.6	71.0	65.6
0.08	XZP-300	99.3	79.2	69.4	63.2	58.7
	XZP-300（PRTV）	92.1	72.3	62.8	56.8	52.6
	LXZP-300	98.7	79.0	69.3	63.2	58.8
	XZP-210	94.2	75.4	66.2	60.4	56.2
	LXZP-210	95.7	77.1	68.0	62.1	58.0
	FXBW-500	95.8	75.1	65.1	58.8	54.4

(3) 在设计和运行中，输电线路仅允许很小的闪络概率。由 50%闪络梯度并不能直观表示这种闪络或耐受概率。按照本书试验方法得到的 50%闪络电压具有的分散性很小，其试验结果的标准偏差一般小于 5.0%，因此，根据 50%闪络梯度可以得到耐受概率为 99.87%或闪络概率为 0.13%的电压梯度。由前面试验结果和 50%闪络电压可知，在耐受概率为 99.87%或闪络概率为 0.03%时，在不同污秽和覆冰条件下的电压梯度为

$$U_{0.13}=(1-3\sigma\%)U_{50} \tag{8-26}$$

式中：$U_{0.13}$ 为闪络概率为 0.13%的闪络电压；$\sigma\%$ 为试验结果的标准偏差，对于按照本书试

验方法得到的试验结果，其标准偏差小于 5.0%，计算时取 5.0%。

因此由表 8-16 和式（8-26）可得在不同覆冰和污秽程度下，重庆大学所试验的各种型式绝缘子的直流耐受梯度见表 8-17。

表 8-17　由表 8-16 按式（8-26）计算的得到的不同条件下的可靠耐受强度（99.87%）

SDD（mg/cm²）	绝缘子型式	监测导体覆冰厚度 d（mm）				
		5	10	15	20	25
0.03	XZP-300	133.3	106.3	93.2	84.7	78.8
	XZP-300（PRTV）	124.5	97.8	85.5	76.8	71.1
	LXZP-300	131.9	105.5	92.6	84.4	78.5
	XZP-210	132.9	106.5	93.5	85.3	79.4
	LXZP-210	133.2	107.3	94.5	86.4	80.6
	FXBZ-500	120.4	94.4	81.9	74.0	68.4
0.05	XZP-300	105.1	83.8	73.4	66.8	62.1
	XZP-300（PRTV）	97.8	76.8	66.7	60.4	55.8
	LXZP-300	103.0	83.0	73.2	66.9	62.4
	XZP-210	102.1	81.8	71.8	65.5	60.9
	LXZP-210	106.3	85.0	74.0	67.7	61.5
	FXBZ-500	98.3	77.0	66.8	60.4	55.8
0.08	XZP-300	84.4	67.3	59.0	53.7	49.9
	XZP-300（PRTV）	78.3	61.5	53.4	48.3	44.7
	LXZP-300	83.9	67.2	58.9	53.7	50.0
	XZP-210	80.1	64.1	56.3	51.3	47.8
	LXZP-210	81.3	65.5	57.8	52.8	49.3
	FXBZ-500	81.4	63.8	55.3	50.0	46.2

注　本书方法得到的试验结果的标准偏差小于 5.0%，故标准偏差取 5.0%。

根据目前我国 500kV 直流输电线路设计的现状，大多数情况下直流输电线路设计的耐受梯度为 70kV/m，如果以 70kV/m 为可靠运行的参考，超过 70kV/m 为可靠运行，低于 70kV/m 则认为可能发生闪络，因此由表 8-17 可知以下几点。

（1）复合绝缘子在污秽覆冰条件下的耐受梯度低于瓷和玻璃绝缘子。复合绝缘子在盐密为 0.03mg/cm² 且监测导体上的覆冰厚度超过 25mm，则有可能发生闪络事故；而当盐密在 0.05mg/cm² 时，覆冰厚度超过 15mm 则可能发生闪络，对于盐密较高，如 0.08mg/cm²，覆冰超过 10mm 则可能发生闪络事故。

（2）XZP-300 型瓷绝缘子刷涂 PRTV 涂料以后，其耐受强度不仅没有提高，反而有所降低。目前我国电力系统内的部分供电部门采用在绝缘子上刷涂 PRTV 涂料的方法来防止冰闪，但实际运行中表明没有明显效果，重庆大学试验结果也表明，PRTV 涂料没有明显的防止冰闪和提高冰闪电压的效果。

对于刷涂 PRTV 涂料的 XZP-300 绝缘子，当盐密为 0.05mg/cm² 时，覆冰厚度超过 15mm 则可能发生闪络，对于瓷和玻璃绝缘子，可能发生闪络的覆冰厚度是 20mm。但在 0.08mg/cm² 的盐密下，覆冰超过 10mm 时则有可能发生闪络。

（3）当盐密大于 0.08mg/cm^2 且覆冰超过 10mm 时，所试验的各种绝缘子均可能发生闪络。

（4）根据前面对 XZP-300 绝缘子试验结果的分析可知，覆冰绝缘子冰闪电压与串长基本呈线性关系，但有一定的非线性度，线性指数大于 0.9。对于其他型式绝缘子是否存在类似规律，可以通过分析其试验结果可知。

前面分析可知，悬式绝缘子串在污秽覆冰条件下的 50%直流冰闪电压与各参数的函数关系为

$$U_{50}=A'_{\mathrm{d}}\times N^{e}\times S^{-a}\times d^{-m_{\mathrm{d}}} \tag{8-27}$$

将重庆大学试验结果按式（8-27）进行拟合，即采用多元非线性拟合方法可以得到，不同型式绝缘子的 50%直流冰闪电压可以表示为：

$$U_{50}=\begin{cases}11.60\times N^{0.9479}\times S^{-0.4627}\times d^{-0.3267} & (\mathrm{XZP\text{-}300})\\ 10.57\times N^{0.9722}\times S^{-0.4630}\times d^{-0.3464} & [\mathrm{XZP\text{-}300\ (PRTV)}]\\ 11.60\times N^{0.9517}\times S^{-0.4542}\times d^{-0.3199} & (\mathrm{LXZP\text{-}300})\\ 8.46\times N^{0.9512}\times S^{-0.5099}\times d^{-0.3231} & (\mathrm{XZP\text{-}210})\\ 9.09\times N^{0.9355}\times S^{-0.4990}\times d^{-0.3190} & (\mathrm{LXZP\text{-}210})\end{cases} \tag{8-28}$$

比较式（8-28）与式（8-27）、(8-26）可知，污秽影响特征指数和冰厚影响特征指数没有明显变化，其中有很微小的变化则是考虑不同因素造成的拟合误差，可以忽略。但由式（8-28）可以看出，不同型式绝缘子的 50%直流冰闪电压与串长之间仍基本满足线性关系，线性指数在 0.9355～0.9722 之间，非线性度在 3%～7%之间。从工程应用角度考虑，可以当做线性关系来处理，但为安全起见，可以考虑 7%的非线性误差。

由式（8-28）还可以看出，XZP-300 和 LXZP-300 绝缘子的 50%直流冰闪电压的系数 A'_{d}、指数 e 和 a 基本一致，没有明显差异，同样情况也存在于 XZP-210 和 LXZP-210 绝缘子。由此可知，在覆冰条件下，冰闪电压与瓷和玻璃绝缘子二者的材质之间没有明显差异。

第9章 高海拔地区污秽和覆冰绝缘子电气强度

9.1 概 述

9.1.1 高海拔条件下的外绝缘问题

全世界陆地面积虽然只占全球面积的29%，但是，它表面起伏悬殊，按海拔高度和起伏形势，构成了崎岖复杂的局面。在陆地上最高大的山脉中，一条呈东西走向，另一条环绕太平洋东岸呈南北走向，因此，河流的流向也与山脉走向相应。与高山带相毗连的是面积比高山更为广阔的高原。地形对气候条件的影响是多方面的，也是错综复杂的，即使是局部地形，由于海拔高度、坡向、坡度和地形形态的差异，也可以在短距离内产生显著不同的局地气候。

高海拔地区空气稀薄，气压较低，昼夜温差大，电气设备的外绝缘强度降低，绝缘子的劣化率较高，经常发生电气绝缘事故，特别是外绝缘事故。

我国是高海拔问题十分突出的国家，70%的国土面积的海拔超过1000m。我国1000～3000m的高原和山区占国土总面积的68%，还有许多海拔超过3000m的地区，如青藏高原平均海拔4500m，面积达250万平方公里。我国西部高海拔地区具有丰富的水电资源，约占全国水电资源的75%以上。在西部大开发战略中，西部高海拔地区的水电资源的开发占有十分重的地位，西部水电资源丰富，但我国的负荷中心则分布在南部和东部经济发达地区，开发和利用西部丰富的水电资源，必须将强大的电力通过超高压和特高压输电线路输送到负荷中心。

在高海拔地区，自然污秽绝缘子在工频电压下的放电问题主要体现在三个方面：

(1) 在相当一部分地区，地面植被较好，空气清洁，且大多数绝缘在考虑高海拔问题时作了加强，且超高压、特高压输电线路很少或没有，因此，这些地区绝缘子的污闪问题并不突出；

(2) 在城市近郊，厂矿工业区，以及污秽物不易扩散和易形成局部小气候等特征的群山起伏、峰谷交替地区，污闪事故时有发生，甚至严重威胁电力系统安全运行。据调查，西宁地区，35～110kV系统的10次变电站事故中，污闪占80%；平均海拔1800m的云南地区，污闪事故约为总事故的14%～28%；海拔1500m的兰州地区，虽然外绝缘的泄漏比距达4.7cm/kV，仍发生污闪事故；

(3) 随着我国西电东送、西部水电资源的相继开发以及特高压工程的建设，高海拔、高寒地区的输电线路越来越多，原来并不突出的高海拔、轻污秽和覆冰积雪共同作用下超、特高压外绝缘问题十分突出，已经成为制约电网发展的瓶颈。

分析世界各国的地形地理特征可知，发达国家大多数分布在平原地区，很少遇到高海拔问题，为此，高海拔地区污秽绝缘子的放电问题对于大部分发达国家来说并不是主要关心的问题，因此在此领域所作的研究很少，只有前苏联、日本、加拿大、瑞典等少数国家曾对高海拔外绝缘污闪特性问题进行过研究。

在"西电东送"工程中，输电线路所面临的重大问题是高海拔地区外绝缘特性问题。

由此可知，高海拔地区的污闪问题仍是没有解决的技术难题，因此，需要加强高海拔地区污秽闪络特性的研究，有效解决高海拔地区的外绝缘水平和外绝缘配合问题。

自 20 世纪 80 年代以来，清华大学、重庆大学、青海省电力试验研究院、云南省电力试验研究院、西安高压电器研究所等许多科研院所一直致力于高海拔外绝缘特性的研究，随着特高压工程的建设、西电东送的实施，我国电力系统面临的高海拔外绝缘问题更加突出。高海拔外绝缘问题之一是高海拔污秽条件下绝缘子的放电特性和绝缘选择。

为适应我国电力发展的战略目标，国家自然科学基金委员委、国家科技部、国家电网公司、南方电网公司以及面临高海拔问题的全国相关的省市电力公司均提出了应及时解决高海拔下外绝缘的问题。但高海拔和高寒地区外绝缘特性仍是我国目前没有解决的问题，也是国际上该领域没有解决的技术难题。

由于我国电力发展的需要以及我国地理特征和西部开发的要求，我国在高海拔外绝缘问题研究方向走在世界的前列。

9.1.2 表征海拔高度对绝缘子污闪电压的特征参数

众所周知，高海拔条件下输变电设备外绝缘特性降低。但高海拔条件下输变电设备的外绝缘特性为什么会降低，降低的规律是什么，这是国内外没有完全解决的问题，也是我国电力系统科研、设计和运行部门普遍关心和非常重视的问题。

众所周知，海拔升高，其大气压力、空气温度和空气绝对湿度均随海拔升高而降低。试验研究和现场调查结果表明，大气压力的降低和空气绝对湿度的降低可导致空气间隙和清洁绝缘子的电气强度显著降低，但温度的降低则会提高绝缘子和空气间隙的绝缘强度或电气强度。因此，高海拔下大气参数对外绝缘的影响是相互制约的。

大气环境参数中，气压（P）、温度（t）和绝对湿度（h）这三个参数是紧密相关的，即使在同一海拔高度下，输变电设备的外绝缘放电电压也会因温度和湿度的细微差别而有一定的差异。实际上，大气参数中与电气外绝缘有关的基本大气要素主要是空气密度、空气绝对湿度和空气的温度，而气压是大气三要素的综合反映。

气压（P）是指大气压强，它是一定平面上的所有空气分子与地理场综合作用的结果，即

$$P=\frac{F_s}{A_s}=\frac{M_a g}{A_s} \tag{9-1}$$

式中：P 为气压，kPa；A_s 为空气中的特定位置的特定表面的面积；F_s 为面积 A_s 上承受的压力；M_a 为面积 A_s 上空气质量；g 为重力加速度，9.8m/s^2。

由气压的定义可知：气压是一定平面上所有空气分子与地理场综合作用的结果，在大气中的所有分子中，主要是氧气分子、氮气分子和其他分子，如果存在水气，还有水气分子，因此，气压可以分解为氧气的分压，氮气的分压，空气中水分的水气压等等。

如果空气中含有水气分子，则称为湿空气，如果空气中不含水气分子，则称为干空气。对于含有水气分子的湿空气，可以分解为干空气的气压和水气的分压之和。在常压下，干空气和未饱和的湿空气都可以看成是理想气体，因此，干空气和未饱和的湿空气均满足气体状态方程，即

$$P=\rho RT \tag{9-2}$$

式中：ρ 为空气密度；T 为空气绝对温度。如果设 P_0、ρ_0、T_0 分别为标准参考大气条件下的气压、空气密度、空气绝对温度，则由式（9-2）可得

$$\rho = \frac{P}{RT} \text{ 或 } \rho_0 = \frac{P_0}{RT_0} \tag{9-3}$$

设 δ 为空气相对密度，则

$$\delta = \frac{\rho}{\rho_0} = \frac{P}{P_0}\frac{273+t_0}{273+t} \tag{9-4}$$

$$\delta = \frac{2.8924P}{273+t} \tag{9-5}$$

根据前面的分析可知

$$P = P_d + P_w = \rho RT \tag{9-6}$$

$$\rho = \frac{P}{RT} = \rho_d + \rho_w = \frac{P - P_w}{R_d T} + \frac{P_w}{R_w T} \tag{9-7}$$

式中：R_d 为干空气的比气体常数，287.06J/（kg·K）；R_w 为水汽的比气体常数，461.50J/kg·K；ρ_w 为水汽密度，kg/m^3，$\rho_w = h\times 10^{-3} = P_w/(R_w T)$；$h$ 为绝对湿度（g/m^3），$h = 1000\times P_w/(R_w T)$。因此可得

$$\begin{aligned} P &= P_d T\rho + (R_w - R_d)Th \\ &= (273+t)[R_d\rho + (R_w - R_d)h] \\ &= (273+t)[R_d\rho_0 \times \rho/\rho_0 + (R_w - R_d)h] \\ &= 343.8122[273+t][\delta + 5.0737\times 10^{-4}h] \end{aligned} \tag{9-8}$$

由于

$$\rho = \rho_d + \rho_w \Rightarrow \delta = \delta_d + h/\rho_0 \tag{9-9}$$

从而可得

$$P = 343.8122(273+t)(\delta_d + 1.3395\times 10^{-3}\times h) \tag{9-10}$$

或

$$P/P_0 = 3.394\times 10^{-3}\times(273+t)(\delta_d + 1.3395\times 10^{-3}h) \tag{9-11}$$

由式（9-10）和式（9-11）可知，P 或 P/P_0 是温度（t）、干空气相对密度（δ_d）和 h 的函数，三个基本大气参数的任何变化都会引起气压的变化，气压是三个基本大气参数的综合反映。除大气紫外线强度和宇宙射线强度的变化外，在对输变电设备外绝缘的影响上，海拔的变化主要反映在三个基本大气参数的变化上，因此，研究和分析高海拔地区外绝缘特性就是研究高海拔条件下大气参数或气压对电气设备外绝缘的影响。

为工程应用方便，一般把气压和海拔高度直接联系起来，根据国内外大量的统计资料可知，海拔高度与平均气压之间满足以下关系，即

$$\frac{P}{P_0} = \left(1 - \frac{H}{45.1}\right)^{5.36} \tag{9-12}$$

$$H = 45.1\left[1 - \left(\frac{P}{P_0}\right)^{\frac{1}{5.36}}\right] \tag{9-13}$$

式中：H 为海拔高度，km。

即气压的变化也可以反映海拔高度的变化，因此用气压的变化模拟海拔高度的变化是可行的。

9.1.3 高海拔地区绝缘子积污特征

相当一部分高海拔地区植被良好，工农业不甚发达，空气清洁，绝缘子的污秽程度一般较轻，在线路设计时也已经考虑了海拔对放电电压的影响，污闪问题并不突出。但随着近些年来“西部大开发”战略的进展，能源矿产资源的大力开发，在城市近郊、厂矿企业附近污秽日趋严重，且西部地区内陆盐湖较多，盐湖周边的污染也不容忽视。

在内陆高海拔工业城市及近郊和工矿企业附近，污秽以工业型污秽为主，包括化工厂、冶炼厂及火电厂的排烟，水泥厂、煤矿及矿场的粉尘，循环水冷却塔或喷水池的酸化水雾等，在这些工业污秽中，化工污秽对绝缘子电气强度的影响最严重，其次是水泥、冶金等污秽，如海拔 1500m 的兰州地区、1800m 的云南地区、2000m 的西宁地区。

在我国西北内陆分布着众多的内陆盐湖和盐碱地区，在这些盐湖和盐碱地区的周围，其污秽接近于海水污秽，主要是湖水中的小水滴被风吹到干燥空气中，水分蒸发而形成小颗粒的盐沉积在绝缘子表面，如海拔 2800m 的格尔木地区。

在西北、西南高海拔地区，是大量鸟类繁殖和迁徙的必经之地，鸟粪污秽往往也会造成污闪事故。

9.1.4 高海拔地区污秽绝缘特性研究方法

由前面分析可知，研究高海拔地区的污秽绝缘问题就是研究高海拔的大气参数对污秽绝缘放电特性的影响。研究方法主要有两种。

一是在高海拔现场，通过试验研究其放电特性以及外绝缘特性。在输变电设备运行的高海拔现场研究其外绝缘特性，与运行条件吻合，可真实反映实际高海拔条件的各种大气参数对外绝缘的影响。但是，我国高海拔地区分布面广，地形复杂，在高海拔现场进行试验研究需要大量的人力、物力和财力，并且，高海拔现场的大气参数随季节和昼夜的变化，现场研究难以得到普遍规律，在一个现场得到的试验结果并不一定能指导其他海拔高度的外绝缘设计。但高海拔现场的试验研究具有真实性，是高海拔实际环境参数对外绝缘特性影响的真实反映。并且对人工模拟的试验研究结果是否可行可以进行检验和校验，是研究高海拔外绝缘特性必不可少的环节。

二是在人工气候室模拟高海拔的大气环境条件，研究大气参数的变化对外绝缘的影响。这种方法研究的周期短，试验简便，可随意改变模拟条件，得到的结果和规律具有普遍性。但在人工气候室进行高海拔外绝缘特性研究需要可模拟高海拔大气条件的人工气候室，并且可任意改变模拟的大气参数。这在研究高压输电线路时，人工模拟试验装置本身的技术难度还可以解决，对于超高压和特高压输电线路，建立这种模拟装置存在很大的技术难题，这主要表现在气压的模拟要承受很大的压差，对于大型多功能人工气候室的研制，存在很大的困难。建立可模拟高海拔地区超高压和特高压输电线路外绝缘特性的试验装置设计的技术难题、建设经费和运行控制等都是目前难以解决的问题。

对于人工模拟的试验研究，其基本要求是试验结果应该与自然高海拔条件下的试验结果具有等价性。

目前，关于高海拔污秽条件下外绝缘特性的研究结果主要是在人工模拟条件下得到的，很少有自然环境条件下的试验结果，到目前为止，只有我国、日本、墨西哥等极少数国家在高海拔现场进行过试验研究。

从目前的高海拔现场与人工模拟试验研究结果来看，人工模拟试验可以满足工程应用的要求，人工模拟试验结果与现场试验结果的误差小于 10%。分析其原因，主要是人工模拟的湿度与自然环境有差异，并且在人工模拟中，目前尚不能准确模拟高海拔地区不断变化的紫外线强度和宇宙射线。

目前国内外可以模拟高海拔大气环境的部分人工气候室有以下几个。

(1) 昆明电器科学研究所的人工气候室直径为 6m、高为 5.6m，人工气候室所在位置的海拔高度为 1960m，可模拟 0～7000m 海拔的气压、温度、湿度参数，可用于电工产品和电工材料的高海拔人工模拟试验。

(2) 西安高压电器研究所的人工气候室直径为 8m、高为 8m，可模拟的海拔高度为 0～6000m，温度控制范围为－25℃～＋50℃，可进行高海拔、污秽条件下的人工模拟试验。

(3) 加拿大魁北克大学席库帝米分校的人工气候室直径 0.61m、高为 0.76m，可模拟海拔 9000m 以下的气压条件。

(4) 重庆大学 1985 年建设了直径 2.0m、长 3.8m 的小型人工气候室，最低气压可达 34kPa，可模拟海拔 8000m 以下的大气条件，最低温度可达－36℃，风速在 1～3m/s 可调，可形成 10～500μm 的降水颗粒，由 0.5t/h 蒸汽锅炉输送蒸汽可进行热雾试验。由 110kV 穿墙套管引入试验电源，可进行 5 片以下绝缘子串、1.0m 以下短空气间隙的在高海拔、污秽、覆冰等复杂环境下的外绝缘特性试验。2003 年建设了直径 7.8m、高为 11.6m 的大型多功能人工气候室，最低气压可达 30kPa，可模拟海拔 9000m 及以下的大气条件，最低温度可达－45℃，风速在 0～12m/s 可调，可形成 10～500μm 的降水颗粒，由 1.5t/h 蒸汽锅炉输送蒸汽可进行热雾试验。由 330kV 穿墙套管引入试验电源，可进行 25 片以下绝缘子串、3.0m 以下长空气间隙的在高海拔、污秽、覆冰等复杂环境下的外绝缘特性试验，至 2008 年为止，尚是国内外可模拟高海拔、覆冰、污秽综合大气环境条件的最大的、功能最多的人工气候室。

鉴于我国特高压的发展，国家电网公司武汉高压研究院和中国电力科学研究院分别建成了直径约 20～25m、高度 30～35m 的超大型人工气候室，可用于模拟高海拔、覆冰污秽等综合环境下的高压、超、特高压输电线路外绝缘特性研究。除此之外，昆明电器科学研究所、西安交通大学、华北电力大学、华南理工大学、清华大学、南方电网公司等已经建成或正在建设新的人工气候室，这些新建的人工气候室均可用于高海拔、覆冰、污秽地区外绝缘特性的研究。

9.2　高海拔低气压下绝缘子污闪机理及模型

高海拔地区的气压低，空气密度小，绝缘子污秽闪络过程中产生的局部电弧因空气对流散失的热量较少，因此较小的电流就可以维持电弧的稳定燃烧，低气压下电弧的弧柱直径增大，弧根半径增大，使得电弧常数随着气压的下降而减小，电弧伏安特性降低，这是造成低气压下染污绝缘子闪络电压下降的主要原因。

此外，在低气压下，电弧更容易发生飘弧现象，即电弧短接绝缘子伞下的棱或伞裙之间的空气间隙，使得绝缘子的爬电距离不能得到有效利用，这也是低气压下绝缘子污闪电压下降的一个重要原因。

9.2.1　低气压下沿面直流电弧的力学特性

试验研究表明，低气压下绝缘子串直流污闪过程中局部电弧的发展存在严重的飘弧现象，即部分沿面电弧飘离绝缘子表面形成空气间隙电弧，从而使低气压下染污绝缘子串放电路径长度小于绝缘子串总的爬电距离。直流污闪过程中，飘弧现象与气压有关，气压越低，飘弧现象越严重，如图 9-1 所示。

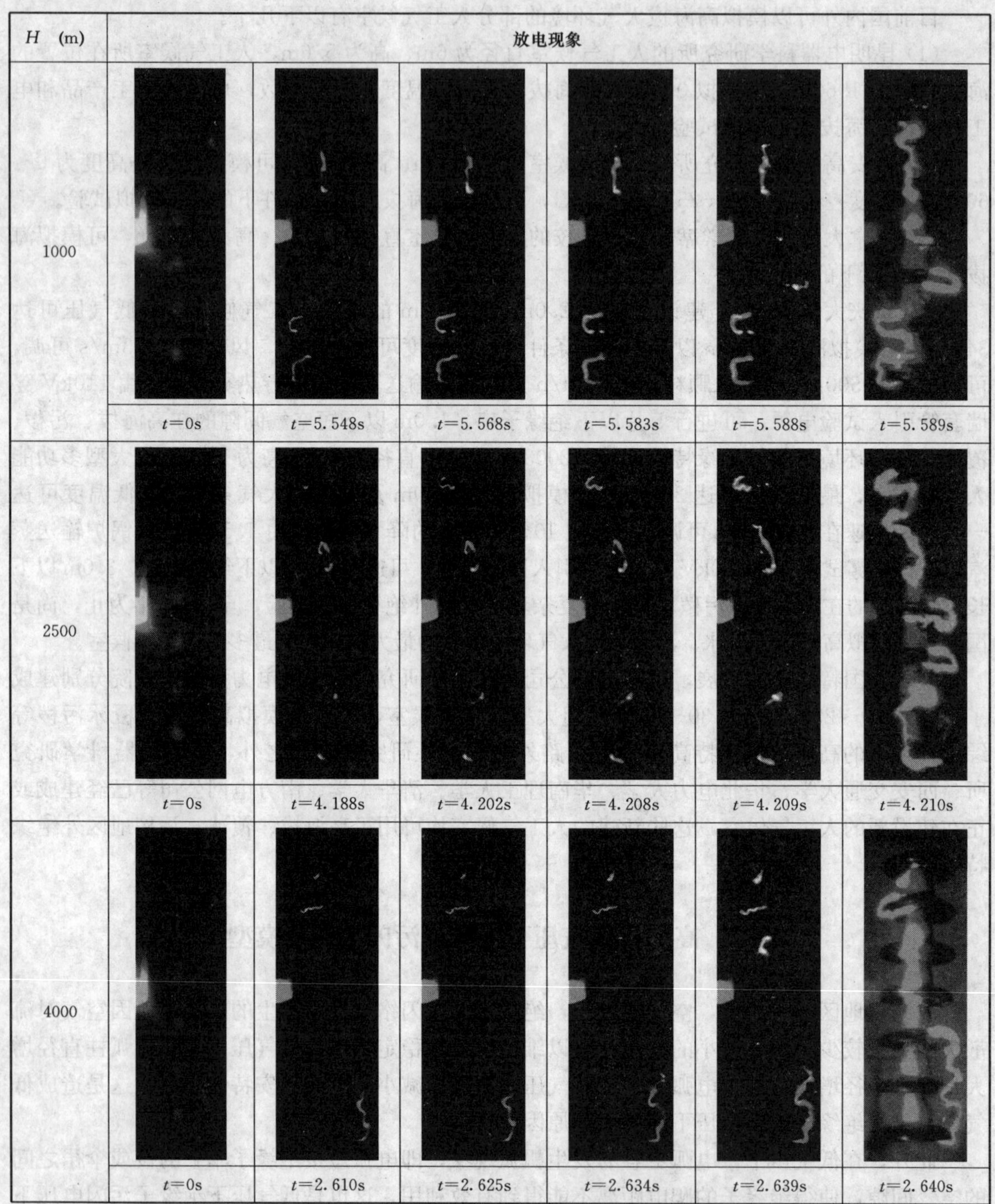

图 9-1　7 片串 XP-160 绝缘子污闪放电过程（SDD=0.03mg/cm²）

分析表明，污秽绝缘子在放电发展过程中的局部电弧主要受静电力、电磁力、热浮力的作用。Jolly 对电弧电流为 100mA，弧根半径 0.15cm，弧根电场 5.3kV/cm 的典型电弧的力学特性的分析表明，小电流局部电弧向前发展的主要作用力是静电力。大量试验研究表明，污秽绝缘子的临闪泄漏电流、电弧电流与绝缘子型式、污层电阻等有关，一般在200～450mA之间，因此污秽绝缘子放电过程中的临闪前的局部电弧电流较大，与小电弧发展过程中的受力特性有明显差异。

一般来说，从力学特性来分析，绝缘子污闪过程中局部电弧的发展是静电力、电磁力和热浮力三种力综合作用的结果。所受的力分别表示为

$$\begin{cases}F_1=\varepsilon_0 E^2 r_a^2/2\\F_2=\mu_0 H^2 r_a^2/2=\mu_0 r_a^2[I/(2\pi r_a)]^2/2\\F_3=\rho_0 g(\pi r_a^2)r_a\end{cases}\tag{9-14}$$

式中：F_1、F_2、F_3分别表示静电力、电磁力和热浮力，N；r_a为电弧半径，m；ε_0为真空介电常数，8.85×10^{-12} F/m；μ_0为真空导磁常数，1.256×10^{-6} H/m；ρ_0为标准参考大气条件下的空气密度，1.295 kg/m^3；g为重力加速度，9.8 m/s^2；E为电弧弧根的电场强度，V/m；I为电弧电流，A。由式（9-14）可知，电弧所受的力决定于两个关键参数，即电弧弧根的电场强度E和电弧半径r_a。

清华大学提出，标准参考大气条件下沿面电弧电流与电弧半径之间的关系可表示为

$$r_{a,0}=\sqrt{\frac{I}{1.45\pi}}\tag{9-15}$$

加拿大提出电弧半径随气压的降低而增大，且可表示为

$$r_a=r_{a,0}\left(\frac{P}{P_0}\right)^{-0.465}=\sqrt{\frac{I}{1.45\pi}}\left(\frac{P}{P_0}\right)^{-0.465}\tag{9-16}$$

关于电弧弧根处的电场，由Obenaus模型可得临闪时弧根处的电场强度为3.2kV/cm，清华大学提出平板模型上局部电弧的弧根电场≤10.0kV/cm，而采用比电容法测得平板模型上弧根表面电场小于0.5kV/cm。由此可知，关于弧根电场的大小，目前尚未达成共识。

重庆大学通过试验研究表明，与电弧弧柱电场一致，电弧弧根处的电场与气压和电弧电流有关，且可表示为

$$E=A\left(\frac{P}{P_0}\right)^{n}I^{-n_a}\tag{9-17}$$

式中：A、n、n_a为表征低气压下电弧特性的常数。根据试验结果得到：负极性直流下$A=129.8$，$n_a=0.52$，$n=0.50$；正极性直流下$A=105.4$，$n_a=0.52$，$n=0.51$。

因此，代入系数和常数，式（9-14）可改写为

$$\begin{cases}F_1=1.62(P/P_0)^{0.07}\times I^{-0.04}\times10^{-8}\\F_2=1.60I^2 10^{-8}\\F_3=4.099\dfrac{293}{273+t}(P/P_0)^{-0.395}I^{1.5}\times10^{-6}\end{cases}\tag{9-18}$$

式中：t为电弧温度，℃。

清华大学提出，局部电弧发展过程中，其温度一般可达5000℃，最高可达10000℃，导致局部电弧周围空气的温度急剧升高。根据式（9-18）可知，温度升高则热浮力减小，假定电弧发展过程中电弧附近空气的温度与电弧弧柱温度基本一致，可近似为5000℃～

10000℃，则由式（9-18）可计算 F_3 在 t=5000℃和 10000℃两个极端条件下的热浮力，并可得到局部电弧的受力情况，如图 9-2 所示。

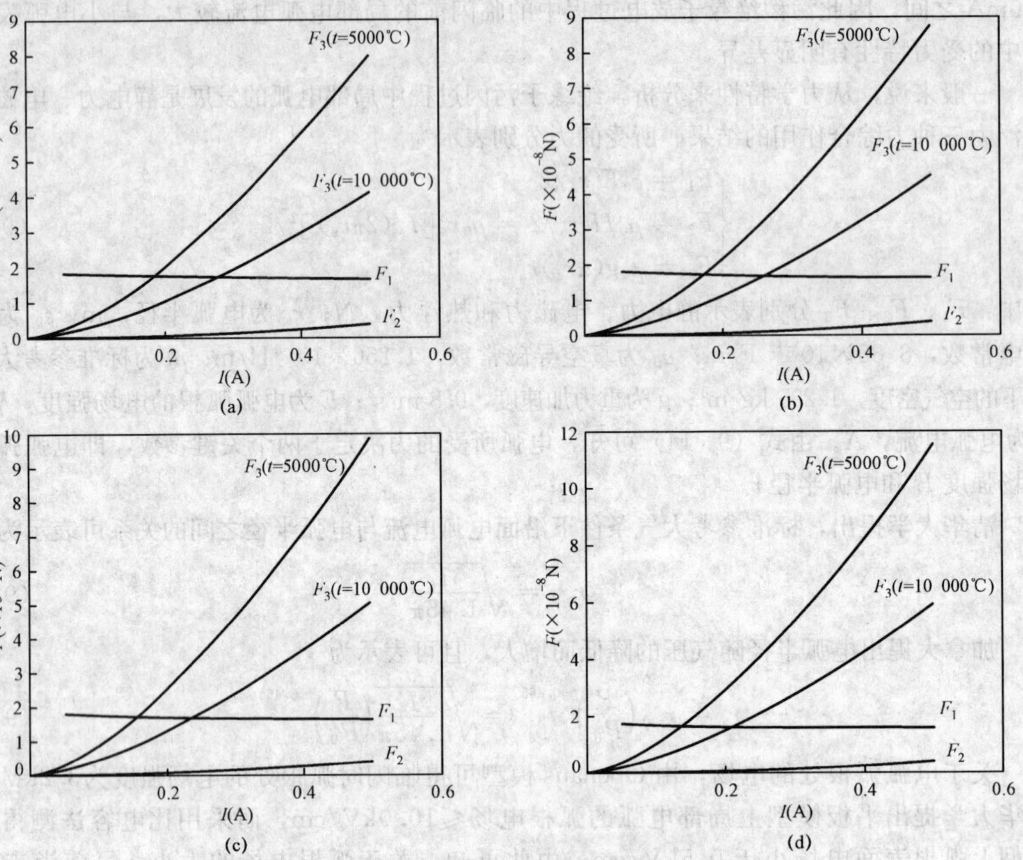

图 9.2　不同气压下局部电弧的受力情况与泄漏电流的关系

(a) P=101.3 kPa；(b) P=80.0 kPa；(c) P=60.0 kPa；(d) P=40.0 kPa

由图 9-2 可知有如下结论。

（1）直流绝缘子污闪过程中电弧的受力状况与局部电弧电流大小有关。局部电弧电流大小变化，电弧发展过程中所受的静电力、电磁力、热浮力也发生变化。与静电力和热浮力相比，电弧所受的电磁力相对很小，可以忽略，由此可知，直流绝缘子污闪过程中的局部电弧的发展主要决定于其所受的静电力和热浮力的大小。

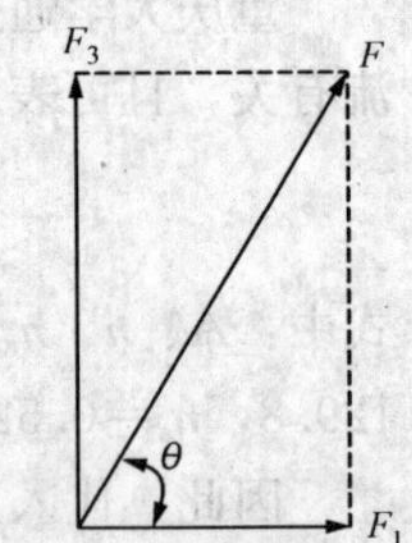

图 9-3　局部电弧综合受力大小及方向示意图

局部电弧发展过程中，综合受力的大小和方向将随电弧电流的变化而变化，由于局部电弧所受静电力方向近似平行于绝缘子表面，而热浮力方向则是垂直于绝缘子，其综合受力的大小和方向如图 9-3 所示，不同气压下局部电弧综合受力大小及方向与泄漏电流的关系如图 9-4 所示。

（2）局部电弧电流较小时，局部电弧综合受力与静电力之间的夹角 θ 很小。如泄漏电流为 100mA 且气压分别为 101.3、80.0、60.0kPa 和 40.0 kPa 时，θ 分别为 11.8°、13.1°、14.9°和 17.8°，即此时静电力起主导作用，局部电弧在静电力作用下沿绝缘子表面延伸和发展。

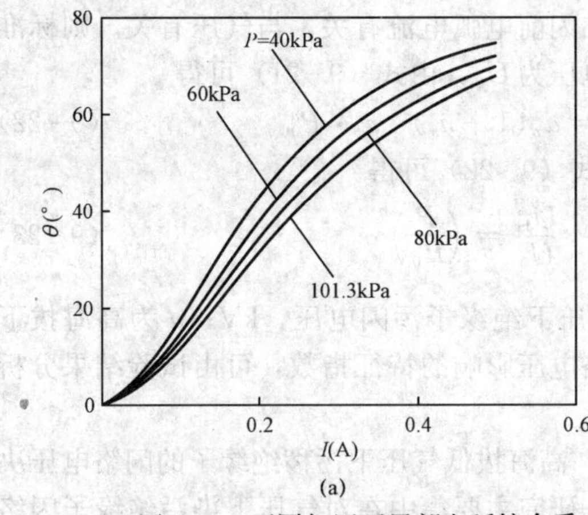

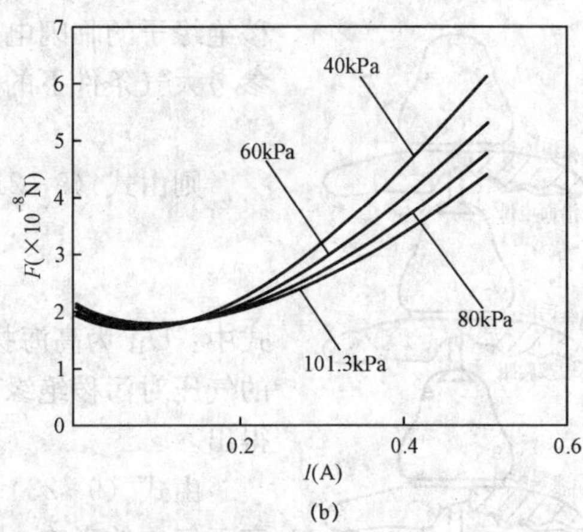

图 9-4　不同气压下局部电弧综合受力大小及方向与泄漏电流的关系（t=10000℃）

(a) 局部电弧受力方向；(b) 局部电弧受力大小

(3) 局部电弧电流增大时，局部电弧综合受力与静电力之间的夹角 θ 增大。如泄漏电流增大至 500mA 且气压分别为 101.3、80.0、60.0kPa 和 40.0 kPa 时，θ 分别为 68.1°、70.2°、72.5°和 75.4°，即此时热浮力起主导作用，对于绝缘子下表面的局部电弧，其作用是使局部电弧更贴紧绝缘子表面；对于绝缘子上表面的局部电弧或下表面局部电弧延伸至绝缘子边缘时，热浮力将使局部电弧飘离绝缘子表面向上发展而形成空气间隙电弧，这与所观察到的放电现象一致，即在外施电压作用下，染污绝缘子串的局部电弧最初是沿着绝缘子表面向前延伸的，只有发展到一定程度后才出现明显的飘弧现象。

(4) 气压降低，静电力减小而热浮力增大，如局部电弧电流为 300mA 且气压分别为 101.3、80.0、60.0kPa 和 40.0kPa 时，静电力则分别为 1.70×10^{-8}、1.67×10^{-8}、1.64×10^{-8}N 和 1.59×10^{-8}N，而热浮力（t=10000℃）则分别为 1.92×10^{-8}、2.11×10^{-8}、2.37×10^{-8}N 和 2.77×10^{-8}N，即热浮力则分别为静电力的 1.13、1.26、1.45 和 1.74 倍，静电力和热浮力随气压变化规律的差异使得在相同局部电弧电流下，气压越低，热浮力的主导作用越强，因此，海拔越高，气压越低，染污绝缘子串局部电弧的飘弧越严重，这与所拍摄的低气压放电现象是相吻合的。

9.2.2　低气压下污秽绝缘子放电模型

根据 Obenaus 物理模型，当电弧发展至覆盖绝缘子整个泄漏路径时，污闪才会发生。第 3 章分析了污闪机理和污闪的物理模型，没有明确说明是否考虑了海拔高度的问题，实际上在高海拔条件下，污秽绝缘子闪络时电流和电压仍然满足式（3-8）的一般关系式。电弧电场强度和电流有关，由式（3-3）决定。另一方面，高海拔的低气压对电弧的电场强度有影响，从气压的角度考虑，电弧电场强度是气压的函数，可表示为

$$E_a = a_x P^n \tag{9-19}$$

式中：n 为决定于气体种类的常数。

由式（3-3）、式（9-19）可得系数 A，并将 A 代入式（3-8），可得

$$I_H = \frac{a_x n_a x_c}{R(x_c)} \times P^n \tag{9-20}$$

$$U_H = a_x(1+n_a)x_c P^n \tag{9-21}$$

式中：x_c 由式（3-11）决定。因此，由式（9-20）、式（9-21）可知，高海拔低气压下污

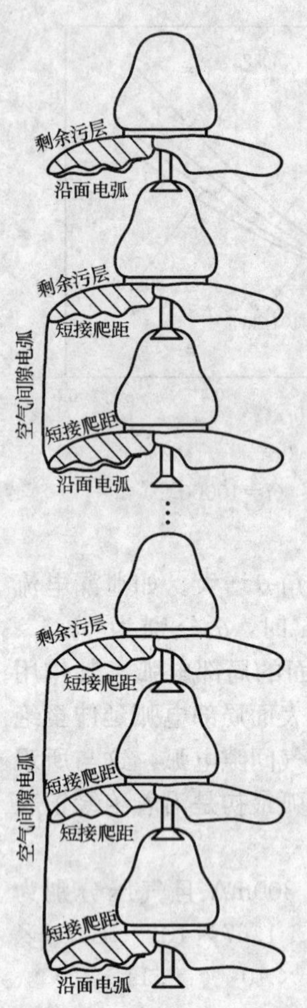

图 9-5 低气压下染污绝缘子串放电过程

秽绝缘子的临闪电压与临闪前电弧电流有关，与气压有关。则标准参考大气条件下的临闪电压为 U_0，由式（9-21）可得

$$U_0 = a_x(1+n_a) \cdot x_c \cdot P_0^n \tag{9-22}$$

则由式（9-21）和式（9-22）可得

$$\frac{U_H}{U_0} = \left(\frac{P}{P_0}\right)^n \tag{9-23}$$

式中：U_H 为高海拔低气压下绝缘子污闪电压，kV；n 为高海拔下的气压对污秽绝缘子闪络电压影响的特征指数，可由试验结果分析得出。

由式（9-23）可知，高海拔低气压下污秽绝缘子的闪络电压决定于气压的影响，因此，研究主要集中在对气压下染污绝缘子闪络电压降低的特征和规律。

由高速摄像机拍摄的低气压下交、直流染污绝缘子串染污放电过程可知，局部电弧的产生和发展过程中存在明显的飘弧现象，且海拔越高，飘弧现象越严重，即低气压交、直流染污绝缘子串放电过程中的局部电弧包含有沿面电弧和空气间隙电弧。而试验结果表明，低气压下空气间隙电弧的 $E-I$ 特性与沿面电弧的 $E-I$ 特性有明显差异，因此根据 Obenaus 模型，采用剩余污层电阻和沿面电弧构成简单的电路模型来描述低气压染污直流绝缘子串放电过程（如图 9-5 所示）与实际情况存在较大差异。分析表明，低气压下交、直流染污绝缘子放电过程中，放电过程是沿面电弧和空气间隙电弧与剩余污层电阻的动态变化过程，其电路模型可简化为图 9-6 所示。

图 9-6 中：x_1 为绝缘子串中所有绝缘子的沿面电弧长度总和，cm；x_2 为绝缘子串中所有空气间隙电弧长度之和，cm；x_3 为绝缘子串中所有剩余污层电阻长度之和，cm。

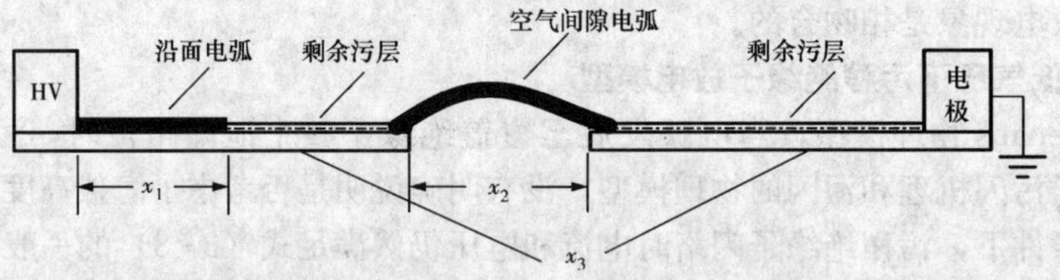

图 9-6 低气压下绝缘子串污闪放电简化模型

由图 9-6 并根据电弧特性可得

$$U = U_{x1} + U_{x2} + U_{x3} = A_1\left(\frac{P}{P_0}\right)^{n_1}(1-B_1 I)x_1 + A_2\left(\frac{P}{P_0}\right)^{n_2}(1-B_2 I)x_2 + r_p \times I \times x_3 \tag{9-24}$$

式中：U 为外施电压，kV；U_{x1} 为沿面电弧电压，kV；U_{x2} 为空气间隙电弧电压，kV；U_{x3} 为剩余污层电阻电压，kV；A_1，B_1，n_1 为反映沿面电弧特性的常数。重庆大学的试验得出，正极性直流电弧：$A_1=352.4$，$n_1=0.51$，$B_1=1.32$；负极性直流电弧 A_2，n_2，B_2 为反映

空气间隙直流电弧特性的常数：$A_1=429.5$，$m_1=0.50$，$B_1=1.32$；$A_2=174.3$，$m_2=0.92$，$B_2=0.87$；r_p 为单位长度剩余污层电阻，Ω/cm。

由图 9-6 可知，染污直流绝缘子串放电发展过程中，由于空气间隙电弧的存在，将使染污绝缘子串的部分泄漏距离被短接，即染污绝缘子串放电路径长度不大于绝缘子串表面的总爬电距离，也即对于 N 片串绝缘子，可满足

$$x_1+x_2+x_3=k_1NL \qquad (0<k_1\leqslant 1) \tag{9-25}$$

式中：k_1 为绝缘子串污闪放电路径长度与绝缘子串总爬电距离之比，对于沿面放电，$x_1>0, x_2\geqslant 0$。

在沿面电弧与空气间隙并存的情况下，即 $x_1>0$ 时，假设直流绝缘子串污闪放电过程中空气间隙电弧长度为沿面电弧长度的 k_2 倍，即 $x_2/x_1=k_2$，则 $x_2=k_2x_1$，式（9-25）可改写成

$$x_1+k_2x_1+x_3=k_1NL \tag{9-26}$$

令 $x_1=x$，则式（9-26）可改写成

$$x_3=k_1NL-(1+k_2)x \tag{9-27}$$

令 $\beta=P/P_0$，则式（9-24）可改写为

$$U=A_1\beta^{n_1}(1-B_1I)x+k_2A_2\beta^{n_2}(1-B_2I)x+r_pIk_1NL-r_p(1+k_2)Ix \tag{9-28}$$

对式（9-28）求 $\partial U/\partial x=0$，则

$$A_1\beta^{n_1}(1-B_1I)+k_2A_2\beta^{n_2}(1-B_2I)-r_p(1+k_2)I=0 \tag{9-29}$$

从而可得临界电流 I_c 为

$$I_c=\frac{A_1\beta^{n_1}+k_2A_2\beta^{n_2}}{A_1\beta^{n_1}B_1+k_2A_2\beta^{n_2}B_2+r_p(1+k_2)} \tag{9-30}$$

对式（9-30）求 $\partial U/\partial I=0$，则

$$-A_1\beta^{n_1}B_1x-k_2A_2\beta^{n_2}B_2x+r_pk_1NL-r_p(1+k_2)x=0 \tag{9-31}$$

可得临界弧长 x_c 为

$$x_c=\frac{r_pk_1NL}{A_1\beta^{n_1}B_1+k_2A_2\beta^{n_2}B_2+r_p(1+k_2)} \tag{9-32}$$

因此可得临界电压 U_c 为

$$U_c=\frac{(A_1\beta^{n_1}+k_2A_2\beta^{n_2})r_pk_1NL}{A_1\beta^{m_1}B_1+k_2A_2\beta^{m_2}B_2+r_p(1+k_2)} \tag{9-33}$$

现对污秽绝缘子串直流闪络放电过程作如下分析。

一、局部电弧均为沿面电弧（$x_2=0$）

染污绝缘子串直流污闪过程中局部电弧完全沿染污绝缘子表面泄漏路径向前延伸发展，不存在飘弧而成为空气间隙电弧情况，这种情况实际上就是经典的 Obenaus 电路模型，此时绝缘子串的闪络路径与绝缘子串的爬电距离相等，也即式（9-33）中 $k_1=1$，$k_2=0$，则式（9-33）可改写为

$$U_c=\frac{A_1\beta^{m_1}r_pNL}{A_1\beta^{m_1}B_1+r_p} \tag{9-34}$$

由式（9-34）可以看出：直流绝缘子串临界污闪电压与沿面电弧特性、污秽、气压、绝缘子串串长、爬电距离等有关；染污绝缘子串直流污闪电压与串长呈线性关系，但与气压、污秽呈非线性关系。

气压影响特征指数分析：

将 A_1、n_1、B_1 代入式（9-34）可得

$$\begin{cases} U_c = \dfrac{429.5\beta^{0.5} r_p NL}{566.9\beta^{0.5} + r_p} \approx 35.0 NL r_p^{0.29} \beta^{1/(1.66+1794.86 r_p^{-1})} \\ E_c = \dfrac{U_c}{NL} = \dfrac{429.5\beta^{0.5} r_p}{566.9\beta^{0.5} + r_p} \approx 35.0 r_p^{0.29} \beta^{1/(1.66+1794.86 r_p^{-1})} \end{cases} \tag{9-35}$$

式中：E_c 为污秽绝缘子单位爬电距离临界污闪电位梯度。

比较式（9-35）与式（9-23）可得，标准大气条件下的污闪电压 U_0 和气压影响特征指数 n 为

$$\begin{cases} U_0 = 35.0 NL r_p^{0.29} \\ n = \dfrac{1}{1.66 + 1794.86/r_p} \end{cases} \tag{9-36}$$

由（9-36）可知，U_0 和 n 均决定于剩余污层电阻率，设 $U_r = U_0/(NL)$，则 U_r、n 与剩余污层电阻率 r_p 的关系如图 9-7、图 9-8 所示。

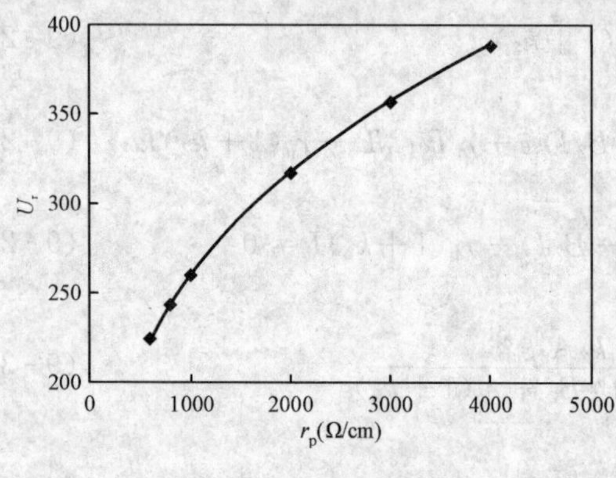

图 9-7　U_r 与 r_p 的关系

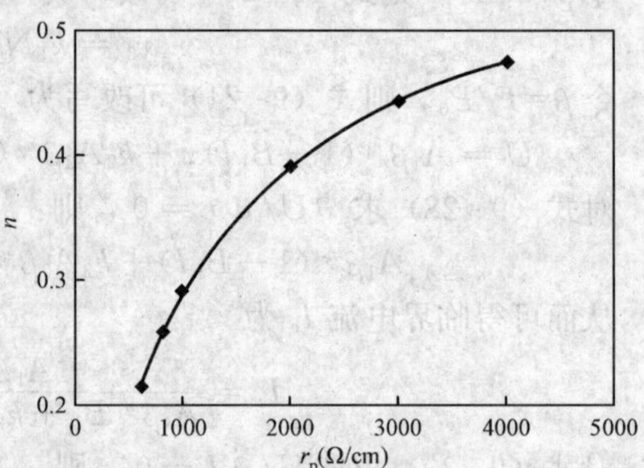

图 9-8　n 与 r_p 的关系

分析可知，剩余污层电阻与附盐密度成反比，即

$$r_p = B_1 SDD^{-1} \tag{9-37}$$

式中：B_1 为与绝缘子结构型式和污秽湿润程度有关的常数。

将式（9-37）代入式（9-36）可得

$$\begin{cases} U_0 = (35.0 B_1 NL) \cdot S^{-0.29} \\ n = \dfrac{1}{1.66 + (1794.86/B_1) \cdot S} \end{cases} \tag{9-38}$$

由式（9-38）可知如下结论。

（1）污闪电压的污秽程度影响特征指数（a）的值为常数（0.29），与污秽湿润状态、绝缘子型式、绝缘子串长等均无关。由附表Ⅰ-6 中 15 中不同型式绝缘子的交流人工污秽试验结果可知，a 的平均值为 0.27，而附表Ⅰ-9 中 12 种不同型式绝缘子的直流人工污秽试验结果可知，a 的平均值为 0.30，试验结果的统计值一般在 0.29 左右。

（2）n 在 0.2～0.5 之间，且 n 值与绝缘子表面污层电阻有关，即污秽越严重，n 值小，反之，污秽越轻，n 值则越大。

二、局部电弧均为空气间隙电弧（$x_1=0$，$x_2>0$）

设染污绝缘子串直流污闪过程中局部电弧均为空气间隙电弧，即 $x_1=0$ 时，所产生的空

气间隙电弧长度为对应所短接的绝缘子串泄漏距离长度的 k 倍（$0<k<1$，根据绝缘子的技术参数可得 $k=0.3\sim0.5$），则式（9-28）可简化为

$$U = A_2\beta^{n_2}(1-B_2I)x + r_pI(NL - x/k) \tag{9-39}$$

由式（9-39）求 $\partial U/\partial x = 0$，则

$$I_c = \frac{A_2\beta^{n_2}}{A_2B_2\beta^{n_2} + r_p/k} \tag{9-40}$$

由式（9-40）求 $\partial U/\partial I = 0$，则

$$x_c = \frac{r_pNL}{A_2\beta^{n_2}B_2 + r_p/k} \tag{9-41}$$

将式（9-40）、式（9-41）代入式（9-39）可得

$$U_c = \frac{A_2\beta^{n_2}r_pNL}{A_2\beta^{n_2}B_2 + r_p/k} \tag{9-42}$$

将 A_2、n_2 和 B_2 代入式（9-42）可得

$$\begin{cases} U_c = \dfrac{174.3\beta^{0.92}r_pNL}{151.6\beta^{0.92}+r_p/k} \approx 119.61kNLr_p^{0.044}\beta^{1/(1.1+37.66r_p^{-1})} \\ E_c = \dfrac{174.3\beta^{0.92}r_p}{151.6\beta^{0.92}+r_p/k} \approx 119.61kr_p^{0.044}\beta^{1/(1.1+37.66r_p^{-1})} \end{cases} \tag{9-43}$$

比较式（9-43）与式（9-23）也可得，U_0 和 n 为

$$\begin{cases} U_0 = 119.61kNLr_p^{0.044} \\ n = \dfrac{1}{1.1+37.66/r_p} \end{cases} \tag{9-44}$$

由（9-44）可知，U_0 和气 n 均决定于剩余污层电阻率（r_p），设 $U_r=U_0/(kNL)$，则 U_r、n 与 r_p 的关系如图 9-9、图 9-10 所示。

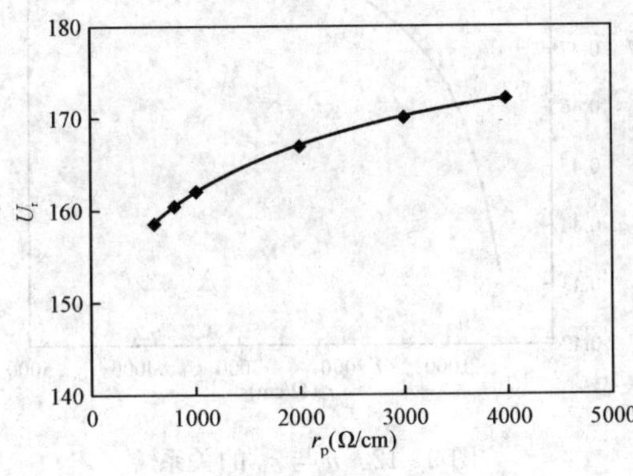

图 9-9　U_r 与 r_p 的关系

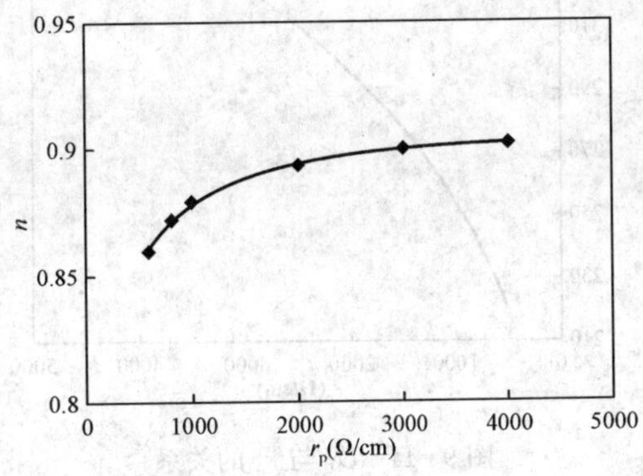

图 9-10　n 与 r_p 的关系

将式（9-37）代入式（9-44）可得

$$\begin{cases} U_0 = 35.0B_1kNLS^{-0.044} \\ n = \dfrac{1}{1.1+(37.66/B_1)S} \end{cases} \tag{9-45}$$

由式（9-45）可知如下结论。

(1) 染污绝缘子直流污闪电压与盐密仍呈负幂指数函数关系，但其污秽影响特征指数（a）仅为 0.044，受污秽程度的影响较小。

(2) n 为0.85～0.91，且 n 值与绝缘子表面污层电阻有关，污层电阻越大，表明污秽越轻，则其 n 值越大，反之，n 值则越小。

三、沿面电弧与空气间隙电弧并存（$x_1>0$，$x_2>0$）

染污绝缘子串直流污闪过程中局部电弧沿染污绝缘子表面泄漏路径向前延伸发展存在飘弧现象而成为空气间隙电弧，此时绝缘子串的闪络路径小于绝缘子串的爬电距离，也即式(9-33)中 $k_1<1$，$k_2>0$。

将 A_1、n_1、B_1、A_2、n_2 和 B_2、代入式(9-33)得

$$U_c=\frac{[429.5\beta^{0.5}+174.3k_2\beta^{0.92}]r_p k_1 NL}{566.9\beta^{0.5}+151.6k_2\beta^{0.92}+r_p(1+k_2)} \tag{9-46}$$

由式(9-46)可知，直流绝缘子串污闪临界电压与气压、污秽、局部电弧中沿面电弧的比重、污闪放电路径等有关。由于空气间隙电弧和沿面电弧特性存在明显差异，使得绝缘子直流污闪过程中局部电弧的飘弧程度以及局部电弧中空气间隙电弧所占的比重直接影响绝缘子串临界污闪电压，进而影响其气压影响特征指数和污秽影响特征指数。

通过大量的放电过程分析，绝缘子串污闪时，即临闪时，沿面电弧约占3/4，空气间隙电弧约占1/4，因此 $k_1\approx1$，$k_2=0.25$，则式(9-46)可简化为

$$\begin{aligned}U_c&=\frac{(429.5\beta^{0.5}+43.575\beta^{0.92})\cdot r_p NL}{566.9\beta^{0.5}+37.9\beta^{0.92}+1.25r_p}\\&\approx\frac{472.74\beta^{0.5326}r_p NL}{604.5\beta^{0.5221}+1.25r_p}\approx 55.6r_p^{0.22}NL\beta^{\frac{1}{2+158/r_p}}\end{aligned} \tag{9-47}$$

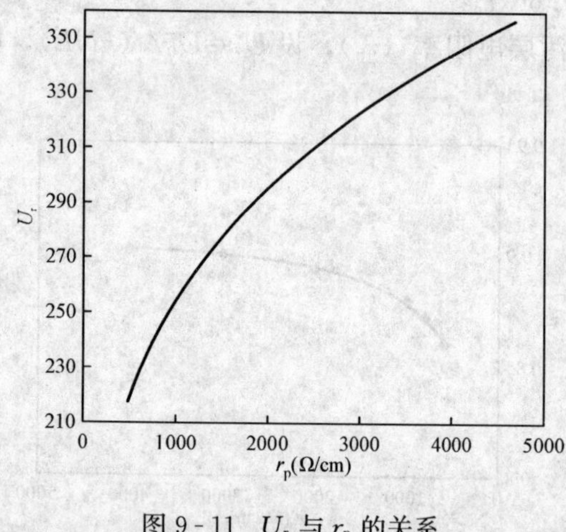

图9-11 U_r 与 r_p 的关系

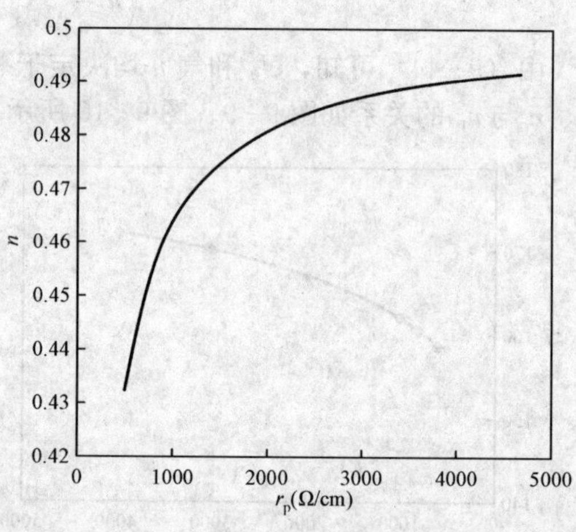

图9-12 n 与 r_p 的关系

根据上述分析结果，可知不同局部电弧特性下的气压影响特征指数 n 及污秽影响特征指数 b 如表9-1所示。

表9-1 **不同局部电弧特性下 n、a 值**

特征指数	局部电弧		
	纯沿面电弧	纯空气间隙电弧	沿面电弧与空气间隙电弧并存
n	0.2～0.5	0.85～0.90	0.43～0.50
a	0.29	0.044	0.22

由低气压下染污绝缘子串直流放电过程的分析结果和表 9-1 的结果可以得到以下结论：

(1) 海拔的升高，气压的降低，染污绝缘子直流放电电压降低，污闪电压受气压影响的特征指数在 0.2～0.9 之间。绝缘子串污闪电压受气压影响程度取决于绝缘子串闪络过程中产生的局部电弧特性，即局部电弧中沿面电弧和空气间隙电弧所占的比重将直接影响气压影响特征指数。局部电弧中空气间隙电弧的比重越大，气压影响特征指数越靠近 0.9，表明染污绝缘子串受气压影响的程度越严重。反之，局部电弧中沿面电弧的比重越大，气压影响特征指数越靠近 0.2，表明染污绝缘子串受气压影响的程度越轻微。

(2) 污秽程度增加，染污绝缘子直流放电电压降低，污闪电压受污秽影响的特征指数在 0.044～0.29 之间。绝缘子串污闪电压受污秽影响程度取决于绝缘子串闪络过程中产生的局部电弧特性，即局部电弧中沿面电弧和空气间隙电弧所占的比重将直接影响污秽影响特征指数。局部电弧中空气间隙电弧的比重越大，污秽影响特征指数越靠近 0.044，表明染污绝缘子串受污秽影响的程度越小。反之，局部电弧中沿面电弧的比重越大，污秽影响特征指数越靠近 0.29，表明染污绝缘子串受污秽影响的程度越轻微。

重庆大学对 9 种不同型式的染污绝缘子串直流污闪特性进行的大量的试验研究，得到了各种型式绝缘子在各种情况下的污秽影响特征指数和气压影响特征指数，试验结果与本模型计算结果对比如表 9-2 所示。

从表 9-2 可以看出如下几点。

(1) 所试验的 9 种不同型式绝缘子的污秽影响特征指数与气压影响特征指数基本都在模型所计算的数值范围内，即低气压染污放电模型的理论分析结果与试验结果是一致的。

表 9-2　不同型式绝缘子的 a、n 值

绝缘子型式	污秽影响特征指数 (a)	气压影响特征指数 (n)
XP-160	0.26～0.30	0.42～0.63
XZP-210	0.34～0.36	0.35～0.42
LXZP-210	0.30～0.32	0.59～0.74
LXZP-300	0.28～0.33	0.49～0.68
A	0.26～0.29	0.60～0.78
B	0.27～0.31	0.55～0.72
C	0.24～0.28	0.51～0.71
D	0.25～0.28	0.42～0.60
E	0.24～0.29	0.57～0.77
本模型	0.044～0.29	0.2～0.90

(2) 不同型式绝缘子的污秽影响特征指数和气压影响特征指数有差异，其原因是，不同型式绝缘子表面污层电导率不同，在外施电压作用下，泄漏电流也不同，使得绝缘子串局部电弧发展过程中由于受静电力和热浮力综合作用效果也不同，从而导致各种型式绝缘子串局部电弧飘弧的程度不同，即空气间隙电弧所占比例不一样，因此不同型式绝缘子的污秽影响特征指数和气压影响特征指数有所不同。

四、低气压下直流绝缘子串污闪放电模型验证

(1) 临界污闪电压分析。为验证低气压下直流绝缘子串污闪放电模型，以 7 片串 XP-160 绝缘子为例进行如下分析。

1) 由于绝缘子串污闪放电过程局部电弧并不是完全沿绝缘子泄漏路径发展的，并考虑

到局部电弧发展中存在飘离和弯曲现象，根据所拍摄的放电过程可得不同气压、盐密下的 k_1 值范围见表 9-3。

2）由于局部电弧发展过程存在分散性，即污闪过程中闪络路径长度、局部电弧中沿面电弧和空气间隙电弧的比重存在分散性，根据所拍摄的直流污闪放电过程可得不同气压、盐密下的 k_2 值范围见表 9-3。

3）对 XP-160 绝缘子不同盐密下的污层电阻进行测量，结果表明 XP-160 绝缘子单位长度污层电阻随盐密的增加而呈线性减小，*SDD* 为 0.03～0.15mg/cm² 时，其单位长度污层电阻约为 700～3500Ω/cm，在分析 XP-160 绝缘子临界闪络电压时，近似取 *SDD* 为 0.03、0.8、0.15mg/cm² 时的污层电阻率为 3500、1867 和 700Ω/cm。

表 9-3 各种情况下的 k_1 和 k_2 值

SDD (mg/cm²)	*H* (m) /*P* (kPa)							
	232/98.6		1000/89.8		2500/74.6		4000/61.6	
	k_1	k_2	k_1	k_2	k_1	k_2	k_1	k_2
0.03	1～0.95	0～0.05	1～0.95	0～0.05	0.97～0.92	0.03～0.08	0.95～0.92	0.05～0.1
0.08	0.95～0.90	0.05～0.10	0.93～0.90	0.10～0.20	0.92～0.87	0.10～0.20	0.92～0.87	0.10～0.25
0.15	0.93～0.87	0.07～0.15	0.92～0.87	0.08～0.20	0.91～0.87	0.10～0.30	0.91～0.87	0.15～0.4

将上述参数代入式（9-46）可得 7 片串 XP-160 绝缘子直流临界污闪电压见表 9-4。

表 9-4 7 片串 XP-160 绝缘子直流污闪电压比较 (kV)

SDD (mg/cm²)	*H* (m) /*P* (kPa)	实测 U_0	式（9-33）		误差	
			$k_2=0$ U_1	$k_2\neq0$ U_2	ΔU_1 (%)	ΔU_2 (%)
0.03	232/98.6	74.9	78.0	72.3～78.0	−4.1	−4.1～3.4
	1000/89.8	70.0	74.9	69.4～74.9	−7.0	−7.0～0.8
	2500/74.6	62.3	69.1	60.9～65.9	−10.9	−5.8～2.2
	4000/61.6	55.3	63.5	55.3～58.6	−14.8	−6.0～0.0
0.08	232/98.6	60.2	69.6	60.2～64.8	−15.6	−7.6～0.1
	1000/89.8	56.0	67.1	55.8～59.9	−19.9	−6.9～0.4
	2500/74.6	50.4	62.4	49.8～54.9	−23.8	−8.9～1.2
	4000/61.6	47.6	57.8	44.9～50.6	−21.5	−6.4～5.7
0.15	232/98.6	45.5	50.3	42.1～45.9	−10.5	−0.9～7.4
	1000/89.8	42.8	49.0	40.4～44.1	−14.4	−3.0～5.6
	2500/74.6	39.9	46.4	37.1～41.4	−16.3	−3.7～7.0
	4000/61.6	37.1	43.8	33.7～38.3	−18.1	−3.3～9.2

注 $\Delta U_1=(U_0-U_1)/U_0\times100\%$，$\Delta U_2=(U_0-U_2)/U_0\times100\%$。

由表 9-4 可知有如下结论。

1）根据 Obenaus 电路模型，即局部电弧均为沿面电弧，计算所得的 7 片串 XP-160 绝缘子直流污闪电压比实测值高，且盐密越大、海拔越高，其数值相差越大，如海拔为 1000m 且盐密分别为 0.03、0.08、0.15mg/cm² 时，计算值比实测值高 7.0%、19.9%和 14.4%；

盐密为 0.15mg/cm² 且海拔分别为 232、1000、2500m 和 4000m 时，计算值比实测值高 10.5%、14.4%、16.3%和 18.1%。其原因是 Obenaus 电路模型未考虑局部电弧中空气间隙电弧的存在，由前面测试和分析结果可知，空气间隙电弧电压低于沿面电弧电压且空气间隙电弧的存在将使绝缘子染污放电路径小于其爬电距离。而盐密越大或海拔越高，局部电弧发展过程中的飘弧现象越严重。

2）根据本节提出的模型计算所得的 7 片串 XP-160 绝缘子直流污闪电压与实际闪络电压比较吻合，误差在±10%以内。产生的误差原因是由于拍摄效果及放电路径的分散性，使得测量所得的沿面电弧、空气间隙电弧长度与实际情况存在一定差异。

（2）污闪临界电流分析。同理，将上述参数代入式（9-30）可得 7 片串 XP-160 绝缘子直流污闪临界电流 I_c 见表 9-5。

表 9-5　7 片串 XP-160 绝缘子直流污闪临界电流 I_c　(mA)

SDD (mg/cm²)	*H*（m）/*P*（kPa）			
	232/98.6	1000/89.8	2500/74.6	4000/61.6
0.03	101.9～104.4	97.8～100.2	88.7～91.0	80.4～82.6
0.08	167.7～171.0	155.5～161.5	143.6～149.6	129.5～138.1
0.15	324.0～330.3	310.9～320.5	285.2～301.0	259.5～278.6

从表 9-5 可知有如下几点。

(1) 7 片串 XP-160 绝缘子直流污闪过程中，盐密为 0.03～0.15mg/cm² 时，其临界污闪电流 I_c 在 80～350mA 之间，根据电弧的力学特性分析可知，在此泄漏电流下，热浮力的作用可以使沿面电弧飘离绝缘子表面而形成空气间隙电弧，这与所观测的直流污闪放电现象是一致的。

(2) 盐密越大，污闪临界电流 I_c 也越大，如海拔为 232m 且 *SDD* 为 0.03、0.08 和 0.15mg/cm² 时，其临界污闪电流分别为 101.9～104.4mA、167.7～171.0mA 和 324.0～330.3mA，根据第 4 章局部电弧的力学特性分析可知，泄漏电流越大，热浮力的主导作用也明显，即导致沿面电弧发展过程中飘弧越严重，这与所观测的直流污闪放电现象是一致的。

(3) 海拔越高，污闪临界电流 I_c 有所减小，如 *SDD* 为 0.15mg/cm² 且海拔分别为 232、1000、2500m 和 4000m 时，其临界污闪电流分别为 324.0～330.3mA、310.9～320.5mA、285.2～301.0mA 和 259.5～278.6mA，其原因是海拔越高，空气越稀薄，空气散热能力减小且其电气性能变差，使得绝缘子在电源提供较小的能量就可以被击穿，因此其污闪临界电流有所 I_c 减小，但静电力和热浮力受气压影响的差异，总体上仍使得低气压下局部电弧发展过程中局部电弧的飘弧现象加剧。

9.3　高海拔低气压下污秽绝缘子的放电特性

9.3.1　高海拔条件下污秽绝缘子试验方法

在平原地区的交、直流绝缘子的污秽试验在国标和 IEC 中都已有了详细的规定，但对于高海拔条件下的绝缘子污秽试验方法还没有标准可遵循。

高海拔污秽绝缘子电气特性的试验主要通过现场模拟和实验室模拟，现场模拟由于现场试验的高耗费和难于重复，在试验研究中甚少采用。

一、人工环境试验方法

为了获得高海拔下污秽绝缘子放电特性的规律，高海拔下污秽绝缘子的电气特性试验一般应在人工气候室内进行。人工气候室应可以改变气压、温湿度，应具有产生使污秽层湿润的装置。

根据式（9-12），海拔高度与平均气压之间满足一定的关系，因此在试验室进行高海拔污秽条件下的电气试验主要是采取模拟其气压的方式来模拟高海拔，即在合适的人工模拟试验装置设备里，在一定的低气压下进行污秽试验。重庆大学采取的具体步骤可归纳为以下几方面。

(1) 试品准备。按国家标准 GB/T 4585-2004（等效于 IEC 60507-1991）推荐的方法对绝缘子进行处理（固体层法绝缘子进行染污），并静置。

(2) 低气压环境产生。按给定海拔由式（9-12）确定适合的气压，将试品放入人工气候室中，抽气以使气候室内气压达到要求。在抽气压的过程中，抽气压的速度满足不使绝缘子表面产生凝露为原则。

(3) 试品绝缘子污层湿润。对固体层法，按 IEC 60507-1991 或国标 GB/T 4585-2004 在气候室内通入蒸汽或冷雾使绝缘子表面污秽湿润（根据长期的试验观察，在锅炉蒸汽压力保持在 5MPa 的情况下，瓷和玻璃绝缘子经 6～10min 时间即可完全湿润，7～15min 的时间可使复合绝缘子充分湿润）；采取盐雾法试验时则通入盐雾。由于试验环境是低气压，通入蒸汽或冷雾时，人工模拟实验室内的气压会发生变化，因此，在通入蒸汽或冷雾的过程中应开启抽空设备，使气压维持在预定气压，从而保证饱和湿润时可立即进行电气试验。

(4) 电气特性试验。试品完全湿润和气压达到预定要求后按 IEC 60507—1991 或国家标准 GB/T 4585—2004 的试验方法对绝缘子进行加压试验。在此过程中，应保持气候室内气压的稳定。电气试验方法有以下三种。

1) 最大耐受电压。对在给定污秽度的绝缘子进行耐压试验，4 次试验中至少有 3 次能耐受住该试验电压。

2) 50%耐受电压。即绝缘子在一给定污秽度下经受至少 10 次的“有效”试验，每一次试验时施加电压水平应按升降法来确定。初始试验电压估计约为预期的 50%耐受电压，这个初始电压由经验和试验试探确定。与前一次试验产生的效果不同的第一个试验则为第一个“有效”试验。由这一次试验和随后的至少 9 次试验作为有效的试验，并用它们来确定 50%耐受电压。50%耐受电压由式（4-2）进行计算。

3) 50%闪络电压。试品污层充分湿润后，施加试验电压，以一定的速率升压直至闪络，每只试品进行 4～5 次闪络试验，取其中与平均值误差低于 10%的三次试验结果；在同一个污秽度下，选择 3～4 串绝缘子进行重复试验，取其中与平均值误差不超过 10%的所有闪络电压的平均值为该污秽度下试品的 50%闪络电压或平均闪络电压。

二、自然环境下的试验方法

在高海拔现场试验中，由于海拔高、气压低，温度、湿度变化无常，并且由于高海拔试验现场距离市区很远，没有条件完全按照现有标准推荐的试验方法进行污秽绝缘子闪络试验。因此，高海拔现场可采用湿污法进行试验。

重庆大学在高海拔现场采用湿污法进行绝缘子污秽闪络时的试验方法如下。

(1) 试验准备。

1) 因地制宜，根据各试验点的条件，选择有利于试验进行的地形搭建试验架。

2）用 2500V 绝缘电阻表测量试品绝缘子的绝缘电阻，选择其绝缘电阻大于 300MΩ 的绝缘子作为待试绝缘子。

3）将待试验的试品绝缘子洗净，挂于试品架自然晾干。

4）准备一个可以同时浸泡 10 片悬式绝缘子且可以将整支复合绝缘子完全浸泡的大盆，洗净；准备足够量的河水，沉淀并滤去其中的固体微粒，测量水的温度和电导率，并记录。

（2）试验过程。

1）污秽浸液的准备。在一定量的水中加入氯化钠、硅藻土、二氧化硅的混合物，搅拌均匀，配制污秽浸液。为了得到不同盐密和灰密下的绝缘子污闪电压，每次试验所加的氯化钠、硅藻土、二氧化硅的量均不同（其中硅藻土和二氧化硅的比固定为 10∶1）。在规程中，硅藻土、二氧化硅的量是确定的，这样规定浸污后的绝缘子表面的灰密是确定的，而实际上绝缘子的污闪电压是与其表面的灰密有关的，因此现场试验中也考虑了灰密的影响，配制污液时硅藻土、二氧化硅的量也是变化的。

2）复合绝缘子预处理。复合绝缘子在染污前要进行表面材料的憎水性预处理，即用干燥的脱脂棉在复合绝缘子表面轻轻擦拭、均匀涂敷一层干燥的硅藻土，以破坏复合绝缘子表面的憎水性，再用洗耳球等气吹装置吹掉表面多余的硅藻土，使得复合绝缘子表面附着一层很薄的亲水性物质。由于这层硅藻土极薄，因此并不影响其表面的灰密。

3）试品绝缘子的染污。将经过检测、洗净、晾干及预处理过的待试绝缘子浸入浸泡试品的盆中，手持绝缘子的钢脚、钢帽在水中均匀晃动 15s，然后松开手，让绝缘子沉浸在盆中，污液浸淹所有绝缘部件，露出钢脚，45s 后用手抓住钢帽，轻轻从水中提起绝缘子，并用手抓住钢脚、钢帽转动绝缘子，待其伞裙边沿不滴水且目测绝缘子表面污秽的均匀性后，使用脱脂棉轻轻将钢脚、钢帽上的污秽擦掉；由于单支试品表面上粘附的污秽和水量与污液中的污液量相比所占的比例可以忽略不计，因此，前后浸泡染污的绝缘子表面污秽可以认为是一致的；复合绝缘子的染污要在预处理 30min 中内进行染污。

4）闪络试验。由于现场条件的限制，无法如实验室雾室一样用蒸汽雾或冷雾对试品进行湿润，因此现场验中采用绝缘子浸污后直接进行闪络试验的方法，即湿污法，此时绝缘子表面处于饱和湿润状态。具体方法为：浸污后的绝缘子在伞裙边沿不滴水且钢脚、钢帽上的污秽擦掉后，悬挂于试品架上，接上电压引线，待其平稳后，立即采用均匀升压法进行闪络试验，由加压试验人员记录闪络电压，并由另外一位试验人员记录闪络时的环境温度、湿度和气压；一次闪络后，切掉电源，使用喷壶器轻轻喷水雾到绝缘子表面使被电弧烧干的表面再次湿润，使其再次完全湿润后再次进行闪络试验，在喷水雾的时候必须保证没有水滴从绝缘子表面滴落。

5）50％污闪电压的确定。对每种污秽浸液下的每种试品选择三串，每串试品进行 4～5 次闪络，总共得到该污液下该试品的 12～15 个闪络电压值，取其算术平均值为该试品在该浸液下的平均闪路电压或 50％污闪电压，50％闪络电压由式（4-2）进行计算。

为降低试验结果的分散性和便于比较和分析，舍弃标准偏差的百分比大于 5.0％的所有试验结果，然后再重新求取 50％放电电压和标准偏差，但必须保证有效试验次数不小于 9 次。如果通过上述方法处理后得到的有效试验次数小于 9 次，则舍弃本次所有试验结果，重新进行试验。

6）绝缘子表面盐/灰密的确定。采用 IEC 60507（1988）的方法测量绝缘子表面的盐密和灰密。由于高海拔现场试验条件的限制，染污绝缘子表面盐密、灰密的测量可在实验室进行。为保证实验室测量结果与高海拔现场实际结果的一致性，实验室污液的配制和高海拔现场绝缘子染污试验的方法完全一致，即使用与现场试验一样电导率（γ_{20}）的水，与现场一致的氯化钠、硅藻土、二氧化硅的混合物配制污秽浸液，使用与现场一样的方法浸泡绝缘子对其进行染污，染污后的绝缘子悬挂在实验室内的试验架上，自然阴干。每种绝缘子在该污秽浸液中染污三只。

用一定量的纯净水（$\gamma_{20}<10\mu S/cm$）对自然阴干的染污绝缘子表面用小排刷进行彻底清洗，过滤后得到不溶物以及污液。为确保测量的准确性，在清洗绝缘子表面污秽物之前，先将绝缘子钢脚、钢帽处的污秽物仔细擦除，清洗过程中不准接触绝缘子的绝缘体表面，同时也应尽量避免小排刷接触钢脚、钢帽部位。对一片普通型绝缘子，用水量仍按原标准规定的300mL。当被测绝缘子表面的面积与普通型绝缘子的不同时，可根据面积大小按比例适当增减水量。通过测量过滤后污液电导率以及烘干后剩余不溶物重量，得到绝缘子的等值盐密。

由前面分析可知，如果知道标准参考大气条件下污秽绝缘子的放电特性及规律，对于高海拔条件下污闪特性，只需研究高海拔下的气压对污秽绝缘子放电特性的影响。

如果在不同海拔高度现场或者在人工气候室模拟高海拔条件进行试验研究求取气压影响特征指数 n 值时，必须使二者的其他试验条件均相同，也就是说，为比较不同海拔高度下的污闪特性时，仅仅是为了分析气压的影响，应考虑试验时的环境温度、污秽程度、湿润条件以及污秽的成分一致性，并确保试验方法的一致性，还应考虑试验设备和测量设备的一致性和误差。否则，得到的结果将有很大的误差，这也是国内外目前得到的气压影响特征指数有较大差异的原因。

9.3.2 交流污闪特性

一、高海拔现场试验结果

前面已经讨论，国内外关于高海拔条件下污秽绝缘子的放电特性的研究主要是在人工气候室内模拟高海拔环境完成。但至今为止，关于人工模拟试验结果与自然环境的试验结果是否具有等价性以及人工模拟试验结果是否能直接指导工程应用等问题均是外绝缘设计和广大研究人员非常关心的问题。

重庆大学于2004～2006年在青藏铁路沿线的格尔木市区（海拔2820m）、纳赤台车站（海拔3575m）、望昆车站（海拔4448m）等高海拔现场对不同型式的绝缘子的交流污秽闪络特性进行了现场试验研究。

(a)

(b)

图9-13 高海拔现场污秽试验（一）

(a) 海拔4448m的望昆车站试验现场；(b) 海拔3575m的纳赤台试验现场；

(c)

图 9-13　高海拔现场污秽试验（二）

(c) 海拔 5050m 的风火山试验现场

在青藏铁路高海拔现场所进行的绝缘子污秽闪络试验中，共选择了 10 种型式的绝缘子作为试品，分别为 XP-160［附图Ⅲ-4（a)］、XP-70、XWP2-70 型瓷绝缘子，LXY-70、LX-HY-70 型玻璃绝缘子，FXBW-10/70、FXBW-27.5/100（L）、FXBW-27.5/100（S）、FX-BW-35/100 型复合绝缘子以及 QBN2-25 铁路棒形瓷绝缘子，试品结构和基本技术参数如附图Ⅲ-8 示。

试验时测量了闪络时的气压、温度、相对湿度等大气参数，试验结果如附录Ⅱ所示。

由附录Ⅱ可知，现场试验结果的分散性较小，其标准偏差在 6%以内。但试验现场的环境温度是不可控的，不同试验点试验时的温度有较大差异。分析表明，污闪电压与气压、污层表面电导率有关。在污秽闪络过程中，温度对污闪电压的影响主要体现在温度对湿润污秽层电导率的影响。由 IEC（1991）可知，以 20℃的电导率为参考基准，则温度对污秽层的电导率影响可表示为

$$k_{\mathrm{t}} = k_{20}[1 + b_t(t - 20)] \tag{9-48}$$

定义 k 为污层电导率的温度校正系数，则有

$$k = \frac{k_{\mathrm{t}}}{k_{20}} = 1 + b_t(t - 20) \tag{9-49}$$

式中：k_{t} 为温度为 t℃的污层的电导率；k_{20} 为温度为 20℃时污层的电导率；b_t 为温度影响系数，取 0.02/℃。

污层电导率不仅与温度有关，还与污秽层的盐密和灰密有关，试验结果和理论分析表明，污层电导率与温度、污层盐密和灰密之间满足以下关系，即

$$\sigma_t \propto [1 + 0.02(t - 20)]^{-w_t} \tag{9-50}$$

$$\sigma_t \propto (SDD)^{-a} \times (NSDD)^{-b} \tag{9-51}$$

因此，可得高海拔条件下，污秽绝缘子的闪络电压可表示为

$$U_{\mathrm{f}} = A \times S^{-a} \times G^{-b} \times k^{-w_t} \times \left(\frac{P}{P_0}\right)^n \tag{9-52}$$

式中：A 为系数，与绝缘子结构型式有关；a、b 分别为盐密、灰密影响特征指数；w_t 为温度影响指数，一般来说交流 w_t=0.2，直流 w_t=0.33，也可以根据试验结果求出。

将附录Ⅱ的试验结果按照式（9-52）进行拟合，得到高海拔现场不同型式绝缘子的污闪特性为

$$U_{av}=\begin{cases}4.59\times(P/P_0)^{0.511}\times S^{-0.270}\times G^{-0.10}\times k^{-0.230} & (\text{XP-70})\\ 5.27\times(P/P_0)^{0.586}\times S^{-0.264}\times G^{-0.091}\times k^{-0.209} & (\text{XP-160})\\ 4.48\times(P/P_0)^{0.597}\times S^{-0.297}\times G^{-0.125}\times k^{-0.272} & (\text{LXY-70})\\ 3.86\times(P/P_0)^{0.535}\times S^{-0.352}\times G^{-0.142}\times k^{-0.213} & (\text{LXHY-70})\\ 4.50\times(P/P_0)^{0.579}\times S^{-0.284}\times G^{-0.149}\times k^{-0.201} & (\text{XWP2-70})\\ 13.07\times(P/P_0)^{0.587}\times S^{-0.316}\times G^{-0.158}\times k^{-0.202} & (\text{FXBW-10/70})\\ 24.71\times(P/P_0)^{0.575}\times S^{-0.263}\times G^{-0.128}\times k^{-0.165} & [\text{FXBW-27.5/100}(L)]\\ 22.60\times(P/P_0)^{0.507}\times S^{-0.269}\times G^{-0.123}\times k^{-0.202} & [\text{FXBW-27.5/100}(S)]\\ 22.70\times(P/P_0)^{0.517}\times S^{-0.280}\times G^{-0.128}\times k^{-0.198} & (\text{FXBW-35/100})\\ 17.62\times(P/P_0)^{0.580}\times S^{-0.321}\times G^{-0.122}\times k^{-0.209} & (\text{QBN}_2\text{-25})\end{cases} \tag{9-53}$$

二、人工气候室模拟试验结果

为确定人工气候室模拟试验结果是否与高海拔现场试验结果具有等价性或一致性差异，在重庆大学的大型多功能人工气候室（$\phi 7.8\text{m}\times H11.6\text{m}$）对高海拔现场试验过的 3 片串 XP-70、LXY-70、XWP2-70 绝缘子和 FXBW-10/70 复合绝缘子进行了相同的试验。在人工气候室模拟格尔木（2820m）、纳赤台（海拔 3575m）和望昆（海拔 4484m）的气压，人工模拟采用与现场完全一致的试验方法和程序。人工模拟试验结果如附表Ⅰ-13 所示。

由附表Ⅰ-13 可知，在人工气候室模拟高海拔地区的低气压时，人工气候室内的温度也会发生变化。在试验室自然海拔高度（232m）时，人工气候室内的初始温度为 30℃，但利用真空泵抽出其内的空气使气候室内的气压分别达到模拟海拔高度 2820m、3575m 和 4484m 的气压时，气候室内的温度将降至 26℃、24℃和 22℃左右，即海拔每升高 1 km，人工气候室内的温度将降低 2.0℃～3.0℃。

为了使人工气候室模拟试验结果与高海拔现场试验结果具有可比性，将附表Ⅰ-13 的人工模拟试验结果和附录Ⅱ中与附表Ⅰ-13 相对应的现场试验结果按式（9-52）校正至 20℃时的污闪电压，校正后结果见表 9-6 和表 9-7。

表 9-6　实验室试验结果仅考虑温度的影响校正到 20℃时的污闪电压　(kV)

H (m) /P (kPa)	SDD (mg/cm²)	绝缘子型式			
		XP-70	LXY-70	XWP2-70	FXBW-10/70
2820/71.7	0.03	29.5	28.7	30.1	31.5
	0.08	23.1	21.2	21.9	24.2
3575/65.1	0.03	28.8	27.1	27.5	29.4
	0.08	21.3	20.5	20.2	23.7
4484/57.8	0.03	26.5	25.6	26.4	27.7
	0.08	20.5	18.7	19.4	21.7

表9-7 现场试验结果仅考虑温度的影响校正到20℃时的污闪电压 (kV)

H (m) /P (kPa)	SDD (mg/cm²)	绝缘子型式			
		XP-70	LXY-70	XWP2-70	FXBW-10/70
格尔木 (2820/71.7)	0.03	29.8	29.1	29.9	32.3
	0.08	22.8	21.8	22.8	23.4
纳赤台 (3575/65.1)	0.03	28.5	27.6	27.4	29.9
	0.08	21.6	20.1	21.4	22.1
望昆 (4484/57.8)	0.03	26.7	26.1	26.3	28.4
	0.08	20.3	19.3	20.1	20.9

由表9-6和表9-7可知，在大型多功能人工气候室模拟高海拔条件下的低气压得到的交流绝缘子的污闪电压与盐密、气压的关系与高海拔现场试验所得的规律基本一致：即随着海拔高度的升高或气压降低，绝缘子串交流污闪电压降低；随着污秽度的增加，绝缘子串交流污闪电压也降低。但人工模拟条件下绝缘子的交流污闪电压值与高海拔现场试验结果仍有一定的差异。以3片串XP-70绝缘子为例，盐密为0.03mg/cm² 且海拔高度分别为2820、3575、4484m时，高海拔现场试验的交流污闪电压分别为29.8、28.5、26.7kV，在人工气候室模拟高海拔低气压得到的试验污闪电压分别为29.5、28.8、26.5kV，但这种误差较小。

三、人工模拟与高海拔现场污闪电压的对比分析

将附表Ⅰ-13的结果与相对应的高海拔现场试验结果（附录Ⅱ）进行对比可知，人工气候室模拟高海拔条件下的低气压与高海拔现场得到的绝缘子交流污闪电压的试验结果有一定的差异。以现场试验结果为参考，可得二者污闪电压的差异见表9-8。

表9-8 人工模拟与高海拔现场交流污闪电压的差异 ΔU (%)

H (m) /P (kPa)	SDD (mg/cm²)							
	0.03				0.08			
	XP-70	LXY-70	XWP_2-70	FXBW-10/70	XP-70	LXY-70	XWP2-70	FXBW-10/70
2820/71.7	1.0	1.4	−0.7	2.5	−1.3	2.8	3.9	−3.4
3575/65.1	−1.1	1.8	−0.7	1.7	1.4	−2.0	5.6	−7.2
4844/55.1	0.7	1.9	−0.4	2.5	−1.0	3.1	3.5	−3.8

注 ΔU (%) = ($U_{现场}-U_{实验室}$) / $U_{现场}$ ×100%。

由表9-8可知，人工模拟试验结果与高海拔现场试验结果有误差，但其误差小于8.0%，在工程允许范围之内。因此可知人工气候室模拟高海拔条件的低气压进行污闪试验是可行的。造成两者之间试验结果存在误差的原因是人工气候室不能模拟自然环境中所存在宇宙射线和紫外线等所造成的，也可能是实验本身固有的分散性所致。

由式（9-23）可知，高海拔条件下绝缘子污闪电压是气压的幂函数，将表9-6及其对应的现场试验结果（见表9-7）按式（9-23）进行拟合，拟合曲线如图9-14所示，拟合得到的系数和特征参数 A、n 值和拟合优度 R^2 见表9-9。

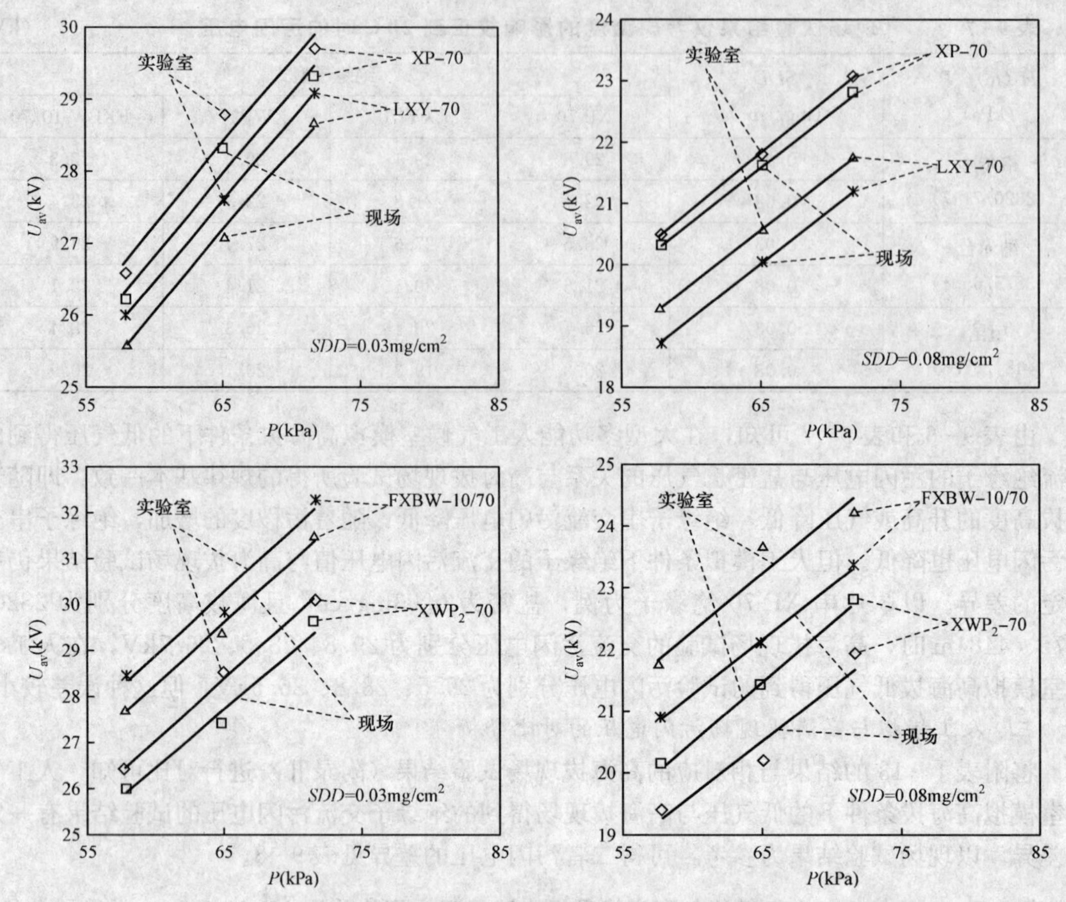

图 9-14　人工模拟条件下和高海拔现场中绝缘子污闪电压与气压的关系

表 9-9　　表 9-6 与表 9-7 的试验结果按式（9-23）拟合得到的 *A*、*n* 和 R^2 值

绝缘子型式	试验地点	SDD（mg/cm²）					
		0.03			0.08		
		A	*n*	R^2	*A*	*n*	R^2
XP-70	实验室	35.5	0.51	0.9390	27.6	0.55	0.9322
	现场	35.6	0.51	0.9976	27.5	0.54	0.9996
LXY-70	实验室	34.4	0.53	0.9963	26.2	0.59	0.9593
	现场	34.6	0.50	0.9981	26.2	0.56	0.9392
XWP_2-70	实验室	36.6	0.60	0.9269	26.3	0.55	0.9392
	现场	36.2	0.59	0.9316	27.8	0.58	0.9961
FXBW-10/70	实验室	38.5	0.59	0.9897	29.2	0.52	0.9220
	现场	39.4	0.59	0.9700	28.0	0.52	0.9957

由图 9-14 和表 9-9 可知如下结论。

（1）人工气候室模拟和高海拔现场试验结果均表明，绝缘子交流污闪电压的气压影响特征指数 *n* 均与绝缘子型式、盐密等有关。人工气候室模拟条件下得到的 *n* 在 0.51～0.60 之间，而高海拔现场条件下得到的 *n* 在 0.50～0.59 之间。二者存在一定差异但不明显，以 3 片串 LXY-70 绝缘子为例，当盐密为 0.03mg/cm² 时，人工气候室模拟条件下得到的 *n* 为 0.53，而现场条件下所得到的 *n* 则为 0.50；当盐密为 0.08mg/cm² 时，人工气候室模拟条

件下得到的 n 为 0.59，而现场条件下所得到的 n 则为 0.56。造成这种差异的原因是：虽然人工气候室能模拟高海拔地区的大气条件，但不能模拟高海拔地区的紫外线、空气湿度和宇宙射线等因素。但这些因素并不会带来明显影响，在工程应用中是允许的。

（2）n 与绝缘子型式有关。以盐密为 0.08mg/cm^2 为例，人工气候室模拟条件下的试验得到的 XP-70、LXY-70、XWP2-70 和 FXBW-10/70 绝缘子的 n 分别为 0.55、059、0.55 和 0.52，而高海拔现场条件下得到的相应的 n 则分别为 0.54、056、0.58 和 0.52。

由此可知，研究高海拔条件下绝缘子的污闪特性可以在人工气候室进行，通过在人工气候室的模拟试验，求取气压影响特征指数，可得到高海拔地区绝缘子污闪特性。

由于污闪电压的气压影响特征指数与绝缘子结构型式、污秽程度和电压类型等均有关系，因此，在进行高海拔地区输变电设备外绝缘设计和选择时，应根据具体的电压类型、绝缘子型式和污秽程度确定气压影响特征指数，从而确定高海拔地区的污闪特性。

为进一步分析高海拔低气压对污闪电压的影响，下面给出更多的试验和分析结果。

四、典型瓷和玻璃绝缘子的交流污闪特性及其海拔修正

如图 9-15 所示为几种瓷、玻璃绝缘子的交流闪络电压与气压的关系，显然，不同污秽程度下的染污绝缘子的交流闪络电压均随着气压的降低（海拔的升高）而下降。

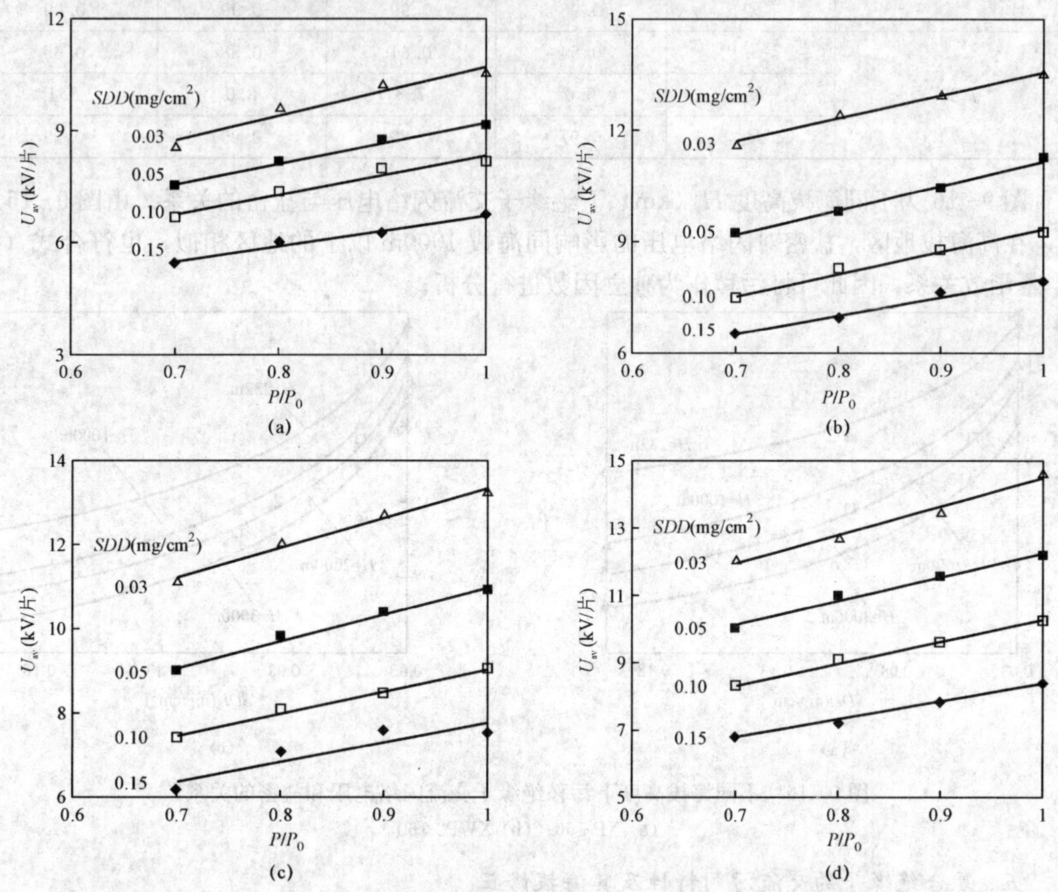

图 9-15　污秽绝缘子交流闪络电压与气压的关系

(a) XP-160；(b) LXP-160；(c) XP3-160D；(d) XWP2-160

表 9-10 所示为图 9-15 试验结果根据式（9-23）拟合得到的几种绝缘子在不同污秽程度下的气压影响特征指数 n 和零海拔处的闪络电压 U_0。由表可知，绝缘子型式、电压类别及污秽程度对气压或海拔高度特征指数有一定影响，不同条件下气压影响特征指数 n 则有所不同：海拔特征指数 n 值在 0.44～0.65 之间，平均为 0.57。

表 9-10　图 9-15 试验结果按式（9-23）拟合得到的 n、U_0

SDD	参量	XP-160	XP3-160D	LXP-160	XWP3-160
0.03	n	0.58	0.49	0.44	0.55
	U_0（kV）	10.7	13.3	13.5	14.4
	R_2	0.95	0.99	0.99	0.99
0.05	n	0.58	0.58	0.57	0.57
	U_0（kV）	9.2	11.1	11.2	12.3
	R_2	0.99	0.99	0.99	0.98
0.10	n	0.60	0.61	0.62	0.58
	U_0（kV）	8.4	9.2	9.4	10.2
	R_2	0.96	0.99	0.99	0.99
0.20	n	0.54	0.61	0.58	0.65
	U_0	6.6	7.8	8.0	8.4
	R_2	0.97	0.89	0.99	0.99

图 9-16 为不同海拔高度 H（km）下绝缘子交流闪络电压与盐密的关系。由图 9-16 可知，在高海拔地区，盐密对闪络电压的影响同海拔 1000m 以下的地区相似，也符合式（5-1）幂函数关系，因此可将污秽作为独立因数进行分析。

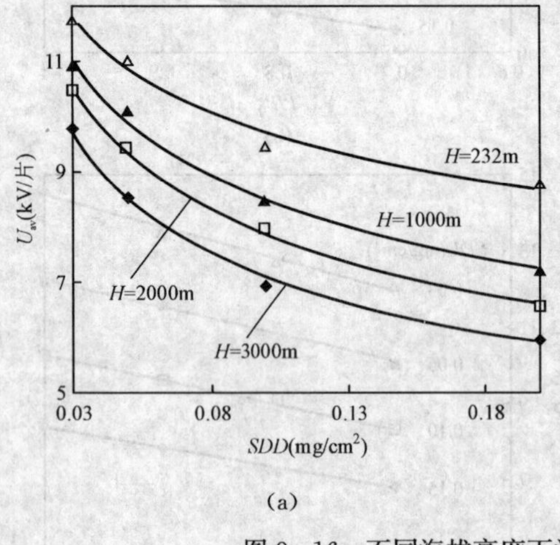

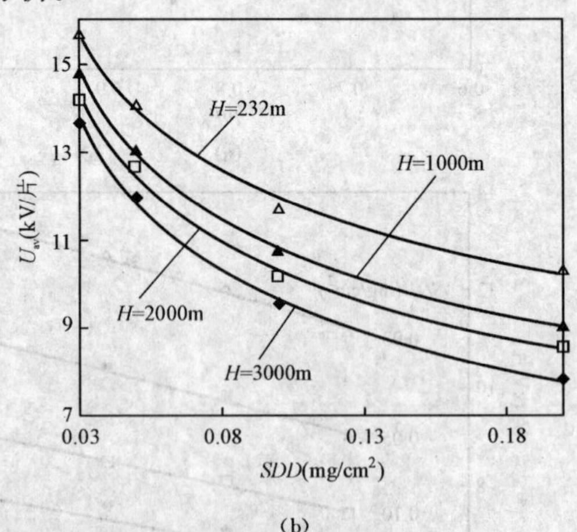

图 9-16　不同海拔高度下污秽绝缘子交流闪络电压和盐密的关系
(a) XP-160；(b) XWP2-160

五、复合绝缘子的交流污闪特性及其海拔修正

表 9-11 为几种复合绝缘子的短样试品，图 9-17 为这几种试品在不同气压下的闪络电压。

表 9-11　　几种复合绝缘子短样试品参数

参数		试品 A	试品 B	试品 C
结构		三伞五组合结构		大小伞结构
L（mm）		3854	1160	3163
S（cm^2）		12370	3340	8830
h_d（mm）		1060	330	1060
伞数/个	大伞	8	3	12
	中伞	7	2	—
	小伞	14	4	—
伞径 ϕ/mm	大伞	195		—
	中伞	155		—
	小伞	115		—
大伞间距（mm）		140		92
护套直径（mm）		40		34

注　L 为爬电距离；S 为表面积；h_d 为最短干弧距离。

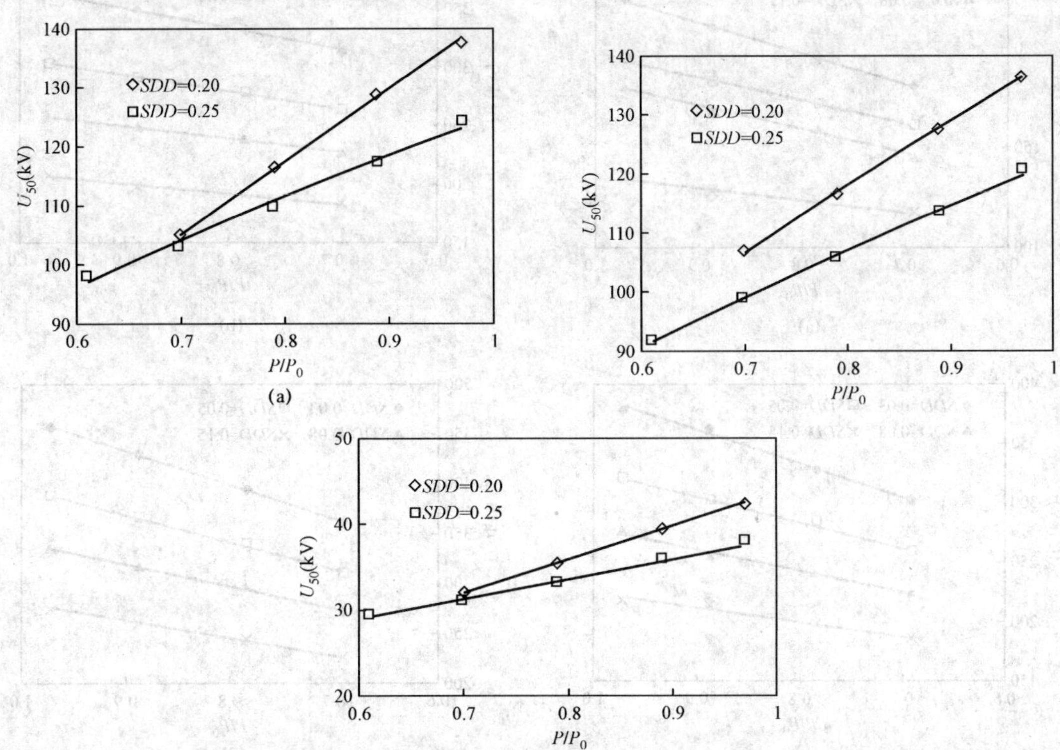

图 9-17　气压对复合绝缘子污闪电压的影响

(a) A 型；(b) B 型；(c) C 型

9.3.3 高海拔低气压下绝缘子直流污闪特性

重庆大学在其直径 7.8m、高 11.6m 的大型多功能人工气候室，模拟高海拔条件下的气压，试验研究了不同型式绝缘子在高海拔下的直流污闪特性、伞裙结构对高海拔下复合绝缘子直流污闪特性的影响。

试品绝缘子的基本结构和技术参数如附图Ⅲ-4 和附图Ⅲ-9 所示，试验结果见附表Ⅰ-14、附表Ⅰ-15。

根据前面的高海拔条件下污闪模型和污闪电压的数学表达式可知，无论是交流还是直流，高海拔条件下的污闪电压与标准参考条大气件下的污闪电压之比均是高海拔条件下的气压与标准参考大气条件下的气压比的幂函数式（9-23），且污闪电压的气压影响特征指数与绝缘子型式、污秽程度和电压类型有关。

由附表Ⅰ-14、附表Ⅰ-15 可知：无论是瓷、玻璃绝缘子，还是复合绝缘子，在大型多功能人工气候室模拟高海拔条件下的低气压得到的绝缘子的直流污闪电压的试验结果的标准偏差均小于 7.0%，试验结果的分散性较小。

将附表Ⅰ-14、附表Ⅰ-15 试验结果按式（9-23）进行拟合，拟合曲线如图 9-18 所示，拟合得到的标准参考大气条件下的污闪电压 U_0、污闪电压气压影响特征指数 n 及拟合相关系数的平方 R^2 见表 9-12。

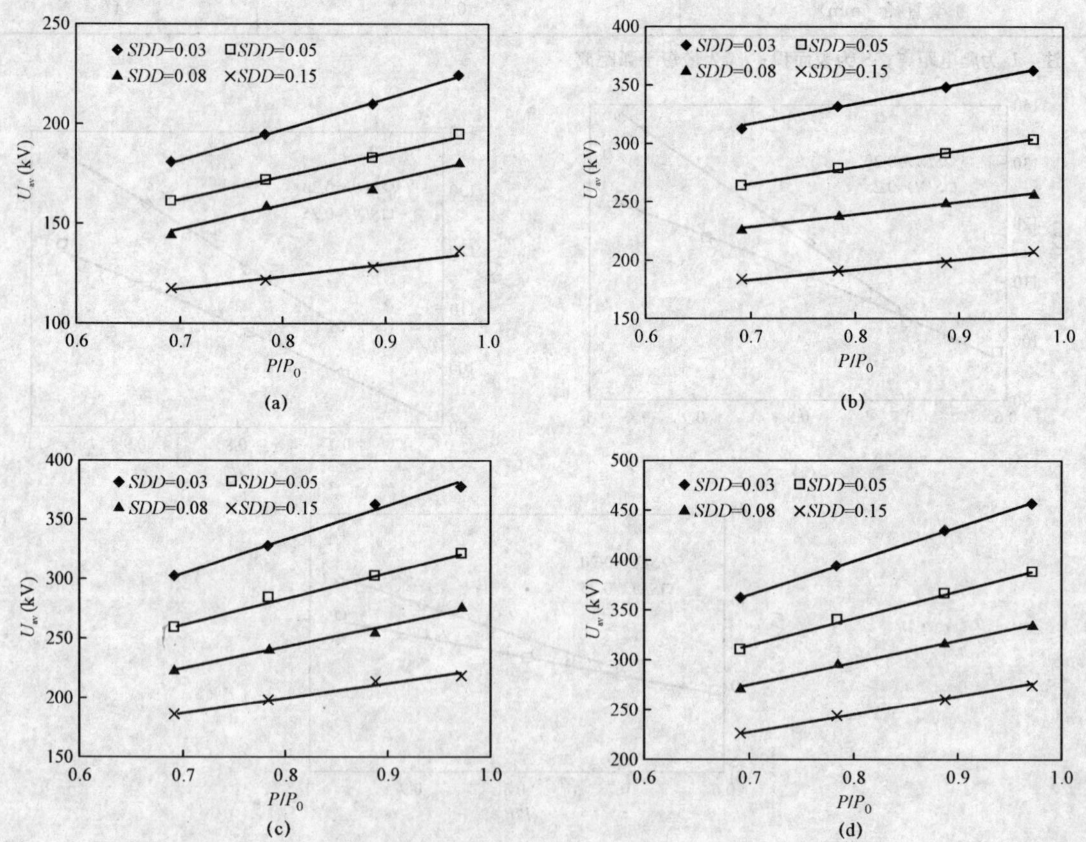

图 9-18 绝缘子直流污闪电压（U_{av}）与气压（P/P_0）的关系（一）

(a) XP-160；(b) XZP-210；(c) LXZP-210；(d) LXZP-300；

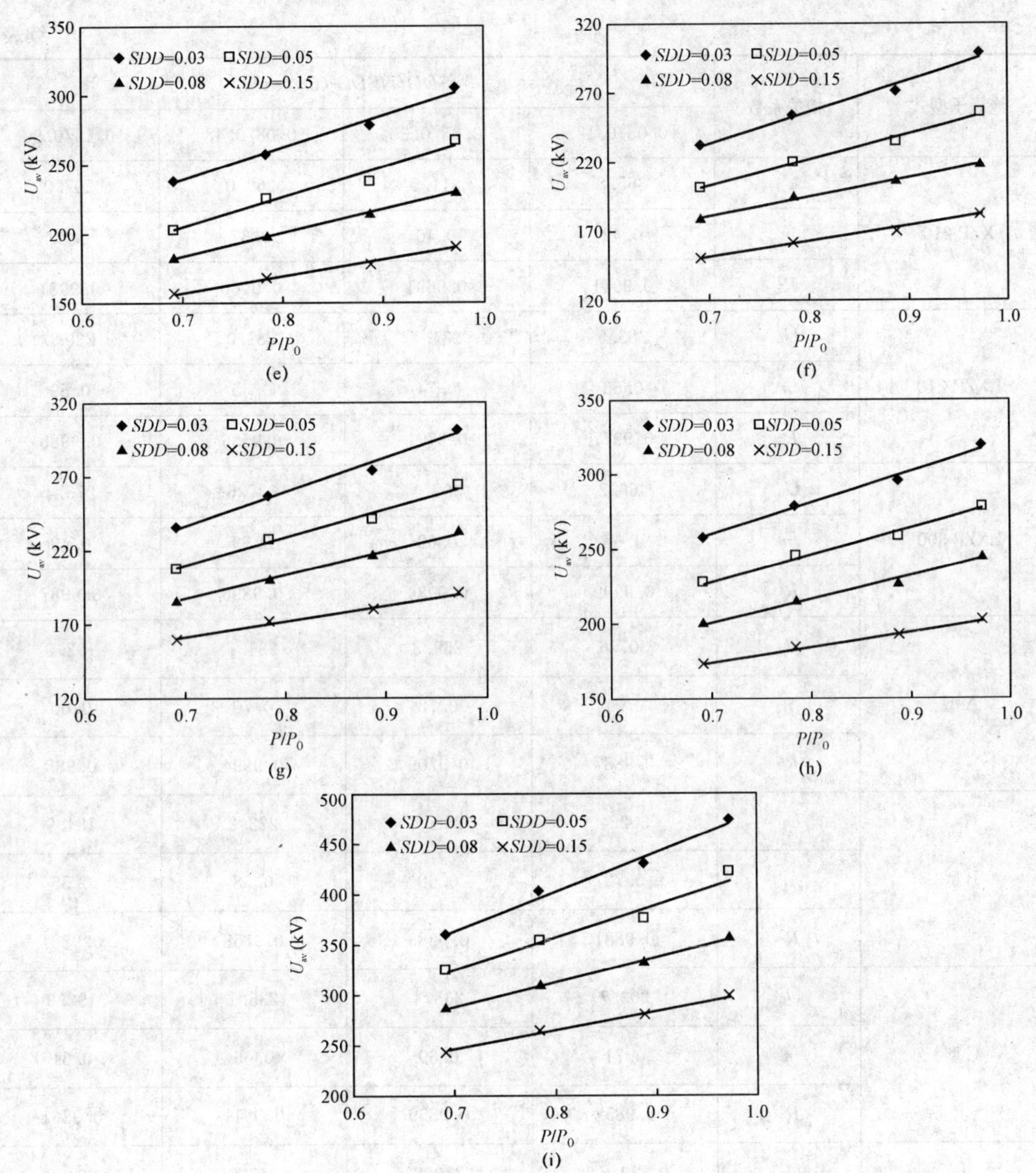

图 9-18　绝缘子直流污闪电压(U_{av})与气压(P/P_0)的关系(二)

(e) 试品 A;(f) 试品 B;(g) 试品 C;(h) 试品 D;(i) 试品 E

表 9-12　附表Ⅰ-14、附表Ⅰ-15 试验结果按式（9-23）拟合得到的 U_0、n 和 R^2 值

绝缘子型式	相关系数	SDD/NSDD (mg/cm²)			
		0.03/0.18	0.05/0.30	0.08/0.48	0.15/0.90
XP-160	U_0	227.8	196.8	183.0	136.3
	n	0.63	0.54	0.61	0.42
	R^2	0.9983	0.9921	0.9869	0.9547

续表

绝缘子型式	相关系数	SDD/NSDD (mg/cm²)			
		0.03/0.18	0.05/0.30	0.08/0.48	0.15/0.90
XZP-210	U_0	365.8	311.5	260.0	207.9
	n	0.42	0.40	0.37	0.35
	R^2	0.9911	0.9691	0.9908	0.9931
LXZP-210	U_0	383.5	334.7	281.0	230.0
	n	0.66	0.74	0.65	0.59
	R^2	0.9977	0.9771	0.9556	0.9988
LXZP-300	U_0	466.2	392.4	337.6	275.4
	n	0.68	0.62	0.59	0.49
	R^2	0.9999	0.9984	0.9896	0.9987
A型	U_0	307.6	269.3	234.1	192.6
	n	0.71	0.78	0.70	0.60
	R^2	0.9887	0.9709	0.9994	0.988
B型	U_0	302.4	258.7	222.2	184.9
	n	0.72	0.68	0.58	0.55
	R^2	0.9881	0.9883	0.9858	0.9881
C型	U_0	303.7	265.4	235.1	192.9
	n	0.71	0.69	0.65	0.51
	R^2	0.9858	0.9859	0.9911	0.9861
D型	U_0	323.3	276.8	246.6	204.2
	n	0.60	0.54	0.58	0.42
	R^2	0.9873	0.9903	0.9779	0.9903
E型	U_0	479.5	421.3	362.2	301.4
	n	0.77	0.74	0.64	0.57
	R^2	0.9876	0.9645	0.9957	0.9833

由图 9-18 和表 9-12 可知如下结论。

(1) 绝缘子直流污闪电压的 n 在 0.35～0.74 之间，n 与 SDD、绝缘子型式等均有关。

(2) n 与绝缘子型式有关。例如，盐密为 0.05mg/cm^2 时，XP-160、XZP-210 瓷绝缘子、LXZP-210、LXZP-300 玻璃绝缘子、A、B、C、D 和 E 型复合绝缘子短样的直流污闪电压的 n 分别是 0.54、0.40、0.74、0.62、0.78、0.68、0.69、0.54 和 0.74。由此可知，XZP-210 绝缘子直流污闪电压受气压的影响最小，A 型复合绝缘子短样的直流污闪电压受气压的影响最大。

(3) 绝缘子直流污闪电压的 n 与盐密有关。例如，XZP-210 绝缘子在盐密为 0.03、0.05、0.08 和 0.15mg/cm^2 时，直流污闪电压的 n 分别为 0.42、0.40、0.37 和 0.35，即污秽越严重，气压的影响越小，亦即污秽越严重，海拔对污闪电压的影响越小。

(4) n 与直流复合绝缘子的材料配方有关。例如，A 型和 D 型直流复合绝缘子短样的结构一致，但硅橡胶材料的配方不同，当盐密为 0.15mg/cm^2 时，A 型和 D 型复合绝缘子的气压影响特征指数 n 分别为 0.60、0.42，即材料配方对 n 的影响较明显。

不同盐密下不同型式绝缘子污闪电压的 n 存在差异，其原因是：海拔与污湿条件一致时，不同型式绝缘子表面污层电导率存在差异，在外施电压作用下，泄漏电流也有差异，从而使得绝缘子串局部电弧发展过程中所受的静电力和热浮力不同，其结果是电弧特征和闪络通道发生变化，综合作用效果也不同，从而导致各种型式绝缘子串局部电弧飘弧的程度不同，即空气间隙电弧所占比例不一样，因此其气压影响特征指数有所不同。

重庆大学在模拟高海拔、污秽、覆冰环境下对超高压线路绝缘子进行交、直流放电特性及闪络电压校正研究提出以下几点。

(1) 绝缘子型式、电压类别及污秽程度均对 n 有一定的影响。不同条件下的特征指数有所不同。

(2) 在交流电压下，n 值在 0.44～0.65 之间，其平均值为 0.57。

(3) 在直流电压下，n 值在 0.35～0.56 之间，其平均值为 0.44。

(4) 在交流电压作用下，其 n 的平均值大于直流，即海拔或气压对交流绝缘子污秽闪络电压的影响比直流更严重。

图 9-19 为两种 160kN 级瓷绝缘子直流闪络电压和气压比的关系，图 9-20 为不同海拔高度下直流闪络电压和盐密的关系。表 9-13 为两种 160kN 级瓷绝缘子在不同污秽度下的海拔影响特征指数和零海拔下的闪络电压。

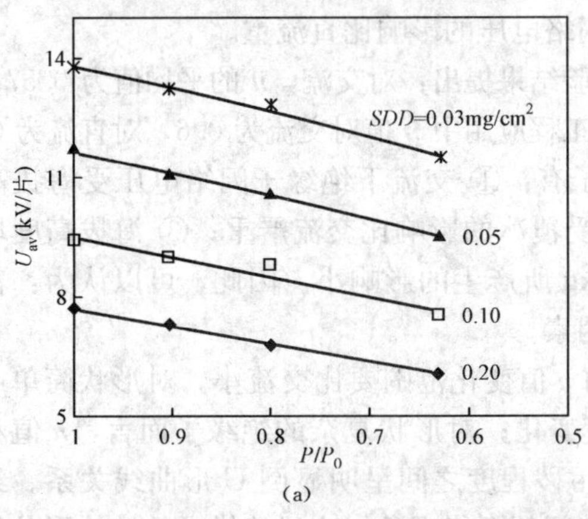

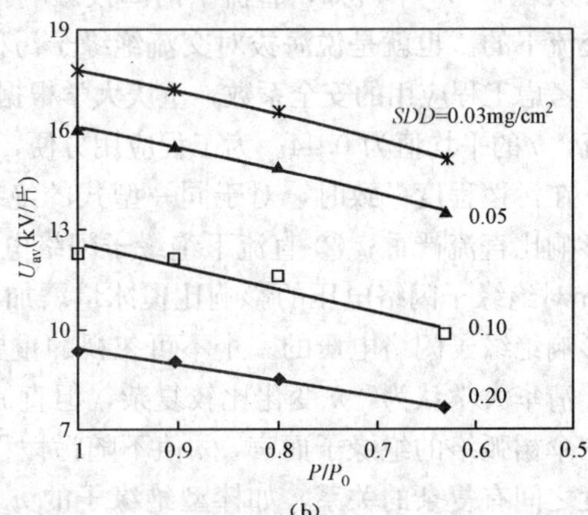

图 9-19　污秽绝缘子直流闪络电压与气压的关系

(a) XWP2-160；(b) DC-Ⅱ-160

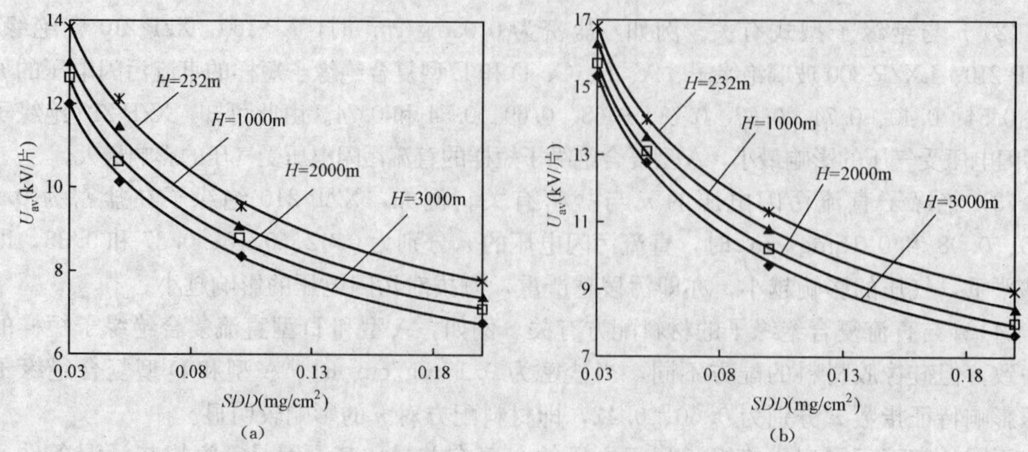

图 9-20 污秽绝缘子直流闪络电压和的 SDD 关系

(a) XWP2-160；(b) DC-Ⅱ-160

表 9-14 不同污秽程度下的特征指数 *n*、零海拔的闪络电压 U_0

SDD	参量	XWP2-160	DC-II-160
0.03	n	0.39	0.35
	U_0（kV）	13.9	17.7
	R^2	0.98	0.99
0.05	n	0.43	0.37
	U_0（kV）	11.7	16.1
	R^2	0.99	0.99
0.10	n	0.47	0.46
	U_0（kV）	9.6	12.6
	R^2	0.98	0.94
0.20	n	0.55	0.49
	U_0（kV）	7.8	9.6
	R^2	0.99	0.99

从表 9-14 中可知，直流下的海拔影响指数 n 在 0.35～0.56 之间，平均值为 0.44，小于交流下的。也就是说海拔对交流绝缘子污秽闪络电压的影响比直流重。

考虑工程应用的安全系数，重庆大学根据试验结果提出：对交流，n 的平均值为 0.57；对直流，n 的平均值为 0.44。为工程应用方便，在工程应用中 n 值对交流为 0.6，对直流为 0.5。

在污秽程度一致时，对于同一型式的绝缘子有：① 交流下绝缘子闪络电压受海拔高度的影响比直流严重；② 直流下绝缘子闪络电压受覆冰的影响比交流严重；③ 海拔高度增加 1 km对绝缘子闪络电压的影响比覆冰量增加 1 kg 所产生的影响小。因此，可以认为：覆冰是影响绝缘子闪络电压的一个不可忽视的重要因素。

清华大学认为，n 变化比较复杂，但直流的 n 值变化范围要比交流小。对形状简单或不存在伞裙弧络的绝缘子而言，n 值不随污秽程度变化；对形状复杂的绝缘子而言，n 值和污秽度之间有复杂的关系，如棒型绝缘子的 n 与污秽程度之间呈明显倒 U 形曲线关系。绝缘子结构形状对 n 值的影响关键在绝缘子伞裙或棱间的弧络现象。应对绝缘子的结构形状具体分析，不应简单分为普通型和防污型，对棒型和悬式绝缘子应区别对待。

加拿大魁北克的 Hubert 提出，在海拔低于 4000m 条件下，标准绝缘子染污的 50%直流闪络电压 U_{50} 与 $(P/P_0)^n$（负极性 n 为 0.35，正极性 n 为 0.40）相关。这种关系也即泄漏路径长度或闪络电压随着气压减小：交流下降 6%/km，直流正极性下降 5%/ km，负极性 4%/ km。相比之下，空气间隙击穿的下降程度为 10.5%/ km。

污秽程度是否影响高海拔低气压下绝缘子的直流污闪特性规律？重庆大学对此进行了试验，试验以 XZP-210 绝缘子为试品。试验时污秽程度分别为 0.03、0.05、0.08、0.15mg/cm²，试验结果如图 9-19。由于海拔高度对绝缘子串 50%闪络电压的影响规律与串长没有明显关系，因此，试验结果中取各串的平均值。

表 9-14　不同污秽程度下的 n 和 U_0 [kV/片，DC (一)]

SDD (mg/cm²)	参量	XZP-210
0.03	n	0.42
	U_0	17.5
	R^2	0.96
0.05	n	0.40
	U_0	14.6
	R^2	0.98
0.08	n	0.37
	U_0	12.4
	R^2	0.94
0.15	n	0.35
	U_0	9.9
	R^2	0.99

根据图 9-21 的试验结果，由式 (9-23) 可以得到不同污秽程度下的 n、U_0 及 R^2 见表 9-14。由表 9-14 可知，绝缘子型式及污秽程度对气压或海拔高度影响特征指数有一定影响，不同条件下，其 n 则有所不同。对于负极性直流，n 值在 0.35～0.42 之间，即污秽越严重，n 值越小，污秽较轻时，气压的影响更明显。

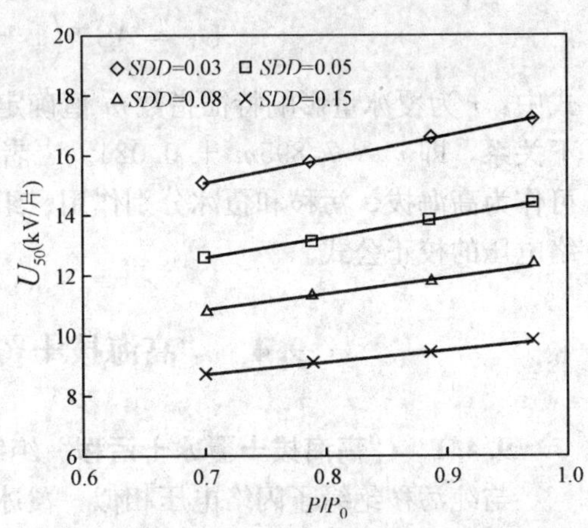

图 9-21　污秽绝缘子直流 50%闪络电压与气压的关系

将污秽当作独立参量，则污秽绝缘子闪络电压与以盐密表示的污秽程度的关系满足式(5-1)。通过对不同海拔高度下不同污秽程度的染污绝缘子串进行直流闪络试验可以发现污秽绝缘子的闪络电压在不同海拔高度下均随盐密的增加而下降，如图 9-22 所示。

由式 (5-1) 可得不同海拔下 XZP-210 绝缘子污秽闪络电压校正公式的常数 A、污秽特征指数 a 及 R^2 值见表 9-15。

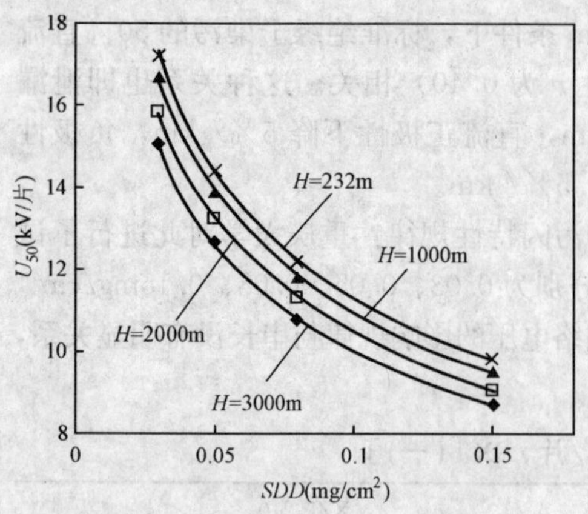

图 9-22 不同海拔高度下 XZP-210 污秽绝缘子 50%闪络电压与 SDD 的关系

表 9-15 不同海拔高度下 XZP-210 绝缘子常数 A、污秽特征指数 a 及拟合相关系数 R

海拔高度 H（m）	A	a	R^2
232	5.04	0.352	0.94
1000	4.92	0.348	0.97
2000	4.77	0.342	0.99
3000	4.62	0.337	0.95

由表 9-15 可知，对于 XZP-210 的绝缘子，在直流电压作用下系数 A 均随着海拔升高而降低，但 a 则随着海拔升高而增加，a 值在 0.337～0.352 之间，其平均值为 0.345。

由此可知，海拔高度不同，其 50%闪络电压受污秽程度影响而下降的趋势并不一致，其 a 有差异但不明显，可以认为污秽程度的影响与气压的关系不明显，从其变化趋势看，海拔越高，a 值越小。

由以上分析可知，在气压和污秽综合作用下，可将绝缘子的闪络电压表示为

$$U_{\mathrm{f}} = AS^{-a}\left(1-\frac{H}{45.1}\right)^{5.36n} \tag{9-54}$$

因此，式（9-54）可作为高海拔及污秽分别作用及综合作用下绝缘子平均闪络电压的校正公式。

由式（9-56）并根据冰闪电压与冰重的关系可得在覆冰、气压和污秽综合作用下，绝缘子的闪络电压表示为

$$U_{\mathrm{f}} = AS^{-a}\left(1-\frac{H}{45.1}\right)^{5.36n} \mathrm{e}^{-mW} \tag{9-55}$$

式中：m 为覆冰量影响特征指数。

为了便于比较海拔高度和覆冰分别对绝缘子闪络电压的影响的差别，将上式变换为

$$U_{\mathrm{f}} = AS^{-a}\left(1-\frac{H}{45.1}\right)^{5.36n}\left(1-\frac{W}{45.1}\right)^{5.36r} \tag{9-56}$$

式中：r 为覆冰量影响特征指数 m 值确定的覆冰特征指数的另一种形式，r 与 m 之间符合以下关系，即 $r=7.895m+0.024$。二者计算的结果的差异小于 0.5%。因此，式（9-55）可作为高海拔、污秽和覆冰分别作用、组合作用及综合作用下绝缘子平均闪络电压或最低闪络电压的校正公式。

9.4 “高海拔＋覆冰＋污秽”绝缘子闪络特性

9.4.1 “高海拔＋覆冰＋污秽”绝缘子交流闪络特性

与纯污秽绝缘子闪络电压相似，覆冰和污秽同时作用时绝缘子的最低闪络电压也受气压的影响。图 9-23 为不同盐密（SDD＝0.015、0.10mg/cm^2）和不同覆冰量（W＝0.5、1.0、2.0、3.0kg/3 片串）时 70kV 和 160kN 级常用的四种瓷绝缘子串的最低交流闪络电压 U_{Mf}与气压的关系曲线。由图 9-23 中曲线可见，在所有的污秽度和覆冰量下，绝缘子串的最低交流闪络电压都随海拔高度的增加（或气压的降低）而下降。此外，从图 9-23 中曲线还可见，当污秽较轻时，海拔高度的增加对普通型和耐污型绝缘子最低闪络电压的影响程度

相似；而当污秽较重，如盐密为 0.10mg/cm^2 时，随着海拔高度的增加，相同条件下，XP-70 和 XP-160 普通型悬式绝缘子最低闪络电压 U_{Mf} 下降的程度一般均大于相应 XWP-70 和 XWP2-160 双伞耐污型绝缘子。

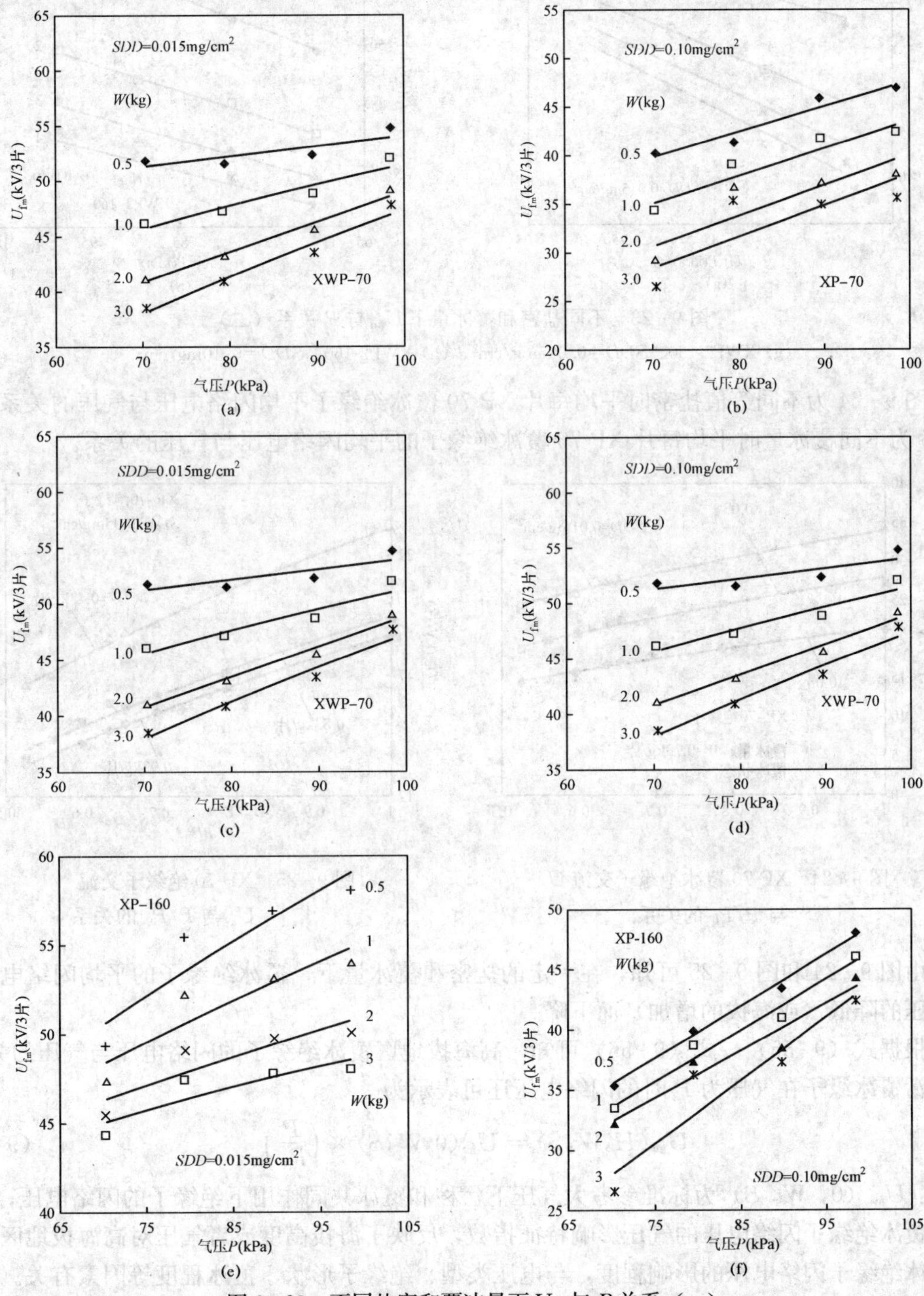

图 9-23　不同盐密和覆冰量下 U_{fm} 与 P 关系（一）

(a) XP-70、*SDD*=0.015mg/cm^2　(b) XP-70、*SDD*=0.10mg/cm^2；(c) XWP-70、*SDD*=0.015mg/cm^2；(d) XWP-70、*SDD*=0.10mg/cm^2；(e) XP-160、*SDD*=0.015mg/cm^2；(f) XP-160、*SDD*=0.10mg/cm^2；

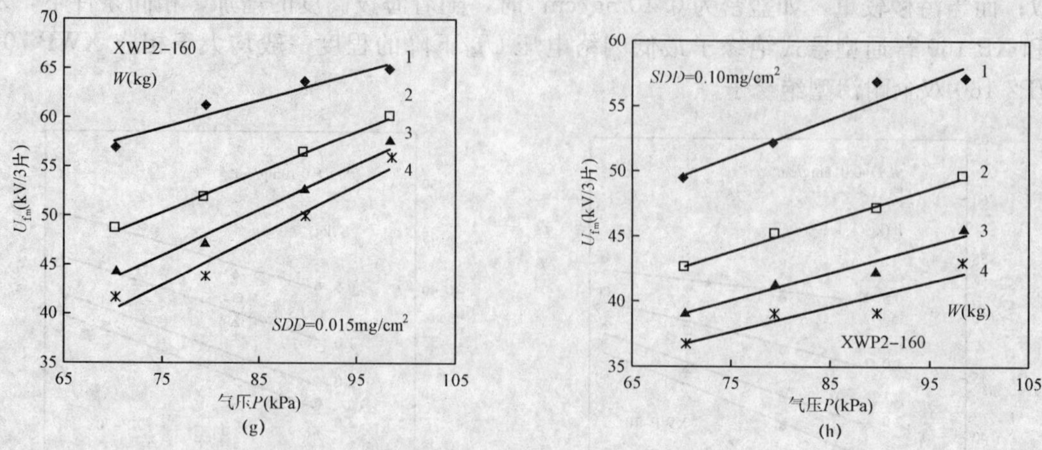

图 9-23　不同盐密和覆冰量下 U_{fm} 与 P 关系（二）

(g) XWP2-160、$SDD=0.015mg/cm^2$；(h) XWP2-160、$SDD=0.10mg/cm^2$

图 9-24 为不同等值盐密时平均每片 XP-70 覆冰绝缘子平均闪络电压与气压的关系，图 9-25 为不同覆冰量时平均每片 XP-70 覆冰绝缘子的平均闪络电压与气压的关系。

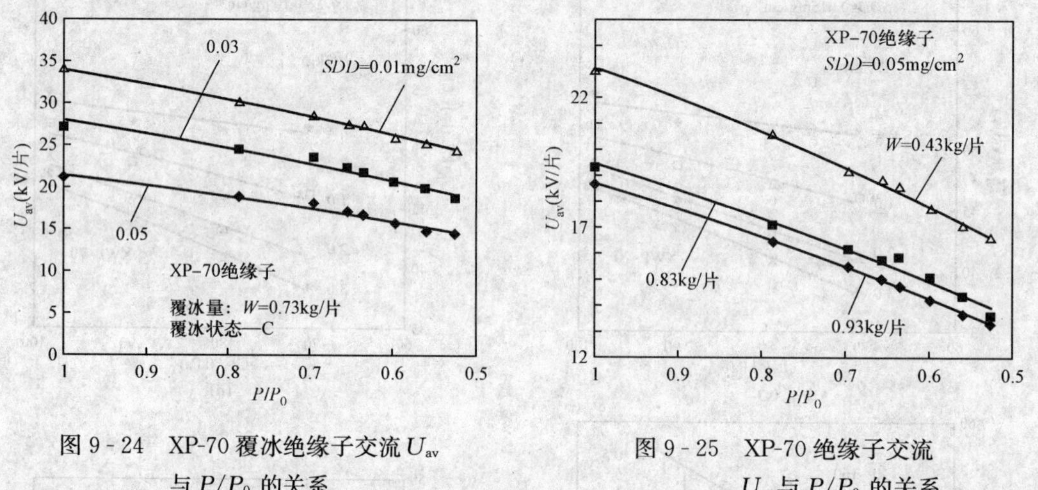

图 9-24　XP-70 覆冰绝缘子交流 U_{av} 与 P/P_0 的关系

图 9-25　XP-70 绝缘子交流 U_{av} 与 P/P_0 的关系

由图 9-24 和图 9-25 可知，在一定的盐密和覆冰量下，覆冰绝缘子的平均闪络电压均随气压的降低（或海拔的增加）而下降。

根据式（9-55）～式（9-56）可知，高海拔地区覆冰绝缘子的闪络电压与气压的关系，即染污覆冰缘子在气压为 P 时的闪络电压还可表示为

$$U_{av}(H,W,S)=U_{av}(0,W,S)\times\left(\frac{P}{P_0}\right)^n \tag{9-57}$$

式中：U_{av}（0，W，S）为标准参考大气压下污秽和覆冰共同作用下绝缘子的闪络电压；n 为污秽覆冰绝缘子闪络电压的气压影响特征指数，反映了海拔高度或者气压对高海拔地区污秽和覆冰绝缘子闪络电压的影响程度，与电压类型、绝缘子形状、覆冰程度等因素有关。

对图 9-24 和图 9-25 的试验结果按照式（9-57）进行回归分析可得气压影响特征指数 n、U_{av}（0，W，S）以及拟合相关系数见表 9-16、表 9-17。

表9-16　不同污秽程度下的 n

SDD (mg/cm²)	0.01	0.03	0.05
U_{av} (0, 0.73, S) (kV)	34.5	27.9	21.8
n	0.52	0.52	0.54
R^2	0.98	0.96	0.94

表9-17　不同覆冰量下的 n

W (kg)	0.43	0.83	0.93
U_{av} (H, W, 0.05) (kV)	23.3	19.6	18.7
n	0.52	0.51	0.53
R^2	0.99	0.96	0.99

如表9-16、表9-17结果可知以下几点。

(1) 当覆冰严重时，不同盐密下，U_f (H, W, S) 的气压影响特征指数为0.52、0.52、0.54。由此可知，不同盐密下气压影响特征指数有差异但不明显，工程应用中可取平均值0.53。

(2) 当盐密为0.05mg/ cm³ 时，不同覆冰量下，即不同覆冰状态下，U_f (H, W, S) 的气压影响特征指数为0.52、0.51、0.53，其平均值为0.52，其差异仍不明显。

表9-16、表9-17二种情况下的特征指数的平均值分别为0.53、0.52，其差异仍不明显。由此可以推测，气压对污秽覆冰绝缘子闪络电压影响的特征指数虽受污秽程度和覆冰量的影响，但不明显，这种差异可能是试验或测量引起的。因此，可以认为气压影响是独立的。

气压对复合绝缘子影响与瓷或玻璃绝缘子的规律基本一致。以10kV复合绝缘子为例来进行分析和研究。

图9-26为不同覆冰状态下FXBW-10/70复合绝缘子的平均交流冰闪电压 U_{av} (kV) 与气压的关系，其误差线为3%。由图9-26可知，不同覆冰状态下（A—表面有冰层，但未形成冰凌；B—伞裙边沿有冰凌形成，约伞裙间隙的1/2左右；C—冰凌桥接伞裙空气间隙，严重覆冰）复合绝缘子的闪络电压 U_{av} 随气压 P 的降低（或海拔 H 的增加）而下降。回归分析可得覆冰复合绝缘子在不同覆冰状态下的气压影响特征指数 n 见表9-18。

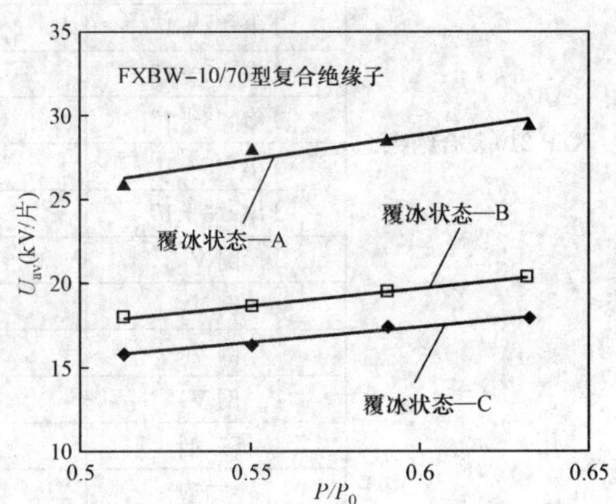

图9-26　FXBW-10/70复合绝缘子平均交流冰闪电压与 P/P_0 关系

表9-18　FXBW-10/70 覆冰复合绝缘子的 n 值

覆冰状态类型	A	B	C
n	0.581	0.614	0.605

由表9-18可知，3种不同覆冰状态下的气压影响特性指数 n 虽有差异但不明显，可以取其平均值0.61作为复合绝缘子的气压影响特征指数。

9.4.2 “高海拔+污秽+覆冰”绝缘子串直流闪络特性

高海拔、污秽覆冰综合作用下绝缘子直流闪络电压仍满足式（9-55）和式（9-56）的关系。现考虑冰厚的影响对其分析。根据大量的试验，重庆大学得到的试验结果如附表Ⅰ-16所示。现有的研究结果表明，覆冰绝缘子串闪络电压与绝缘子串长基本成线性关系，为方便比较，将所有试验结果均折算为单位长度的冰闪电压。

(1) 冰厚对覆冰绝缘子串直流冰闪电压的影响。为分析覆冰程度对覆冰绝缘子串电气特性的影响，对直流绝缘子串在覆冰厚度分别为10mm和20mm的冰闪电压进行了试验。虽然只进行了两个冰厚的试验，但从试验结果可以明显的看出随着冰厚的增加，下降明显。各种绝缘子串型在不同海拔高度和不同污秽程度下20mm冰厚度时的冰闪电压比10mm冰厚度时的下降的程度Δ%如表9-21所示。假设

$$\Delta\% = \frac{U_{50}(10\text{mm}) - U_{50}(20\text{mm})}{U_{50}(10\text{mm})} \times 100\% \quad (9-58)$$

表9-21　20mm时的 U_{50} 比10mm时的 U_{50} 下降的百分比

试品	布置型式	$SDD/NSDD$ (mg/cm²)	H (m)	Δ%
XZP-210复合绝缘子	Ⅰ串	0.05/0.3	1000	13.6
	Ⅱ串	0.05/0.3	1000	14.7
	Ⅰ串“2+1”	0.05/0.3	1000	24.4
	Ⅰ串“2+1”	0.05/0.3	1500	23.9
	Ⅰ串“2+1”	0.15/0.9	1000	19.9
	Ⅰ串“2+1”	0.15/0.9	1500	20.2
	Ⅰ串“3+1”	0.05/0.3	1000	26.0
	Ⅰ串“3+1”	0.05/0.3	1500	26.1
	Ⅰ串“3+1”	0.15/0.9	1000	20.5
	Ⅰ串“3+1”	0.15/0.9	1500	20.7
	倒V	0.05/0.3	1000	29.2
	倒V	0.05/0.3	1500	28.2
	倒V	0.15/0.9	1000	21.9
	倒V	0.15/0.9	1500	21.0
	五三型	0.05/0.3	1000	15.5
	一二型	0.05/0.3	1000	12.7

虽然不同串型和污秽程度下覆冰绝缘子直流冰闪电压下降的程度不同，但均有明显的下降。由于Ⅰ串、Ⅱ串和复合绝缘子伞裙在较轻的覆冰条件下相对容易被冰凌所桥接，因此20mm覆冰厚度的U_{50}比10mm覆冰厚度的下降了12.7%～15.5%；Ⅰ串“2+1”和Ⅰ串“3+1”在大伞裙屏蔽作用下，较重的覆冰才会发生冰凌桥接现象，因此覆冰厚度对其的影响较大，20mm覆冰厚度的U_{50}比10mm覆冰厚度的下降了19.9%～26.1%；而倒V串基本不会发生伞裙间的冰凌桥接，但较重覆冰条件下冰凌容易生长的很长，缩短了其与导线间的距离，发生导线直接对上端绝缘子放电的现象，因此覆冰厚度对其影响较大，20mm覆冰厚度的U_{50}比10mm覆冰厚度的下降了21.0%～29.2%。

(2) Ⅰ串、Ⅱ串和倒V串的比较。在Ⅰ串、Ⅱ串和倒V串三种绝缘子布置方式中，由于绝缘子串的并联效应，在H=1000m、$SDD/NSDD$=0.05/0.3mg/cm² 时，Ⅱ串的平均直

流冰闪电压在 10mm 和 20mm 覆冰厚度的时分别比 I 串下降了 4.7%和 5.9%；而在倒 V 型布置方式下，绝缘子串基本不会发生伞裙间的桥接，因此在 $H=1000$m、$SDD/NSDD=0.05/0.3$mg/cm^2 时，倒 V 串的冰闪电压在 10mm 和 20mm 覆冰厚度的时分别比 I 串升高了 49.2%和 22.3%。由于在较重的覆冰条件下，倒 V 串上冰凌容易生长的很长，缩短了与导线间的距离，因此虽然提高了直流冰闪电压，但是没有在较轻的覆冰条件下效果好。

(3) 间插布置方式对直流冰闪电压的提高。间插布置的绝缘子串中的增爬裙可以阻碍绝缘子串间冰凌的桥接，有效提高绝缘子串的冰闪电压。如在 $H=1000$m、$SDD/NSDD=0.05/0.3$mg/cm^2 时，I 串 “2+1” 方式 10mm 和 20mm 覆冰厚度的冰闪电压比常规 I 串分别提高了 30.6%和 14.3%；而 I 串 “3+1” 方式分别提高了 38.6%和 18.7%。因此采用使用增爬裙的间插方式可以有效提高绝缘子串的冰闪特性。

在 “2+1” 和 “3+1” 两种间插方式中，由于 “2+1” 方式大伞间间距较小，冰凌仍比 “3+1” 方式易于桥接，因此效果不如 “3+1” 方式。如在 $H=1000$m、$SDD/NSDD=0.05/0.3$mg/cm^2 时，“3+1” 方式 10mm 和 20mm 覆冰厚度的冰闪电压可比 “2+1” 方式分别提高 6.1%和 3.9%；而在 $H=1500$m、$SDD/NSDD=0.15/0.9$mg/cm^2 时，“3+1” 方式 10mm 和 20mm 覆冰厚度的冰闪电压可比 “2+1” 方式分别提高 3.7%和 3.1%。

(4) 复合绝缘子与 I 串 XZP-210 冰闪电压的比较。复合绝缘子由于其优良的耐污闪能力而得到了电力工作者的青睐，然而从试验结果看，在 10mm 覆冰厚度下，五三型复合绝缘子的直流冰闪电压比 XZP-210 I 串高了 1.8%，而一二型低了 0.3%；而在 20mm 覆冰厚度下，五三型复合绝缘子的直流冰闪电压比 XZP-210 I 串低了 2.1%，而一二型低了 1.1%，即在覆冰条件下复合绝缘子的优势并不明显，反而由于由于伞间距较小，在较重的覆冰条件 (20mm) 下伞裙更容易被冰凌所桥接，导致其冰闪电压略低与 XZP-210 I 串绝缘子的。

在两种复合绝缘子中，一二型的伞裙结构决定了其在较轻的覆冰条件下比五三型更容易被冰凌所桥接，因此在 10mm 覆冰厚度下，一二型的冰闪电压比五三型的低了 3.9%，而在较重的覆冰条件下，两种结构的复合绝缘子伞裙都已被冰凌所桥接，因此冰闪电压差别不大，一二型只比五三型低了 0.8%。

(5) 海拔对直流冰闪电压的影响。重庆大学对 I 串 “2+1”、I 串 “3+1” 和倒 V 串分别进行了海拔 1000m 和 1500m 的试验。根据试验结果，在 $SDD/NSDD=0.05/0.3$mg/cm^2 的污秽度下，10mm 覆冰厚度时 I 串 “2+1”、I 串 “3+1” 和倒 V 串绝缘子直流平均闪络电压海拔 1500m 比海拔 1000m 的直流冰闪电压分别下降了 2.9%、2.4%和 3.3%；而 20mm 覆冰厚度时分别下降了 2.3%、2.4%和 2.0%。在 $SDD/NSDD=0.15/0.9$mg/cm^2 的污秽度下，10mm 覆冰厚度时 I 串 “2+1”、I 串 “3+1” 和倒 V 串绝缘子直流平均闪络电压海拔 1500m 比海拔 1000m 的直流冰闪电压分别下降了 2.0%、2.9%和 3.8%；而 20mm 覆冰厚度时分别下降了 2.3%、3.1%和 2.7%。随着海拔的升高，直流冰闪电压下降，三种布置方式的下降幅度在 2.0%～4.0%之间。

(6) 污秽程度对覆冰绝缘子串直流冰闪电压的影响。洁净的覆冰并不会导致绝缘子闪络电压降低，只有冰层中有污秽物的存在或者覆冰过程中覆冰水受到污染，或者覆冰前绝缘子已经污染时，其闪络电压和耐受电压才会明显降低。对 I 串 “2+1”、I 串 “3+1” 和倒 V 串分别进行了 $SDD/NSDD=0.05/0.3$mg/cm^2 和 $SDD/NSDD=0.15/0.9$mg/cm^2 的试验。由试验结果可知，污秽程度对覆冰绝缘子直流闪络电压影响明显。如在海拔 1000m、10mm

覆冰厚度时，$SDD/NSDD$=0.15/0.9mg/cm^2 的I串“2+1”、I串“3+1”和倒V串绝缘子直流冰闪电压比 $SDD/NSDD$=0.05/0.3mg/cm^2 时分别下降了33.5%、34.4%和33.1%；而20mm覆冰厚度时分别下降了29.5%、29.4%和26.2%。在海拔1500m、10mm覆冰厚度时，$SDD/NSDD$=0.15/0.9mg/cm^2 的I串“2+1”、I串“3+1”和倒V串绝缘子直流冰闪电压比 $SDD/NSDD$=0.05/0.3mg/cm^2 时分别下降了32.8%、34.7%和33.4%；而20mm覆冰厚度时分别下降了29.5%、29.9%和26.7%。随着污秽程度的增加，三种布置方式的下降幅度在26%～35%之间，且在较轻的覆冰厚度（10mm）下，直流冰闪电压下降的更多一些。

第10章 防污闪冰闪方法和技术措施

10.1 防污闪基本措施

电压、污秽、潮湿是产生污闪的三个必要条件，防止污秽闪络即从这三个方面采取措施，如增大爬电比距、减少表面积污、增加表面干区、使用新型绝缘子等，破坏污闪条件的形成、避免事故的发生。

10.1.1 调整爬电比距

根据污区图上规定的爬电比距，调整该地区电气设备的外绝缘的爬电距离的工作称为调整爬距，简称调爬。

(1) 绝缘子串调爬。绝缘子串所需片数是根据运行电压、污秽状况等决定的。由于工农业的发展，输电线路的运行环境不断发生变化，因此，应根据污区等级的变化及时和适当调整爬电距离。

对于已建成的线路在调爬时，要校核增加绝缘子片数后线路的风偏造成的相间或相对地的距离，以及横担是否能承受绝缘子的重量。

对于已经建成的输电线路，如果塔头间隙不满足增加绝缘子片数的要求，通常以用同样高度的防污绝缘子调换普通绝缘子为宜；如果间隔距离（相对地、相对相）符合要求，且增加1～3片普通型绝缘子或绝缘子串长增加20%～30%可满足防污要求时，可采用增加普通型绝缘子的方式。

(2) 绝缘子选型。由于各种结构类型绝缘子的积污特性不同，环境污源性质也有很大差异，要使调爬达到最佳效果，就必须重视绝缘子型式的合理选择。附图Ⅲ-1为我国常用的绝缘子伞型。我国目前应用较多的耐污型绝缘子为双伞型和钟罩型。

在调爬工作中，应根据污源性质和各种绝缘子的积污特性和耐污特性，选择绝缘子型式。表10-1为双伞、钟罩型和草帽型绝缘子的优缺点比较。

表10-1　　双伞、钟罩和草帽型绝缘子的优缺点

绝缘子结构型式	优点	缺点
双伞型	(1) 伞裙结构合理，不易积污； (2) 易清扫； (3) 自洁性能强； (4) 用于中等污秽区，在非黏结性、粉尘多的地区使用效果最佳	(1) 下表面平滑，没有阻止污闪前局部电弧延伸发展的能力； (2) 在短时间内易被盐雾污染，不适用于盐雾和重污秽地区； (3) 在寒冷地区，冬季易在伞间形成冰凌，短接伞裙间隙
钟罩型	(1) 爬电距离大，深棱能抑制电弧的发展，污耐受电压较高； (2) 伞下深棱处不易受潮； (3) 受盐雾的污染较慢； (4) 对主要成分为硫酸钙的粉尘有饱和污耐受电压值； (5) 适用于沿海及严重的工业污区，也适用于不清扫的绝缘设计	(1) 棱上积污较多； (2) 自洁性较差； (3) 清扫困难

续表

绝缘子结构型式	优点	缺点
草帽型	(1) 盘径大； (2) 积污率低，自洁性好； (3) 与普通绝缘子间插使用时，可防止积雪融化、冰凌桥接，以及鸟粪造成的闪络	(1) 爬距较小、高度较小； (2) 制造困难； (3) 下表面平滑，没有阻止污闪前局部电弧延伸发展的能力； (4) 在短时间内易被盐雾污染，不适用于盐雾和重污秽地区

试验研究表明，如图 10-1 所示，在防止绝缘子冰闪中使用草帽型绝缘子间插应注意：①间插间隔一般以“1＋3”为宜；② 与正常绝缘子盘径之差在 100～120mm 之间较为合理。

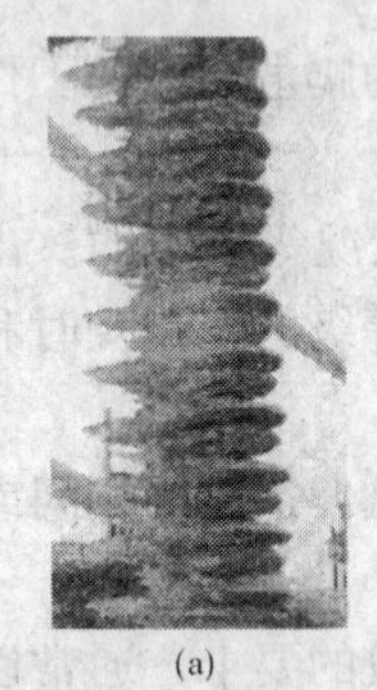
(a)

(b)

(c)

图 10-1 间插草帽型绝缘子的效果以及与双伞、三伞绝缘子的效果（防止冰凌的形成）
(a) 双伞冰凌桥接；(b) 三伞冰凌桥接；(c) 草帽型防冰凌桥接效果

(3) 电站绝缘子。电站用绝缘子除盘形悬式绝缘子外，还有支柱绝缘子、圆柱形瓷套和套管、瓷拉棒等。这些绝缘子的积污量随造型、环境条件、圆柱直径的不同而变化，通常比盘形悬式绝缘子少。一般来说，圆柱直径加大，耐受电压降低；伞型相同时，总高度越高，耐受电压也越高。影响绝缘子污耐受性能的另一重要因素是伞裙的造型结构。伞间或棱间距离偏小时，电弧易在伞间或棱间发生桥接或桥络。

耐污闪性能优良的绝缘子，伞型结构必须合理，爬电距离的有效利用系数必须大，污耐受电压应较高。

电站支柱绝缘子常用伞型有普通型、大小伞、带棱伞和深棱伞等结构，如附图Ⅲ-6 和附图Ⅲ-7 所示。其主要特性见表 10-2。

表 10-2 支柱绝缘子伞型结构的特点比较

伞型结构	基本特点
普通伞	(1) 伞型结构简单，伞间距较大，大部分表面容易受风吹和雨淋，因此自洁性好； (2) 适用于轻污区
大小伞	(1) 伞径一般较大，伞数也较多，大伞对小伞具有保护作用； (2) 由于采用大、小伞间隔，伞间距仍然足够大，伞间发生闪络的可能性小； (3) 适用于中等污秽地区
带棱伞	(1) 伞裙下具有小棱，对局部电弧具有一定的抑制作用； (2) 适用于盐污区和其他污区

续表

伞型结构	基本特点
深棱伞	（1）伞下具有较深的棱，对局部电弧发展具有较大的抑制作用； （2）伞下被保护的爬电距离较大，污闪电压随积污量的增加而下降的趋势缓慢； （3）在相同爬电距离下，污耐受电压高于其他伞型结构的绝缘子； （4）适用于严重污区； （5）自洁性差，清扫困难

10.1.2　表面处理

瓷和玻璃绝缘子表面呈现的是亲水性状态，在污湿环境条件下，容易形成连续的水带或水膜，污秽容易受潮湿润，从而导致绝缘子表面容易形成泄漏电流通道。表面处理是在绝缘子表面覆涂特殊涂料，改变绝缘子表面的状况，增加绝缘子表面的憎水性，使绝缘子表面在通电的情况下不易形成泄漏电流通道，这种方法称为表面处理。

表面处理是一种辅助方法，是一种防止绝缘子发生污闪的补救措施，只有在增加爬电距离有困难的情况下才采用这种技术措施。但是，在一定时间和条件下采用表面处理的方法也是一种十分有效的措施，是一种防止绝缘子发生污闪的有效手段，在严重污秽区，例如在尘埃电导率很大的化工区和盐碱地带等，具有非常重要的意义，效果也非常显著。

在绝缘子防污闪技术措施中，曾采用过和现在还在使用的涂料主要有有机硅涂料（如硅油、硅脂）、地蜡、长效硅脂、室温硫化硅橡胶（RTV、CFT-4）、含氟涂料等。

（1）硅油。硅油是以二甲基硅烷为主链，二端为三甲基的直链状有机聚硅氧烷（如图 10-2 所示），既具有较好的稳定性和绝缘性，又具有有机化合物的憎水性和柔韧性。

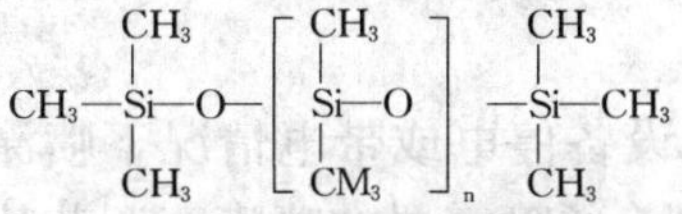

$$CH_3-\overset{CH_3}{\underset{CH_3}{\overset{|}{\underset{|}{Si}}}}-O-\left[\overset{CH_3}{\underset{CM_3}{\overset{|}{\underset{|}{Si}}}}-O\right]_n-\overset{CH_3}{\underset{CH_3}{\overset{|}{\underset{|}{Si}}}}-CH_3$$

图 10-2　硅油分子式

硅油具有良好的耐电晕、电弧性，有优良的憎水、防潮性，黏度变化小，表面张力小，化学性稳定，无毒无味等优点。

国产 201 甲基硅烷（201 表示黏度）使用寿命为 6 个月。主要技术指标见表 10-3。

表 10-3　国产 201 甲基硅烷的主要技术指标

特征参数	指标	备注
外观	无色透明，无机械杂质的液体	—
密度	0.965～0.967g/cm³	—
凝固点	−50℃	—
闪点	300℃	—
介电常数 ε	≮2.6	在 25℃、1MHz 下测量
介质损失正切角 tgδ	＜1×10⁻⁴	在 25℃、1MHz 下测量
工频击穿场强	12kV/mm	

(2) 硅脂。硅脂是由硅油和二氧化硅粉末按一定比例混合而成，再经三甲基氯硅烷处理后得到的糊状物质。一般二氧化硅含量为10%～20%。

硅脂的防污机理主要表现为吞食污秽物的性能（即阿米巴作用），当污秽物降落在硅脂表面时，就被硅脂吞食或包围，涂刷厚度越厚，吞食能力越强，在一定降尘量条件下，有效期就越长。一般要求硅脂厚度在1～3mm，使用寿命约为1年。

长效涂料296硅脂主要由氧化铝加硅油组成，并填加抗紫外线、抗电弧、抗老化的填加剂，使用寿命一般在2～4年。

(3) 地蜡。地蜡是熔点为75℃的黄色固体物质，具有强憎水性，涂刷在绝缘子表面后，水滴落在瓷件表面上成分裂的小水珠，污秽物溶解后不会形成连续导电膜，从而提高污秽绝缘子的闪络电压。

地蜡在常温下是固体物质，在刷涂时先要添加凡士林（地蜡：凡士林=1：1.2），加热使其熔化（熔点为64℃左右），再将绝缘子浸入溶液中，或涂刷在绝缘子表面，然后风干使用。使用寿命为3～4年。

(4) 地蜡+机油涂料。地蜡+机油涂料主要由地蜡和机油配制而成，为了能喷涂，采用汽油溶解和稀释。当涂料喷涂于绝缘子表面后，汽油可挥发掉，而地蜡和机油则附着在绝缘子表面。涂料的油性和憎水性提高了绝缘子在污秽情况下的放电电压，达到防止污闪的目的。

地蜡+机油涂料中地蜡与机油的配比为1/1.2～1/1.5，按照此配比自行配制。取75号以上的地蜡1份，放入1.2～1.5份机油中，加热至地蜡完全熔化，然后冷却至75℃～90℃，缓慢加入3倍120号溶剂汽油或直馏汽油，并轻轻搅拌，直至完全稀释成溶液。缓慢加入溶剂汽油的目的是为了避免温度骤降形成不均匀的较粗颗粒，冷却至常温可以使用。如果已经形成较粗颗粒，可以将溶液重新加热使颗粒熔化，因溶液中有汽油，加热过程中应避免汽油燃烧。

制作好的涂料可用喷雾器（工作压力在0.8～1.0MPa）在设备停电或带电情况下喷涂于绝缘子表面（带电喷涂应符合带电作业的要求）。喷嘴可采用普通喷雾器的喷嘴，调节喷头片与喷头芯之间的容积，可改变喷出的雾状溶液的颗粒大小使其符合喷涂要求。

喷涂质量的好坏直接影响绝缘子的耐污性能。为使涂层表面光滑、均匀，喷嘴喷出的液体的主流方向应与喷涂表面垂直，喷嘴与目标表面的距离一般在250～400mm较为合适。喷涂时应避免涂层表面起皱，在喷涂过程中应均匀地喷涂所有表面后再覆盖新的一层，直至达到所需厚度为止，避免产生涂层厚薄不均，从而导致涂层开裂。

地蜡+机油涂料适用于化工污秽区，但其有效期短于地蜡。

当涂层憎水性丧失或涂层龟裂，局部出现鱼鳞状脱落时，需重新喷涂涂料。重新喷涂时，不需将原涂层去除，可直接实施第二次喷涂，以延长涂料绝缘子的防污寿命。

(5) CFT-4长效固化防污涂料。CFT-4长效固化防污涂料的基本成分是硅橡胶，适用于各种电压等级的瓷和玻璃绝缘子，以及环氧玻璃钢、已固化的树脂、胶木、绝缘塑料等表面，在常温下4～24h可固化，形成一层有一定弹性的无色透明薄膜。CFT-4长效固化防污涂料具有较好的耐电弧和耐腐蚀性能，抗污染能力强，刷涂后的绝缘表面其污耐受电压可提高30%～50%，具有防潮功能，涂料薄膜层具有良好的粘结性能，与绝缘子表面的结合紧密，表面积污后易于清除，有效期可达硅脂的3倍以上。

CFT-4 长效固化防污涂料由四种原料配制而成，原料的保存期为 1 年，原料配制比例见表 10-4。

1 号原料用天平称量，2 号、3 号、4 号原料采用容积计量（1ml 按 1g 折算）。4 号原料为固化剂，加入量与环境温度、固化时间有关，夏天取 3 份，冬天取 6 份。加入量太多，固化速度过快，刷涂困难。

表 10-4　CFT-4 长效固化防污涂料配制比例

原料名称	1号	2号	3号	4号
份数	100	8	2	3～6

配制顺序：取 2kg 的 1 号原料（配制的涂料可刷涂 $12m^2$ 的表面），将 2 号、3 号原料加入 1 号原料中，用干燥清洁的玻璃棒搅拌均匀至无明显分层现象，然后将 4 号原料加入其中，均匀搅拌，使各种原料在容器内混合均匀后即可使用。

CFT-4 长效固化防污涂料价格较高，工艺要求也较高，为取得良好的效果，使用时应注意以下一些问题。

1）被刷涂表面和刷涂的各种工具使用前应用棉纱、绸布蘸酒精或丙酮清洗干净，如表面粉尘、污秽、水分等，被刷涂表面的清洁程度直接影响运行效果。

2）刷涂应在晴天、无风的情况下进行。

3）涂料固化前具有一定的流动性，刷子蘸涂料时宜少不宜多，以免滴漏，影响均匀性和美观。

4）刷涂时应来回反复多次，保证涂料紧密粘附于被刷涂表面。

5）涂料固化时间在 4～24h，与环境温度和天气状况有关，固化前避免手摸或其他物件碰撞。

6）使用过的工具、器具应及时用苯清洗干净，以备下次使用，但毛刷为一次性使用。

7）配好的涂料应一次性使用完毕。如配制涂料较多，应及时组织人员同时刷涂，避免使用完之前固化。

8）未混合的原料应立即避光、避热、避湿保存。

（6）室温流化硅橡胶。室温流化硅橡胶（RTV）是一种无色透明的液体，可在室温下固化，固化时间与固化剂及催化剂的用量有关。在防污闪技术措施中使用的室温流化硅橡胶的固化时间应控制在 2～3h 为宜。配置好的 RTV 涂料可用喷、刷等方式涂覆到绝缘子表面，涂层厚度应大于 0.5mm，一般应涂覆两遍以上。一次涂刷完毕后，当涂层不流动时即可进行下次涂刷。

RTV 具有优异的憎水性能，且其憎水性具有迁移特性。当涂层表面积聚污秽后，由于硅烷小分子的迁移作用，污秽层表面仍能保持憎水性。

RTV 涂料还具有恢复性能，电弧或长时间水浸等因素导致涂层表面憎水性暂时丧失或减弱，但电弧或水浸等因素消除后，经过一段时间其表面的憎水性可恢复，表面无腐蚀和漏电痕迹。

RTV 涂层的维护和处理工艺简单，不需要特别维护，涂层局部损坏，补涂一层即可，勿需将原涂层去掉。涂层表面的污秽物可用水冲洗掉。

在表面处理技术中，RTV 涂料是目前使用最多最广泛的一种方式。

（7）氟涂料。氟涂料或氟塑料和含氟涂料均具有憎水性强、涂层表面光滑等特点。含氟涂料在常温下固化，喷涂方便。氟塑料喷涂时，绝缘子要加温至 300℃左右。其使用寿命均大于4年。目前，氟涂料尚处于试验阶段。

(8) 常用涂料主要性能比较。常用的防止绝缘子发生污闪的涂料的主要性能见表10-5。

表10-5 常用防污闪涂料的性能比较

性能指标	涂料名称			
	硅油	硅脂	地蜡	RTV
有效期（年）	0.5	1.0	3～4	>5
涂层厚度（mm）	—	1～3	—	0.5
涂料状态	液体	糊状	固体	固体
涂刷工艺	简单	简单	需先加热后刷涂	较复杂
清除难易	容易	容易	难，需加热	虽难但一般不必清除，具有可覆涂性
适用地区	一般污区	一般污区	调爬不能解决的严重污区	沿海和化工污区

10.1.3 绝缘子检查

绝缘子是固定导线的十分重要的绝缘部件，串长和型式决定了杆塔的结构设计。如果绝缘子的质量出现问题，比如出现零值或劣化，将直接减少绝缘距离和表面泄漏距离，降低绝缘子串的耐污闪性能。对于玻璃绝缘子，如果出现零值，会发生自爆，运行时容易发现；对于瓷绝缘子，出现零值或低值，外观不容易发现，因此，对瓷绝缘子必须进行检查和测量，确定是否具有绝缘性能，这是防止绝缘子串发生污闪的重要手段。

(1) 检查周期。根据《电气设备预防性试验规程》（Q/GDW158—2007）的规定，运行中的悬式绝缘子串1～3年、多元件支柱（针式）绝缘子1～2年应进行一次电压分布（或零值）、绝缘电阻、交流耐压等试验检查。运行中，多元件支柱（针式）绝缘子或悬式绝缘子串的电压分布（或零值检查）和绝缘电阻的测量及交流耐压试验可任选一项进行。

(2) 检查方法。

1) 测量悬式和针式支柱绝缘子的电压分布。由于绝缘子的金属部件与接地的杆塔、构架或带电导线之间存在电容，如图5-11所示。因此沿绝缘子串的电压分布不均匀，靠近导线的绝缘子电压降最大，离导线越远的绝缘子电压降逐渐降低，而靠近横担、构架时电压降又将增大，利用这一现象，可对运行中的绝缘子进行检测。

《电气设备预防性试验规程》（Q/GDW158—2007）中给出了35～220kV输电线路绝缘子串电压分布的典型标准（见表10-6），DL/T 487-2000《330kV及500kV交流架空送电线路绝缘子串分布电压》给出了330kV和500kV输电线路分布电压（如图10-3、图10-4所示），当测得的电压分布不符合这一标准时，就表明可能存在异常的绝缘子，见表10-6和如图10-3、图10-4所示。

表10-6 典型绝缘子串电压分布标准（XP-70普通悬式绝缘子的参考值）

工作电压（kV）		串长	绝缘子状态	按由横担起的绝缘子元件顺序的分布电压（kV）													
线	相			1	2	3	4	5	6	7	8	9	10	11	12	13	14
220	127	14	正常	8.0	6.0	6.5	5.0	5.0	5.0	5.0	6.0	6.5	7.0	9.0	12.0	16.0	13.0
			有缺陷，小于	4.0	3.0	3.0	2.0	2.0	2.0	2.0	3.0	3.0	3.0	4.0	6.0	8.0	16.0

续表

工作电压（kV）		串长	绝缘子状态	按由横担起的绝缘子元件顺序的分布电压（kV）													
线	相			1	2	3	4	5	6	7	8	9	10	11	12	13	14
110	65	8	正常	8.0	5.0	5.0	4.5	6.5	8.0	10.0	17.0						
			有缺限，小于	4.0	2.0	2.0	2.0	3.0	4.0	5.0	9.0						
		7	正常	9.0	6.0	5.0	7.0	8.5	10.0	18.5	—	—	—	—	—	—	—
			有缺限，小于	4.0	3.0	2.0	3.0	4.0	5.0	9.0							
		6	正常	10	7.0	8.0	9.0	11.0	19.0								
			有缺限，小于	5.0	3.0	4.0	4.0	5.0	9.0								
35	20	4	正常	4.0	3.5	4.8	8.0										
			有缺限，小于	2.0	2.0	2.0	4.0										
		3	正常	6.0	5.0	9.0	—	—	—	—	—	—	—	—	—	—	—
			有缺限，小于	3.0	3.0	5.0											
		2	正常	10.0	10.0												
			有缺限，小于	5.0	5.0												

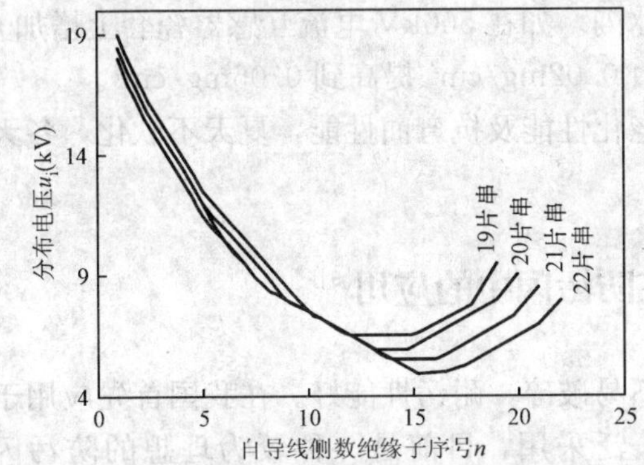

图10-3　330kV交流架空线路绝缘子串分布电压典型曲线

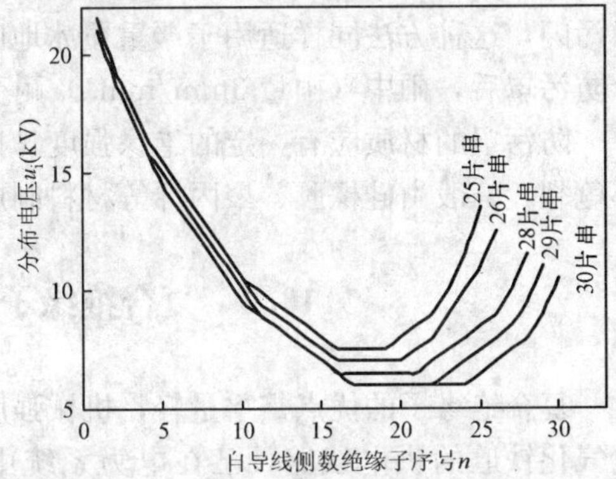

图10-4　500kV交流架空线路绝缘子串分布电压典型曲线

2）检查零值。使用火花间隙测量带电的悬式绝缘子串或多元件（针式）支柱绝缘子的绝缘状况。

3）停电测量绝缘子的绝缘电阻。停电时使用2500V绝缘电阻表测量每只绝缘子的绝缘电阻，正常绝缘子的绝缘电阻值一般不低于300MΩ。

4）停电对绝缘子进行交流耐受电压试验。

（3）检查工具。

1）电压分布测量仪器。

2）低值或零值绝缘子监测仪器。

10.1.4　清扫

在防污闪技术措施中，比较简单的方法就是将积聚在绝缘子表面的污秽污清除，恢复其原有的绝缘水平，这就是运行工作中经常采用的清扫。清扫可分为带电清扫和停电清扫，带电清扫又可分为带电水冲洗、气冲和电动刷等方式。

对线路绝缘子还有带电落地清扫法，即带电作业使导线与绝缘子串分离后将绝缘子落地，擦净绝缘子的污秽再通过带电作业复装到原位的清扫办法。

停电清扫一般用布擦，也可采用溶剂擦洗。

(1) 清扫周期。清扫一般与电气设备检修同时进行，对处于Ⅱ级以上污区的绝缘子未采用其他防污闪技术措施时，应在雾季初期（一般为10～11月）清扫1次，因为11月至次年1月雨量较少，积污量处在一年中的最高值，而且雾天较多，所以在这时进行清扫其防污闪效果最佳。

(2) 清扫方法。

1) 带电水冲洗。当电气设备不能停电清扫，而环境污染又较为严重时，采用带电水冲洗是有效防止污闪的方法之一。

2) 清扫刷。

3) 停电清扫。

10.1.5 防污罩

防污罩又称加强罩，是在绝缘子伞裙之间增加一个直径较大的伞裙套，使绝缘子表面干区增多，电弧发展路径增大，防止雨水将伞裙边缘短路，从而提高污闪电压和防止雨中外绝缘污闪，这种方法同样适用于严重覆冰地区的防冰闪。如在500kV电流互感器瓷套上增加6个防污罩后，雨中（雨量3mm/min.）耐受盐密由0.02mg/cm^2 提高到0.06mg/cm^2。

防污罩的材质应有一定的绝缘强度、抗自然老化性能及抗弯曲性能，夏天不软化，冬天不龟裂，一般由硅橡胶、聚丙烯等材料制成。

10.2 复合绝缘子及其在防污闪中的应用[5]

复合绝缘子的优点是重量轻，机械强度高，不易破碎，耐污性能好。在我国首先应用于电气化铁道的供电线路，已在电力系统中得到广泛采用，目前是一种较为理想的防污闪方法。

复合绝缘子由芯棒、伞裙护套和连接金具组成，按其安装方式分为悬挂式、相间间隔棒和紧凑型杆塔用的横担式等。

芯棒是复合绝缘子的内绝缘，用来承受机械负荷，由高强度的玻璃钢引拔棒或高强度瓷棒制成。

伞裙是复合绝缘子的外绝缘，用来保护芯套不受大气的侵蚀，提供必要的爬电距离，提高耐污性能。伞裙通常为硅橡胶、乙丙橡胶等高分子聚合物为基体，添加多种填料、偶联剂等经特殊工艺制成。

连接金具装在复合绝缘子的两端，形成上下两电极，保护芯棒两端，并将复合绝缘子的绝缘部分与杆塔和导线相连，由合金材料制成。

为改善复合绝缘子的电场分布，对110kV及以上的复合绝缘子应加装一对用无缝钢管并热镀锌或铝合金制成的圆形均压环，降低高压电极附近的最大场强值，避免该处产生电晕放电以及造成金属端头及邻近伞裙的电腐蚀。

均压环还有一个重要作用，就是引弧，它可以使电弧发生在两均压环之间，从而保护伞裙和金属端头不被电弧灼伤，因此均压环又称引弧环或均压屏蔽环。

10.2.1　憎水性表面的污闪特性

复合绝缘子伞裙表面具有很好的憎水性，并且其憎水性具有迁移特性，因而在污湿环境中具有较高的污闪电压，是一种广泛应用的防污闪技术，但运行经验表明复合绝缘子也会发生污闪。

复合绝缘子的污闪过程与瓷和玻璃绝缘子一致，也分为四个阶段，即积污、污秽湿润、形成干带并产生局部电弧、局部电弧发展成完全闪络，但由于其表面具有憎水性，因此其污闪过程与亲水性表面还存在差异。硅橡胶复合绝缘子与瓷和玻璃绝缘子污闪性能的差异在污闪的各个阶段均有反映，其特点主要体现在以下几方面。

（1）在积污阶段，复合绝缘子伞裙结构简单，伞下无棱，这对于减少积污是十分有利的。但硅橡胶复合绝缘子表面的电阻率高，伞裙护套因与大气中的粒子摩擦而容易带电，从而容易吸灰，这对于减少积污是不利的。

目前对瓷绝缘子的长期自然积污规律已有多年研究，而对硅橡胶复合绝缘子的积污规律，目前研究较少，亟待加强。

（2）在污秽受潮阶段，由于硅橡胶复合绝缘子的憎水性具有迁移特性，使污秽层也具有憎水性，从而使污层不易受潮，因此其表面的水滴具有互相分离的特征，不会形成连续的水膜，沿面泄漏电流远低于同等污秽程度下瓷和玻璃绝缘子，这对于提高硅橡胶复合绝缘子的污闪电压是非常有利的。但硅橡胶复合绝缘子的憎水性在运行中若遇长时间下雨等潮湿条件，其憎水性就可能暂时降低或严重下降，最严重时可能导致暂时丧失憎水性，这时硅橡胶绝缘子的伞裙结构和型式对污闪电压的影响则显得较为明显。由于其伞型结构的特点在硅橡胶复合绝缘子的表面丧失憎水性后，其污闪电压仍高于相同爬距的瓷和玻璃绝缘子。

（3）有效污秽度。染污绝缘子表面的污秽程度可由多种特征参数来表征，如反映积污过程的等值盐密，反映积污和受潮过程的表面电导率，反映积污、受潮和干区形成并产生局部电弧三个阶段的泄漏电流，以及反映污闪全部四个阶段情况的污闪梯度等。这些参数各有优缺点，其中最常用的是等值附盐密度，具有直观易懂，对测量人员和设备的要求不高，我国和世界其他各国都积累了不少经验。但等值盐密所存在的缺陷也是很明显的，如忽略了污秽物中不导电成分的影响；用 NaCl 等值代表各种电解质成分，无法反映不同污秽种类的差异；无法反映污秽物在绝缘子表面的分布；与污闪的其他各个阶段没有联系等等。其他污秽度参数在绝缘子污秽性能评定及实际使用中，也各有不足之处。

所谓“有效污秽度”的概念是从另一角度出发考虑问题。众所周知，干燥的污秽几乎不导电，污秽量的多少在干燥情况下对绝缘子的污秽性能暂时没有影响。在潮湿天气，绝缘子表面的污秽存在一个逐渐吸潮，电解质逐渐溶解导电的过程，在降水量足够大时，还有一个逐渐流失的过程。也就是说，等值盐密检测到的绝缘子表面的污秽并不是全部同时参与导电、参与污闪过程的。在一部分电解质已经溶解导电时，另一部分电解质还处于干燥状态，而当这一部分电解质开始受潮，参与导电时，前一部分电解质可能已经流失了。在绝缘子的受潮过程中，在任何一个瞬间能够参与导电的只是全部污秽物中已经溶解且并未流失的那部分污秽，这部分污秽才是对绝缘子污秽性能起作用的部分，称之为“有效污秽”。

有效污秽量是随时间而不断变化的，从绝缘子开始受潮到电解质大量流失，绝缘子表面的有效污秽存在一个开始逐渐增加、然后逐渐下降的过程。当有效污秽最大时，是绝缘子闪络的最危险时刻，这个最大值称之为"最大有效污秽"，转换到单位表面积的污秽度，即最大有效污秽度。对于污秽绝缘子的闪络，影响最为严重的是最大有效污秽度，简称这个最大有效污秽度为"有效污秽度"（effective contamination deposit density，ECDD），其量纲仍然是等值盐密的量纲，即 mg/cm^2。

绝缘子的有效污秽度与绝缘子的积污量、污秽分布以及受潮过程与受潮程度均有密切关系，同样等值盐密的绝缘子，若污秽的溶解速度快而流失速度慢，则有效污秽度就高，反之有效污秽度就低。

由于硅橡胶复合绝缘子表面具有憎水性迁移特性，其表面的污秽溶解速度大大低于亲水性的瓷和玻璃绝缘子表面，且雨滴在憎水性表面较亲水性表面容易滚落，因此污秽的流失速度比瓷和玻璃绝缘子快，甚至在降雨量不大的小雨情况下，憎水性表面的污秽也会被部分冲走，而瓷绝缘子表面的污秽在这种情况下则不易得到清洗。对于瓷和玻璃等亲水性表面，在大雾等上、下表面均匀受潮条件下，一价盐污秽在开始流失前就已经几乎全部溶解，因而其有效污秽度与等值盐密比较接近。而对于憎水性的硅橡胶复合绝缘子表面，由于电解质溶解速度缓慢，在全部电解质溶出前，就有部分电解质开始了逐步流失过程，因而其有效污秽度可能低于等值盐密法测量得到的污秽度，即在等值盐密相同的情况下，憎水性表面的有效污秽度比亲水性表面的低。

因此，硅橡胶复合绝缘子具有较好的耐污性能表现在两个方面。一是憎水性表面的互相分离的水珠分布大大提高了沿面电阻，抑制了沿面的泄漏电流；二是憎水性表面的有效污秽度降低，使硅橡胶复合绝缘子表面参与导电的污秽物明显减少。

硅橡胶绝缘子在长时间受潮的条件下憎水性会逐渐下降，严重时甚至丧失。憎水性的丧失是一个因受潮而逐渐下降的过程，硅橡胶表面的污秽物部分会流失，使其污秽程度降低，从而提高其污闪电压。这时需要合理设计复合绝缘子的伞裙结构。

(4) 憎水性及污秽度对复合绝缘子污闪性能的影响。复合绝缘子的污闪电压不仅与憎水性强弱有关，还与污秽度有关。在盐密相同时，复合绝缘子的污闪电压随其表面的憎水性的增强而提高，从完全亲水性状态提高到憎水性很强的状态，其污闪电压提高70%～80%。

在憎水性相同时，复合绝缘子污闪电压随表面污秽度的降低而提高，盐密从严重污秽的0.3～0.4mg/cm^2 降低到轻污秽的 0.02mg/cm^2，污闪电压提高约 70%，即使在憎水性很强时，污闪电压也是随污秽度的增加而降低。因此，复合绝缘子的污闪电压是由其表面憎水性状态和污秽度共同决定的，仅由污秽度或憎水性一个参数不足以判断其污闪性能。

(5) 伞裙结构的影响。在影响绝缘子污闪性能的各因素中，等效直径是其中重要的一个。同样等值盐密下，等效直径越大，污闪电压越低。与瓷和玻璃绝缘子相比，复合绝缘子的杆径和伞裙直径小得多，因此其等效直径也小得多，所以其污闪电压相对较高。在复合绝缘子憎水性减弱或完全丧失的情况下，伞裙结构的影响则尤为明显。

人工污秽试验结果表明，即使在憎水性完全丧失的情况下，在等值盐密为 0.02～0.10mg/cm^2 的试验范围内，由于等效直径的优势，复合绝缘子的污闪电压比瓷和玻璃绝缘子的污闪电压高 20%以上。

在设计复合绝缘子时，应合理设计复合绝缘子的等效直径，合理配置伞裙的结构尺寸。

对瓷和玻璃绝缘子的伞型尺寸，IEC 60815 已经有明确的推荐数据，但对于复合绝缘子的伞型尺寸，目前国内外标准均没有推荐数据。根据目前的研究结果，一般来说，复合绝缘子的总爬距（L）与绝缘距离（h）之比不宜超过 3.0～3.5，最好在 3.0 以下。如果过分追求爬距，导致的结果是伞裙密集布置，可能提高复合绝缘子的等效直径，从而可能降低复合绝缘子的污闪电压。

10.2.2　复合绝缘子表面的水珠引发的电晕放电

复合绝缘子表面憎水性丧失后其耐污闪性能降低，但导致硅橡胶复合绝缘子表面憎水性降低的原因是什么？目前还有很大的争议。其中有观点认为是硅橡胶表面分离水珠引发的电晕放电导致的，因此，本节分析水珠引发的电晕放电。

在适当的场强下，水珠会引发电晕放电，如图 10-5 所示。复合绝缘子表面的水珠放电一般从“水一空气一介质”三重连接点开始，电场计算结果也表明该区域的电场增强最为明显。

随着外加电场的增强，电晕逐渐加强，电晕区域也逐渐扩大。因此电晕不仅可能产生于三重连接点附近，也可能发展为相邻水珠之间、水珠与电极之间的流注放电，或者一开始就以强烈的流注形式出现，流注发展将直接导致闪络。

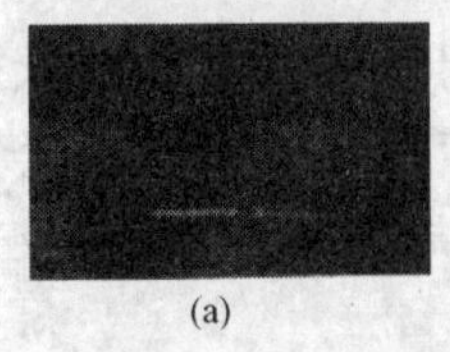
(a)

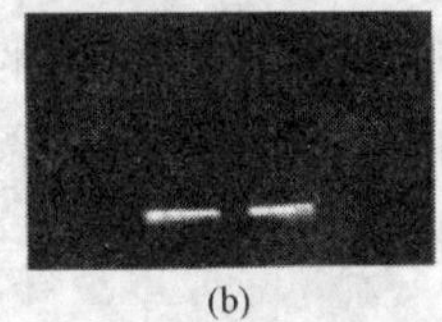
(b)

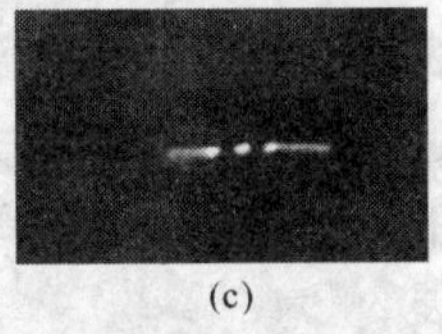
(c)

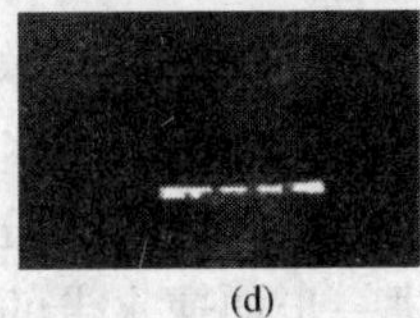
(d)

图 10-5　水珠电晕照片

(a) 1 个水珠；(b) 2 个水珠；(c) 3 个水珠；(d) 4 个水珠

硅橡胶复合绝缘子表面憎水性易于丧失的区域主要有：杆径部位，特别是杆径与下伞交界的区域；伞裙上下伞面的边缘，主要是下边缘。现场运行硅橡胶复合绝缘子的憎水性减弱往往呈现出从高压端向绝缘子中部发展或从二端向绝缘子中部发展的趋势。

泄漏电流烘干局部表面产生干区是干带电弧放电产生的重要前提。在硅橡胶复合绝缘子表面多数区域保持不同程度憎水性的情况下，复合绝缘子表面的泄漏电流显然会限制在很小的范围内，因此干带电弧不可能是复合绝缘子憎水性丧失的主要原因。与干带电弧放电不同，水珠电晕放电的发展仅取决于局部电场的强弱，在泄漏电流工频分量很小的情况下仍然可能发生。而上述憎水性易于降低的区域及其变化趋势又恰恰反映了局部电场增强的重要影响，因此水珠电晕放电对硅橡胶复合绝缘子表面憎水性丧失有不可忽视的重要作用。

很多文献研究了水珠电晕放电对硅橡胶复合绝缘子表面憎水性的影响机制。一般认为水珠电晕放电导致硅橡胶的表面丧失憎水性的机制是：放电消耗了硅橡胶表面的甲基基团，导致硅橡胶表面碳元素含量减少而氧元素含量增加，进而形成一个亲水性的、类似于二氧化硅结构的硅氧密集交联薄层。电晕放电的长期作用会导致憎水性下降和材料性能的逐渐劣化。通过改善电场分布才能抑制或减弱这种放电的不利影响。这是复合绝缘子设计中应重视的问题。

10.2.3　复合绝缘子雾中受潮的闪络特性

复合绝缘子在雾中受潮时其表面分布有大量的小水珠。如图 10-6 所示。这些水珠的直径大都小于1mm，而水珠之间的间距则更小，只有少数水珠的直径会达到3～4mm（体积10～20μL）。带电受潮与不带电受潮有差异。带电受潮的速度较快，在电场力作用下，细小水珠容易合并，短时间内就可形成较大的水珠；不带电受潮时，出现较大水珠的速度明显减慢，并且会以相对较为密集的方式分布。

雾中受潮时，典型憎水性表面的闪络发展过程如图10-8所示。作为对比，图10-8中同时给出了亲水性状态下试品污闪时的照片。水珠在交流电场的调制作用下会出现周期性振动现象。临闪阶段，沿电场最强方向的相邻水珠会合并，并逐渐形成宽度0.5～1.0mm左右的细长水带。此时绝缘子表面出现一个由水珠、水带以及干区组成的、局部电场显著增强的通道。绝缘子表面密布的小水珠在水带的形成中起了重要作用。

由图10-7还可以看出，憎水性表面的闪络速度远高于亲水性表面的闪络速度。在2000帧/s的记录速度下，并未观测到电弧的熄灭、重燃和发展延伸的现象。同人工水珠临闪阶段的情况一致，所有的闪络过程都是在一帧之内（0.5ms，曝光时间25μs）完成的。在亲水性表面的污闪过程中，导致最终闪络的电弧的发展速度较小，仅60～100m/s，能够观测到明显的爬电过程。图10-8是闪络前后三帧的表面闪络典型现象，这些照片清楚地显示了"水珠一水带一干区"通道与最终沿面闪络典型现象，图10-8分别展示出4组憎水表面的闪络过程。

雾中受潮时，绝缘子表面密布了大量的细密水珠，在电场力的作用下，这些细密水珠会彼此并合，而较大的水珠也可能会拉长。这是因为在合适电场的条件下，绝缘子表面会形成大致沿电场方向的细长水带。水带的形成大大增强了端部电场，这种局部电场的增强反过来又会进一步加速水带的发展。

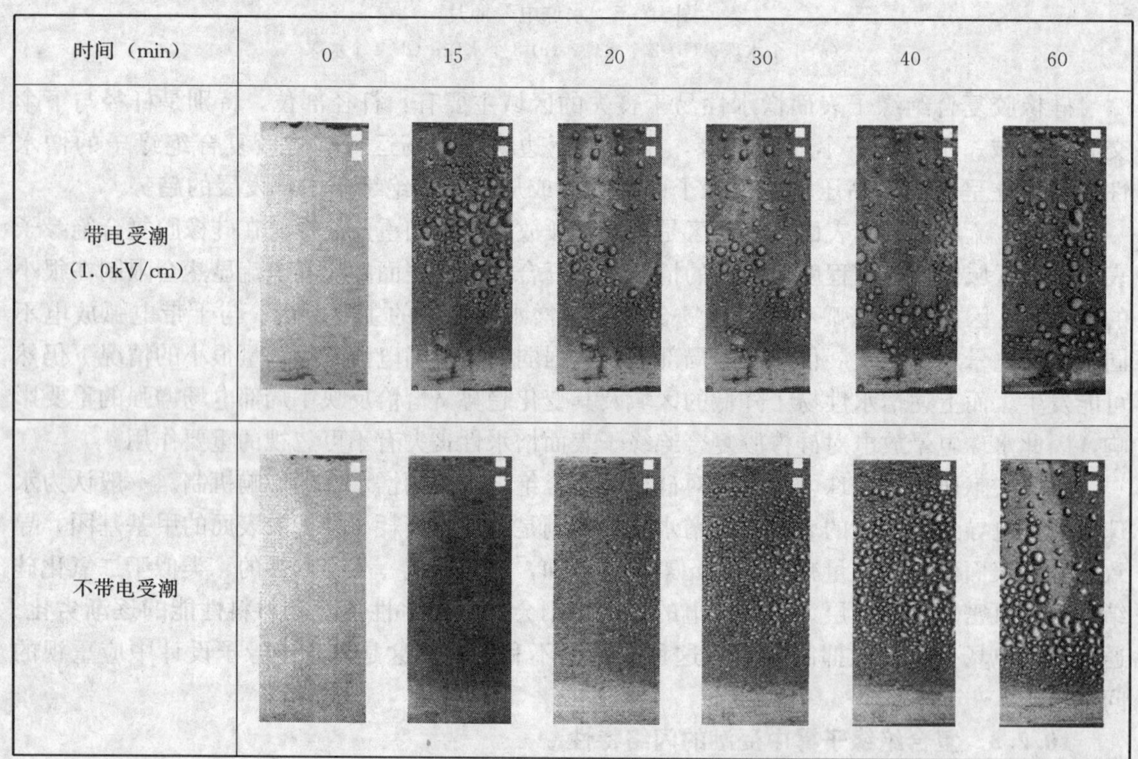

图10-6 憎水性表面雾中受潮情况（实际雾）

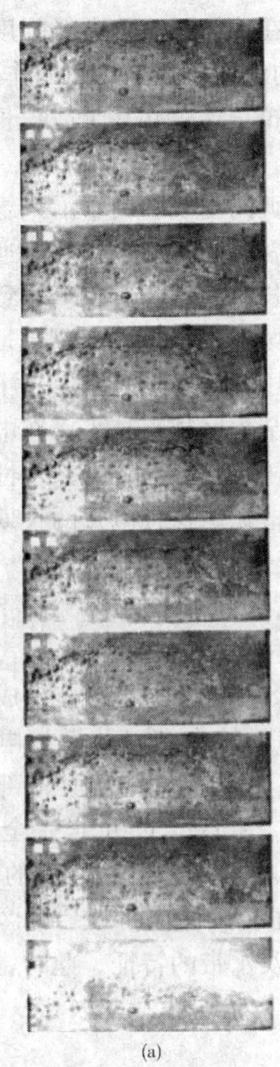

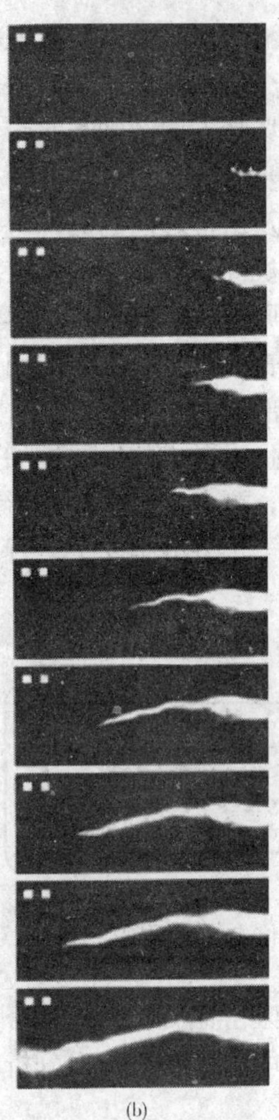

(a)　(b)

图 10-7　临闪阶段电弧发展状态（拍摄速度 2000 帧/s，曝光时间 25μs）

(a) 憎水性表面，水带形成，突然闪络；(b) 亲水性表面，电弧逐渐发展

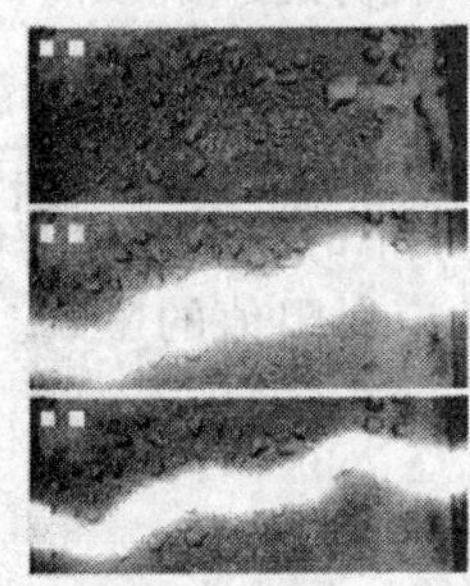

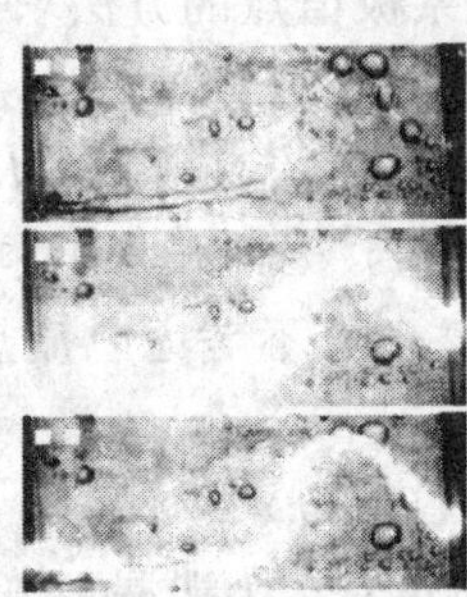

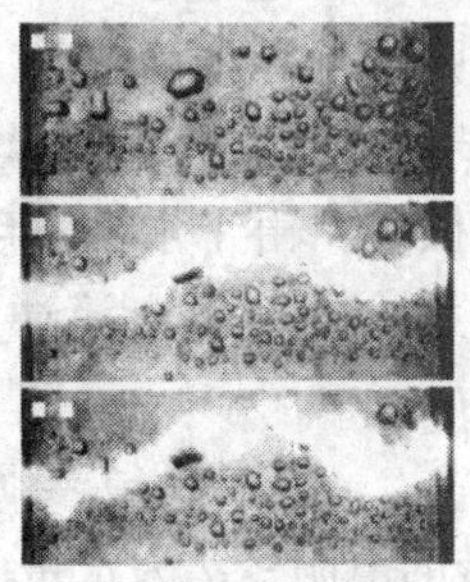

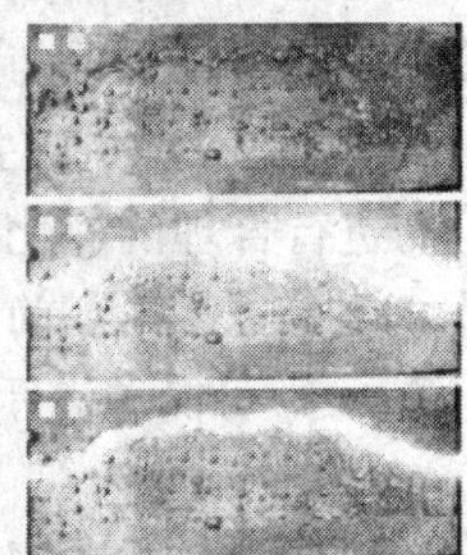

图 10-8　憎水性表面闪络前后三帧的典型照片

10.2.4　污湿条件下憎水性表面闪络机理

由于雾滴碰撞、冷凝等作用，绝缘子表面逐渐积聚起细密的水珠。随受潮时间增加，水珠的体积逐渐增大。表面污层中的可溶成分会逐渐溶于水中，使得水珠电导率增加，在外界扰动以及电场力的作用下，部分水珠融合形成较大的水珠。同时，一些体积较大的水珠会从

绝缘子表面滑落，其原来位置及滑落的通道又会逐渐受潮。在绝缘子表面电场强度较高的部分，如端部（特别是高压端）、杆径及伞裙边沿部位，细密的水珠会在电场力的作用下合并，形成大致沿场强方向的细长水带，大的水珠也会沿电场方向拉长。这些水带或拉长水珠两端的场强进一步得到加强。

水珠以及水带之间的局部电场增强将导致一些局部水电弧的出现。由于沿绝缘子表面水珠分布的随机性，放电在场强较高的区域到处可见。水珠的融合和运动以及并行通道放电的发展会抑制原有放电的发展，尽管这些放电的能量很小，但长时间作用后将会导致局部憎水性的减弱与丧失。某一水带的明显发展会抑制周围其他方向场强，如果受潮严重，会沿电场方向形成局部的“水珠一水带”通道。通道形成后，主要电压施加于干区之上。干区中的电场得到了加强，通道的发展被加速。如该通道继续发展，剩余干区越来越小。在电压条件满足的情况下，剩余干区击穿并形成最终的闪络。如果运行电压不足以导致该亲水性细水带的闪络，绝缘子仍将继续安全运行，但可能产生能量较高的小电弧。这种电弧的长期作用会造成憎水性的丧失，甚至电蚀的出现。

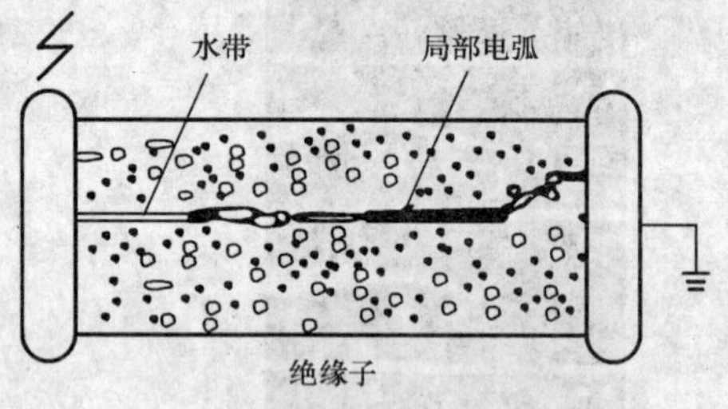

图 10-9　憎水性表面闪络过程示意图

憎水性表面的闪络过程可以用“水带”与“干区”串联的模型来描述，如图 10-9 所示。实际的绝缘子表面由“水带”及“干区”两部分组成。这里的“水带”包括水珠、实际的水带以及微放电通道，其特征是直接导致绝缘子表面沿轴向的其他部分承担了主要的运行电压；而“干区”也并非完全干燥未受潮，其中也有密集分布的细微水珠或较大的分离水珠。

临闪阶段，水带逐渐拉长，而剩余干区则逐渐减少。剩余干区击穿后，闪络是否发生取决于所施加的电压以及水带的特征。此时，可以用典型的电弧一电阻串联方程来分析电弧的稳定性，则有

$$U = AxI^{-n} + IR(x) \tag{10-1}$$

式中：x 为弧长即剩余干区长度；I 为电流；R（x）为水带电阻；A，n 为静态电弧特性常数；右边第一项 AxI^{-n} 代表局部电弧压降；第二项 IR（x）代表水带所承受的电压。

闪络是否发生的判据，可以通过求 x-I 关系极值点的方法求得。在方程求解以前，需要首先确定水带电阻与电弧的静态特性常数。

水带电阻 R（x）主要取决于水带的形状及电导率。实际上，R（x）的实际变化相当复杂，需进行合理的简化和假设。由于水带宽度很窄，因此弧根处电流集中的效应可以忽略。另外，剩余干区击穿前并无大的持续电流通过，也可不考虑电流热效应对阻值的影响。因此，R（x）可简单表示为

$$R(x) = R_{p}d(L - x) \tag{10-2}$$

式中：R_{p} 为单位面积水带的电阻；d 为水带的宽度；L 为泄漏距离。

式（10-2）中的电弧参数 A，n 与各种影响弧柱游离与消游离过程的因素有关，对不同的作用电压、介质条件，其值相差很大。这里以亲水性表面局部电弧的伏安特性的一组实测结果，A，n 分别为 138（交流电弧为 140）和 0.69（交流电弧为 0.67）来计算闪络电压。事实上，在憎水性表面，由于水带的电阻很高，限制了临界电流的发展，因此电弧参数的适用性还需要进一步的试验研究。

由式（10-1）、式（10-2）可得临界干区长度 x_c 与临界闪络电压 U_c 为

$$x_c = L/(n+1) \tag{10-3}$$

$$U_c = A^{1/(n+1)} L(R_p d)^{n/(n+1)} \tag{10-4}$$

在分析憎水性表面污闪的过程中，基本方程的形式和电弧失去稳定的判据与亲水性表面的污闪模型一致，因此水带宽度 d 对闪络电压的影响类似于亲水性表面污闪模型中绝缘子的等效直径 D_e。对憎水性表面临闪前通道的实测结果表明，d 为几个毫米的数量级甚至更小，而绝缘子的等效直径 D_e 一般都大于 40mm。d 和 D_e 的明显差异导致了两者闪络电压之间的显著差别，这也是憎水性表面闪络电压显著提高的主要原因。

亲水性表面的污闪过程中，污层在泄漏电流的烘干作用下会产生干带。这些干带因承担了主要的工作电压而击穿，此时局部电弧的弧长或电弧电流可能都不能满足临界闪络的条件，因此局部电弧有一个发展、减弱、继续发展并不断延伸的过程。显然，干带的形成是闪络的先决条件。而在憎水性表面，水带的发展延伸是闪络过程中的主导因素。剩余干区击穿时，水带的长度已是可能的最大值，如果 $U \geqslant U_c$，沿面闪络将立即发生。因此，闪络前电弧不表现出明显的发展延伸过程，电弧的发展速度远高于亲水性情况。如果此时的 $U < U_c$，在短时间内闪络将不会生，除非憎水性状况明显下降或受潮条件明显加重。因此，尽管该模型与亲水性表面的污闪模型在表述方法上相同，但实际的物理过程却有明显的差异。从图10-10可以看出，在不考虑伞间电弧桥接的情况下，复合绝缘子的污闪电压由泄漏距离、水带宽度 d 和单位面积的电阻 R_p 决定。而 d 和 R_p 主要取决于绝缘子表面的亲水性状态和积污状态。如果按照喷水分级法来衡量绝缘子表面的憎水性，HC1～HC5 级的表面上的雾水基本上都是以分离的状态存在，并未形成大片的连续水膜。因此，最终闪络通道同样会形成“水带一水珠一干区”，该通道的宽度远小于绝缘子的等效直径，因此闪络电压依然明显高于亲水性时的值。

另一方面，由于亲水性表面最终的闪络由水珠一水带通道形成，因此表面积污的状态即使在憎水性很强的情况下依然对闪络电压有重要的影响。此时，污秽的作用主要通过水带一水珠的电阻来体现，而非电场强度。高电导率水珠的电场增强更为明显，有利于小水珠之间的合并，也对闪络电压产生间接的作用。

10.2.5　复合绝缘子的耐污闪性能

（1）雾中受潮与闪络。清洁雾试验中，人工雾包括蒸汽雾、冷雾及冷热混合雾几种，其能见度多在 1～3m。瓷绝缘子在雾中饱和受潮的时间一般在 15～30min，当绝缘子的温度低于雾室中的温度时，冷凝作用十分明显，饱和受潮的时间可能更短。复合绝缘子在雾室中达到充分受潮的状态则困难得多。一方面受憎水性的影响，雾滴不易吸附于污秽物质表面，盐分的溶出非常缓慢；另一方面有机合成材料的热容量很小，表面不易形成冷凝，因此即使在憎水性较差的情况下，受潮也比瓷绝缘子慢。随着受潮时间的增加，泄漏电流逐渐增大。憎水性越强，泄漏电流越小。在人工污秽试验中，憎水性表面的充分受潮时间约为 100～120min，远远大于亲水性表面的饱和受潮时间。污层表面没有憎水性的复合绝缘子，受潮时间稍长于瓷绝缘子，约为 30min。

（2）复合绝缘子的污闪性能。随着迁移时间的增加，复合绝缘子的污闪电压逐渐增大，并且有饱和的趋势，如图 10-10 所示。迁移 4～5 天后，几个盐密系列的闪络电压均基本饱和。此后，迁移时间的继续延长不再导致污闪电压的明显增加。另一硅橡胶复合绝缘（$ESDD=0.02\text{mg/cm}^2$）的污闪试验表明，迁移 80 天后的闪络电压与迁移 4 天的相比提高

不到8%。

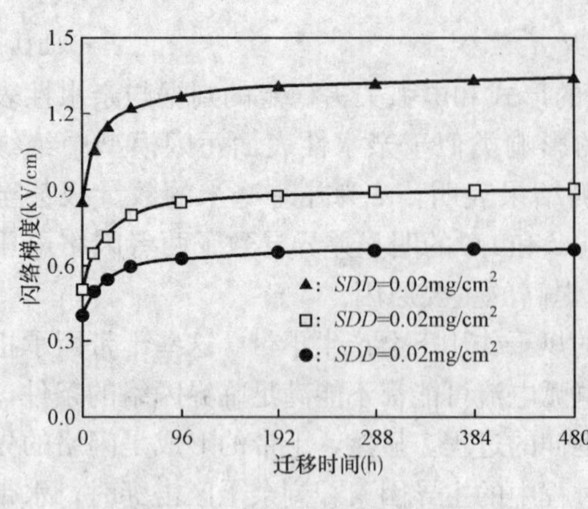

图 10-10 污闪电压随时间的变化

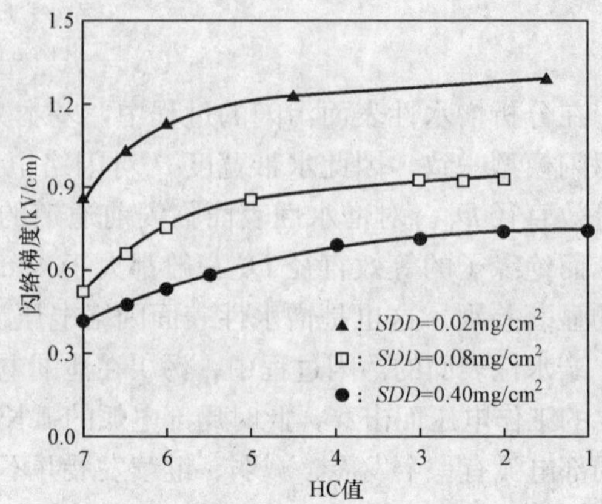

图 10-11 污闪电压随 HC 值的变化

迁移时间增加时污闪电压的变化趋势与用 HC 值表示的憎水性的变化趋势基本一致，污闪电压与对应的 HC 值之间的关系如图 10-11 所示。憎水性增强，污闪电压随之增加。憎水性充分迁移的绝缘子闪络电压与亲水性状态的闪络电压相比，分别提高了 50%～80%不等，盐密大时提高的幅度更大些。当憎水性由 HC7 变到 HC5～HC6 时，绝缘子污闪电压的增幅最大，约占总增量的 60%～80%。憎水性继续增加时，闪络电压的变化趋于平缓。

硅橡胶复合绝缘子的人工污层表面的憎水性达到 HC5～HC6 一般需要 12～24h 的迁移，此时接触角已经大于 100°，基本饱和。从试验现象上看，迁移 6h（HC6，接触角大于 90°）受潮 2h 后，绝缘子表面也仍然只有 5～10mm 不规则的分离的水珠或水片，并没有形成大面积的连续水膜。从放电现象的角度看，升压过程中，HC5～HC6 的绝缘子表面有星星点点的放电，与憎水性强的表面相似，不同于亲水性表面局部电弧主要在杆径上发展的闪络现象。此时最终的闪络通道同样由“水带—水珠—干区”组成，而水带的宽度远小于绝缘子的等效直径，因此闪络电压依然明显高于亲水性时的值。因此，复合绝缘子表面憎水性的部分下降并不导致其污闪电压的明显下降。

另外，从图 10-11 可以看出，相同的 HC 值条件下，污秽度不同的绝缘子，闪络电压存在明显的差异。即使在憎水性很强的情况下，污秽度对闪络电压仍有不可忽视的影响。因此，清华大学专门研究了闪络电压与污秽度之间的关系。如图 10-12 所示，憎水状态相同的情况下，盐密越大，闪络电压越低，并且随着盐密的增加，污闪电压的下降趋势逐渐缓和。污层表面具有优异的憎水性时，即 HC1～HC3 的情况，尽管水分在污层表面完全以分离的水珠形态存在，污闪电压随盐密下降的关系依然存在。与图 10-12 中瓷绝缘子 XP—70 的污闪特性曲线相比，从整体上看，复合绝缘子污闪电压随污秽度的变化趋势与瓷绝缘子相同。而且即使在完全亲水性的状态下，复合绝缘子的污闪电压仍然明显高于瓷绝缘子的污闪电压。亲水性状态下，复合绝缘子和瓷绝缘子的差别在于形状结构的明显不同以及材料热容量的不同。

瓷绝缘子的热容量很大，温度不易改变。所以在温度较高的雾室中，水蒸气在污层表面的冷凝作用明显，污层能够很快饱和受潮，而且绝缘子各个部位的湿润程度基本均匀，表面电导率接近或达到了最低值。对于复合绝缘子来说，由于有机合成材料的热容量低，容易与环境温度保持一致。在热雾中受潮时，温度导致的冷凝作用不明显，污层湿润的速度降低，绝缘子表面各个部分受潮程度的差异也较大。

(3) 复合绝缘子耐污闪性能的评估。在形状结构确定的情况下，复合绝缘子的污闪电压由污层表面的亲水性状况与污秽度共同决定。憎水性与污秽度分别用 *HC* 值和等值盐密 *ESDD* 来表示。总结污闪电压梯度 E_f 与 *HC*。*SDD* 之间的关系见图 10-13，图 10-13 中各条曲线分别对应不同的憎水性状态。由于 *HC* 值超过 HC5～HC6 级以后，憎水性的继续增加带来的污闪电压并不明显，因此图 10-13 中将 HC1～HC3 级合并显示。在确定复合绝缘子表面的 *HC* 值与等值盐密 *SDD* 以后，就可以很方便地从图 10-14 的曲线簇中估计出该绝缘子的污闪电压水平。

对于污秽地区实际运行的绝缘子，多数情况下复合绝缘子表面的憎水性与污秽度的分布都是不均匀的。由于雨水的清洗作用，绝缘子上、下伞面的污秽度会有明显的差异。受主要污源方向的影响，绝缘子沿扇面的污秽分布会有所差异。绝缘子端部的电场集中也会导致靠近端部的伞裙积聚更多的污秽物质。而上下伞面的憎水性、面向与背向主要污源方向的憎水性、端部附近伞裙的憎水性与绝缘子中部伞裙的憎水性也都有所不同。

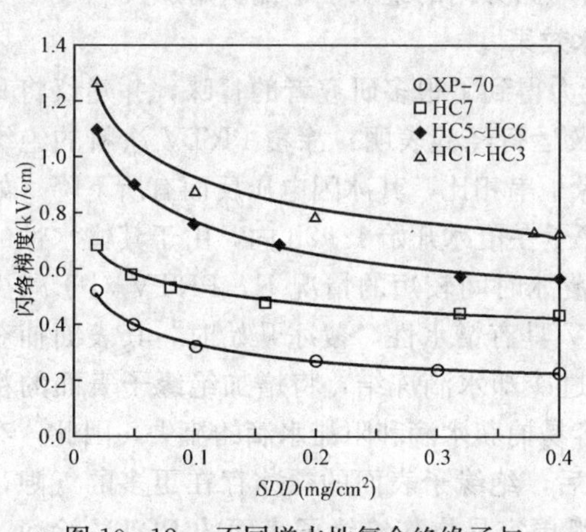

图 10-12　不同憎水性复合绝缘子与瓷绝缘子污闪电压的比较

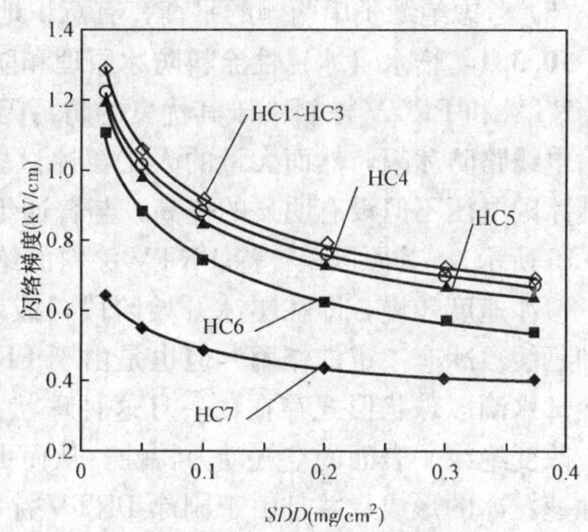

图 10-13　不同憎水性等级下复合绝缘子污闪电压与污秽度之间的关系

10.3　防止绝缘子冰闪方法和技术措施

总体上讲防止绝缘子冰闪的措施分为两类：一是防止绝缘子覆冰或对绝缘子进行有效除冰，二是防止绝缘子覆冰闪络。

热力除冰、机械除冰、自然脱冰等是目前实用较多的除冰方法。热力除冰就是利用附加热源或绝缘子自身发热，使冰雪在绝缘子上无法积覆，或者使已经积覆的冰雪熔化；机械除冰就是利用机械外力手工或者自动强制使绝缘子上的覆冰脱落；自然脱冰就是在导线上安装阻雪环、平衡锤等装置可以使导线上的覆冰堆积到一定程度时，在风或其他自然力的作用下使冰雪自行脱落。这些防冰除冰的方法有的是应用在导线上的，有的是应用在绝缘子上，一般来说，其防冰除冰的效果不好，因此防止覆冰绝缘子闪络主要应提高绝缘子的冰闪电压。

阻隔导电率高的融冰水形成闪络通道“水帘”，是提高覆冰绝缘子串冰闪电压的基本措施和方法。可采取以下措施防止覆冰绝缘子闪络。

(1) 憎水性防冰涂料。

(2) 复合绝缘子。

(3) 采用 V 型串或者倒 V 型绝缘子串。这种安装方式的等串长绝缘子串比垂直串可以提高冰闪电压 10%～20%。

(4) 直线单联瓷或玻璃绝缘子的上部、中部、下部加装三个大帽瓶，隔断绝缘子的冰柱。比如在试验研究中采用“2＋1”、“3＋1”、“4＋1”等方式，即每二、三、四片标准绝缘子加装 1 片空气动力绝缘子，且其半径大于标准绝缘子 50mm，其覆冰闪络电压提高 15%～35%。图 10 - 14 为不同插花方式 FC 100/146 绝缘子串的交流冰闪特性。

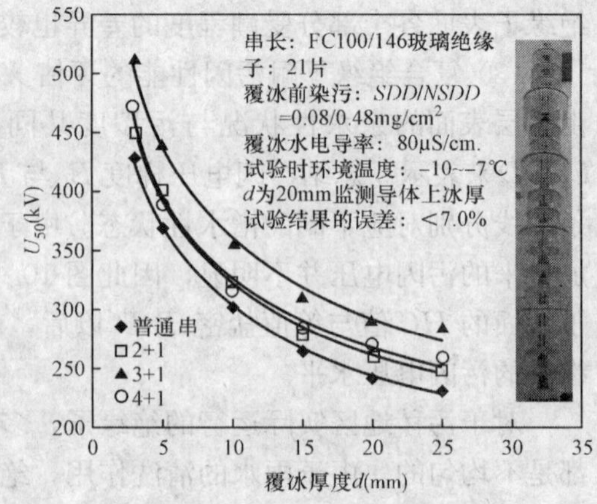

图 10 - 14　FC 100/146 绝缘子串不同插花方式的闪络电压比较

(5) 考虑绝缘子串两侧的平衡，有意识地将顺路方向的绝缘子串偏斜角加大。

10.3.1　憎水（冰）性涂料防冰原理和防冰效果

RTV 和 PRTV 涂料由于其优良的防污闪能力得到了很多研究者的青睐，并建议将其用于输电线路防冰闪，然而大量的人工覆冰试验及运行经验表明：涂覆 PRTV 涂料的绝缘子串其冰闪电压不但没有明显的提高，与普通绝缘子串相比，其冰闪电压反而有所下降（如图 10 - 15 所示）。其原因是：涂 PRTV 涂料的绝缘子在覆冰开始 1～2h 内，由于其憎水性的作用，覆冰速度较慢，即在覆冰开始阶段，或者覆冰时间较短的情况下，PRTV 对于减少覆冰和延缓覆冰有一定的作用。但也是由于 PRTV 具有憎水性，覆冰开始时，其表面捕获的过冷却水滴以珠状形式存在，一旦这种珠状的过冷却水滴冻结，将增加绝缘子表面的粗糙度，改变绝缘子表面的空气动力特性，从而更容易捕获水滴和阻滞水滴的流失，因此，有可能加速覆冰的形成，并且由于刷涂 PRTV 涂料后，绝缘子表面的覆冰存在更多的气隙，放电更易在绝缘子表面而不是冰面发展，因此电弧更容易烧伤绝缘子表面的 PRTV 涂料，烧痕迹十分明显。因此，在严重覆冰地区，是否应该使用涂料值得商榷。

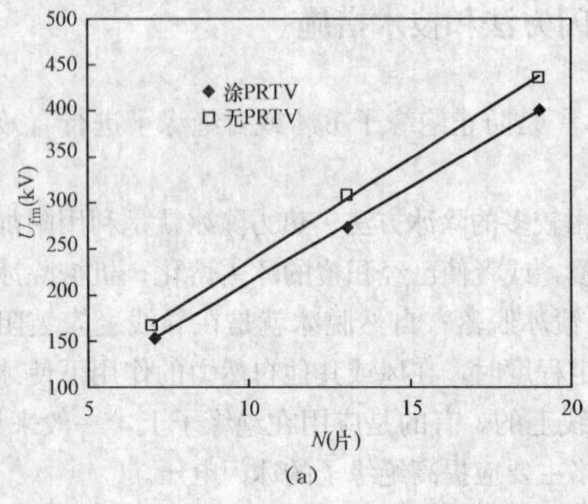

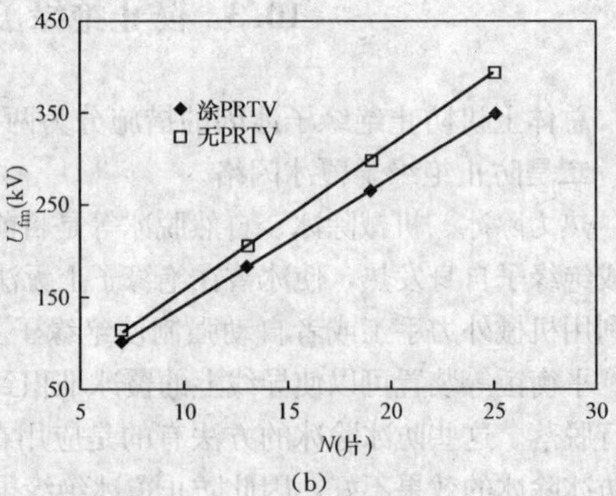

图 10 - 15　FC 100/146 绝缘子串有无防涂料的闪络电压比较

(a) 覆冰期；(b) 融冰期

10.3.2　间插布置方式提高绝缘子串冰闪电压

大量试验研究结果表明，覆冰绝缘子串的冰闪电压与绝缘子型式没有明显关系。当绝缘子串严重覆冰时（即串长的2/3被冰凌桥接），其闪络电压将急剧下降。因此，为提高绝缘子串的覆冰闪络电压，采取一定措施阻止冰凌桥接绝缘子伞裙间隙是一种可能的有效方法之一。

采用大、小盘径绝缘子的交替布置、即插花的方式是实现这一途径的方式之一。大小伞交替布置有多种方式，但大量试验研究表明，具有一定阻止冰凌桥接伞裙效果的典型布置方式有"2+1"和"3+1"，其他方式如"1+1"、"4+1"或"5+1"等的效果并不明显。"2+1"插花方式，即采用单元式组合，每个单元3片绝缘子，其中2片为正常盘径的绝缘子，1片为大伞径的绝缘子，如图10-16（a）所示组成"2+1"插花方式，同理，"3+1"插花方式的每个单元为4片绝缘子，其中3片为正常盘径的绝缘子，1片为大伞径的绝缘子，如图10-16（b）所示组成"3+1"插花方式，其他类同。

重庆大学对"2+1"和"3+1"插花方式的绝缘子串的直流冰闪特性进行了试验研究。正常绝缘子为XZP-210，盘径为320mm，大伞径绝缘子为空气动力玻璃绝缘子，盘径为420mm。绝缘子覆冰前染污的盐密和灰密分别为$0.05mg/cm^2$和$0.30mg/cm^2$，染污后在实验室自然环境中阴干24h后覆冰，绝缘子串采用垂直布置方式。为防止覆冰过程中绝缘子表面的污秽物被冲刷，覆冰前先采用手工方式使绝缘子表面形成一层薄的冰层后再对其进行自动喷雾覆冰；覆冰水电导率为$80\mu S/cm$，覆冰时环境温度为−10℃～−7℃。以融冰期的50%闪络电压作为参考基准，覆冰时间与常规串的覆冰时间保持一样，并以监测导体上覆冰厚度作为控制条件，监测导体覆冰厚度为15mm。试验结果附表Ⅰ-16所示。

由附表Ⅰ-16可知以下几点。

一、XZP-210绝缘子间插FC160D/155玻璃绝缘子

（1）覆冰严重时，插花型覆冰绝缘子串的直流50%闪络电压（U_{50}）与串长基本呈线性关系，"2+1"布置方式的线性指数为0.9859，"3+1"布置方式的线性指数为0.9896。

（2）插花方式布置的冰闪电压比常规串高。"2+1"布置高5.81%～7.03%，"3+1"布置高8.06%～9.09%。"3+1"布置方式较好。

二、XZP-300绝缘子加装增爬裙

（1）覆冰严重时，插花型覆冰串的冰闪电压闪络电压与串长基本呈线性关系，"2+1"布置方式的线性指数为0.9823，"3+1"布置方式的线性指数为0.9844。

（2）插花方式布置的冰闪电压比常规串高。"2+1"布置高4.63%～5.56%，"3+1"布置高6.25%～7.41%。"3+1"布置方式较好。

对雨凇覆冰的冰闪特性研究表明，由于存在冰凌桥接现象，采用插花方式对绝缘子串的冰闪电压提高不明显，但对于雾凇或覆冰地区冰凌不易桥接伞裙时，无论是空气动力型绝缘子还是增爬裙，冰闪电压均将有明显提高。但采用何种插花布置型还需要进行大量的研究。

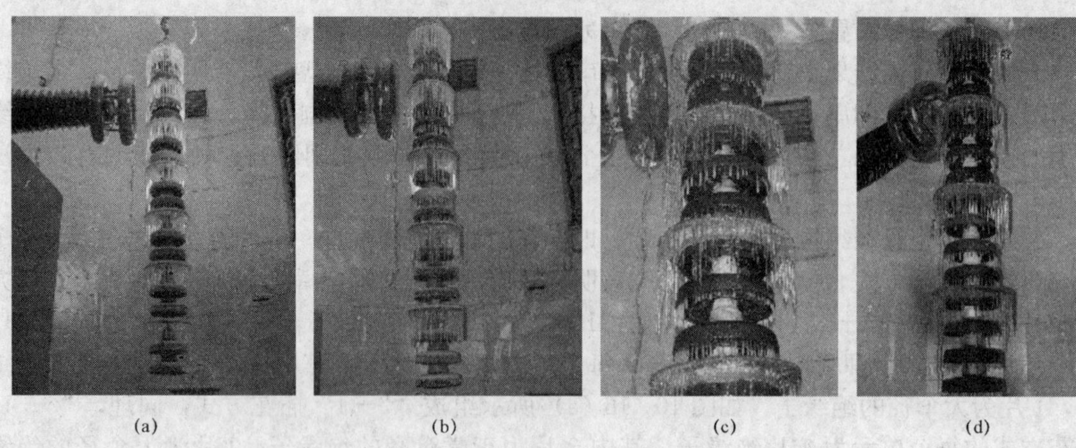

图 10-16 覆冰绝缘子串插花型布置方式

(a)“2+1” XZP-210；(b)“3+1” XZP-210；(c)“2+1” XZP-300；(d)“3+1” XZP-300

10.3.3 V型串布置方式提高冰闪电压

悬垂绝缘子串冰闪电压降低的主要原因是冰凌桥接绝缘子片之间的空气间隙，短接了部分爬电距离，改变了绝缘子串的电压分布。

绝缘子串布置方式对冰闪特性是否有影响，改变绝缘子串的布置方式是否可以提高冰闪电压，改善绝缘子的覆冰特性？这是运行部分非常关心的问题。因此，重庆大学在人工气候室试验研究了V型布置绝缘子串的直流冰闪特性。覆冰的控制条件仍是以监测圆柱形导体上的覆冰厚度作为特征量，由于布置方式的变化，相同的覆冰环境中，虽然监测导体上的覆冰厚度一致，但V型串的覆冰情况与悬垂串有明显差异。试验时的覆冰水电导率仍为80μS/cm，绝缘子电气特性以融冰期的50%冰闪电压作为特征参量，V型串的布置方式如图10-17所示，绝缘子为XZP-210直流绝缘子，由于人工气候室尺寸的限制，串长仅为9片和13片，监测导体上的覆冰厚度为15mm，V型布置的夹角为60°，试验结果见表10-7。

(a)

(b)

图 10-17 覆冰 XZP-210 绝缘子串 V 型布置

(a) 9 片串；(b) 13 片串

表 10-7　V 型布置的 XZP-210 绝缘子串覆冰直流 50%闪络电压 U_{50}（kV）

串长（片）	串型	SDD（mg/cm²）		
		0.03	0.05	0.08
9	V 串	184.0	139.0	109.5
	I 串	170.4	131.4	103.4
13	V 串	260.0	201.0	155.0
	I 串	241.8	186.4	146.6

由表 10-7 可知，盐密增加，覆冰绝缘子串的直流冰闪电压降低，其降低的趋势满足负指数幂函数规律，即满足式（5-1）的关系，将表 10-7 试验结果按照式（5-1）进行拟合，可得其系数和特征指数以及拟合的相关系数见表 10-8，拟合曲线如图 10-18 所示。

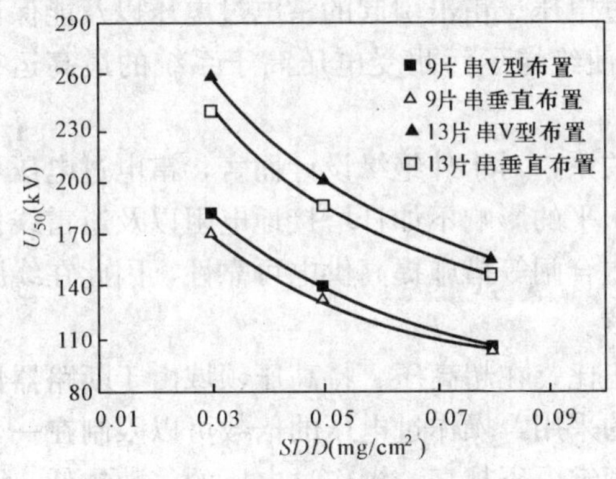

图 10-18　直流冰闪电压与盐密的关系

表 10-8　试验结果按照式（5-1）拟合所得的系数和特征指数以及相关系数的平方

串长	布置方式	A	a	R^2
9	V 型	28.65	0.5290	0.996
	垂直	28.53	0.5079	0.991
13	V 型	41.12	0.5270	0.998
	垂直	40.46	0.5099	0.992

由表 10-8 可知以下几点。

（1）冰闪电压的污秽影响特征指数与串长没有明显关系。对于 9 片串和 13 片串绝缘子，垂直布置时的 a 分别为 0.5079 和 0.5099，而 V 型布置时 a 则分别为 0.529 和 0.527。

（2）冰闪电压的污秽影响指数与布置方式有关。对于 9 片串，垂直布置时 a 为 0.5079，V 型布置时 a 为 0.529；对于 13 片串存在类似情况。

（3）V 型布置绝缘子串的 U_{50} 高于垂直布置。对于覆冰前染污盐密分别为 0.03、0.05mg/cm² 和 0.08mg/cm² 的绝缘子串，当串长为 9 片时，V 型串的 U_{50} 比垂直串分别高 7.98%、5.82%、5.94%；而当串长为 13 片时，V 型串的 U_{50} 比垂直串分别高 7.53%、7.86%、5.7%。即 V 型串直流冰闪电压高于垂直串，但随着串长增加，冰闪电压提高的趋势减缓。造成这种情况的原因虽然复杂，但其主要原因可归纳为以下几点。

1）在监测导体覆冰厚度一致时，V 型串覆冰与垂直串有明显差异。

2）V 型布置时，背风侧伞裙间隙不易被冰凌桥接，迎风侧冰凌更易桥接伞裙间隙，且在此时，桥接伞裙间隙所需的冰凌长度也有所降低，导致电弧距离也有一定程度的降低，因此冰闪电压也降低。

3）与污秽绝缘子放电过程一致，V 型布置时，电弧的发展更易飘离绝缘子表面，电弧向上发展时更有益于电弧热量的消散，因此，其放电电压则有增加的趋势。

第11章 复杂环境地区外绝缘选择原则与方法

11.1 概 述

对于输电线路而言，绝缘子串长是塔头尺寸确定及杆塔结构设计的基础。根据耐污闪能力进行绝缘子的绝缘尺寸设计及选型是高海拔地区输电线路设计的核心问题。针对电网外绝缘特性，定义污秽、覆冰、高海拔、酸雨（雾）等单一、组合或综合存在的地区为复杂环境地区。输电线路绝缘子的选择要综合考虑其电气特性、机械特性、耐老化能力、运行维护特性及经济性。本章只考虑绝缘子的电气特性。

高海拔地区输变电设备外绝缘水平的确定，必须分别考虑操作过电压、雷电过电压和污秽条件下工作电压的影响，即能耐受系统的操作过电压、雷击引起的雷电过电压以及能保证在潮湿脏污条件下绝缘子仍能可靠运行，或者应使绝缘子污耐受电压高于系统的最高运行电压。

一般来说，雷电过电压与工作电压没有直接关系，对于外绝缘设计而言，雷电过电压不起决定作用，考虑到绝缘子片数对输电线路耐雷水平的影响不如杆塔接地电阻以及避雷线保护角等其他因素显著，同时考虑到可以利用自动重合闸等措施提高供电可靠性，因此在线路设计决定绝缘子串长时，仅以雷电过电压进行复核。

操作过电压的大小与系统的额定电压大致成正比，在超高压、特高压领域由于断路器性能的提高、并联合闸电阻以及其他多种限制措施的采用，操作过电压的倍数可以限制在一个较低的水平，操作过电压倍数大大降低，系统的额定电压越高，操作过电压的倍数越低。因此操作过电压也不是决定绝缘子尺寸的关键因素。在实际超高压输电线路上，由操作过电压引起的事故很少，例如，美国的765kV输电线路运行30余年的经验表明，迄今未发生一起由操作过电压引起的外绝缘闪络事故。

因此，超、特高压输电线路和变电站及升压站设备外绝缘的绝缘水平主要取决于运行电压下的污秽耐受水平。我国电力系统的长期运行经验和设计经验表明，污耐受水平是绝缘子选择的最重要的因素，尤其是在中等以上污秽地区更是如此。因此，绝缘子选择的一般方法是：按绝缘子的污耐受特性选取绝缘尺寸，然后校核该绝缘耐受操作过电压以及耐受雷电过电压的能力。我国500kV超高压输电线路的运行经验也证明了这个设计原则的正确性。

根据绝缘子的污耐受特性确定输电线路绝缘子串长有两种方法：一种方法是根据污区级别，由爬电比距来决定绝缘子的串长。应用该方法首先要根据输电线路穿越地区的污源状况、湿污条件、盐密测量值以及运行经验来确定不同地区的污区级别，再根据国家标准《高压架空线路和发电厂、变电所环境污区分级及外绝缘选择标准》（GB/T 16434—1996）来决定该污区所对应的爬电比距，根据爬电比距和所选定的绝缘子的爬电距离就可计算出所需绝缘子的串长。这种方法简单易行，直观明了，可操作性强，在工程设计中被广泛应用，而且经过很多工程实际的考验，不失为一种可被工程接受的设计方法。该法的不足之处有两点：一是没有和绝缘子的污闪电压建立直接的联系，爬电比距虽然和绝缘子的污耐受电压能力有关系，但由于受绝缘子形状等因素的影响，关系并不明确，而且 GB/T 16434—1996 只考虑了盐密对绝缘子污闪电压的影响，没有考虑灰密对污闪电压的影响，实际上绝缘子的污闪电压是盐密、灰密、湿润条件等因素综合作用的结果，因此 IEC 60815（新）建议污区的划分要考虑灰密的影响；二是绝缘子的形状系数很难确定，理论上应该考虑，但实际上并没有考虑，因此该方法是一个粗糙的经验性方法。

另一种方法是根据试验获得的实际绝缘子在不同污秽程度下的污耐受电压，使选定的绝缘子串的污耐受电压大于该线路的最大运行电压，并且留有一定的安全裕度，这种方法是和实际绝缘子的污耐受能力直接联系在一起的，是一种较为理想的绝缘子串长的确定方法。然而该方法需做大量的试验，且人工污秽试验结果和自然污秽绝缘子污闪电压的等价性存在异议，还需做大量的工作来验证，实际使用起来还需要大量的研究工作，在我国的实际工程设计中很少采用，而在美国、日本等发达国家已获得实际应用，我国应积极开展此方法的基础研究工作，争取尽快在工程中采用。

上述两种方法均是根据绝缘子的污耐受特性考虑绝缘子串长设计的，实际上我国地形地貌复杂，高海拔、污秽、覆冰共存的复杂环境下绝缘子串长的选择是无法使用第一种方法的，只能使用第二种方法进行复杂环境下的绝缘子串长选择。

11.2　高海拔污秽地区绝缘子串长选择方法

11.2.1　爬电比距法

输电线路绝缘子串的绝缘水平取决于所选取的绝缘子的种类、形状、结构尺寸和串长，在绝缘子的种类、形状和结构尺寸确定的前提下，每串绝缘子的片数确定为

$$N \geqslant \frac{\lambda U_{\mathrm{m}}}{k_{\mathrm{e}} L_0} \tag{11-1}$$

式中：N 为每串绝缘子的片数；U_{m} 为系统最高运行工作电压或者系统的额定电压，kV；λ 为根据输电线路穿越地区的污源状况、湿污条件、盐密测量值以及运行经验等确定的绝缘子的爬电比距，mm/kV；k_{e} 为绝缘子爬电距离的有效利用系数；L_0 为每片悬式绝缘子的几何爬电距离，mm。

式（11-1）是低海拔地区根据污区等级确定的爬电比距来选择每串绝缘子片数的方法，爬电比距是根据大量污闪试验结果和运行经验所确定的参数，大小与输电线路所经过地区的污秽等级有关，根据国家标准《高压架空线路和发电厂、变电所环境污区分级及外绝缘选择标准》（GB/T 16434—1996）可知，污秽等级与爬电比距的关系见表 2-7。

高海拔地区绝缘子种类和尺寸的确定比平原地区要复杂，目前还没有制定相应的国家标准和电力行业标准。在实际工程设计中，采用的一种简单而可行的方法是：

(1) 首先根据式（11-1）确定低海拔地区的绝缘子片数；

(2) 再根据污闪电压随海拔高度的变化规律，确定不同海拔高度的绝缘子片数。

在工程设计中也可以根据污闪电压随高海拔低气压下的变化规律，直接修正高海拔下的爬电比距，具体方法如下：

根据前面的分析，在比较不同海拔高度下的污闪电压试验结果时，应考虑温度的影响，即应将不同温度下的试验结果校正到相同温度下进行比较。在具体的工程设计中，根据外绝

缘设计的方法和经验，对高海拔地区污秽绝缘的修正仅考虑气压的影响，但不考虑温度和湿度的影响。

在国内外标准中，规定海拔高于 1km 的地区为高海拔地区，小于或等于 1km 的地区为低海拔地区。在外绝缘设计中，1km 及以下地区的外绝缘设计不需要进行海拔修正，因此，高海拔外绝缘的修正以 1km 为基准。

对于超过 1km 的高海拔地区，外绝缘设计应分级考虑。根据 GB/T 14597—2004 规定，海拔按一定的高程分级。外绝缘设计中可将海拔与气压的关系分为 10 级，见表 11-1 或由式（11-2）确定。

表 11-1　　海拔与气压的关系

H（km）	0	1.0	2.0	2.5	3.0	3.5	4.0	4.5	5.0	5.5
P（kPa）	101.3	89.8	79.4	74.6	70.0	65.7	61.6	57.7	54.0	50.5

$$\frac{P}{P_0}=\left(1-\frac{H}{45.1}\right)^{5.36} \tag{11-2}$$

因此，根据式（9-23）可知，高海拔地区污秽绝缘子的耐受电压的修正系数 k_{H} 为

$$U_{\mathrm{H,w}}=k_{\mathrm{H}}U_{1,\mathrm{w}} \tag{11-3}$$

$$k_{\mathrm{H}}=\left(\frac{P_{\mathrm{H}}}{P_1}\right)^n=\left(1-\frac{H-1}{45.1}\right)^{5.36n}\quad (H>1\mathrm{km}) \tag{11-4}$$

式（11-4）可简化为

$$k_{\mathrm{H}}=1-0.12n(H-1) \tag{11-5}$$

式中：$U_{\mathrm{H,w}}$为海拔 H（km）地区污秽绝缘子（串）耐受电压，kV；P_{H} 为海拔 H（km）处的气压，kPa；$U_{1,\mathrm{w}}$为海拔 1000m 及以下地区污秽绝缘子（串）耐受电压，kV；P_1 为海拔 1000m 处的气压。

式（11-5）的计算结果在 $H\leqslant 5500$m 时，与式（11-4）的计算结果的误差小于 5.0%。这在工程应用中是可以接受的。因此，外绝缘的污耐受电压修正系数可按式(11-5)进行。

由式（11-5）可知，高海拔条件下外绝缘污耐受电压修正系数决定于气压影响特征指数 n，n 的正确选取是合理设计高海拔地区污秽绝缘的关键因素。n 与电压类型、绝缘子型式、绝缘子材料以及污秽度有关，可以根据试验结果确定。迄今为止，国内外在人工气候室对 n 进行了大量的研究。

国外所作研究多数是模型上的试验结果，例如日本和加拿大的试验研究是在平板模型或尺寸缩小一半的绝缘子上进行的，且所得出的试验结果差别很大。目前国内外的试验主要是小吨位、小尺寸的短绝缘子串，对大吨位、大尺寸绝缘子和长绝缘子串的研究较少，表11-2为国外部分国家推荐的 n 值。表 11-3 中的 n 值是重庆大学根据人工污秽试验室的试验结果和高海拔现场污秽绝缘子试验结果得到的，在进行高海拔地区污秽绝缘选择时，n 可按表 11-3 选取，也可以参考附录Ⅳ各表给出的国内外试验得到的不同型式绝缘子的 n 值。

表 11-2　国外部分国家推荐的 n 值

国家	AC	DC (−)	DC (+)	备注
日本	0.50	0.35	0.40	标准悬式绝缘子
	0.55			形状复杂的耐污型绝缘子
前苏联	0.50	0.50	—	悬式绝缘子或支柱绝缘子
	0.60			耐污型绝缘子串
瑞典	0.29	0.50	—	—
加拿大	0.50	0.35	0.40	—

表 11-3　重庆大学推荐的 n 值

系统类型	n^*
交流	0.55～0.60
直流负极性	0.35～0.45

* 普通型绝缘子取下限，防污型绝缘子取上限；普通型的轻污秽度取中值，防污型重污秽度取中值。

由式（11-5）的高海拔地区污秽绝缘耐受电压修正系数，可将高海拔地区所使用的交、直流瓷、玻璃绝缘子串和复合绝缘子的统一爬电比距 $USCD$ 修正为

$$k_L = \frac{\lambda_H}{\lambda_{\leqslant 1}} = \frac{1}{k_H} \tag{11-6}$$

式中：λ_H 为高海拔污秽地区的绝缘子串的$USCD$；$\lambda_{\leqslant 1}$ 为 1km 及以下地区的绝缘子串的 $USCD$；k_L 为污秽条件下 $USCD$ 的海拔修正系数。

因此，由式（11-1）和式（11-6）可得高海拔条件下污秽绝缘子片数为

$$N_H \geqslant \frac{\lambda_H U_m}{k_e L_0} = \frac{\lambda_{\leqslant 1} U_m}{k_H k_e L_0} \tag{11-7}$$

比如，青海格尔木拟新建一条交流 330kV 电压等级输电线路，该地区海拔高度为 2820m，平均气压为 72.0kPa，污秽等级为Ⅲ级。该线路如果采用 XWP2-160 型绝缘子（L_0=390mm，k_e=0.95），采用爬电比距法选择该线路的悬垂串绝缘子串长。

计算：330kV 系统最高运行相电压为 $1.1\times330\text{kV}/\sqrt{3}=210\text{kV}$。由图 2-9 可知，在Ⅲ级污秽地区，不考虑海拔高度时，即 1km 及以下地区的统一爬电比距（$\lambda_{\leqslant 1}$）的平均值为 44mm/kV，由表 11-3 可知，其气压影响特征指数 n 可取 0.58，则由式（11-7）和式（11-5）可知，其绝缘子片数为

$$\begin{aligned} N_H &= \frac{\lambda_{\leqslant 1} U_m}{[1-0.12n(H-1)]k_e L_0} \\ &= \frac{44\times210}{[1-0.12\times0.58\times(2.82-1)]\times0.95\times390} = 28.5 \approx 29\text{片} \end{aligned} \tag{11-8}$$

即该地区Ⅲ级污秽区的 330kV 线路应选择 29 片 XWP2-160 绝缘子。

11.2.2　污耐受电压法

按爬电比距确定绝缘子串片数的方法简单直观，容易操作，是一种工程化的设计方法，也是一种间接的设计方法。但这种方法未与绝缘子的污耐受电压建立起直接的联系，因此，对于没有运行经验可供参考的线路在进行设计时，可以采取按绝缘子的污耐受电压的方法进行外绝缘设计，也可以用污耐受的方法对爬电比距法设计的结果进行校核。

用污耐受法确定绝缘子串片数的原则是：使绝缘子的耐受电压大于该系统的最高运行相电压 U_m（如对于 750kV 系统，系统最高运行相电压：$U_m=800/\sqrt{3}=462\text{kV}$），并且留有一定的裕度。由于人工污秽试验采用的是均匀染污，外绝缘选择时，特别是对于直流外绝缘选择，对污秽分布的不均匀性造成的耐受电压差异还应进行修正，修正方法参见式（5-45）和式（5-52），还应考虑单串试验结果和多串试验的差异及其影响。

根据以上方法，可得所选择的绝缘子串的应达到的污耐受电压 U_w 和绝缘子串的片数为：

$$\begin{cases} U_m/\sqrt{3} = U_w \\ U_w = k_2 N U_{50}(1-3\sigma\%)k_3/k_1 \end{cases} \tag{11-9}$$

$$N = \frac{k_1 U_m}{k_2\sqrt{3}U_{50}(1-3\sigma\%)k_3} \tag{11-10}$$

式中：U_{50}为采用恒压升降法或其他方法获得的平均每片绝缘子的50%污闪或污耐受电压值，kV；$\sigma\%$为试验结果的标准偏差，采用不同试验方法得到的试验结果的$\sigma\%$有一定的差异，一般来说可以取0.05，也有取0.07的；k_1为安全裕度系数，一般取1.1；k_2为污秽不均匀分布修正系数；k_3为单串闪络和多串并联闪络概率的差别，通过单串和双串并联试验结果的比较，并通过数理统计分析方法得到，k_3值可取0.92。

《污秽地区绝缘子使用导则》(JB/T 5895—1991) 中列出了国内各单位作出的绝缘子污闪电压试验数据。重庆大学、东北电力试验研究院、营口电业局和清华大学均作了恒压升降法获得的具有50%闪络概率的污闪电压值U_{50}和采用均匀升压法获得的平均污闪电压U_{av}值的比较试验，对试验数据进行对比可以看出，用恒压法得到的污秽绝缘子的交流50%闪络电压和均匀升压法得到的污秽绝缘子的交流平均闪络电压U_{av}非常接近。这个结果对于工程设计具有重要意义，因为求取U_{50}的试验工作量非常大，而采用均匀升压法求取U_{av}则相对较为容易。通过试验结果表明，交流下由均匀升压法获得的平均闪络电压U_{av}可以近似作为U_{50}，但直流下采用均匀升压法得到的U_{av}比恒压升降法得到的U_{50}高5.0%。

根据试验获得各种绝缘子在不同污秽程度、不同海拔高度的污闪电压值U_{50}或U_{av}后，就可以根据式 (11-10) 计算不同工况下的绝缘子串的片数，也可以根据上式校验爬电比距法设计的绝缘子串长是否合理。

对于高海拔地区绝缘子串长的选择，式 (11-10) 中的U_{50}是指在实际高海拔环境条件下试验得到的电压，如果在标准参考大气条件下进行试验，试验结果应根据式 (9-23) 进行校正，或将其试验结果乘以式 (11-5) 的系数k_H。

11.2.3 举例

按绝缘子污耐受电压方法选择云广±800kV特高压直流输电线路外绝缘。

(1) 悬式绝缘子配置片数。采用重庆大学的试验结果。由于试验中染污采用的是浸污方式，污秽是均匀的，而实际运行线路的污秽是非均匀的，因此对试验结果应进行修正，其修正方法采用式 (5-45)，即

$$k_2 = 1 - A\times\lg(T/B) \tag{11-11}$$

式中：A为系数，其值为0.29～0.47，根据国内外大多数的经验，对于瓷和玻璃绝缘子，A取0.38；

其中，清洁地区T/B取1∶3；轻污秽地区T/B取1∶5；中污秽地区T/B取1∶8；严重污秽地区T/B取1∶10。

由上分析可得不同污秽地区的瓷和玻璃绝缘子的k_2值见表11-4。

表11-4　不同污秽地区瓷和玻璃绝缘子的k_2值

污秽地区	清洁	轻污秽	中污秽	严重污秽
SDD (mg/cm²)	0.03	0.05	0.08	0.15
T/B	1/3	1/5	1/8	1/10
k_2	1.181	1.266	1.343	1.380

云广±800kV 特高压直流输电线路的额定电压 U_N 为 800kV，最高工作电压为 $1.02U_N$，即 816kV，考虑试验结果的分散性以及一定的安全裕度，其悬垂绝缘子串的目标耐受电压为

$$U_w = 1.02k_1U_N \tag{11-12}$$

取安全裕度系数 k_1 为 1.05 可得±800kV 特高压直流输电线路目标耐受电压为 856.8kV。

因此，±800kV 特高压直流输电线路垂直布置时，悬垂绝缘子串片数可由下式确定，即

$$N = \frac{k_1U_m}{k_2U_{50}(1-3\sigma\%)k_3} = \frac{1.05\times 1.02U_N}{0.92k_2(1-3\sigma\%)(1-\sigma\%)U_{av}} \tag{11-13}$$

式中：U_{av}为由均匀升压法试验得到的平均每片绝缘子的闪络电压，kV，参见附表Ⅰ-14，按照线性关系取平均每片绝缘子的平均闪络电压；$\sigma\%$可根据试验结果选择，根据重庆大学试验结果取 5.0%，一般来说应根据设计运行经验取$\sigma\%$为 7%。

N 取大于计算值的整数，则式（11-13）简化为

$$N = \frac{1153.32}{k_2U_{av}} \tag{11-14}$$

因此，由重庆大学试验结果（附表Ⅰ-14）可得云广±800kV特高压直流输电线路的悬垂绝缘子配置片数见表 11-5。

表 11-5　由重庆大学试验结果得到的悬垂绝缘子配置片数（片）

H/*P* (m/kPa)	绝缘子型式	*SDD*/*NSDD*（mg/cm²）			*H*/*P* (m/kPa)	绝缘子型式	*SDD*/*NSDD*（mg/cm²）		
		0.05/0.30	0.08/0.48	0.15/0.90			0.05/0.30	0.08/0.48	0.15/0.90
232/96.6	XP-160	91	92	97	2000/79.5	XP-160	114	113	121
	XZP-210	61	70	85		XZP-210	68	76	92
	LXZP-210	57	64	77		LXZP-210	70	77	89
	LXZP-300	50	55	65		LXZP-300	57	61	72
1000/89.8	XP-160	105	105	109	3000/70.1	XP-160	149	148	149
	XZP-210	65	72	89		XZP-210	71	79	96
	LXZP-210	63	70	82		LXZP-210	74	80	95
	LXZP-300	52	57	67		LXZP-300	61	66	76

（2）复合绝缘子长度选择。复合绝缘子闪络电压的极性效应不明显，绝缘子串长选择时可不考虑极性效应影响。复合绝缘子长度的选择与瓷和玻璃绝缘子相似。

对于复合绝缘子，根据特高压输电工程的特点以及国内外的经验，$\sigma\%$应取 7%。

由式（5-52）可知，复合绝缘子的污秽不均匀修正公式中的系数 A 为 0.21，则知不同污秽地区复合绝缘子的 k_2 值见表 11-6。

表 11-6　不同污秽地区复合绝缘子的 k_2 值

污秽地区 *SDD*（mg/cm²）	清洁 0.03	轻污秽 0.05	中污秽 0.08	严重污秽 0.15
T/*B*	1/3	1/5	1/8	1/10
k_2	1.10	1.147	1.190	1.210

因此，云广±800kV 直流特高压输电线路复合绝缘子长度可确定为

$$\begin{aligned} h &= \frac{k_1 U_m}{k_2 U_{50}(1-3\sigma\%)k_3} \\ &= \frac{1.05\times 1.02 U_N}{0.92k_2(1-3\sigma\%)(1-\sigma\%)U_{av}/h_s} \\ &= \frac{1153.32}{k_2 U_{av}/h_s} \end{aligned} \tag{11-15}$$

式中：U_{av}为复合绝缘子的平均闪络电压，kV，参见附表Ⅰ-15；h 为所选择的复合绝缘子目标长度，m；h_s 为被试复合绝缘子最短干弧距离，m。

因此，根据重庆大学的试验结果，可得云广±800kV 特高压直流输电线路在高海拔、污秽地区复合绝缘子长度见表 11-7。

表 11-7 由重庆大学试验结果得到的云广±800kV 直流输电线路在高海拔、污秽地区的复合绝缘子长度 (m)

H/P (m/kPa)	绝缘子型式	SDD/NSDD (mg/cm²) 0.05/0.30	0.08/0.48	0.15/0.90	H/P (m/kPa)	绝缘子型式	SDD/NSDD (mg/cm²) 0.05/0.30	0.08/0.48	0.15/0.90
232/98.6	A	7.54	8.24	9.24	2000/79.5	A	8.90	9.82	10.76
	B	8.02	8.98	10.17		B	9.41	10.45	11.32
	C	7.97	8.74	9.53		C	9.34	10.20	11.03
	E	8.00	8.59	9.75		E	9.35	10.27	11.23
1000/89.8	A	8.27	9.27	9.92	3000/70.1	A	9.66	10.92	11.73
	B	8.80	9.81	10.74		B	10.34	11.43	12.46
	C	8.76	9.59	10.34		C	10.24	11.16	12.01
	E	8.77	9.66	10.50		E	10.53	11.18	12.19

附　录

附录Ⅰ　试验结果数据表

附表Ⅰ-1　各污秽等级单片XP-160闪络电压　(kV)

界限		SDD/NSDD (mg/cm²)	U_f (kV)	U_{av} (kV)	界限		SDD/NSDD (mg/cm²)	U_f (kV)	U_{av} (kV)
0—Ⅰ 很轻—轻	下限	0.004/0.08	26.2	25.7	Ⅱ—Ⅲ 中—重	下限	0.05/0.2	12.5	12.5
		0.005/0.06	25.8				0.08/0.1	12.4	
		0.006/0.05	25.3				0.09/0.08	12.4	
		0.008/0.03	25.4				0.1/0.06	12.6	
	上限	0.005/0.1	24.0	23.5		上限	0.03/0.6	12.2	12.0
		0.007/0.06	23.0				0.04/0.4	12.1	
		0.009/0.05	23.8				0.05/0.3	11.6	
		0.01/0.04	23.1				0.07/0.2	11.9	
Ⅰ—Ⅱ 轻—中	下限	0.007/0.3	19.0	18.8	Ⅲ—Ⅳ 重—很重	下限	0.04/2.0	9.6	9.3
		0.009/0.2	18.9				0.07/0.9	9.4	
		0.02/0.06	18.6				0.08/0.8	9.2	
		0.03/0.03	18.5				0.1/0.6	9.1	
	上限	0.005/0.8	18.8	17.8		上限	0.05/3.0	8.6	8.5
		0.006/0.6	17.9				0.06/2.0	8.7	
		0.007/0.5	17.7				0.1/1.0	8.2	
		0.01/0.3	17.4				0.2/0.4	8.5	

注　表中下限是指相邻污秽等级过渡区间靠低污秽等级，上限为靠高污秽等级。

附表Ⅰ-2　不同盐密及灰密下7片串XP-160污闪电压

No.	SDD (mg/cm²)	NSDD (mg/cm²)	U_{av} (kV)	σ (%)	No.	SDD (mg/cm²)	NSDD (mg/cm²)	U_{av} (kV)	σ (%)
0	0.033	0.15	104	3.8	15	0.14	0.5	61.2	4.6
1	0.052	0.5	76.5	4.6	16	0.02	0.16	117.1	4.6
2	0.068	0.9	65.2	5	17	0.21	0.5	55.4	4.2
3	0.075	1.49	58.8	2.9	18	0.03	4.52	61.6	4.8
4	0.077	0.15	81.2	5.7	19	0.07	2.87	56.4	5.2
5	0.17	0.15	67.5	5.1	20	0.34	3.28	37.9	5.9
6	0.11	0.5	63.8	3.6	21	0.01	2.08	91.9	4.6
7	0.15	0.9	54.2	3.4	22	0.09	2.87	50.3	5
8	0.2	0.9	52.1	2.2	23	0.22	2.87	43	5.6
9	0.069	0.92	63.6	4.5	24	0.25	0.16	60.2	5.2
10	0.04	0.9	74.3	5	25	0.12	0.9	58.2	4.3
11	0.19	1.49	50	2.9	26	0.1	1.5	55.2	4.3
12	0.27	1.5	44.3	4.2	27	0.07	1.8	60.3	2.6
13	0.046	1.5	66.4	3.1	28	0.14	1.5	52.5	4.3
14	0.026	0.5	88.1	3.4	29	0.03	2	73.3	5.2

附表Ⅰ-3　FXBW3-110/70 型 110kV 复合绝缘子污闪电压与灰密和盐密关系的试验结果

SDD	*NSDD*	U_{av}	σ	*SDD*	*NSDD*	U_{av}	σ
mg/cm²		kV	%	mg/cm²		kV	%
0.077	0.60	154.0	2.2	0.272	1.72	120.7	5.5
0.088	1.11	139.9	4.7	0.080	6.75	111.0	6.7
0.250	0.68	132.8	5.8	0.479	2.02	108.8	6.4
0.060	2.11	133.0	4.9	0.270	3.59	106.6	6.4
0.077	1.79	132.1	6.9	0.282	3.89	103.0	2.9
0.113	1.62	129.7	7.0	0.406	3.20	102.0	4.9
0.196	1.08	128.3	3.3	0.30	4.37	100.0	6.7
0.060	3.027	124.3	3.8	0.272	5.03	99.0	5.1
0.290	1.04	125.0	5.1	—	—	—	—

附表Ⅰ-4　不同灰密下 7×XP-160 绝缘子串污闪电压与盐密的关系

NSDD (mg/cm²)	0.5					0.9					1.5				
SDD (mg/cm²)	0.026	0.052	0.11	0.14	0.21	0.04	0.068	0.12	0.15	0.2	0.046	0.075	0.1	0.19	0.27
U_{av} (kV)	88.1	76.5	63.8	61.2	55.4	74.3	65.2	58.2	54.2	52.1	66.4	58.8	55.2	50	44.3
σ/%	3.4	4.6	3.6	3.8	4.2	5	5	4.3	3.4	2.2	3.1	2.9	4.3	2.9	4.2

附表Ⅰ-5　不同盐密下 7×XP-160 绝缘子串污闪电压与灰密的关系

SDD (mg/cm²)	0.026					0.068					0.14				
NSDD (mg/cm²)	0.5	0.9	1.5	1.8	2	0.5	0.9	1.5	1.8	2	0.5	0.9	1.5	1.8	2
U_{av} (kV)	88.1	83.1	76.6	73.9	73.3	72.1	65.2	61	60.3	59.4	61.2	55.4	52.5	51.3	50.3
σ/%	3.4	4.2	2.8	3.4	5.2	3.7	5	3.4	2.6	3.1	4.6	3	4.3	2.8	4.4

附表Ⅰ-6　国产部分悬式绝缘子的人工污秽交流闪络电压试验结果

绝缘子型式	几何参数					人工污秽交流闪络电压 (kV)					回归方程 $U_f=A\times S^{-b}$		备注
	盘径 *D* (mm)	爬距 *L* (mm)	结果高度 *H* (mm)	表面积 *S* (mm²)	形状系数 *f*	*SDD* (mg/cm²)							
						0.03	0.05	0.10	0.20	0.40	*A*	*b*	
X-45	254	280	146	1450	0.827	13.8	13.0	10.1	9.2	8.3	6.67	0.21	西瓷厂
XW-45	254	460	180	2200	1.179	20.0	17.3	15.0	12.3	10.4	8.30	0.25	西瓷厂
XP-70	254	295	146	1430	0.752	11.9	10.5	8.4	7.7	5.9	4.75	0.26	大瓷厂
XWP2-70	254	390	146	2000	1.012	13.9	12.5	10.7	8.1	7.7	5.84	0.25	大瓷厂
XWP6-70A	356	335	146	2155	—	18.6	16.2	11.1	8.7	8.1	5.39	0.352	大瓷厂
XP-160	254	280	155	1476	0.80	14.8	13.0	11.3	8.6	8.1	6.10	0.261	大瓷厂
XP3-160D	280	350	155	2000	—	12.1	10.9	9.1	7.6	6.7	5.306	0.237	大瓷厂
XWP3-160D	290	390	135	2500	—	14.0	12.5	10.1	8.9	7.3	5.928	0.248	大瓷厂
XWP5-160D	293	450	158	2727	—	20.2	17.3	13.3	10.8	10.3	7.18	0.297	大瓷厂
XWP7-160D	308	481	157	3007	0.81	20.6	18.0	14.5	11.5	10.1	7.61	0.283	大瓷厂
LXP-160	280	350	155	1986	—	13.2	11.3	9.5	8.0	6.7	5.252	0.261	南瓷厂
XP-210	283	375	172	1892	—	17.1	15.0	12.0	9.9	8.7	6.85	0.261	大瓷厂
XWP5-210D	308	503	176	3364	—	24.1	22.9	16.1	12.1	11.2	8.27	0.308	大瓷厂
XP-300	322	385	192	2455	—	17.5	16.8	12.4	10.9	9.8	7.56	0.244	大瓷厂
XWP-300D	327	449	193	3021	—	21.4	19.1	16.3	12.6	10.8	8.25	0.275	大瓷厂

附表Ⅰ-7 国产部分 500kV 悬式绝缘子串的人工污秽交流闪络电压（U_{50}）试验结果

绝缘子型式	几何参数					人工污秽交流闪络电压（kV）				回归方程 $U_f=A\times S^{-b}$	
	盘径	爬距	结果高度	表面积	片数	SDD/NSDD（mg/cm²）					
	D（mm）	L（mm）	H（mm）	S（mm²）		0.05/0.2	0.10/0.4	0.20/1.0	0.40/1.0	A	b
XP3-160D	280	348	155		26	276.6	226.7	180.1	153.6	118.79	0.2879
XWP-160	280	400	155		28	335.7	276.7	221.2	195.0	149.09	0.2675
XWP2-160	280	445	155		31	395.1	339.6	243.6	213.1	155.97	0.3150
XP-210	280	340	170		30	396.0	331.4	235.4	214.4	154.25	0.3144
XP-160	255	290	155		28	305.7	239.3	174.6	150.7	105.3	0.3516

附表Ⅰ-8 部分支柱绝缘子的污闪电压（kV）（东北电力试验研究院试验数据）

型式	泄漏距离（mm）	SDD/NSDD（mg/cm²）				最大耐受试验
		0.05/0.2	0.1/0.4	0.2/1.0	0.4/1.0	
220kV 重污棒型	7395	262.5	217.8	180.7	149.9	146kV 耐受 0.25/1.0
220kV 中污棒型	5561	196.8	161.6	132.7	109.0	
110kV 重污棒型	3668	127.6	106.9	89.5	75.0	73kV 耐受 0.25/1.0
110kV 中污棒型	2770	106.4	84.3	66.8	52.9	
63kV 重污棒型	（22515）2212	86.4	69.7	57.3	47.2	52kV 耐受 0.25/1.0
63kV 重污棒型	（22516）2100	80.6	69.6	60.5	52.4	52kV 耐受 0.25/1.0
35kV 重污棒型	1300	48.7	40.4	33.6	27.9	29kV 耐受 0.25/1.0
35kV 中污棒型	869	43.9	34.1	25.4	18.8	
220kV 普通棒型	3636	99.4	87.7	76.8		
110kV 普通棒型	1790	53.8	46.8	40.8	35.6	73kV 耐受 0.01/1.0 和 0.04/0.2
63kV 普通棒型	1085	47.5	36.0	27.3	20.7	
	1712	56.4	46.9	39.0	32.5	
35kV 普通棒型	640	26.3	22.0	18.4	15.4	

附表Ⅰ-9 国产部分绝缘子的人工污秽直流闪络电压试验结果

绝缘子型式	几何参数					人工污秽交流闪络电压（kV）					回归方程 $U_f=A\times S^{-b}$		备注
	盘径	爬距	结果高度	表面积	形状系数	SDD（mg/cm²）							
	D（mm）	L（mm）	H（mm）	S（mm²）	f	0.03	0.05	0.10	0.20	0.40	A	b	
X-45	254	280	146	1450	0.827	10.1	8.9	7.4	6.4	5.5	4.50	0.225	西瓷厂
XP-70	254	295	146	1430	0.752	10.2	9.7	7.0	5.3	4.4	3.02	0.360	大瓷厂
XW2-70	254	390	146	2000	1.012	11.8	9.9	7.9	6.6	5.3	3.97	0.310	大瓷厂
LXP-70	255	290	145	1400	0.80	9.7	8.7	7.3	6.4	5.5	4.65	0.207	南瓷厂
XP-160	254	280	155	1476	0.80	12.1	10.4	8.2	6.6	5.6	4.20	0.300	大瓷厂
XP3-160D	280	390	135	2500	0.81	13.0	11.3	9.1	7.4	6.0	4.59	0.300	大瓷厂
LXP-160	280	370	155	1986	0.81	12.3	10.2	8.4	6.8	5.4	4.06	0.311	南瓷厂
DC-Ⅰ-160	320	510	165	3400	1.01	15.1	12.9	10.1	8.0	6.4	4.73	0.330	大瓷厂
DC-Ⅱ-160	320	510	165	3500	1.00	15.7	13.4	10.5	8.4	6.9	5.07	0.320	大瓷厂

续表

绝缘子型式	几何参数					人工污秽交流闪络电压（kV）					回归方程 $U_f=A\times S^{-b}$		备注
	盘径	爬距	结果高度	表面积	形状系数	SDD（mg/cm²）							
	D（mm）	L（mm）	H（mm）	S（mm²）	f	0.03	0.05	0.10	0.20	0.40	A	b	
DC-Ⅲ-160	320	510	170	3430	0.97	15.8	13.1	10.6	8.4	6.7	4.94	0.330	大瓷厂
ZS1-35/400	150	615	400	2210	1.886	25.5	20.8	16.8	14.5	11.7	8.76	0.300	苏瓷厂
ZSW1-35/400	192/150	＞500	400	2858	2.753	29.4	24.2	21.4	15.8	13.2	9.86	0.310	苏瓷厂

部分绝缘子的其他技术参数

绝缘子型式	XP-160	XP3-160D	DC-Ⅰ-160	DC-Ⅱ-160	DC-Ⅲ-160
造型系数 ξ	3.27	3.93	5.98	6.00	5.72
棱下系数 K_L	0.76	0.67	1.17	0.97	0.97

附表Ⅰ-10　复合绝缘子不均匀染污对污闪电压影响的试验结果 (kV)

T/B	1∶1			1∶2			1∶3			1∶5			1∶8			1∶10		
SDD	SDD_B	U_{50}	σ%	SDD_B	U_{50}	σ%	SDD_B	U_{50}	σ%	SDD_B	U_{50}	σ%	SDD_B	U_{50}	σ%	SDD_B	U_{50}	σ%
0.03	0.03	200.8	4.8	0.04	200.8	1.4	0.05	205.3	4.1	0.05	212.6	5.1	0.053	221	5	0.055	232.3	4.8
0.05	0.05	161.1	3.9	0.067	161.7	0.6	0.08	166.4	6.1	0.083	169.8	1.5	0.089	178	1.9	0.091	186.7	6.4
0.08	0.08	134.5	2.4	0.107	132.9	2.5	0.12	137.5	3.8	0.133	140.8	3.9	0.142	147	3.4	0.145	156.1	6.2
0.15	0.15	102	6.7	0.2	102.2	2.8	0.23	102.9	5.7	0.25	105.6	1.2	0.267	112	1.8	0.273	117.8	3.6

附表Ⅰ-11　不同串长下污秽绝缘子 50% 直流闪络电压 U_{50} (kV)

SDD（mg/cm²）	串长（片）	5	9	13	15	21	23
0.03	XP-160	58.6	103.6	146.2	176.1	240.1	266.4
	XZP-210	84.8	157.9	224.5	254.4	365.8	390.7
	XZP-300	108.6	190.4	278.7	323.6	442.6	493.2
	LXZP-210	88.9	161.9	236.7	272.4	380.6	414.8
	LXZP-300	109.9	196.6	286.4	328.7	460.5	500.1
0.05	XP-160	50.4	88.7	128.4	148.5	213.2	226.0
	XZP-210	73.4	130.2	179.9	216.7	300.5	328.8
	XZP-300	88.5	162.6	233.8	267.1	376.9	414.1
	LXZP-210	76.7	139.2	193.3	227.6	319.1	352.5
	LXZP-300	92.0	164.8	238.4	280.0	389.6	420.4
0.10	XP-160	41.4	70.7	106.0	119.2	164.9	186.1
	XZP-210	55.8	102.0	141.3	169.1	229.5	257.5
	XZP-300	70.8	132.1	191.9	213.4	299.1	335.4
	LXZP-210	61.3	108.4	161.5	184.5	262.4	285.3
	LXZP-300	72.0	136.7	188.6	214.6	309.2	342.8
0.20	XP-160	33.5	57.3	85.4	102.5	140.2	153.1
	XZP-210	43.9	78.5	114.7	136.1	181.6	203.1
	XZP-300	53.2	93.3	143.2	163.8	225.8	245.1
	LXZP-210	50.5	86.1	126.4	152.0	207.8	231.9
	LXZP-300	56.6	112.8	162.1	181.4	253.3	282.7

附表Ⅰ-12　不同布置方式下瓷绝缘子直流50%闪络电压 U_{50}　(kV)

绝缘子型式	布置方式	SDD (mg/cm²)						
		0.03	0.05	0.08	0.1	0.15	0.2	0.4
XZP-210	Ⅰ	17.3	14.4	12.3	11.1	9.8	8.9	6.8
XZP-300		21.4	18.0	15.3	14.5	12.3	10.8	8.8
XZP-210	Ⅱ	16.5	13.5	11.5	10.2	8.9	8.1	6.2
XZP-300		20.5	17.1	14.0	13.4	11.1	9.9	8.0
XZP-210	V	19.8	16.8	14.9	13.5	12.1	11.2	8.7
XZP-300		24.6	20.9	18.4	17.5	15.1	13.6	11.2

附表Ⅰ-13　绝缘子交流污闪电压人工模拟试验结果　(kV)

绝缘子型式	H (m) /P (kPa)	SDD (mg/cm²)					
		0.03			0.08		
		U_{av}	σ (%)	t (℃)	U_{av}	σ (%)	t (℃)
XP-70	2820/71.7	28.8	2.1	26.1	22.6	0.9	25.9
	3575/65.1	28.3	3.4	24.3	20.9	2.4	24.4
	4484/57.8	26.2	0.5	22.5	20.3	1.3	22.7
LXY-70	2820/71.7	28.0	1.2	26.3	20.7	4.3	26.1
	3575/65.1	26.7	4.6	24.2	20.2	2.4	24.3
	4484/57.8	25.3	5.8	22.7	18.5	3.1	22.8
XWP2-70	2820/71.7	29.4	2.1	26.2	21.4	1.4	26.4
	3575/65.1	27.0	3.6	24.3	19.9	5.7	24.5
	4484/57.8	26.1	2.5	22.7	19.2	2.1	23.0
FXBW-10/70	2820/71.7	30.7	1.8	26.5	23.6	2.4	26.2
	3575/65.1	28.9	0.8	24.5	23.3	4.8	24.1
	4484/57.8	27.4	2.9	23.1	21.5	1.3	22.9

附表Ⅰ-14　不同型式瓷和玻璃绝缘子串 ($N=21$) 在低气压下的直流污闪电压特性

绝缘子型式	SDD/NSDD (mg/cm²)	H (m) /P (kPa)							
		232/98.6		1000/89.8		2000/79.5		3000/70.1	
		U_{av} (kV)	σ (%)	U_{av} (kV)	σ (%)	U_{av} (kV)	σ (%)	U_{av} (kV)	σ (%)
XP-160	0.03/0.18	224.7	4.1	210.0	5.0	195.3	2.3	180.6	3.4
	0.05/0.30	195.3	4.6	182.7	2.4	172.2	3.4	161.7	4.2
	0.08/0.48	180.6	3.2	168.0	3.8	159.6	3.6	145.2	4.1
	0.15/0.90	136.5	5.0	128.1	1.9	121.8	4.3	118.1	3.3
XZP-210	0.03/0.18	363.3	4.2	345.1	3.6	331.8	2.4	313.8	3.6
	0.05/0.30	311.2	3.4	294.3	2.5	280.2	3.6	271.2	4.8
	0.08/0.48	257.8	3.1	249.1	3.6	236	4.7	228.1	3.3
	0.15/0.90	206.7	2.2	198.0	1.1	190.9	4.4	182.7	4.2
LXZP-210	0.03/0.18	378.1	2.3	353.2	2.4	325.1	2.1	301.8	3.5
	0.05/0.30	333.0	3.4	302.1	3.8	275.2	3.4	258.0	3.6
	0.08/0.48	281.2	2.6	256.1	2.1	235.1	4.9	224.9	2.9
	0.15/0.90	226.5	4.9	214.3	3.4	198.2	2.6	185.2	2.0
LXZP-300	0.03/0.18	457.8	2.6	429.9	4.2	395.1	2.5	363.8	3.4
	0.05/0.30	384.2	3.9	365.8	4.3	337.6	4.8	311.2	2.6
	0.08/0.48	329.4	3.5	318.4	4.1	295.3	3.9	272.2	2.8
	0.15/0.90	271.4	2.3	260.5	3.2	243.9	2.3	230.4	4.5

附表Ⅰ-15　不同伞形结构复合绝缘子在低气压下的直流污闪梯度试验结果　(kV/m)

绝缘子型式	SDD/NSDD (mg/cm²)	H (m) P (kPa)							
		232/98.6		1000/89.8		2000/79.5		3000/70.1	
		E_h	σ (%)	E_h	σ (%)	E_h	σ (%)	E_h	σ (%)
A	0.03/0.18	139.0	2.5	126.8	1.2	117.8	2.4	108.5	3.6
	0.05/0.30	122.1	3.6	108.5	0.9	102.4	3.2	92.1	2.1
	0.08/0.48	104.9	1.4	97.7	2.4	90.1	2.1	82.6	2.5
	0.15/0.90	87.1	2.1	80.5	3.5	76.2	4.1	70.5	4.8
B	0.03/0.18	130.8	1.5	119.1	5.4	111.4	2.6	101.4	3.9
	0.05/0.30	112.0	0.8	102.5	2.3	96.2	0.9	88.0	1.2
	0.08/0.48	95.3	3.4	90.2	1.3	85.6	2.3	77.8	0.8
	0.15/0.90	80.2	5.2	74.6	2.6	70.9	1.5	66.0	2.1
C	0.03/0.18	131.5	2.4	119.7	4.2	112.3	2.4	102.4	3.4
	0.05/0.30	115.0	3.4	104.9	1.6	98.6	3.3	90.1	2.4
	0.08/0.48	101.7	6.1	93.7	2.7	87.9	3.5	80.7	2.1
	0.15/0.90	83.4	2.5	78.3	1.8	75.0	2.8	69.5	1.9
E	0.03/0.18	131.0	2.5	119.6	4.2	112.1	1.3	99.6	2.1
	0.05/0.30	117.1	4.2	104.1	1.3	97.9	4.2	89.9	2.4
	0.08/0.48	99.4	3.1	92.3	2.4	86.3	1.8	79.5	3.0
	0.15/0.90	82.9	1.2	77.1	6.1	73.7	2.2	67.6	1.5

附表Ⅰ-16　布置方式对直流冰闪电压影响试验结果（试验中覆冰水电导率为80μS/cm）

试品	布置型式	SDD/NSDD (mg/cm²)	海拔 (m)	冰厚度 (mm)	U_{av} (kV/m)	σ/%
XZP-210	Ⅰ串	0.05/0.3	1000	10	76.2	6.5
				20	65.8	5.7
	Ⅱ串			10	72.6	5.4
				20	61.9	4.9
	Ⅰ串“2+1”			10	99.5	7.0
				20	75.2	5.4
			1500	10	96.6	6.2
				20	73.5	4.9
		0.15/0.9		10	66.2	5.8
				20	53.0	6.0
				10	64.9	7.1
				20	51.8	6.8
	Ⅰ串“3+1”	0.05/0.3	1000	10	105.6	6.4
				20	78.1	5.9
			1500	10	103.1	4.8
				20	76.2	5.7
		0.15/0.9	1000	10	69.3	6.4
				20	55.1	6.3
			1500	10	67.3	6.7
				20	53.4	5.8

续表

试品	布置型式	*SDD/NSDD* (mg/cm^2)	海拔 (m)	冰厚度 (mm)	U_{av} (kV/m)	σ/%
XZP-210	倒 V	0.05/0.3	1000	10	113.7	5.4
				20	80.5	5.0
			1500	10	109.9	6.0
				20	78.9	4.9
		0.15/0.9	1000	10	76.1	5.9
				20	59.4	5.1
			1500	10	73.2	5.4
				20	57.8	5.8
复合绝缘子	五三型	0.05/0.3	1000	10	77.6	5.4
				20	65.6	4.7
	一二型			10	74.6	5.1
				20	65.1	5.2

附录Ⅱ 高海拔现场绝缘子污闪试验结果

(重庆大学在青藏高原进行试验得到的试验结果)

(试验时间:2004 年～2006 年)(采用湿污法进行试验)

(1) XP-70

地点	N	P	SDD	$NSDD$	U_{av}	t	σ
	片	kPa	mg/cm^2	mg/cm^2	kV	℃	%
望昆车站	5	58.9	0.0811	0.795	34.8	21.0	2.3
	5	58.9	0.0811	0.795	35.2	20.0	4.5
	5	58.9	0.0381	0.795	42.9	20.8	5.3
	5	58.9	0.0381	0.795	45.1	20.8	1.2
	5	59.0	0.177	2.20	25.9	16.0	0.6
	5	59.0	0.177	2.20	26.5	15.0	6.4
	5	59.0	0.0553	0.795	40.2	15.0	4.8
	5	59.0	0.0553	0.795	39.6	15.0	3.1
	5	59.0	0.0811	0.795	38.1	17.0	3.4
	5	59.0	0.0811	0.795	37.5	19.0	5.6
	5	59.0	0.0761	2.20	33.6	14.5	6.8
	5	59.0	0.0761	2.20	34.1	14.5	2.3
	5	59.3	0.0364	0.38	49.5	10.0	1.8
	5	59.3	0.0364	0.38	50.5	8.0	3.5
	5	59.3	0.0253	0.795	52.3	5.0	6.7
	5	59.3	0.0253	0.795	52.5	4.5	0.5
	5	59.3	0.025	0.216	56.1	7.0	1.9
	5	59.3	0.025	0.216	60.5	4.0	2.5
纳赤台车站	5	65.9	0.0253	0.795	51.7	18.5	4.4
	5	65.9	0.0253	0.795	50.1	18.5	3.8
	5	66.0	0.025	0.216	58.6	19.5	5.7
	5	66.0	0.025	0.216	60.0	16.0	1.9
	5	66.0	0.0553	0.795	42.2	12.5	2.1
	5	66.0	0.0553	0.795	41.6	12.8	3.3
	5	66.0	0.0553	0.795	40.7	14.5	1.0
	5	66.0	0.0553	0.795	41.3	14.1	1.5
	5	66.1	0.0381	0.795	44.0	18.0	4.8
	5	66.1	0.0811	0.795	37.0	16.7	4.3
	5	66.1	0.0811	0.795	38.0	14.3	2.2
	5	66.1	0.177	2.2	30.3	11.5	2.4
	5	66.1	0.177	2.2	29.2	12.5	1.9
	5	66.1	0.0364	0.38	52.3	11.0	3.2
	5	66.1	0.0364	0.38	50.6	11.0	5.6
	5	66.1	0.0811	0.795	38.5	14.1	1.2

续表

地点	N 片	P kPa	SDD mg/cm²	NSDD mg/cm²	U_{av} kV	t ℃	σ %
纳赤台车站	5	66.1	0.0381	0.795	46.2	18.5	6.6
	3	66.2	0.0381	0.795	26.7	20.6	5.6
	5	66.2	0.0381	0.795	44.0	22.0	1.9
	7	66.2	0.0381	0.795	61.6	21.1	0.9
	5	66.3	0.0381	0.795	45.7	21.1	2.7
	5	66.3	0.0381	0.795	44.0	21.6	4.6
格尔木市区	3	72.1	0.0676	0.774	25.4	17.0	5.5
	3	72.1	0.0676	0.774	26.1	14.0	1.2
	3	72.2	0.0253	0.795	33.0	17.0	1.1
	3	72.2	0.0253	0.795	34.3	15.0	3.0
	3	72.2	0.0364	0.38	32.0	17.0	4.3
	3	72.2	0.0364	0.38	31.0	19.0	5.4
	3	72.2	0.025	0.216	37.7	18.0	1.2
	3	72.2	0.025	0.216	38.3	16.0	4.3
	3	72.2	0.0761	2.2	22.6	14.0	0.7
	3	72.2	0.0761	2.2	20.8	19.0	6.1
	3	72.3	0.0553	0.795	22.8	21.0	5.6
	3	72.3	0.0553	0.795	24.8	17.0	4.4
	3	72.4	0.0381	0.795	29.7	18.0	3.7
	3	72.4	0.0381	0.795	29.4	19.0	5.5

(2) XP-160

地点	N 片	P kPa	SDD mg/cm²	NSDD mg/cm²	U_{av} kV	σ %	t ℃
望昆车站	2	58.9	0.0381	0.795	19.4	2.6	19.0
	5	59.0	0.0775	2.42	35.9	3.4	13.5
	2	59.0	0.0553	0.795	17.5	5.5	15.0
	2	59.3	0.0253	0.795	20.6	5.4	14.0
	5	59.3	0.0364	0.38	49.1	1.3	19.0
	5	59.3	0.025	0.216	60.5	1.8	20.0
纳赤台车站	5	65.9	0.0253	0.795	53.0	3.7	17.0
	5	65.9	0.0253	0.795	52.9	2.5	21.0
	5	66.0	0.025	0.216	62.4	2.8	25.0
	5	66.0	0.025	0.216	62.0	3.8	28.5
	5	66.0	0.0553	0.795	46.8	6.1	13.0
	5	66.0	0.0553	0.795	49.0	5.4	13.0
	5	66.0	0.0361	0.945	53.0	6.4	14.3
	5	66.0	0.0361	0.945	51.9	4.7	14.3
	5	66.1	0.0381	0.795	50.6	1.6	14.8
	5	66.1	0.0811	0.795	40.7	1.8	14.1
	5	66.1	0.0811	0.795	41.3	2.5	14.1
	5	66.1	0.177	2.2	29.0	3.3	14.3

续表

地点	N 片	P kPa	SDD mg/cm²	NSDD mg/cm²	U_{av} kV	σ %	t ℃
纳赤台车站	5	66.1	0.177	2.2	29.7	5.5	15.6
	5	66.1	0.0364	0.38	57.7	4.5	11.5
	5	66.1	0.0364	0.38	55.6	6.6	11.5
	5	66.1	0.0381	0.795	50.0	6.9	14.8
	5	66.2	0.0381	0.795	49.5	6.1	20.9
	5	66.3	0.0381	0.795	49.2	4.1	20.6
格尔木市区	3	72.2	0.0253	0.795	35.6	3.6	12.0
	3	72.2	0.0253	0.795	37.0	6.4	15.0
	3	72.2	0.0364	0.38	34.0	2.1	13.0
	3	72.2	0.0364	0.38	34.7	2.2	11.0
	3	72.2	0.025	0.216	39.4	3.2	16.0
	3	72.2	0.025	0.216	39.7	1.6	14.0
	3	72.2	0.0761	2.2	24.2	1.9	16.5
	3	72.2	0.0761	2.2	24.1	3.9	16.5
	3	72.3	0.0553	0.795	30.0	4.8	11.0
	3	72.3	0.0553	0.795	30.4	5.4	11.0
	3	72.4	0.0381	0.795	34.7	5.0	12.0
	3	72.4	0.0381	0.795	34.0	5.6	12.5

(3) LXY-70

地点	N 片	P kPa	SDD mg/cm²	NSDD mg/cm²	U_{av} kV	σ %	t ℃
望昆车站	5	58.9	0.0314	0.774	50.0	6.5	19.0
	5	58.9	0.0314	0.774	49.0	1.0	19.0
	5	59.0	0.165	2.42	26.7	0.8	8.0
	5	59.0	0.165	2.42	26.0	4.8	8.0
	5	59.0	0.0501	0.774	41.4	1.6	15.0
	5	59.0	0.0501	0.774	41.1	6.3	16.0
	5	59.0	0.0775	2.42	33.0	3.3	13.8
	5	59.0	0.0676	0.774	41.0	3.8	15.0
	5	59.0	0.0676	0.774	37.2	4.8	15.0
	5	59.3	0.022	0.774	58.5	3.9	7.0
	5	59.3	0.022	0.774	58.0	2.0	7.0
	5	59.3	0.0405	0.489	51.0	2.9	10.0
	5	59.3	0.0405	0.489	51.0	4.8	12.0
纳赤台车站	5	66.0	0.165	2.42	29.0	5.7	17.8
	5	66.0	0.165	2.42	28.5	5.8	20.5
	5	66.0	0.0294	0.171	56.0	4.5	34.0
	5	66.0	0.0294	0.171	57.0	6.5	34.0
	5	66.0	0.05501	0.774	43.0	1.2	13.0
	5	66.0	0.05501	0.774	44.5	2.3	13.0
	5	66.0	0.0501	0.774	43.5	3.3	14.0

续表

地点	N 片	P kPa	SDD mg/cm²	NSDD mg/cm²	U_{av} kV	σ %	t ℃
纳赤台车站	5	66.0	0.0501	0.774	44.0	3.6	13.5
	5	66.0	0.022	0.774	55.0	6.7	15.8
	5	66.0	0.022	0.774	56.5	5.6	15.2
	5	66.1	0.0405	0.489	48.5	5.1	11.8
	5	66.1	0.0405	0.489	49.5	4.9	12.5
	5	66.1	0.0676	0.774	42.0	4.1	14.3
	5	66.1	0.0676	0.774	42.5	3.3	14.8
	5	66.2	0.0314	0.714	49.0	3.2	21.5
	5	66.2	0.0314	0.714	49.5	3.9	22.2
格尔木市区	3	72.2	0.022	0.774	37.11	2.9	21.0
	3	72.2	0.022	0.774	36.0	3.7	19.0
	3	72.2	0.0405	0.489	32.1	2.0	22.0
	3	72.2	0.0405	0.489	32.4	1.0	20.0
	3	72.2	0.0294	0.171	40.2	0.9	19.0
	3	72.2	0.0294	0.171	42.9	0.6	11.0
	3	72.4	0.0314	0.774	32.7	6.5	8.0
	3	72.4	0.0314	0.774	32.7	5.8	17.0

(4)　LXHY-70

地点	N 片	P kPa	SDD mg/cm²	NSDD mg/cm²	U_{av} kV	σ %	t ℃
望昆车站	5	59.0	0.165	2.42	25.0	4.7	7.5
	5	59.0	0.165	2.42	24.5	5.5	7.5
	5	59.0	0.0775	2.42	31.3	1.3	13.5
	5	59.0	0.0775	2.42	30.5	3.5	13.8
	5	59.0	0.0501	0.774	42.0	1.6	16.0
	5	59.0	0.0501	0.774	42.5	5.5	16.0
	5	59.0	0.0676	0.774	39.8	4.6	11.0
	5	59.0	0.0676	0.774	39.9	1.7	11.0
	5	59.3	0.0463	0.491	53.0	2.3	9.0
	5	59.3	0.0463	0.491	54.0	6.1	5.0
	5	59.3	0.022	0.774	63.0	2.8	7.0
	5	59.3	0.022	0.774	62.5	3.9	6.5
	5	59.3	0.0294	0.171	66.0	3.7	12.0
	5	59.3	0.0294	0.171	67.3	2.5	6.0
纳赤台车站	5	66.0	0.165	2.42	27.0	3.0	20.8
	5	66.0	0.165	2.42	26	3.7	20.8
	5	66.0	0.0294	0.171	67.0	3.1	34.0
	3	66.0	0.0294	0.171	38.2	5.5	34.0
	3	66.0	0.0294	0.171	39.4	5.6	34.0
	5	66.0	0.05501	0.774	44.5	4.8	13.0
	5	66.0	0.05501	0.774	43.5	4.9	13.0

续表

地点	N 片	P kPa	SDD mg/cm²	NSDD mg/cm²	U_{av} kV	σ %	t ℃
纳赤台车站	3	66.0	0.0775	2.42	20.5	4.6	11.5
	3	66.0	0.0775	2.42	21.3	4.4	11.0
	5	66.0	0.0501	0.774	45.5	1.0	12.6
	5	66.0	0.0501	0.774	47.5	0.8	11.6
	5	66.0	0.0501	0.774	50.5	3.8	10.8
	5	66.0	0.0501	0.774	50.0	5.7	10.8
	5	66.1	0.0676	0.774	42.8	4.6	14.2
	5	66.1	0.0676	0.774	42.8	3.4	14.2
	5	66.1	0.0405	0.489	52.5	1.4	13.4
	5	66.1	0.0405	0.489	51.5	1.8	13.8
	5	66.2	0.0314	0.714	53.7	3.5	21.0
格尔木市区	3	72.2	0.022	0.774	39.7	3.3	11.0
	3	72.2	0.022	0.774	39.6	2.6	12.0
	3	72.2	0.0405	0.489	35.6	2.2	12.0
	3	72.2	0.0405	0.489	35.9	5.6	11.0
	3	72.2	0.0294	0.171	42.7	6.6	15.0
	3	72.2	0.0294	0.171	43.3	2.3	19.0
	3	72.4	0.0314	0.774	34.7	3.1	16.0
	3	72.4	0.0314	0.774	34.8	3.3	8.0

（5） XWP2-70

地点	N 片	P kPa	SDD mg/cm²	NSDD mg/cm²	U_{av} kV	σ %	t ℃
望昆车站	5	59.3	0.0463	0.491	47.5	1.4	4.0
	5	59.3	0.0369	0.246	54.1	4.6	11.0
纳赤台车站	5	66.0	0.0361	0.945	46.3	5.5	18.9
	5	66.0	0.0361	0.945	48.0	4.3	16.6
	5	66.0	0.197	2.55	25.0	3.9	22.5
	5	66.0	0.197	2.55	25.5	4.7	22.5
	3	66.0	0.0369	0.246	33.6	1.1	25.0
	3	66.0	0.0369	0.246	33.3	5.5	25.0
	5	66.0	0.0678	0.945	39.9	6.6	13.0
	5	66.0	0.0678	0.945	39.6	4.6	13.0
	5	66.0	0.0819	2.55	31.5	4.4	11.0
	5	66.0	0.0819	2.55	31.0	1.3	11.0
	5	66.0	0.0245	0.945	49.5	1.3	14.5
	5	66.0	0.0245	0.945	50.5	4.6	12.5
	5	66.0	0.0361	0.945	47.0	6.7	19.8
	5	66.0	0.0361	0.945	48.0	6.8	19.8
	5	66.1	0.0463	0.491	46.6	1.9	15.4
	5	66.1	0.0463	0.491	44.8	2.9	16.5
	5	66.1	0.0821	0.945	34.5	3.7	24.5

续表

地点	N 片	P kPa	SDD mg/cm²	NSDD mg/cm²	U_{av} kV	σ %	t ℃
纳赤台车站	5	66.1	0.0678	0.945	37.5	4.7	11.8
	5	66.1	0.0678	0.945	39.5	5.1	11.8
	5	66.2	0.0821	0.945	33.9	5.7	25.5
格尔木市区	3	72.1	0.0821	0.945	24.99	4.3	11.0
	3	72.2	0.0245	0.945	34.5	2.0	12.0
	3	72.2	0.0463	0.491	28.2	4.9	21.0
	3	72.2	0.0369	0.246	33.0	2.1	27.0
	3	72.2	0.0819	2.55	18.9	2.8	19.0
	3	72.3	0.0678	0.945	26.19	2.6	6.0
	3	72.4	0.0361	0.945	30	4.5	11.0

(6)　FXBW-10/70

地点	N 片	P kPa	SDD mg/cm²	NSDD mg/cm²	U_{av} kV	σ %	t ℃
望昆车站	1	59.0	0.0953	2.38	18.0	4.7	10.5
	1	59.0	0.0953	2.38	18.5	7.0	6.5
	1	59.0	0.217	2.38	14.2	5.7	6.0
	1	59.0	0.217	2.38	14.0	3.1	9.0
	1	59.0	0.118	0.851	19.5	4.1	18.0
	1	59.0	0.118	0.851	19.8	5.4	13.0
	1	59.0	0.139	0.851	18.0	4.4	16.8
	1	59.0	0.139	0.851	18.9	6.5	14.8
	1	59.0	0.0515	0.851	26.0	6.5	12.0
	1	59.0	0.0515	0.851	25.5	2.4	18.0
	1	59.3	0.0625	0.31	28.0	4.4	17.0
	1	59.3	0.0625	0.31	28.5	5.6	12.0
	1	59.3	0.0327	0.851	30.5	3.3	11.0
	1	59.3	0.0327	0.851	29.6	4.9	11.0
纳赤台车站	1	66.0	0.0515	0.851	26.5	1.1	19.8
	1	66.0	0.0515	0.851	26.8	4.3	19.0
	1	66.0	0.217	2.38	14.3	2.9	20.5
	1	66.0	0.217	2.38	14.0	3.0	20.5
	1	66.0	0.0556	0.159	33.0	6.0	25.0
	1	66.0	0.0556	0.159	33.5	6.5	22.0
	1	66.0	0.118	0.851	22.0	6.0	13.0
	1	66.0	0.118	0.851	20.0	3.4	13.0
	1	66.0	0.0953	2.38	18.6	1.3	11.0
	1	66.0	0.0953	2.38	18.7	1.8	11.0
	1	66.0	0.0327	0.851	31.0	3.5	12.0
	1	66.0	0.0327	0.851	32.0	5.6	11.6
	1	66.1	0.0625	0.31	31.0	3.5	16.8
	1	66.1	0.0625	0.31	29.3	5.5	17.5
	1	66.2	0.139	0.851	21.0	4.6	8.0
	1	66.2	0.139	0.851	20.5	6.7	10.5

续表

地点	N 片	P kPa	SDD mg/cm²	NSDD mg/cm²	U_{av} kV	σ %	t ℃
格尔木市区	1	72.1	0.139	0.851	22.0	6.5	11.0
	1	72.1	0.139	0.851	22.0	5.5	11.0
	1	72.2	0.0327	0.851	32.8	3.5	21.0
	1	72.2	0.0327	0.851	32.5	1.1	21.0
	1	72.2	0.0625	0.31	30.5	2.4	19.0
	1	72.2	0.0625	0.31	31.0	2.9	19.0
	1	72.2	0.0556	0.159	35.0	2.8	21.0
	1	72.2	0.0556	0.159	35.6	3.9	19.0
	1	72.4	0.0515	0.851	29.6	3.1	11.0
	1	72.4	0.0515	0.851	29.7	3.6	6.0

(7) FXBW-27.5/100 (L)

地点	N 片	P kPa	SDD mg/cm²	NSDD mg/cm²	U_{av} kV	σ %	t ℃
望昆车站	1	59.0	0.217	2.38	24.5	2.7	5.5
	1	59.0	0.118	0.851	32.6	5.7	10.0
	1	59.0	0.0953	2.38	30.0	5.6	13.5
	1	59.3	0.0625	0.31	45.6	4.9	11.0
	1	59.3	0.0327	0.851	48.0	4.3	12.0
	1	59.3	0.0515	0.851	40.5	5.4	13.8
纳赤台车站	1	66.0	0.217	2.38	25.5	1.1	26.5
	1	66.0	0.217	2.38	26.0	2.5	29.0
	1	66.0	0.0556	0.159	49.5	2.7	34.0
	1	66.0	0.0556	0.159	50.0	4.7	34.0
	1	66.0	0.118	0.851	37.0	4.0	13.0
	1	66.0	0.118	0.851	35.4	5.8	13.0
	1	66.0	0.0953	2.38	33.2	1.8	10.5
	1	66.0	0.0953	2.38	33.2	1.8	10.5
	1	66.1	0.0625	0.31	47.3	1.7	17.5
	1	66.1	0.0625	0.31	47.7	6.9	17.5
格尔木市区	1	72.1	0.139	0.851	36.2	7.0	16.0
	1	72.2	0.0327	0.851	52.0	5.9	17.0
	1	72.2	0.0625	0.31	49.0	4.7	14.0
	1	72.2	0.0556	0.159	55.0	4.3	21.0
	1	72.4	0.0515	0.851	44.0	3.21	18.0

(8) FXBW-27.5/100 (S)

地点	N 片	P kPa	SDD mg/cm²	NSDD mg/cm²	U_{av} kV	σ %	t ℃
望昆车站	1	59.0	0.0953	2.38	48.6	4.7	13.8
	1	59.0	0.0953	2.38	29.4	1.4	13.8
	1	59.0	0.118	0.851	31.6	4.8	16.0

续表

地点	N 片	P kPa	SDD mg/cm²	NSDD mg/cm²	U_{av} kV	σ %	t ℃
望昆车站	1	59.0	0.118	0.851	31.0	3.0	16.0
	1	59.0	0.217	2.38	23.9	4.5	9.5
	1	59.0	0.217	2.38	24.5	3.4	5.5
	1	59.0	0.139	0.851	31.7	5.6	11.0
	1	59.0	0.139	0.851	32.7	2.9	11.0
	1	59.3	0.0625	0.31	43.2	4.0	13.0
	1	59.3	0.0625	0.31	42.8	3.5	17.0
	1	59.3	0.0327	0.851	44.5	3.3	16.0
纳赤台车站	1	66.0	0.217	2.38	23.5	6.7	29.5
	1	66.0	0.217	2.38	23.5	2.0	27.5
	1	66.0	0.0556	0.159	47.6	4.3	34.0
	1	66.0	0.0556	0.159	47.6	4.1	30.0
	1	66.0	0.118	0.851	33.8	6.8	13.0
	1	66.0	0.118	0.851	33.8	0.7	13.0
	1	66.0	0.0953	2.38	32.7	0.9	10.5
	1	66.0	0.0953	2.38	31.7	3.8	10.5
	1	66.1	0.0625	0.31	44.9	6.9	17.5
	1	66.1	0.0625	0.31	45.9	3.9	17.5
格尔木市区	1	72.1	0.139	0.851	32.5	2.7	21.0
	1	72.1	0.139	0.851	33.8	3.8	19.0
	1	72.2	0.0327	0.851	48.3	4.7	22.0
	1	72.2	0.0327	0.851	49.1	4.1	15.0
	1	72.2	0.0625	0.31	46.8	3.2	16.0
	1	72.2	0.0625	0.31	47.8	2.1	16.0
	1	72.2	0.0556	0.159	51.9	1.8	21.0
	1	72.2	0.0556	0.159	50.0	1.6	17.0
	1	72.4	0.0515	0.851	45.8	4.8	11.0
	1	72.4	0.0515	0.851	44.3	5.9	20.0

(9)　FXBW-35/100

地点	N 片	P kPa	SDD mg/cm²	NSDD mg/cm²	U_{av} kV	σ %	t ℃
望昆车站	1	59.0	0.095	2.38	30.2	4.6	15.0
	1	59.0	0.095	2.38	30.4	3.9	14.0
	1	59.0	0.217	2.38	23.3	1.8	5.5
	1	59.0	0.217	2.38	22.8	7.0	5.5
	1	59.0	0.118	0.851	34.5	5.0	19.0
	1	59.0	0.118	0.851	32.4	5.9	19.0
	1	59.0	0.139	0.851	32.6	3.6	10.0
	1	59.0	0.139	0.851	32.1	3.7	10.0
	1	59.3	0.033	0.851	49.0	6.0	10.0
	1	59.3	0.063	0.31	44.0	5.5	11.0
	1	59.3	0.063	0.31	43.8	4.8	19.0
	1	59.3	0.052	0.851	42.4	1.0	11.8
	1	59.3	0.052	0.851	41.6	0.9	15.8
	1	59.4	0.033	0.851	49.0	1.8	11.0
	1	59.4	0.033	0.851	44.5	4.3	12.0

续表

地点	N	P	SDD	NSDD	U_{av}	σ	t
	片	kPa	mg/cm²	mg/cm²	kV	%	℃
纳赤台站台	1	66.0	0.217	2.38	24.0	3.5	26.0
	1	66.0	0.217	2.38	24.5	3.3	25.0
	1	66.0	0.056	0.159	51.2	5.6	25.0
	1	66.0	0.056	0.159	51.3	4.8	25.0
	1	66.0	0.118	0.851	36.5	1.7	11.0
	1	66.0	0.118	0.851	35.0	5.4	11.0
	1	66.0	0.095	2.38	31.8	1.6	12.5
	1	66.0	0.095	2.38	31.7	6.7	12.5
	1	66.1	0.063	0.31	45.0	7.0	18.5
	1	66.1	0.063	0.31	45.3	3.6	19.2
格尔木市区	1	72.1	0.139	0.851	36.2	4.7	8.0
	1	72.1	0.139	0.851	36.0	5.4	9.0
	1	72.2	0.033	0.851	52.3	6.3	9.0
	1	72.2	0.033	0.851	51.0	6.0	13.0
	1	72.2	0.063	0.31	48.0	3.1	15.0
	1	72.2	0.063	0.31	47.0	2.8	19.0
	1	72.2	0.056	0.159	56.0	2.7	11.0
	1	72.2	0.056	0.159	55.0	1.7	16.0
	1	72.4	0.052	0.851	49.5	2.5	7.0
	1	72.4	0.052	0.851	48.5	3.5	11.0

(10) QBN_2-25

地点	N	P	SDD	NSDD	U_{av}	σ	t
	片	kPa	mg/cm²	mg/cm²	kV	%	℃
望昆车站	1	59.0	0.0819	2.55	25.5	6.4	20.0
	1	59.0	0.0678	0.945	31.3	1.6	19.0
	1	59.0	0.197	2.55	21.5	3.3	5.5
	1	59.3	0.0463	0.491	37.8	2.8	11.0
	1	59.3	0.0361	0.945	41.3	2.9	10.5
	1	59.4	0.0245	0.945	43.3	7.0	17.0
纳赤台车站	1	66.0	0.197	2.55	20.0	6.7	28.0
	1	66.0	0.0369	0.246	46.3	4.4	30.0
	1	66.0	0.0678	0.945	30.7	5.1	28.0
	1	66.0	0.0361	0.945	41.3	6.0	15.4
	1	66.0	0.0819	2.55	30.9	3.0	10.0
	1	66.0	0.0245	0.945	47.0	2.6	11.4
	1	66.1	0.0463	0.491	39.8	3.4	19.5
	1	66.1	0.0821	0.945	28.3	5.5	28.0
	1	66.1	0.0678	0.945	32.5	2.0	10.0
格尔木市区	1	72.1	0.0463	0.491	43.7	0.5	18.0
	1	72.1	0.0821	0.945	34.3	4.9	15.0
	1	72.2	0.0245	0.945	48.0	2.8	21.0
	1	72.2	0.0369	0.246	50.3	4.8	19.0
	1	72.4	0.0361	0.945	42.5	4.6	11.0

附录Ⅲ　本书涉及的部分绝缘子及技术参数

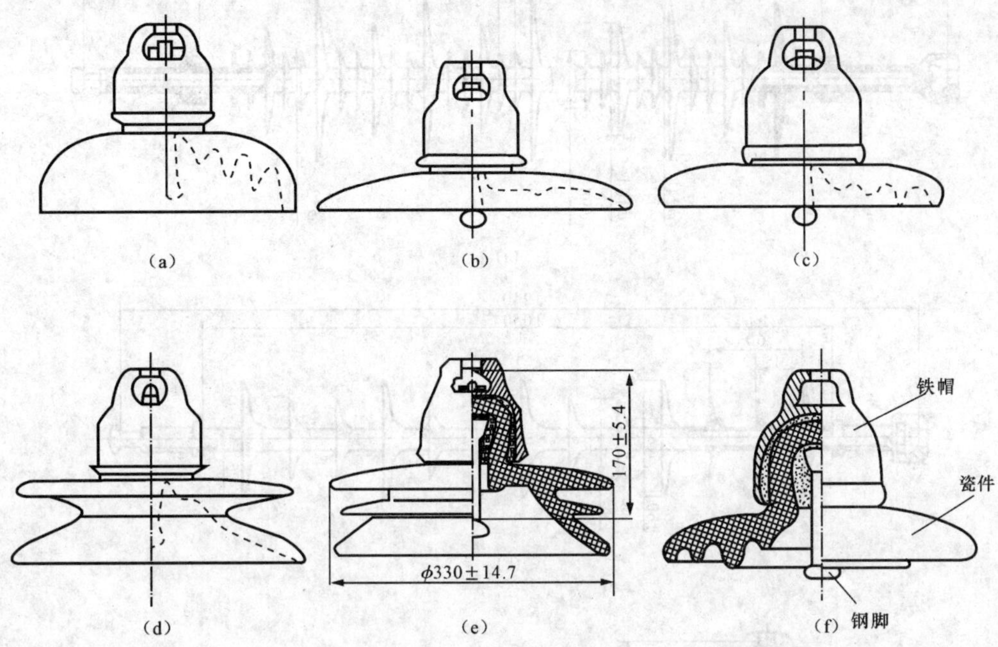

附图Ⅲ-1　几种典型的耐污型绝缘子的结构及其与普通悬式绝缘子的比较

(a) 钟罩型；(b) 流线型；(c) 大盘径/大爬距/小高度；(d) 双伞型；
(e) 三伞型；(f) 普通悬式绝缘子

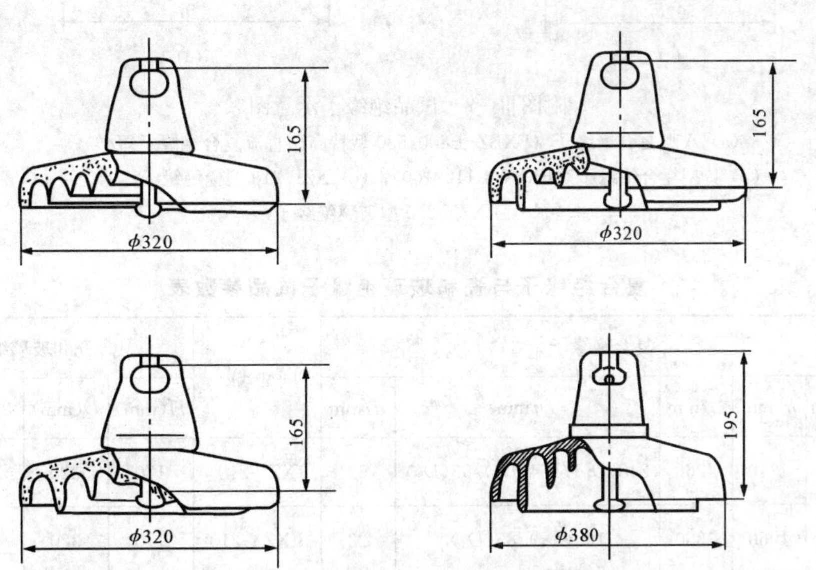

附图 Ⅲ-2　典型直流绝缘子的结构示意图

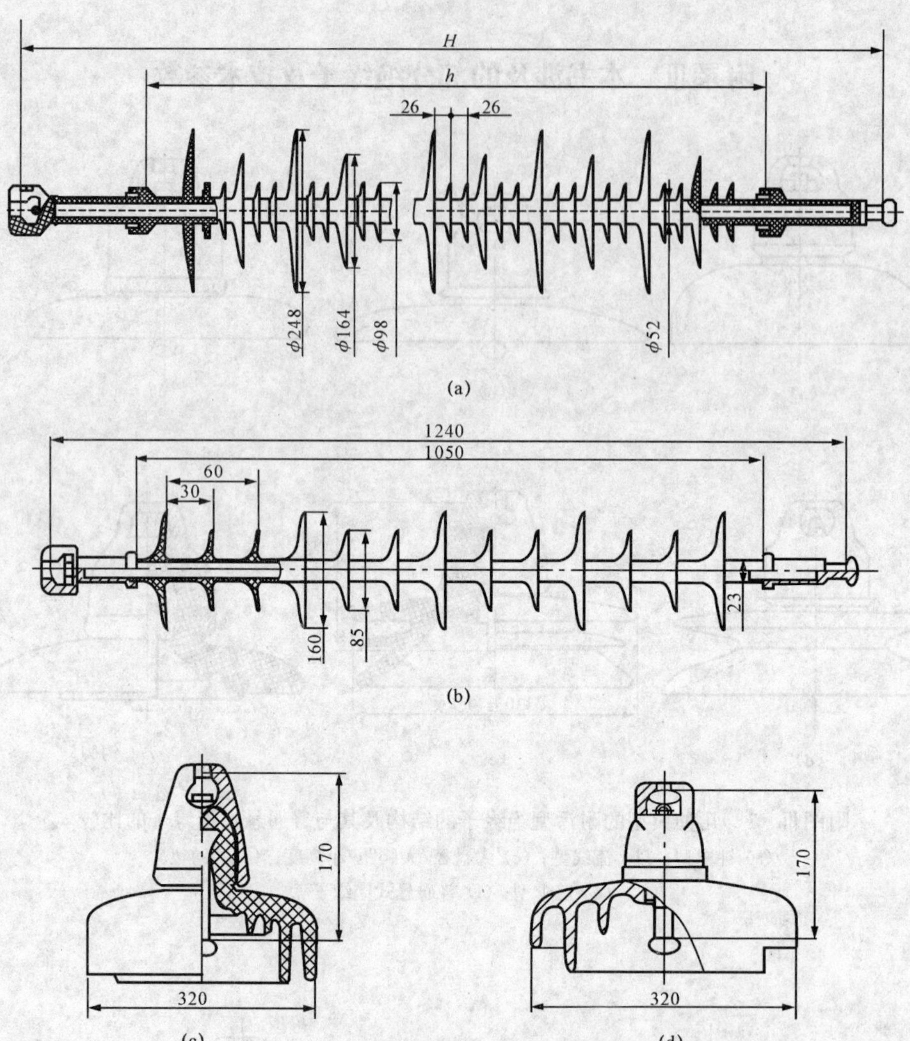

附图Ⅲ-3　试品绝缘子示意图

(a) A型复合绝缘子（FXBZ-±800/530型特高压直流复合绝缘子短样）；(b) B型复合绝缘子（FXBW4-110/100）；(c) XZP-210型瓷绝缘子；(d) LXZY-210型玻璃绝缘子

附表Ⅲ-1　复合绝缘子与瓷和玻璃绝缘子试品参数表

试品型号	复合绝缘子					型式	瓷和玻璃绝缘子			
	H/mm	h/mm	L/mm	D/mm	d/mm		H(mm)	D(mm)	L(mm)	A(cm^2)
A型	1800	1210	4260	248(D_1)/164(D_2)/98(D_3)	52	XZP-210	170	320	540	3860
B型	1240	1050	3350	160(D_1)/85(D_3)	23	LXZY-210	170	320	545	3671

注　H为结构高度；h为电弧距离；L为爬电距离；D为盘径；D_1为大伞直径；D_2为中伞直径；D_3为小伞直径；d为杆径；A为表面积。

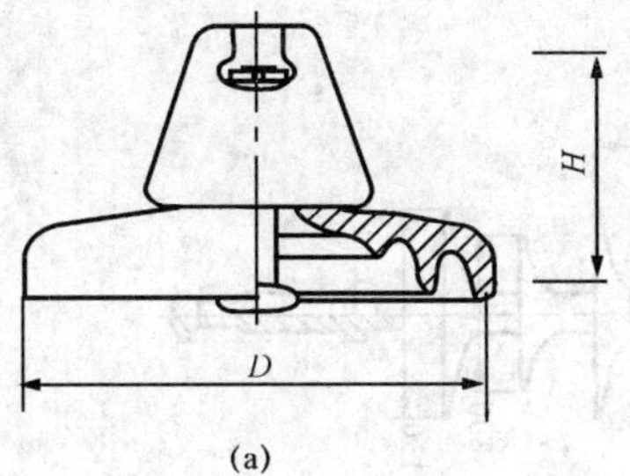

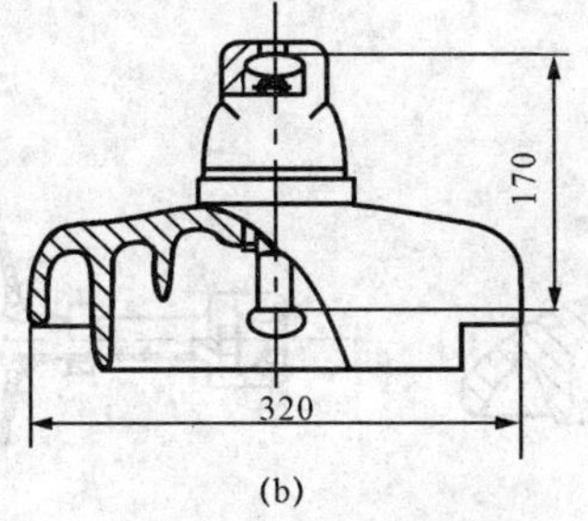

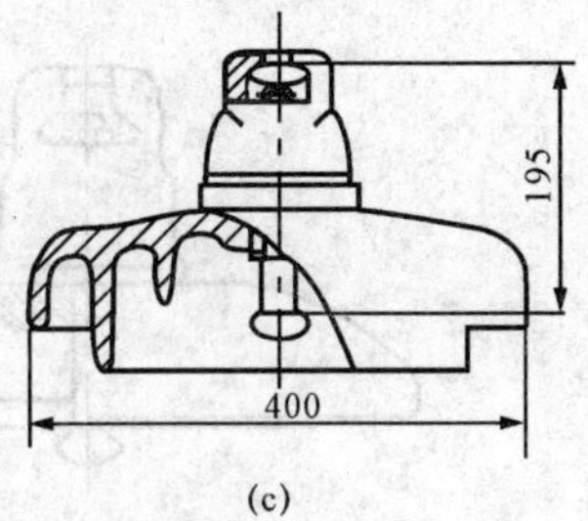

附图Ⅲ-4　试品绝缘子示意图

(a) XP-160；(b) LXZP-210；(c) LXZP-300

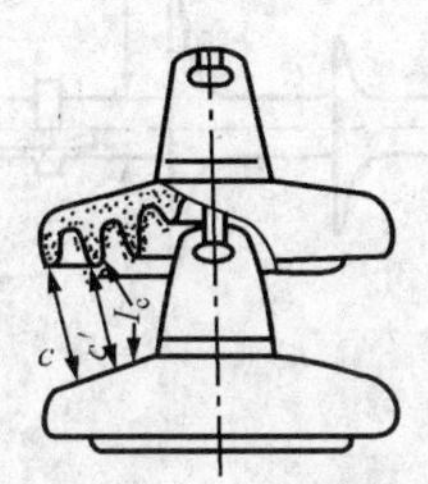

附图Ⅲ-5　直流绝缘子串的 c、c' 和 I_c

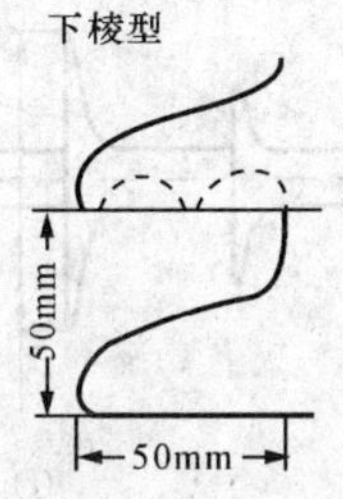

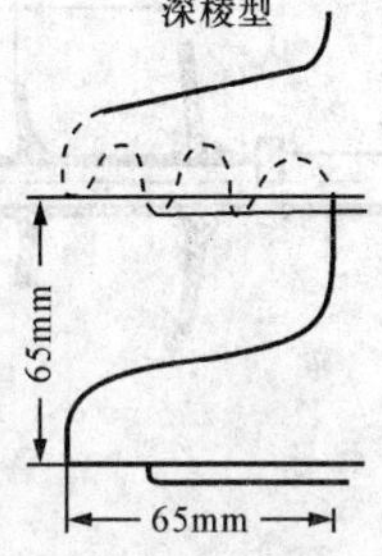

附图Ⅲ-6　直流支柱绝缘子的伞裙结构

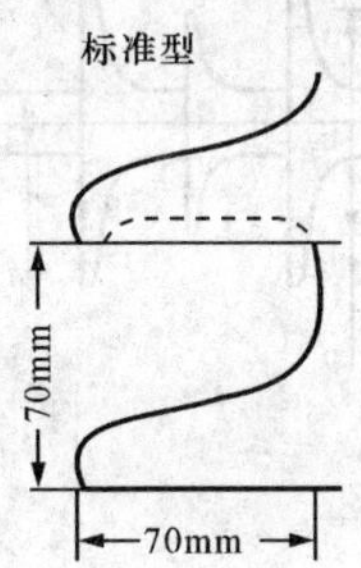

附图Ⅲ-7　直流瓷套的伞裙形状

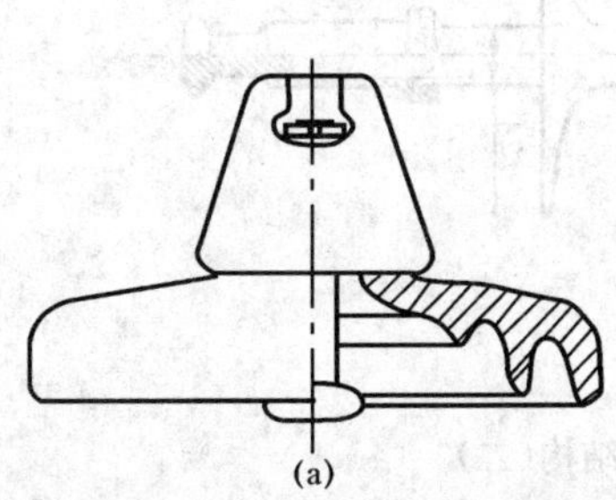

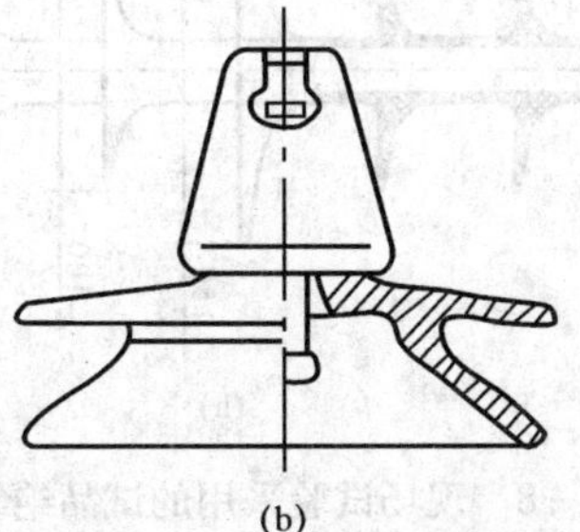

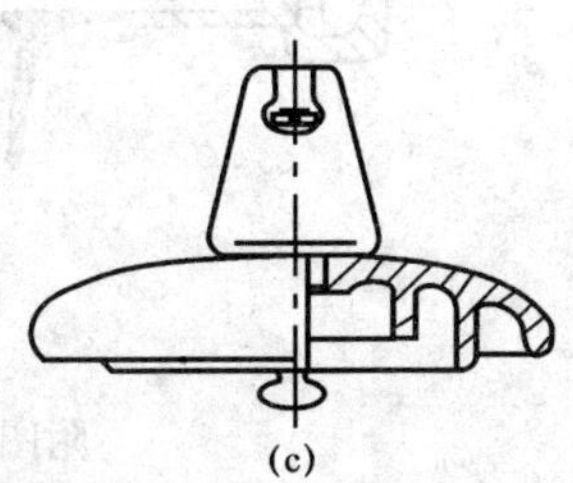

附图 Ⅲ-8　现场试验采用的试品绝缘子结构(一)

(a)XP-70；(b)XWP_2-70；(c) LXY-70；

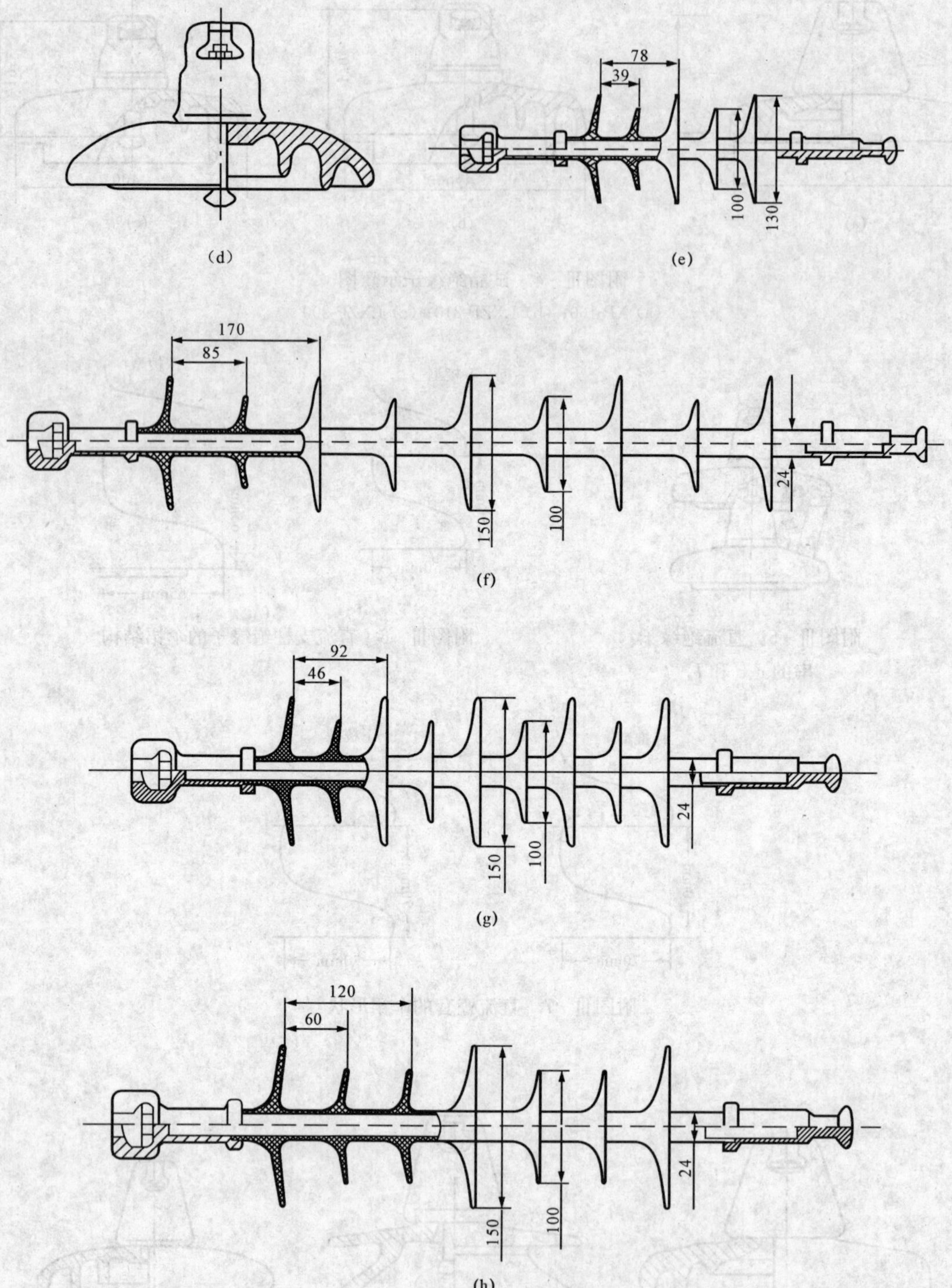

附图 Ⅲ-8 现场试验采用的试品绝缘子结构(二)

(d)LXHY-70;(e) FXBW-10/70;(f) FXBW-27.5/100(L);
(g)FXBW-27.5/100(S);(h)FXBW-35/100;

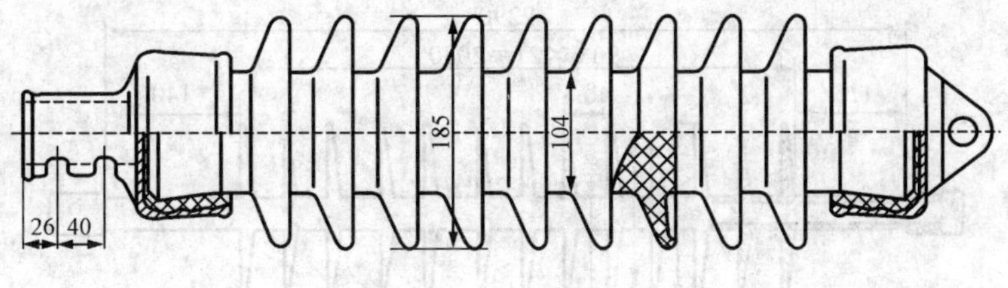

(i)

附图 Ⅲ - 8 现场试验采用的试品绝缘子结构(三)

(i)QBN_2-25

附表Ⅲ - 2 现场试验采用的试品绝缘子结构现场试品绝缘子参数

绝缘子型式	H (mm)	h (mm)	D (mm)	L (mm)
XP-70	146	—	295	255
XWP2-70	146	—	400	255
QBN_2-25	760	570	1200	185
LXY-70	146	—	320	255
LXHY-70	146	—	400	255
FXBW-10/70	415	225	600	130/100
FXBW-27.5/100(L)	1040	910	1660	150/100
FXBW-27.5/100(S)	640	505	1264	150/100
FXBW-35/100	670	520	1060	150/100

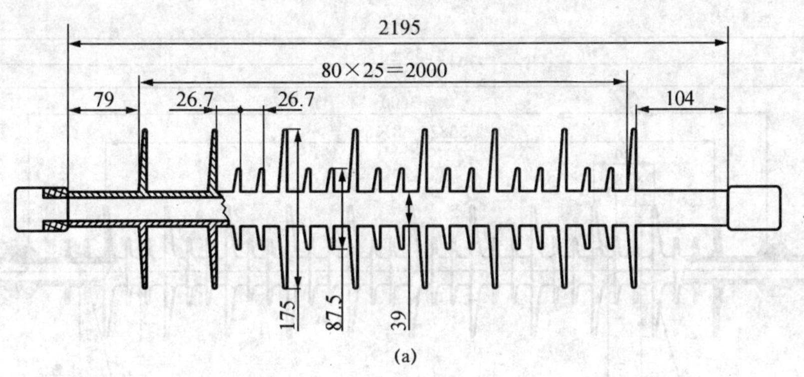

(a)

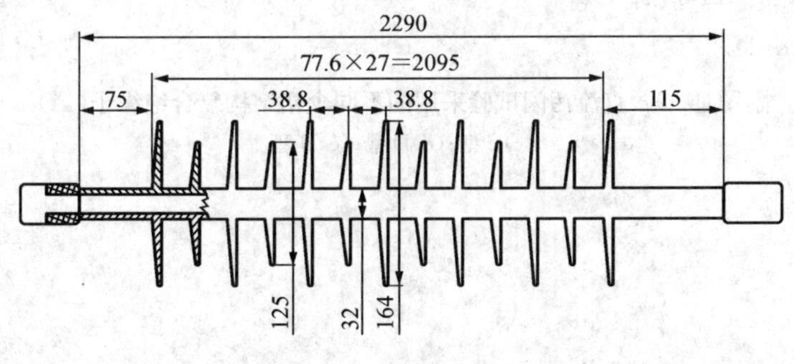

(b)

附图Ⅲ - 9 直流污闪试验采用的不同伞裙结构复合绝缘子(一)

(a)A 型;(b)B 型;

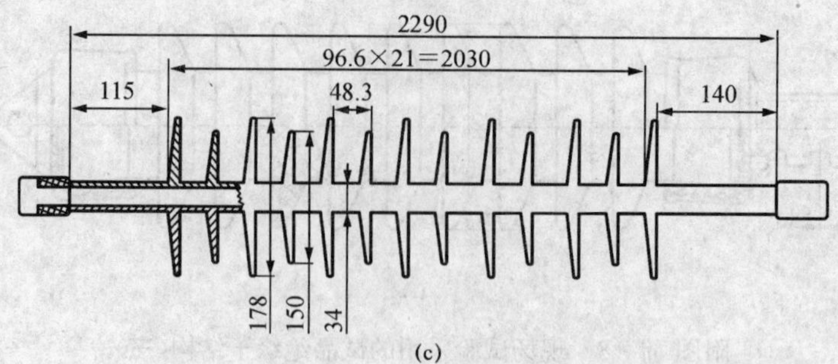

(c)

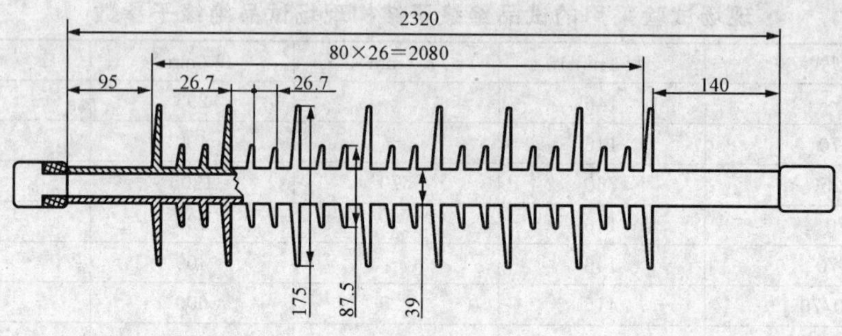

(d)

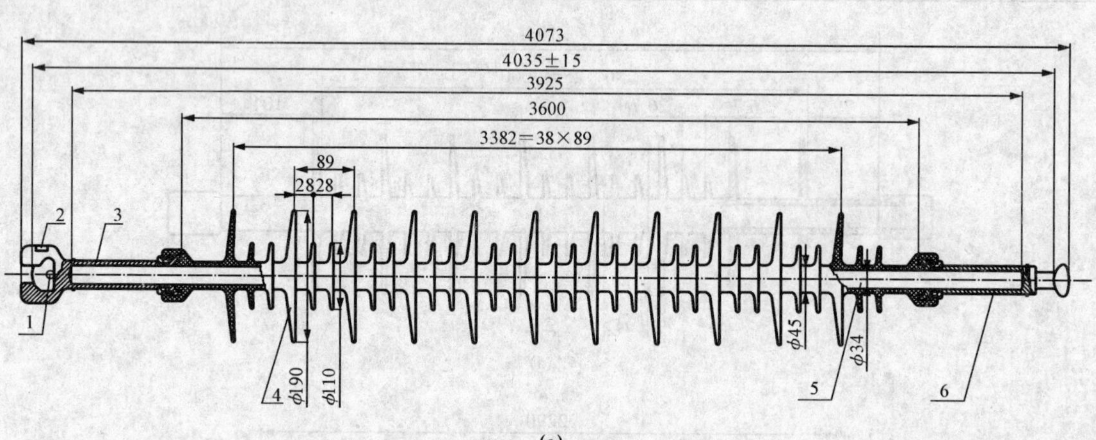

(e)

附图Ⅲ-9 直流污闪试验采用的不同伞裙结构复合绝缘子(二)

(c)C型;(d)D型;(e)E型

附录Ⅳ　气压影响特征指数 n 参考值

附表Ⅳ-1　清华大学试验得到的交流下的 n 值(1993年及以前)

绝缘子型式及基本技术参数					SDD(mg/cm²)	n 值	试验方法
型式	D(cm)	h(cm)	L(cm)	f			
光滑瓷圆柱	11.9	35.0	35.0	0.928	0.03	0.38	定量涂刷法，污秽成分为硅藻土、氯化钠和糊精，灰密为 2mg/cm²，升压法，气候室进行，温度为 35℃以下，P：50～103kPa，悬式绝缘子为3片串
					0.05	0.39	
					0.10	0.36	
					0.20	0.40	
					0.40	0.38	
ZS-35/400	10.5	30.0	62.5	1.895	0.03	0.43	
					0.05	0.57	
					0.10	0.70	
					0.20	0.55	
					0.40	0.40	
ZWS-35/400	11.51	30.0	75.5	2.089	0.03	0.47	
					0.05	0.48	
					0.10	0.80	
					0.20	0.84	
					0.40	0.63	
F5	13.33	32.0	96.0	2.293	0.03	0.44	
					0.05	0.46	
					0.10	0.60	
					0.20	0.68	
					0.40	0.48	
XS-4.5	26.0	14.6	21.3	—	0.03	0.39	
					0.05	0.35	
					0.10	0.44	
					0.20	0.39	
					0.40	0.44	
XP-16	25.4	15.5	29.0	—	0.03	0.56	
					0.05	0.60	
					0.10	0.50	
					0.20	0.44	
					0.40	0.41	
XPS-16	28.0	15.5	35.0	—	0.03	0.50	
					0.05	0.52	
					0.10	0.52	
					0.20	0.51	
					0.40	0.47	
XWP2-16	28.8	15.5	45.0	—	0.03	0.48	
					0.05	0.51	
					0.10	0.57	
					0.20	0.60	
					0.40	0.56	

附表Ⅳ-2 清华大学试验得到的交流下的 *n* 值(1994 年至今)

绝缘子型式及基本技术参数				SDD(mg/cm²)	n 值	试验方法
型式	D(cm)	h(cm)	L(cm)			
XP-210	28.0	17.0	33.2	0.05	0.66	定量涂刷法,污秽成分为硅藻土、氯化钠和糊精,灰密为 2mg/cm²,升压法,气候室进行,温度为 40℃以下,H:0～3km,悬式绝缘子为 3 片串
				0.20	0.64	
XWP-210	30.0	17.0	45.9	0.05	0.42	
				0.20	0.34	
XP-300	32.0	19.5	45.9	0.05	0.28	
				0.20	0.35	
XWP2-210	34.0	17.0	53.0	0.05	0.22	
				0.20	0.40	
LXY-210	28.0	17.0	40.6	0.05	0.54	
				0.20	0.37	
LXY1-300	32.0	19.5	49.2	0.05	0.36	
				0.20	0.36	
LXY2-300	32.0	19.5	49.3	0.05	0.45	
				0.20	0.59	
LXY-120	38.0	14.5	36.5	0.05	0.30	
				0.20	0.19	
支柱 1	27/24	51.8	107.3	0.05	0.24	
				0.20	0.20	
支柱 1(涂 RTV)	27/24	51.8	107.3	0.20	0.26	
支柱 2	26	51.8	112.5	0.05	0.45	
				0.20	0.54	
支柱 3	27/23.1	51.8	109.7	0.05	0.23	
				0.20	0.29	
XWP-70	25.5	14.6	40.0	0.05	0.40	定量涂刷法,污秽成分为硅藻土、氯化钠和糊精,灰密定为 2mg/cm²,升压法,气候室进行,温度为 40℃以下,H:4～6km,悬式绝缘子为 3 片串
				0.20	0.52	
XP-70	25.5	14.6	30.0	0.05	0.52	
				0.20	0.44	
支柱 1	27/24	51.8	107.3	0.05	0.49	
				0.20	0.74	
支柱 2	26	51.8	112.5	0.05	0.23	
				0.20	0.29	
复合绝缘子 1	15/10	—	63.8	0.05①	0.18	定量涂刷法,污秽成分为硅藻土、氯化钠和糊精,灰密定为 2mg/cm²,升压法,气候室进行,温度为 40℃以下,H:0～3km
				0.20①	0.43	
复合绝缘子 2	15/10	—	85.2	0.05①	0.51	
				0.05②	0.36	
				0.20①	0.52	
复合绝缘子 3	15/10	—	81.0	0.05①	0.47	
				0.05②	0.13	
				0.20①	0.39	

①复合绝缘子表面为亲水性状态;

②复合绝缘子表面为憎水性状态。

附表Ⅳ-3　清华大学试验得到的直流下的 *n* 值

绝缘子型式及基本技术参数				*SDD*	*n* 值		试验方法
型式	*D*(cm)	*h*(cm)	*L*(cm)	(mg/cm²)	DC(+)	DC(−)	
支柱 1	29.6/26.6/12.7	57.2	146	0.05	0.58	0.21	定量涂刷法，污秽成分为硅藻土、氯化钠和糊精，盐灰比为 1∶6，升降法，气候室进行，温度为 40℃以下，*H*：0～3km
				0.10		0.44	
支柱 2	32.1/12.7	50.5	111	0.05	0.87	0.34	
				0.10		0.56	
支柱 3	31.1/25.1/12.7	50.5	116.5	0.05	—	0.77	
				0.10	—	0.33	
XZP-210	32.0	17.0	32.0	0.05	—	0.77	定量涂刷法，污秽成分为高岭土、氯化钠，盐灰比为 1∶6，升降法，气候室进行，温度为 40℃以下，*H*：0～3km，3 片串
				0.10	—	0.72	
XZWP-300	360/350	19.5	52.2	0.05	—	0.67	
				0.10	—	0.72	
XZSP-300	390/345/365	19.5	63.5	0.05	—	0.60	
				0.20	—	0.72	

附表Ⅳ-4　重庆大学试验得到的交流下的 *n* 值

绝缘子型式及基本技术参数				*SDD* (mg/cm²)	*n* 值	试验方法
型式	*D*(cm)	*h*(cm)	*L*(cm)			
XP-7	25.4	14.6	29.5	0.03	0.362	定量涂刷法，污秽成分为硅藻土、氯化钠，灰密为 2mg/cm²，升压法，气候室进行，温度为 40℃以下，*H*：0～3km，3 片串
				0.05	0.578	
				0.10	0.891	
				0.20	0.901	
XWP2-7	25.4	14.6	39.0	0.03	0.415	
				0.05	0.285	
				0.10	0.718	
				0.20	0.722	
XP-16	25.5	15.5	30.5	0.03	0.489	
				0.05	0.557	
				0.10	0.547	
				0.20	0.77	
XP3-16	28.0	15.5	35.0	0.03	0.439	
				0.05	0.529	
				0.10	0.535	
				0.20	0.704	
LXP-16	28.0	15.5	35.0	0.03	0.438	
				0.05	0.512	
				0.10	0.544	
				0.20	0.693	
XWP3-16	29.0	15.5	39.0	0.03	0.416	
				0.05	0.473	
				0.10	0.652	
				0.20	0.812	

续表

绝缘子型式及基本技术参数				SDD(mg/cm²)	n值	试验方法
型式	D(cm)	h(cm)	L(cm)			
XP-70	25.5	14.6	29.5	0.03～0.25	0.511① 0.486②	现场试验，浸污法，污秽成分为硅藻土、氯化钠和二氧化硅，湿污法，升压法，H:2.82～4.50km
XP-160	25.5	15.5	30.5		0.586① 0.588②	
LXY-70	25.5	14.6	32.0		0.577① 0.511②	
LXHY-70	25.5	14.6	40.0		0.535① 0.532②	
XWP2-70	25.5	14.6	40.0		0.579① 0.565②	
FXBW-10/70	13.0/10.0	41.5	60.0		0.587① 0.587②	
FXBW-27.5/100(L)	15.0/10.0	104.0	166.0		0.575① 0.587②	
FXBW-27.5/100(S)	15.0/10.0	64.0	126.4		0.507① 0.506②	
FXBW-35/100	15.0/10.0	67.0	106.0		0.517① 0.511②	
QBN2-25	18.5	76.0	120.0		0.580① 0.579②	
FXBW-10/70	13.0/10.0	41.5	60.0	0.07/1 0.22/3	0.59 0.77	浸污法，污秽成分为硅藻土、氯化钠和二氧化硅，升压法，气候室进行，0.232～4.0km
XP-70	25.5	14.6	29.5	0.07/1 0.15/1	0.53 0.44	
750kV复合绝缘子短样A型	19.5/15.5/11.5	106	385.4	0.20③ 0.25③ 0.20④ 0.25④	0.795 0.520 0.825 0.518	定量涂刷法和浸污法，污秽成分为硅藻土、氯化钠，灰密为 2mg/cm²，升压法，气候室进行，温度为 40℃以下，H:0～4km
750kV复合绝缘子短样B型	15.6/12.1	106	316.3	0.20③ 0.25③ 0.20④ 0.25④	0.780 0.613 0.743 0.586	
750kV复合绝缘子短样C型	19.5/15.5/11.5	33.0	116.1	0.20③ 0.25③ 0.20④ 0.25④	0.78 0.531 0.863 0.556	

①试验时环境温度校正到标准参考大气条件下的温度；

②未进行温度校正；

③定量涂刷方式；

④浸污方式。

附表Ⅳ-5　**重庆大学试验得到的直流下的 n 值**

绝缘子型式及基本技术参数				SDD (mg/cm²)	n 值	试验方法
型式	D(cm)	h(cm)	L(cm)			
XP-7	25.4	14.6	29.5	0.03 0.05 0.10 0.20	0.183 0.305 0.204 0.161	定量涂刷法，污秽成分为硅藻土、氯化钠，灰密为 2mg/cm²，升压法，气候室进行，温度为 40℃以下，H 为 0～3km，3 片串
XWP2-7	25.4	14.6	39.0	0.03 0.05 0.10 0.20	0.362 0.578 0.891 0.901	
DC-II-16	32.0	16.5	51.0	0.03 0.05 0.10 0.20	0.137 0.150 0.294 0.289	
ZS1-35-400	15.0	40.0	61.5	0.03 0.05 0.10 0.20	0.225 0.251 0.378 0.385	定量涂刷法，污秽成分为硅藻土、氯化钠，灰密为 2mg/cm²，升压法，气候室进行，温度为 40℃以下，H 为 0～3km
ZWS1-35-400	19.2/15.0	40.0	75.0	0.03 0.05 0.10 0.20	0.587 0.518 0.629 0.452	
XP-160	25.5	15.5	30.5	0.03 0.05 0.08 0.15	0.63 0.54 0.61 0.42	浸污法，污秽成分为硅藻土、氯化钠和二氧化硅，盐灰密比为 1∶6，升压法，气候室进行，温度为 30～35℃，H 为 0～3km，21 片串
XZP-210	32.0	17.0	54.5	0.03 0.05 0.08 0.15	0.42 0.40 0.37 0.35	
LXZP-210	32.0	17.0	54.5	0.03 0.05 0.08 0.15	0.66 0.74 0.65 0.59	
LXZP-300	40.0	19.5	63.5	0.03 0.05 0.08 0.15	0.68 0.62 0.59 0.49	

续表

绝缘子型式及基本技术参数				SDD (mg/cm²)	n 值	试验方法
型式	D(cm)	h(cm)	L(cm)			
FXBW-500/160(A)	17.5/8.75	219.5	739.3	0.03	0.71	定量涂刷法，污秽成分为硅藻土、氯化钠，盐灰密比为1∶6，升压法，气候室进行，温度为30～35℃，H 为0～3km
				0.05	0.78	
				0.08	0.70	
				0.15	0.60	
FXBW-500/160(B)	16.4/12.5	229.0	758.8	0.03	0.72	
				0.05	0.68	
				0.08	0.58	
				0.15	0.55	
FXBW-500/160(C)	17.8/15.0	229.0	738.7	0.03	0.71	
				0.05	0.69	
				0.08	0.65	
				0.15	0.51	
FXBW-500/160(D)	17.5/8.75	232.0	778.8	0.03	0.60	
				0.05	0.54	
				0.08	0.58	
				0.15	0.42	
FXBZ-±800/400(E)	19.0/11.0	360.0	1310.0	0.03	0.77	
				0.05	0.74	
				0.08	0.64	
				0.15	0.57	

附表Ⅳ-6　国内其他部分单位试验得到的交流下的 *n* 值

单位	绝缘子型式及基本技术参数				SDD (mg/cm²)	n 值	试验方法
	型式	D(cm)	h(cm)	L(cm)			
中国云南电力试验研究所	CA-580EY	28.0	17.0	37.0	0.10	0.630	固体层法，定量涂刷方式，均匀升压法，环境温度低于40℃，试验地点：昆明(1970m)、北京(0m)
中国西安高压电器研究所	X-4.5	25.4	14.6	30.0	0.04	0.56	支柱绝缘子采用定量涂刷，7片串悬式绝缘子采用浸污法，污秽成分为硅藻土、氯化钠和糊精，灰密为2mg/cm²，升压法，气候室进行，温度为35℃以下，P 为50～103kPa
					0.05	0.49	
					0.08	0.28	
	ZS-110/400		106.0	187.0	0.03	0.59	

附表Ⅳ-7　USSR(前苏联)试验得到的交直流下的 *n* 值

绝缘子型式及基本技术参数				污层电导率(μS)	n 值		试验方法
型式	h(cm)	L(cm)	f		AC	DC(−)	
悬式 PS45	13	24.5	0.62	3	0.515		气候室进行 P=50～125kPa 污秽采用污层电导率(μS) 绝缘子串长为4～7片
悬式 PM45	14	26	0.63	1	—	0.55	
				3	0.48	0.49	
				10	0.57	—	
				3	0.65	0.503	
悬式 VZM2025	14	42.5	0.9	3	0.45	0.505	
110kV 套管				1	—	0.515	
K0400 支柱	50	70	1.3		0.48	0.542	

续表

绝缘子型式及基本技术参数				污层电导率(μS)	n值		试验方法
型式	h(cm)	L(cm)	f		AC	DC(−)	
K0400 支柱	50	70	1.3	2 14	— —	0.77 0.46	
OVNP-35 支柱	40	55	1.1	2 14	— —	0.595 0.601	
ONS-35 支柱	42	70	1.7	2 14	— —	0.32 0.23	
K0-400C 支柱	50	90	1.8	2 14	— —	0.280 0.370	
ONS-110-300 支柱	105	190	—	2 14	— —	0.380 0.460	现场试验 $H=0.8,3.2$km 污秽采用污层电导率(μS)
ONS-110-500 支柱				2 14	— —	0.681 0.660	
ONSh-35-300 支柱/针型	40	70.0	1.05	2 4	— —	0.465 0.487	
RVS-33(cover)	97.5	100.5	1.9	2 14	— —	0.827 0.278	
BMT/15-110(bushing)	97	214.0	1.85	2 14	— —	0.533 0.450	

附表Ⅳ-8　国外其他国家试验得到的交直流下的 n 值

国别	绝缘子型式及基本技术参数				SDD (mg/cm²)	n值			试验方法
	型式	D(cm)	h(cm)	L(cm)		AC	DC(+)	DC(−)	
日本东京大学	标准悬式(模型)	12.7	7.3	14.0	0.08 0.17	0.50	— 0.269	0.359 0.261	气候室进行,$P=13$、36、65、101kPa;绝缘子串长为2片 升压法;浸污方式(氯化钠和砥石粉的混合液)
	防污悬式(模型)	12.7	7.3	21.5	0.05 0.11	0.55	— —	0.341 0.418	
	支柱(模型)	4.2	16.2	30.3	40g/L	—	—	0.166	
	三角形玻璃平板	20×18(h),尖端电极为2cm的圆形			0.067 0.20	— —	— —	0.36 0.37	
瑞典	不详	不详				0.29	0.50	—	不详
加拿大						0.50	0.40	0.35	结合各国试验结果给出的建议

参 考 文 献

[1] 顾乐观，孙才新．电力系统的污秽绝缘[M]．重庆：重庆大学出版社，1990.
[2] 蒋兴良,易辉．输电线路覆冰及防护[M]．北京:中国电力出版社，2002.
[3] 张仁豫．绝缘污秽放电[M]．北京：水利电力出版社,1994.
[4] 孙才新，司马文霞，舒立春．大气环境与电气外绝缘[M]．北京：中国电力出版社，2002.
[5] 关志成．绝缘子及输变电设备外绝缘[M]．北京:清华大学出版社，2006.
[6] 梁曦东，陈昌渔，周远翔．高电压工程 [M]．北京：清华大学出版社，2003.
[7] 四川省电力工业局．电网防污闪技术[M]．北京：中国电力出版社，1998.
[8] 杨虎，刘琼荪，钟波．数理统计[M]．北京：高等教育出版社，2004.
[9] 张节容．高压电器原理及应用[M]．1989.
[10] 浙江省电力公司．输电线路绝缘子运行技术手册[M]．北京：中国电力出版社，2003.
[11] 本书编写组．防污闪技术手册[M]．南京:江苏科学技术出版社，1993.
[12] 曹婉真，夏又新．电解质[M]．西安：西安交通大学出版社，1991.
[13] 朱裕贞，苏小云，路琼华．工科无机化学[M]．上海：华东理工大学出版社，1993.
[14] GB/T 16434－1996 高压架空线路和发电厂、变电所环境污区分级及外绝缘选择标准[S].
[15] GB/T 4585－2004 交流系统用高压绝缘子的人工污秽试验[S].
[16] GB/T5582－1993 高压电力设备外绝缘污秽等级[S].
[17] DL/T 859－2004 高压交流系统用复合绝缘子人工污秽试验[S].
[18] JB/T 5895－1991　污秽地区绝缘子使用导则[S].
[19] IEC 60507－1991. Artificial pollution tests on high-voltage insulators to be used on a. c. systems [S].
[20] IEC 60815－2004. Selection and dimensioning of high-voltage insulators for polluted conditions-Part 1：Definitions，information and general principles[S].
[21] IEC 61245－1993 Artificial pollution tests on high-voltage insulators to be used on d. c. system[S].
[22] 舒立春．复杂环境中绝缘子交流闪络特性及校正方法研究[D]．重庆大学博士学位论文，2002.
[23] 张志劲．低气压下绝缘子(长)串污闪特性及直流放电模型研究[D]．重庆大学硕士学位论文，2007.
[24] 张永记．不同盐/灰密下普通绝缘子串交流闪络特性研究[D]．重庆大学硕士学位论文，2006.
[25] 冉启鹏．不同型式绝缘子交流污闪特性及其有效爬电系数的研究[D]．重庆大学硕士学位论文，2006.
[26] 王绍武．污秽地区有机外绝缘特性的研究[D]．清华大学博士学位论文，2001.
[27] 孙才新，舒立春，蒋兴良．高海拔、污秽、覆冰环境下超高压线路绝缘子交直流放电特性及闪络电压校正研究[J]．中国电机工程学报，2002，22(11)：115～120.
[28] 孙才新，舒立春，毛国志．降水酸化与电力系统外绝缘污闪[J]．电工技术杂志，1995，5：5～7.
[29] 蒋兴良，陈爱军，张志劲．盐密和灰密对 110kV 复合绝缘子闪络电压的影响[J]．中国电机工程学报，2006，26(9)：150～154.
[30] 蒋兴良，李名加，司马文霞．污湿环境中合成绝缘子憎水性影响因素分析[J]．高电压技术，2002，28(9)：5～6.
[31] 蒋兴良，谢述教，舒立春．低气压下三种直流绝缘子覆冰闪络特性及其比较[J]．中国电机工程学报，2004，24(9)：158～162.
[32] 蒋兴良，苑吉河，孙才新．绝缘子覆冰及其电气试验方法探讨[J]．高电压技术，2005，31(5)：4～6.
[33] 蒋兴良，苑吉河，孙才新．我国 800kV 特高压直流输电线路外绝缘面临的问题[J]．电网技术，2006，

30(9)：1～9.

[34] 蒋兴良，张志劲，胡建林．高海拔下不同伞形结构750kV合成绝缘子短样交流污秽闪络特性及其比较[J]. 中国电机工程学报，2005，25(12)：159～164.

[35] 舒立春，蒋兴良，田玉春．海拔4000m以上地区4种合成绝缘子覆冰交流闪络特性及电压校正[J]. 中国电机工程学报，2004，24(1)：97～101.

[36] 苑吉河，孙才新，蒋兴良．覆冰绝缘子闪络模型研究综述[J]. 高电压技术，2004，30(3)：9～11.

[37] 余德芬，孙才新，顾乐观．酸性湿沉降对绝缘子闪络特性影响的表征量研究[J]. 中国电机工程学报，2001，21(4)：15～19.

[38] 孙才新，舒立春，顾乐观．大气环境的酸性污染与绝缘子的交流放电特性[J]. 中国电力，1995，(6)：42～45.

[39] 蒋兴良等．覆冰绝缘子(长)串交流冰闪特性与防冰闪技术研究[R]. 重庆大学 & 湖南电力试验研究院，2006.

[40] 蒋兴良等．云广±800kV直流特高压高海拔地区线路绝缘子的选择研究[R]. 重庆大学 & 南方电网技术研究中心，2005.

[41] 蒋兴良等．高海拔地区覆冰和污秽对绝缘子长串直流闪络电压影响的试验研究[R]. 重庆大学 & 西南电力设计院．2004.

[42] 蒋兴良等．高海拔地区绝缘子型式及串的布置方式对覆冰绝缘子直流闪络电压影响的试验研究[R]. 重庆大学 & 西南电力设计院，2004.

[43] 蒋兴良等．高海拔覆冰地区电压极性对绝缘子长串直流闪络电压影响的试验研究[R]. 重庆大学 & 西南电力设计院，2004.

[44] 蒋兴良等．气压对不同条件(覆冰、污秽程度、结构及布置方式)下绝缘子长串直流闪络电压影响的试验研究[R]. 重庆大学 & 西南电力设计院，2004.

[45] 蒋兴良等．高海拔覆冰(雪)下10～110kV合成绝缘子闪络特性研究[R]. 重庆大学，2003.

[46] 关志成，王绍武，梁曦东．我国电力系统绝缘子污闪事故及其对策[J]. 高电压技术，2000，26(6)：37～39.

[47] 朱可能，关志成，贾志东．RTV硅橡胶涂料防污闪技术及其在天津电网中的应用[J]. 中国电力，2002，35(5)：57～61.

[48] 吴光亚，蔡炜，卢燕龙．直流输电线路绝缘子串片数的防污设计[J]. 高电压技术，2001，27(6)：51～53.

[49] 吴光亚，蔡炜，卢燕龙．交流输电线路绝缘子串片数的选择[J]. 高电压技术，2002，28(2)：21～23.

[50] 吴光亚，蔡炜，王钢．输电线路不同型式绝缘子的特性分析[J]. 高电压技术，2001，27(3)：72～74.

[51] 吴光亚，钱之银，肖勇．防污闪技术的现状与发展趋势[J]. 电力设备，2005，6(3)：5～9.

[52] 罗兵，饶宏，宿志一．直流复合绝缘子不均匀污秽闪络特性研究[J]. 高电压技术，2006，32(12)：133～136.

[53] 宿志一，刘燕生．我国北方内陆地区线路与变电站用绝缘子的直、交流自然积污试验结果的比较[J]. 电网技术，2004，28(10)：13～17.

[54] 宿志一，杨源龙，刘革立．我国农业地区的大气污染与输变电设备污秽等级的划分[J]，中国电力，1997，30(12)：3～6.

[55] 宿志一．用饱和盐密确定污秽等级及绘制污区分布图的探讨[J]. 电网技术，2004，28(8)：16～19.

[56] 宿志一．防止大面积污闪的根本出路是提高电网的基本外绝缘水平—对我国电网大面积污闪事故的反思[J]. 中国电力，2003，35(12)：57～61.

[57] 胡毅．"2.22电网大面积污闪"原因分析及防污闪对策探讨[J]. 电瓷避雷器，2001，(4)：3～6.

[58] 霍万龙．绝缘子污秽等级测量方法选择[J]. 东北电力技术，2002，(3)：23～25.

[59] 江秀臣，安玲，韩振东．等值盐密现场测量方法的研究[J]．中国电机工程学报，2000，20(4)：40～49.
[60] 金向朝，占亮．绝缘子闪络的动态模型探讨[J]．电瓷避雷器，2003，196：6～8.
[61] 李顺元，张仁豫，谈克雄．污秽闪络放电机理的研究[J]．清华大学学报(自然版)，1991，31，(1)：7～15.
[62] 李晓峰，李正赢，丁颖川．绝缘子表面电导特性的研究及仿真[J]．高电压技术，2001，27(3)：67～74.
[63] 李晓峰，李正赢，MacAlpine J M K，等．绝缘子表面电导特性的研究及仿真[J]．高电压技术，2001，27(3)：67～68.
[64] 李忠满，徐兴伟，林伟．东北电网“2.22”雾闪事故分析[J]．东北电力技术，2001，11：25～28.
[65] 刘海峰，李宝泉，常金旺．气象因素对输变电设备污闪的影响[J]．河北电力技术，2002，21(3)：5～7.
[66] 刘琰，王俊锴．陕西电网“12.18”大面积污闪事故的分析及其防治对策[J]．电网技术，2002，26(1)：82～85.
[67] 刘兆林．1996 年来华东电网雾闪事故分析及对策[J]．电网技术，1997，21(8)：63.
[68] 牛方修，张福贵，刘文海．安徽电网输电线路污闪断串事故浅析[J]．中国电力，1998，31：69～70.
[69] 钱茂华，崔国顺，关志成．用局部表面电导率划分污秽等级[J]．电瓷避雷器，1994，142：12～14.
[70] 丘志贤，白庆．国产盘形和棒形支柱绝缘子耐污性能的试验研究[J]，电瓷避雷器，1996，149：3～10.
[71] 全惟杰，包建强，叶辉．绝缘子污秽附着及耐电弧性能分析[J]，华东电力，2004，32(2)：15～20.
[72] 尚春．特高压输电技术在南方电网的发展与应用 [J]．高电压技术，2006，32(1)：35～37.
[73] 石世峰，郭永林，刘海燕．变电站绝缘设备的污闪及防治措施[J]．山西电力，2004，(2)：47～49.
[74] 汤存燕，梁曦东．国外直流合成绝缘子运行及自然污秽试验[J]．电网技术，1999，23(9)：50～53.
[75] 王朝旭．今冬明春福建防污闪形势分析及对策[J]．福建电力与电工，1998，(12)：1～5.
[76] 王劭然，李彦吉，张金昌．电网污闪事故分析及防范措施[J]．吉林电力，2004，(4)：31～32.
[77] 徐通训．关于污秽等值盐密测量中一些主要问题的论证[J]．华北电力技术，1994，(4)：1～5.
[78] 徐喜佑．华东电网 500 kV 输电线路污闪的原因及对策[J]．中国电力，1997，30(11)：8～11.
[79] 杨引虎．大面积污闪事故原因分析与防范对策[J]．中国电力，1998，(4)：74～75.
[80] 余松立．钢化玻璃绝缘子的运行性能[J]．高电压技术，2001，27(10)：64～65.
[81] 俞宜任．污秽闪络与伞形结构及外绝缘的合理选择[J]．电瓷避雷器，2000，(1)：14～20.
[82] 俞宜任，杨雪峰．绝缘子耐污伞形设计原则与选用要求[J]．电瓷避雷器，2001，(4)：16～20.
[83] 袁红波，郭贤珊．佛山电网 110～500kV 输电线路污闪事故与对策[J]．华中电力，2005，18(4)：55～58.
[84] 袁红波，张鸣．佛山电网 110～500kV 输电线路防污闪实践[J]．电力标准化与计量，2005，(3)：16～20.
[85] 苑舜．线路绝缘子在大雾下闪络机理中几个关键问题的探讨[J]．东北电力技术，2001，(10)：19～21.
[86] 张慧媛，丁扬．电网电瓷外绝缘污秽等级的确定[J]．华北电力大学学报，1997，24(4)：24～29.
[87] 张开贤．悬式绝缘子串自然积污规律的探讨[J]．电网技术，1997，21(3)：39～43.
[88] 张宇，肖嵘．华东电网 2.20 污闪事故的分析和思考华东电力[J]．华东电力，2004，32(9)：7～22.
[89] 赵子玉，彭宗仁，谢恒堃．悬式绝缘子电导率与泄漏电流的现场测试技术研究[J]．电工技术学报，1997，12(2)：43～46.
[90] 周建国．华东电网 500 kV 大面积污闪的反措探讨[J]．华东电力，1998，(l)：11～24.
[91] 周建国，肖嵘．多伞盘式绝缘子的污秽特性[C]．电工陶瓷第七次学术年会暨学术交流会论文集．
[92] 周建国，肖嵘，张宇．三峡送上海直流 500kV 换流站外绝缘污秽水平的研究[J]．华东电力，2001，(12)：11～13.
[93] 周渠．电力设备外绝缘的防污闪综合措施[J]．绝缘材料，2004，(2)：41～43.
[94] 周正．常德及湘潭电网大面积污闪事故的分析[J]．电力安全技术，2003，5(4)：23～30.
[95] 车文俊．电力设备外绝缘的爬电距离[J]．供用电，2004，21(2)：24～25.

[96] 陈玲．确定高海拔污秽地区悬式绝缘子串片数的方法[J]．电力标准化和计量，1996，(4)：27～29.

[97] 迟殿林，韩芳，陶文秋．沈阳地区线路污闪跳闸原因与对策[J]．东北电力技术，2002，(9)：4～6.

[98] 方明．220kV 浑郑线污闪事故分析及防范措施[J]．吉林电力技术，1996，(4)：15～18.

[99] 顾节经，顾岩．雾闪停电灾害的成因分析[J]．山东气象，2001，21(3)：49～50.

[100] A. C. Baker，L. E. Zaffanella & L. D. Anzivino，et al. Contamination Performance of HVDC Station Post Insulators[J]. IEEE Transactions on Power Delivery，1988，3(4)：1968～1975.

[101] A. E. Vlastós & Y. Feiju. Clean fog rapid procedure test of artificially and naturally polluted HVDC porcelain barrel insulator [J]. IEEE Trans on Power Delivery，1991，6(4)：1791～1797.

[102] A. S. Farag. Interfacial Breakdown on Contaminated Electrolytic Surface[C]. Conference on Electrical Insulation and Electrical Manufacturing & Coil Winding，1997：789～794.

[103] B. F. Hampton. Flashover mechanism of Polluted Insulation[J]. IEE Power Record Inst. 1964，111 (5)：985～990.

[104] Caixin Sun，Yuchun Tian & Xingliang Jiang. Flashover performance and voltage correction of iced and polluted HV insulator string at high altitude of 4000m and above[C]. Proceedings of the 7th International Conference on Properties and Applications of Dielectric Materials，2003，1：141～145.

[105] CIGRE work group C4－13. IEC 60815 NP Selection and Dimensioning of High-voltage Insulators for Polluted Conditions-Part 1：Definitions，information and General Principles[S]，2004.

[106] CIGRE Working Group 33，04 Study Committee. A Critical Comparison of Artificial Pollution Test Methods for HV Insulators[R]. Electra，1979，64：117～136.

[107] CIGRE Working Group 33－04. Artificial pollution testing of HVDC insulators：analysis of factors influencing performance [J]. Electra，1992，140：99～113.

[108] D. C. Jolly. Contamination Flashover of Polluted Insulators[J]. IEEE PAS，1972，91.

[109] Electric Power Research Institute(EPRI). HVDC Transmission Line Insulator Performance[R]. EPRI Report，1986.

[110] F. A. M. Rizk. Mathematical Model for Pollution Flashover[J]. IEEE Electra，1981，(78)：101～116.

[111] F. V. Topalis，I. F. Gonos & I. A. Stathopulos. Dielectric behavior of polluted porcelain insulators[J]. IEE Proceedings of Generation，Transmission and Distribution，2001，148(4)：269～274.

[112] Farzaneh M，Baker T & Bernstorf A，et al. Insulator icing test methods and procedures—A position paper prepared by IEEE Task Force on Insulator Icing Test Methods [J]. IEEE Transaction on Power Delivery，2003，18(4)：1503～1515.

[113] Garcia R W S，Bosignoli R & Gomes E Jr. Influence of the non-uniformity of pollution distribution on the electrical behavior of insulators [C]. International Conference on Properties and Applications of Dielectric Materials，Tokyo，Japan，1991，1：342～345.

[114] IEEE Working Group on Insulator Contamination，Lightning and Insulator Subcommittee，T&D Committee，Application Guide for Insulators in a Contaminated Environment，IEEE Transactions on Power Apparatus and Systems，1979，Vol. 98：1676～1695.

[115] J. G. Zhou，G. Dong，T. Imakoma，et al，Contamination performance of outer-rib type suspension insulators，IEEE/PES Exhibition on Transmission and Distribution Conference，2002，2185～2190.

[116] J. P. Holtzhausen and W. L. Vosloo，The pollution Flashover of AC Energized Post Type Insulators，IEEE Transactions on Dielectrics and Electrical Insulation，2001，8(2)，191～194.

[117] Kimoto，K. Kito，T. Takatori，Anti-pollution design criteria for line and station insulators，IEEE Trans，Power App，Syst，1972，317～327.

[118] L. C. Phan. H. Matsuo. Minimun Flashover Voltage of Iced Insulators. IEEE Transactions on Electrical

Insulation, 3 198318(6), pp. 123～127.

[119] Lampe W. et al. Long-term tests of HVDC insulators under natural pollution conditions at the Big Eddy Test Center[J]. IEEE Trans on power delivery,1989,4(1):248～259.

[120] Ling An, Xiuchen Jiang and Zhedong Han. Measurements of Equivalent Salt Deposit Density on A Suspension Insulator[J]. IEEE Transaction on Dielectrics and Electrical Insulation, 2002, 9(4): 562～568.

[121] M. Farzaneh, T. Baker, et al. Insulator icing test methods and procedures - A position paper prepared by the IEEE task force on insulator icing test methods[J]. IEEE Trans. Power Delivery, 2003, 18 (14): 1503～1515.

[122] M. A. Salam, H. Ahmad, A. S. Ahmad, et al. Study of Creepage Distance of the Contaminated Insulator in Correlation with Salt Deposit Density[C]. 2000 Annual Report Conference on Electrical Insulation and Dielectric Phenomena, 2000, 1: 215～217.

[123] M. A. Salam, K. Aamer, A. Hamdan, et al. Study The Relationship Between The Resistance and ESDD of a Contaminated Insulator a Laboratory Approach[C]. International Conference on Properties and Applications of Dielectric Materials, 2003, 3:1032～1034.

[124] M. Akbar, F. M. Zedan. Performance of HV transmission line insulators in desert conditions - III: Pollution measurements at a coastal site in the eastern region of Saudi Arabia[J]. IEEE Transactions on Power Delivery, 1991, 6(1): 429～438.

[125] M. Zedan, M. A. Akabar. Performance of HV transmission line insulators in desert conditions - IV: Study of insulators at a semicoastal site in the eastern region of Saudi Arabia[J]. IEEE Transactions on Power Delivery, 1991, 6(1): 439～447.

[126] M. Ishii, M. Komatsubara, R. Matsuoka. Behavior of Insoluble Materials in Artificial Contamination Tests[J]. IEEE Transactions on Dielectrics and Electrical Insulation, 1996, 3(3): 432～438.

[127] Matsuoka R, Naito K, Irie T. Evaluation methods of polymer insulators under contaminated conditions [C]. IEEE/PES Transmission and Distribution Conference and Exhibition, Asia Pacific, 2002, 3: 2197～2202.

[128] Md. Abdus Salam, Hussein Ahmad, Derivation of Creepage Distance in Terms of ESDD and Diameter of the Contaminated Insulator, IEEE Power Engineering Review, 2000, 44～45.

[129] Mekhaldi A, Namane D, Bouazabia S, et al. Flashover of discontinuous pollution layer on HV insulators [J]. IEEE Transactions on Dielectricss and Electrical Insulation, 1999, 6(6): 900～906.

[130] Mekhaldi A. and Namane D. Empirical model of a high voltage insulator under non-uniform pollution [C]. Proceedings of the 11th International Symposium on High Voltage Engineering, UK, 1999, 4. 232～4. 235.

[131] Mercure H P. Insulator pollution performance at high altitude: major trends. IEEE Trans. Electrical Insulation, 1989, 4: 1461～1468.

[132] Montoya, I. Ramirez, J. I. Montoya, Correlation Among ESDD, NSDD and Leakage Current in Distribution Insulators, IEE Proceedings on Generation Transmission and Distribution, 2004, 151(3): 334～340.

[133] N. G. Ramos, R. M. T. Campillo, K. Naito. A Study on The Characteristics of Various Conductive Contaminants Accumulated on High Voltage Insulators[J]. IEEE Transactions on Power Delivery, 1993, 8 (4): 1842～1850.

[134] Naito K et al. Improvement of the DC voltage insulation efficiency of suspension insulators under contaminated conditions [J]. IEEE trans on electrical insulation, 1988, 23(6): 1025～1032.

[135] Naito K, Morita K, Hasegawa Y, et al. Improvement of the DC voltage insulation efficiency of suspension insulators under contaminated conditions [J]. IEEE Transactions on Electrical Insulation, 1988, 23

(6)：1025～1032.

[136] P. Claverie, et al, Predetermination of The Behaviors of Polluted Insulators, IEEE 1971 ,90(4).

[137] P. S. Ghosh, N. Chatterjee. Polluted Insulator Flashover Model for AC voltage[J]. IEEE Trans. on Dielectrics and Electrical Insulation, 1995, 2(1)：128～136.

[138] Perin, et al, Design of External Insulation for AC Systems Under Polluted Conditions, CESI Technical Brochure, 1992.

[139] R. Sundararajan, R. S. Gorur, Role of Non-soluble Contaminants on the Flashover Voltage of Porcelain Insulators, IEEE Transaction on Dielectrics and Electrical Insulation, 1996, 3(1)：113～118.

[140] R. Matsuoka, K. Kondo, K. Naito, et al, Influence of Nonsoluble Contaminants on The Flashover Voltages of Artificially Contaminated Insulators, IEEE Transactions on Power Delivery, 1996, 11(1)：420～430.

[141] R. Sundararajan, R. S. Gorur, Role of non-soluble contaminants on the flashover voltage of porcelain insulators, IEEE Transactions on Dielectrics and Electrical Insulation, 1996, 3(1)：113～118.

[142] R. Wilkins, Flashover Voltage Insulators with Uniform Surface-pollution Films, PIEE, 1969, Vol. 116, No. 3:457－465.

[143] Rudakova V M, Tikhodeev N N. Influence of low air pressure on flashover voltages of polluted insulators: test data, generalization attempts and some recommendations. IEEE Trans. Electrical Insulation, 1989, 4：607～613.

[144] S. Jaafar, A. S. Ahmad, P. S. Ghosh et al, A New Approach in Modeling AC Flashover Voltage for Polluted Insulator. Conference on Electrical Insulation and Dielectric Phenomena, 2002, 558～561.

[145] Salam M A, Ahmad H, Ahmad A S, et al. Study of creepage distance of the contaminated insulator in correlation with salt deposit density [C]. Annual Report Conference on Electrical Insulation and Dielectric Phenomena, Victoria, British Columbia, Canada, 2000, 1：215～217.

[146] Salam M A, Ahmad H. Derivation of creepage distance in terms of ESDD and diameter of the contaminated insulator [J]. IEEE Power Engineering Review, 2000, 20(9)：44～45.

[147] Salam, H. Ahmad, A. Ahmad, et al, Flashover phenomena of polluted insulators energized by AC voltage, Annual Report Conference on Electrical Insulation and Dielectric Phenomena, 1999, 2：674～677.

[148] Task Force 04. 04 of Study Committee 33, Artificial Pollution Testing of HVDC Insulators: Analysis of Factors Influencing Performance, Electra, 1992, 140：98～113.

[149] Topalis F V, Gonos I F, Stathopulos I A. Dielectric behaviour of polluted porcelain insulators [J]. IEE Proceedings — Generation, Transmission and Distribution, 2001, 148(4)：269～274.

[150] Xingliang Jiang, Shaohua Wang, Zhijin Zhang, et al. Study on AC Flashover Performance and Discharge Process of Polluted and Iced IEC Standard Suspension Insulator String[J]. IEEE Trans. Power Delivery, 2007, 22(1)：472～480.

[151] Y. Hasegawa, K. Naito, K. Arakawa, et al, A Comparative Program on HVDC Contamination Tests, IEEE Transactions on Power Delivery, 1988, 3(4)：1986～1995.

[152] Y. S. Suzuki, Ito, M. Akizuki, et al, Artificial contamination test method on accumulated contamination conditions, Eleventh International Symposium on High Voltage Engineering, 1999, Vol. 4, pp 192～195.

[153] Ye H, Zhang J, Ji Y M, et al. Contamination accumulation and withstand voltage characteristics of various types of insulators [C]. Proceedings of the 7th International Conference on Properties and Applications of Dielectric Materials, Nagoya, Japan, 2003, 3：1019～1023.